21世纪高等院校规划教材

Authorware 7.0 中文版多媒体制作实用教程

主　编　马宪敏

副主编　杨巍巍　孙菊江　高巍巍

中国水利水电出版社
www.waterpub.com.cn

内 容 提 要

本书主要介绍中文 Authorware 7.0 的基础知识、各种图标的应用以及操作方法。书中以具体的实例为线索，特别注重对例题的分析和对知识点的归纳，每一章都设置了大量生动典型的实例以及练习题，便于读者掌握本章的重点及提高实际操作能力。

本书参考现在比较热门的“计算机应用技术证书考试（简称 NIT 考试）”Authorware 模块的教学大纲组织编写，涵盖了 NIT 考试的全部考核点，对于要参加 NIT 考试的学生有极大的帮助。另外，本书结构清晰、易教易学、实例丰富、可操作性强、学以致用、注重能力，对易混淆和实用性强的内容进行了重点提示和讲解。

本书既可作为高等院校相关专业的教材，也可作为各类培训班的培训教材。此外，本书也非常适合使用 Authorware 制作多媒体课件的教师及广大专业多媒体设计人员参考阅读。

本书配有光盘，其中提供本书电子教案及书中实例的相关素材。

图书在版编目（CIP）数据

Authorware 7.0 中文版多媒体制作实用教程 / 马宪敏主编. —北京：中国水利水电出版社，2009（2014. 2 重印）
21 世纪高等院校规划教材
ISBN 978-7-5084-6004-8

Ⅰ. A… Ⅱ. 马… Ⅲ. 多媒体—软件工具，Authorware 7.0—高等学校—教材 Ⅳ. TP311.56

中国版本图书馆 CIP 数据核字（2008）第 166473 号

书名	21 世纪高等院校规划教材 Authorware 7.0 中文版多媒体制作实用教程
作者	主编 马宪敏 副主编 杨巍巍 孙菊江 高巍巍
出版发行	中国水利水电出版社 （北京市海淀区玉渊潭南路 1 号 D 座 100038） 网址：www.waterpub.com.cn E-mail：mchannel@263.net（万水） sales@waterpub.com.cn 电话：（010）68367658（发行部）、82562819（万水）
经售	北京科水图书销售中心（零售） 电话：（010）88383994、63202643、68545874 全国各地新华书店和相关出版物销售网点
排版	北京万水电子信息有限公司
印刷	北京蓝空印刷厂
规格	184mm×260mm 16 开本 18.75 印张 468 千字
版次	2009 年 1 月第 1 版 2014 年 2 月第 3 次印刷
印数	5001—6000 册
定价	34.00 元（赠 1CD）

序

随着计算机科学与技术的飞速发展，计算机的应用已经渗透到国民经济与人们生活的各个角落，正在日益改变着传统的人类工作方式和生活方式。在我国高等教育逐步实现大众化后，越来越多的高等院校会面向国民经济发展的第一线，为行业、企业培养各级各类高级应用型专门人才。为了大力推广计算机应用技术，更好地适应当前我国高等教育的跨跃式发展，满足我国高等院校从精英教育向大众化教育的转变，符合社会对高等院校应用型人才培养的各类要求，我们成立了“21 世纪高等院校规划教材编委会”，在明确了高等院校应用型人才培养模式、培养目标、教学内容和课程体系的框架下，组织编写了本套“21世纪高等院校规划教材”。

众所周知，教材建设作为保证和提高教学质量的重要支柱及基础，作为体现教学内容和教学方法的知识载体，在当前培养应用型人才中的作用是显而易见的。探索和建设适应新世纪我国高等院校应用型人才培养体系需要的配套教材已经成为当前我国高等院校教学改革和教材建设工作面临的紧迫任务。因此，编委会经过大量的前期调研和策划，在广泛了解各高等院校的教学现状、市场需求，探讨课程设置、研究课程体系的基础上，组织一批具备较高的学术水平、丰富的教学经验、较强的工程实践能力的学术带头人、科研人员和主要从事该课程教学的骨干教师编写出一批有特色、适用性强的计算机类公共基础课、技术基础课、专业及应用技术课的教材以及相应的教学辅导书，以满足目前高等院校应用型人才培养的需要。本套教材消化和吸收了多年来已有的应用型人才培养的探索与实践成果，紧密结合经济全球化时代高等院校应用型人才培养工作的实际需要，努力实践，大胆创新。教材编写采用整体规划、分步实施、滚动立项的方式，分期分批地启动编写计划，编写大纲的确定以及教材风格的定位均经过编委会多次认真讨论，以确保该套教材的高质量和实用性。

教材编委会分析研究了应用型人才与研究型人才在培养目标、课程体系和内容编排上的区别，分别提出了 3 个层面上的要求：在专业基础类课程层面上，既要保持学科体系的完整性，使学生打下较为扎实的专业基础，为后续课程的学习做好铺垫，更要突出应用特色，理论联系实际，并与工程实践相结合，适当压缩过多过深的公式推导与原理性分析，兼顾考研学生的需要，以原理和公式结论的应用为突破口，注重它们的应用环境和方法；在程序设计类课程层面上，把握程序设计方法和思路，注重程序设计实践训练，引入典型的程序设计案例，将程序设计类课程的学习融入案例的研究和解决过程中，以学生实际编程解决问题的能力为突破口，注重程序设计算法的实现；在专业技术应用层面上，积极引入工程案例，以培养学生解决工程实际问题的能力为突破口，加大实践教学内容的比重，增加新技术、新知识、新工艺的内容。

本套规划教材的编写原则是：

在编写中重视基础，循序渐进，内容精炼，重点突出，融入学科方法论内容和科学理念，反映计算机技术发展要求，倡导理论联系实际和科学的思想方法，体现一级学科知识组织的层次结构。主要表现在：以计算机学科的科学体系为依托，明确目标定位，分类组织实施，兼容互补；理论与实践并重，强调理论与实践相结合，突出学科发展特点，体现学科发展的内在规律；教材内容循序渐进，保证学术深度，减少知识重复，前后相互呼应，内容编排合理，整体结构完整；采取自顶向下设计方法，内涵发展优先，突出学科方法论，强调知识体系可扩展的原则。

本套规划教材的主要特点是：

（1）面向应用型高等院校，在保证学科体系完整的基础上不过度强调理论的深度和难度，注重应用型人才的专业技能和工程实用技术的培养。在课程体系方面打破传统的研究型人才培养体系，根据社会经济发展对行业、企业的工程技术需要，建立新的课程体系，并在教材中反映出来。

（2）教材的理论知识包括了高等院校学生必须具备的科学、工程、技术等方面的要求，知识点不要求大而全，但一定要讲透，使学生真正掌握。同时注重理论知识与实践相结合，使学生通过实践深化对理论的理解，学会并掌握理论方法的实际运用。

（3）在教材中加大能力训练部分的比重，使学生比较熟练地应用计算机知识和技术解决实际问题，既注重培养学生分析问题的能力，也注重培养学生思考问题、解决问题的能力。

（4）教材采用"任务驱动"的编写方式，以实际问题引出相关原理和概念，在讲述实例的过程中将本章的知识点融入，通过分析归纳，介绍解决工程实际问题的思想和方法，然后进行概括总结，使教材内容层次清晰，脉络分明，可读性、可操作性强。同时，引入案例教学和启发式教学方法，便于激发学习兴趣。

（5）教材在内容编排上，力求由浅入深，循序渐进，举一反三，突出重点，通俗易懂。采用模块化结构，兼顾不同层次的需求，在具体授课时可根据各校的教学计划在内容上适当加以取舍。此外还注重了配套教材的编写，如课程学习辅导、实验指导、综合实训、课程设计指导等，注重多媒体的教学方式以及配套课件的制作。

（6）大部分教材配有电子教案，以使教材向多元化、多媒体化发展，满足广大教师进行多媒体教学的需要。电子教案用 PowerPoint 制作，教师可根据授课情况任意修改。相关教案的具体情况请到中国水利水电出版社网站 www.waterpub.com.cn 下载。此外还提供相关教材中所有程序的源代码，方便教师直接切换到系统环境中教学，提高教学效果。

总之，本套规划教材凝聚了众多长期在教学、科研一线工作的教师及科研人员的教学科研经验和智慧，内容新颖，结构完整，概念清晰，深入浅出，通俗易懂，可读性、可操作性和实用性强。本套规划教材适用于应用型高等院校各专业，也可作为本科院校举办的应用技术专业的课程教材，此外还可作为职业技术学院和民办高校、成人教育的教材以及从事工程应用的技术人员的自学参考资料。

我们感谢该套规划教材的各位作者为教材的出版所做出的贡献，也感谢中国水利水电出版社为选题、立项、编审所做出的努力。我们相信，随着我国高等教育的不断发展和高校教学改革的不断深入，具有示范性并适应应用型人才培养的精品课程教材必将进一步促进我国高等院校教学质量的提高。

我们期待广大读者对本套规划教材提出宝贵意见，以便进一步修订，使该套规划教材不断完善。

21 世纪高等院校规划教材编委会

2004 年 8 月

前　言

Authorware 是多媒体制作领域的经典软件产品，它是由美国 Macromedia 公司（现为 Adobe 公司）推出的适合于专业人员以及普通用户开发多媒体软件的创作工具。它最初为计算机辅助教学而开发，其面向对象、基于图标的设计方式，甚至几乎完全不用编写程序，就可以制作出完美的作品，这使多媒体开发不再困难，广泛应用于教学、商务、娱乐、科研等各领域，功能越来越强大，应用范围越来越广。

本书将以最新的 Authorware 7.0 中文版为基础，共分 12 章，通过基础知识和实例的讲解，由浅入深、系统全面地介绍了 Authorware 7.0 多媒体制作软件的具体使用方法和操作技巧。

第 1 章初识 Authorware 7.0，主要包括 Authorware 简介、Authorware 7.0 的工作界面、Authorware 7.0 的基本操作，通过对本章的学习能为后面的多媒体制作奠定基础。

第 2 章绘制图形与外部图像的使用，包括显示图标、图形的绘制、外部图像的使用等，利用这部分知识读者可以设计和制作一个简单的多媒体作品。

第 3 章文本对象的处理和应用，包括如何创建和导入文本、编辑文本和制作各种特效文本，学会使用 RTF 文本编辑器编辑和处理文本的方法。

第 4 章对象的显示和擦除，主要学习“擦除”图标和“等待”图标，通过本章要学会如何将等待、擦除和特效展示有机地结合起来生成连续的过渡效果。

第 5 章创建动画效果，主要介绍“移动”图标的使用及运动动画类型的设置，动画效果可以使多媒体作品更加生动有趣。

第 6 章多媒体素材的使用，主要讲述“数字电影”图标和“声音”图标，以及如何向作品中插入 Flash 动画和 GIF 动画。利用这些图标和动画，多媒体作品都会从呆板的状态下走出来，通过听觉、视觉的全方位作用，给观众以深刻的印象。

第 7 章交互响应的创建与实现，主要介绍多媒体的交互性和各种响应类型，如“按钮响应”、“热区域响应”、“热对象响应”等。通过设置“交互”图标来实现人机对话，使用户能够即时参与到程序中去。

第 8 章分支程序的设计，包括分支结构简介和分支结构的实例制作。

第 9 章框架与导航，学习“框架”图标、“导航”图标及文本的超链接。“框架”图标和“导航”图标相互配合使用，能够形成功能完善的页面管理系统。

第 10 章知识对象，包括知识对象简介、类型和使用方法。知识对象的向导功能和友好界面使用户可以简单快捷地实现原本复杂的开发目标。

第 11 章变量、函数和表达式，介绍了变量、函数、运算符与表达式及基本语句。

第 12 章媒体库、程序的调试和发布，主要介绍了什么是媒体库、如何创建媒体库、程序的设计方法和技巧、文件的打包等知识。

本书内容全面系统，语言通俗易懂，循序渐进，讲解详尽，符合学习者的认知规律。Authorware 是一个强调实践能力的课程，本书突出了应用实例的教学。在讲述基础知识、原理、技术的同时，配合讲解一些有针对性的实例，使读者在实践中掌握 Authorware 制作的技能，提高动手能力。

本书由马宪敏任主编，杨巍巍、孙菊江、高巍巍任副主编。第 1 章和第 9 章由高巍巍编写，第 2 章和第 3 章由马宪敏编写，第 4 章和第 5 章由孙菊江编写，第 6 章由潘忠立编写，第 7 章和第 8 章由杨巍巍编写，第 10～12 章由侯相茹编写，参加本书部分章节编写的人员还有苍圣、高炜、陈丽等。

在编写过程中，我们力求做到严谨细致、精益求精，但由于时间仓促及作者水平有限，书中缺点和错误之处在所难免，殷切希望广大读者和同行专家批评指正。

编 者

2008 年 10 月

目　录

第 1 章　初识 Authorware 7.0

1.1　Authorware 简介

1.1.1　Authorware 的发展

Authorware 是美国 Macromedia 公司推出的适合于专业人员以及普通用户开发多媒体软件的创作工具。它最初为计算机辅助教学而开发，其面向对象、基于图标的设计方式使多媒体开发不再困难，经过十多年的发展，已经成为功能强大、使用范围广泛的多媒体制作软件，可以制作资料类、广告类、游戏类、教育类等各种类型的多媒体作品。

Authorware 于 1987 年问世以来，版本不断更新，功能不断增强。1992 年推出 Authorware 2.0 版本，已经满足一般多媒体软件的编制要求，但功能有限。1995 年先后推出 Authorware 3.0 和 3.5 版，在函数和变量的使用上做了很大的改进，并增加了“框架”图标和“导航”图标，使程序的流程控制更加灵活和方便。1997 年推出的 Authorware 4.0，在编辑系统和编辑环境两个方面都有了很大的改进，Authorware 4.0 版曾经是非常流行的多媒体创作软件。但是随着网络的发展，Authorware 4.0 创作的多媒体作品的发行速度和效果受到了网络速度的影响。为此，Macromedia 公司在 1998 年底推出了具有创作网络多媒体学习软件功能的 Authorware 5.0。该版本加强了制作多媒体网络学习软件的功能，同时增加了知识对象窗口、对话框等功能，创作人员可以利用该制作工具提供的向导应用程序来创建基于网络的多媒体学习软件，这样大大提高了网络学习软件的创作速度，降低了软件开发人员的劳动强度。在 Authorware 5.0 的基础上，2001 年 Macromedia 公司又推出了 Authorware 6.0。2002 年发布了 Authorware 6.5 版，产品由原来基本能实现多媒体软件设计的有限功能发展为方便编程、文件兼容、跨平台兼容、文件压缩、变量和函数的使用更加完善、支持更加丰富的媒体的功能更加强大的多媒体制作软件。2003 年 Authorware 7.0 在 6.5 版本短期的过渡基础上快速地完成了大量的升级优化，Authorware 7.0 正式出现在大众面前。

1.1.2　Authorware 的功能和特点

Authorware 是多媒体领域的经典软件产品，它与其他多媒体开发软件的不同之处在于它几乎完全不用编写程序，只需使用一些图标就可以制作出完美的作品。

用 Authorware 制作多媒体非常简单，它直接采用面向对象的流程线设计，通过流程线的箭头指向就能了解程序的具体流向。Authorware 具有以下功能和特点：

（1）面向对象的可视化编程能力。Authorware 程序由图标和流程线组成，它一改传统的编程方式，采用鼠标对图标的拖放来替代复杂的编程语言。在 7.0 版本中它已提供了 14 个图标。这种流程图式的程序直观地表达了程序结构和设计思想，无须编程即可制作出多层次、多页面的复杂的程序结构，整个程序的结构和设计图在屏幕上一目了然。

（2）优秀的媒体资源整合能力。Authorware 自身并不能完成声音、动画或数字影片的编辑创建，作为专业的多媒体程序开发工具，它只保留基础的图形、文字处理功能，最主要的应用在于将丰富多样的媒体素材整合在一个完整的流程中，以它特有的方式进行合理组织安排，最后形成一个完美的作品。

（3）强大的人机交互功能。Authorware 有 11 种交互响应方式，每种交互响应方式对用户的输入又可以做出若干种不同的反馈，对流程的控制方便易行，可以创建界面极为友好和人性化的多媒体应用程序。

（4）提供库和模块功能。提供了“库”和“模块”功能，使用户可以重复运用素材，可以大大降低系统资源的占用率，提高程序开发的效率。同时，这也便于分工合作，避免大量的重复劳动。

（5）卓越的自我完善能力。Authorware 提供了大量的系统变量和函数，运用这些变量和函数可以进行复杂的运算，并允许用户自定义变量和函数。此外，在 Authorware 中同样支持具有各种主题功能的 Xtras 载入使用，使 Authorware 在进行一些功能复杂的程序开发时变得更加轻松便捷；支持 ODBC（Open Database Connectivity，开放式数据库通性）、OLE（Object Linking and Embed ding，对象链接与嵌入）及 ActiveX 技术。利用这些技术，用户可以开发出具有专业水平的应用程序。

Authorware 7.0 不仅继承了先前版本的各种优点，而且在之前版本的基础上对界面、易用性、跨平台设计，以及开发效率、网络应用等方面又有了很大改进。

Authorware 7.0 采用 Macromedia 通用用户界面，增加了属性面板；支持导入 Microsoft PowerPoint 文件；在图标栏中增加了 DVD 图标，在应用程序中整合播放 DVD 视频文件；支持 XML 的导入和输出；支持 JavaScript 脚本；增加了学习管理系统知识对象；一键发布的学习管理系统功能；Authorware 7.0 创作的内容可以在苹果机的 MacOSX 上播放等。

1.1.3 Authorware 7.0 的安装

在安装和使用 Authorware 前应了解该软件对安装环境的要求，由于 Authorware 7.0 需要综合包括图、文、声、像等多种信息，因此它对计算机软硬件的要求比较高。下面列出了运行 Authorware 7.0 的系统基本配置要求。

- CPU：Pentium 166 以上。
- 内存：48MB 以上。
- 硬盘：140MB 以上硬盘空间。
- 显示器：256 色 800×600 以上分辨率的显示器。
- 操作系统：Windows 95 以上或 Macintosh 8.5 以上。

以上是使用 Authorware 7.0 的最低要求，由于多媒体程序的开发是非常耗费系统资源的，为了能够流畅地运行 Authorware 7.0，最好优化机器的配置。

Authorware 7.0 的安装与大多数 Windows 应用程序类似，操作十分简便，其安装的主要步骤如下：

（1）将 Authorware 的安装光盘放入光驱中，并找到相应的安装程序；如果本地硬盘中有 Authorware 的安装程序，那么直接在本地硬盘上找到即可。

（2）双击 Authorware 的安装文件（setup.exe 文件），启动 Authorware 7.0 的安装向导，

则自动对安装程序进行解压。解压后，就会出现安装向导，如图 1-1 所示。

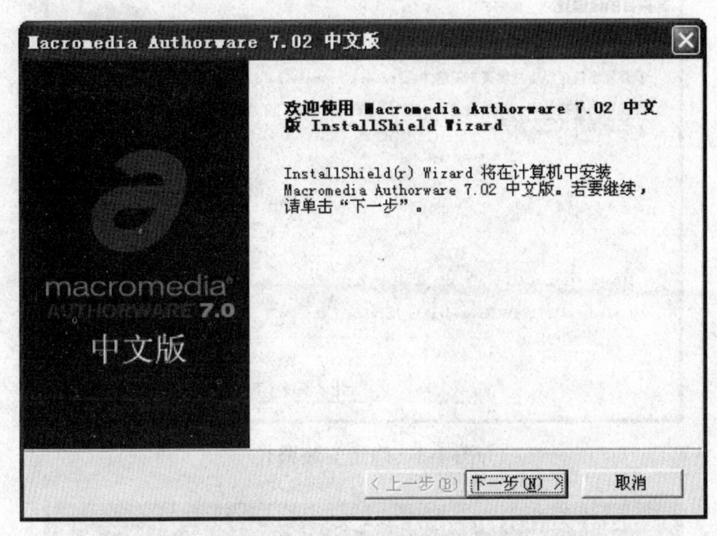

图 1-1　安装向导

（3）单击“下一步”按钮，进入协议询问界面，仔细阅读 Macromedia 公司关于版权的声明，如果同意，单击“是”按钮，进行下一步安装，如图 1-2 所示。

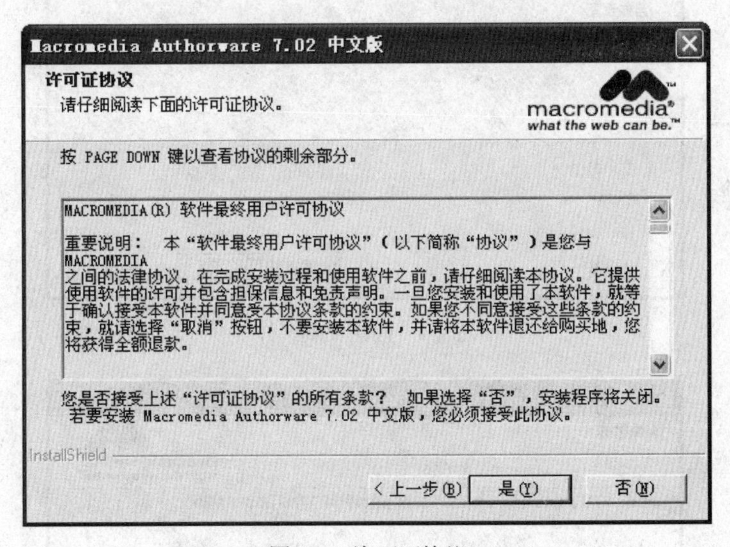

图 1-2　许可证协议

（4）进入安装路径设置界面，如图 1-3 所示。默认路径为 C:\Program Files\Macromedia\Authorware 7.0。如果想改变安装路径，单击“浏览”按钮，选择自己设定的路径。建议使用默认路径，确定路径后单击“下一步”按钮。

（5）安装向导会要求用户确认是否开始复制文件，进行安装，如图 1-4 所示，单击“下一步”按钮，继续安装。

（6）接下来是复制文件过程，如图 1-5 所示，安装程序开始将 Authorware 系统文件复制到指定位置中，并在屏幕上显示当前已复制文件的百分比。

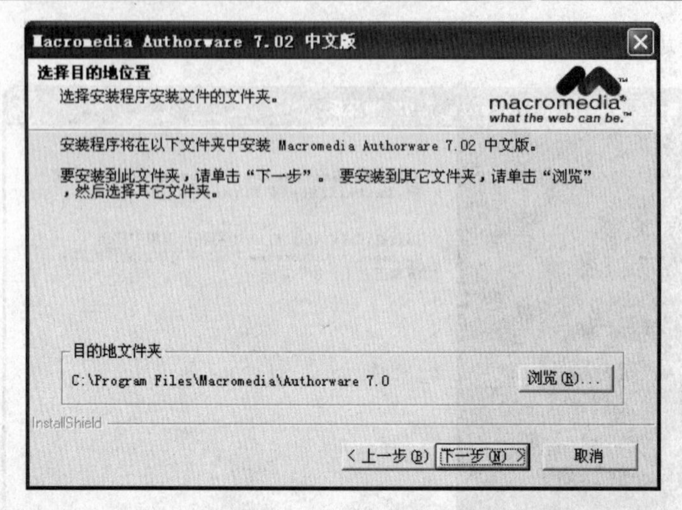

图 1-3　确定安装路径

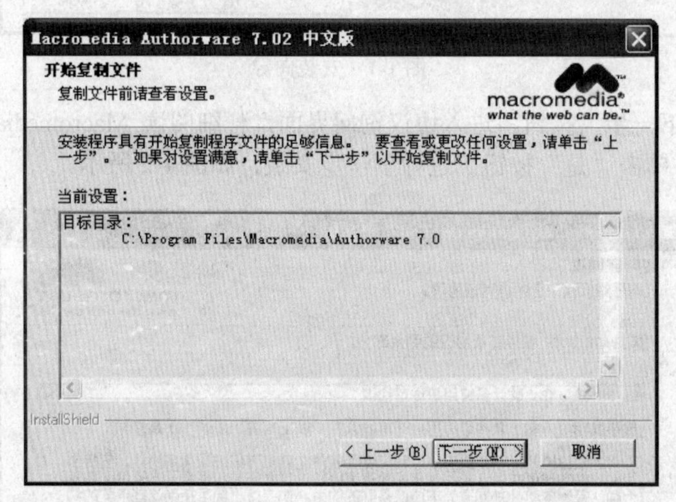

图 1-4　确认复制文件

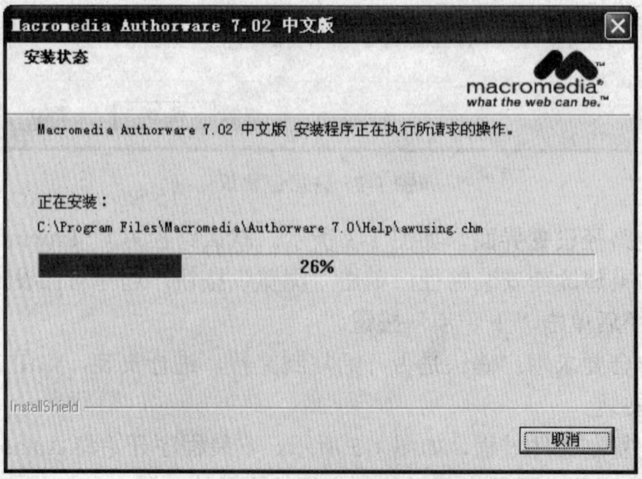

图 1-5　安装进度显示界面

（7）安装结束后，安装向导显示完成安装的相关信息，此时单击“完成”按钮即可完成安装过程，如图 1-6 所示，如果要阅读自述文件，可以选中界面中的“是，立即查看自述文件”复选框。

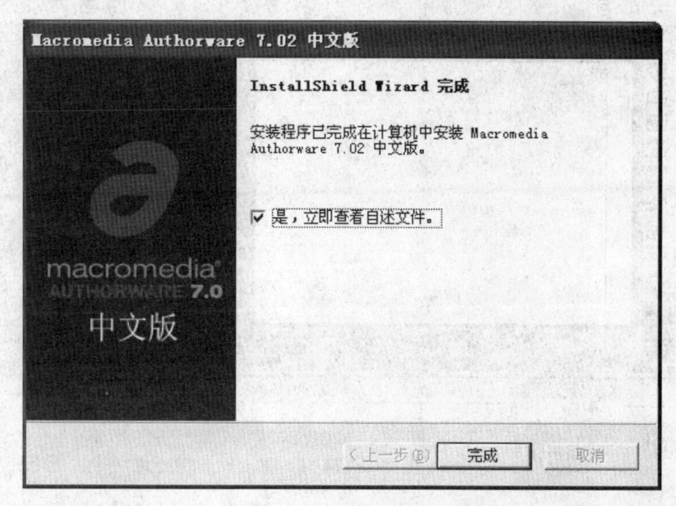

图 1-6 完成安装

1.2 Authorware 7.0 的工作界面

1.2.1 Authorware 7.0 的启动和退出

1. Authorware 7.0 的启动

启动 Authorware 7.0 的方法有以下两种：

（1）通过桌面快捷图标启动 Authorware 7.0。这是启动 Authorware 7.0 最简单、最常用的方法。如果桌面上已经有了 Authorware 7.0 快捷方式图标，双击它，即可启动 Authorware 7.0。

（2）通过“开始”菜单启动 Authorware 7.0。操作的过程是选择“开始”→“程序”→Macromedia→Macromedia Authorware 7.0 命令。

通过以上两种方法之一启动 Authorware 7.0 后，在进入 Authorware 7.0 主界面之前，系统会出现一个欢迎画面。只要点一下鼠标或稍等片刻，画面就会消失。欢迎画面消失后，出现在屏幕最前面的是“新建”对话框，这是使用“知识对象”（Knowledge Object）的向导窗口，此处先暂且略过，单击“取消”或“不选”按钮跳过它即可进入 Authorware 7.0 主界面了，如图 1-7 所示。

2. Authorware 的退出

退出 Authorware 的操作非常简单，可以使用以下 3 种方式退出 Authorware 文件：

- 单击程序主窗口右上角的“关闭”按钮☒。
- 选择“文件”→“退出”命令。
- 使用快捷方式：按 Alt+F4 组合键。

在关闭主程序时，一定要确定当前操作的文件已经保存，如果没有保存，系统会弹出对话框询问用户是否保存当前文件，如图 1-8 所示。

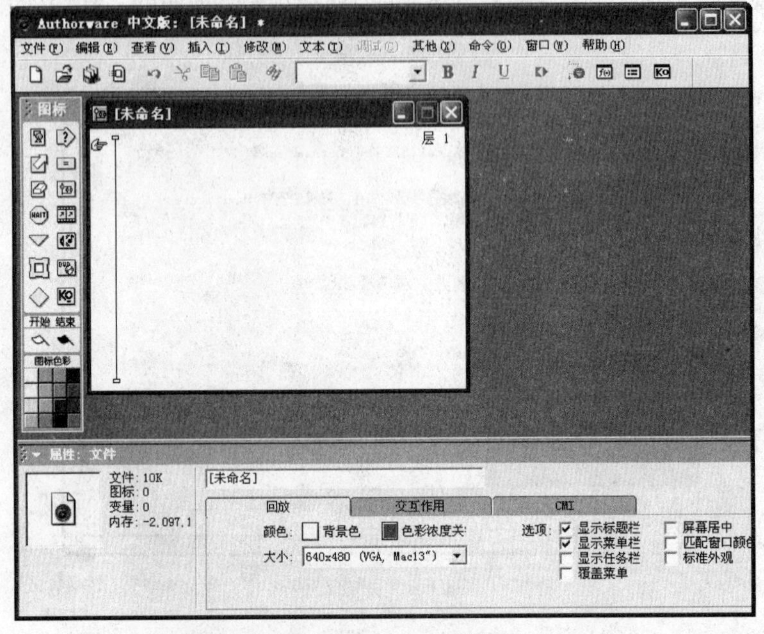

图 1-7　Authorware 7.0 工作界面

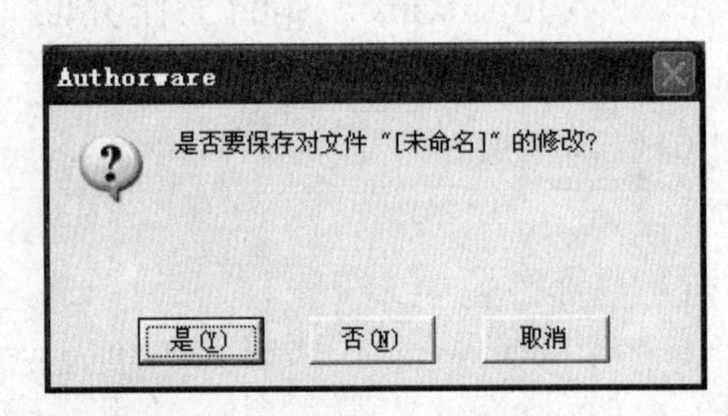

图 1-8　保存询问对话框

1.2.2　Authorware 7.0 的菜单栏

如果你曾经使用过 Dreamweaver 8.0，那么你会发现它们的命令菜单惊人地相似，这也是 Macromedia 在网页多媒体系列软件中比较统一的特点。Authorware 7.0 的菜单栏分为 11 个菜单，其中包含了 Authorware 7.0 所有的操作命令，如图 1-9 所示。通过菜单命令可以完成 Authorware 7.0 中所有的命令和功能。单击某一个菜单就会弹出一个附属于该菜单的级联菜单，再单击级联菜单中的某个菜单命令会完成相应的一个操作。下面简单介绍这些菜单的主要功能。

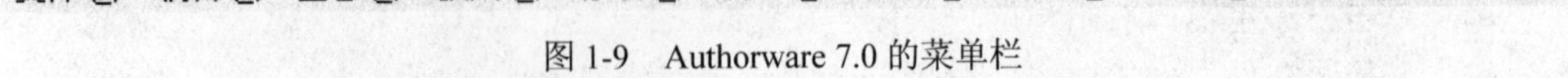

文件(F)　编辑(E)　查看(V)　插入(I)　修改(M)　文本(T)　调试(C)　其他(X)　命令(O)　窗口(W)　帮助(H)

图 1-9　Authorware 7.0 的菜单栏

（1）“文件”菜单：包括文件的新建、打开、保存等基本的操作，文件各种属性参数的设置、文件的导入和输出、模板转换、文件的发布设置、打包、打印等命令。

（2）“编辑”菜单：包括剪切、复制、粘贴等 Windows 下的常用命令，以及关于图标的命令。

（3）“查看”菜单：包括查看当前图标、显示网格以及调出 Authorware 7.0 界面下的工具栏等命令。

（4）“插入”菜单：主要用来插入新图标、图片、知识对象、OLE 对象以及一些其他格式的媒体文件，如 Authorware 7.0 动画、GIF 动画图片等。

（5）“修改”菜单：用于修改多媒体文件的属性、图标的参数、组合和取消组合各种对象，以及调整对象的相对层次和对齐方式等属性。

（6）“文本”菜单：主要用于定义文字的属性，如字体、字号、文字样式、字符属性等。

（7）“调试”菜单：主要作用是试运行程序、跟踪并调试程序中的错误。

（8）“其他”菜单：提供了一些高级的控制功能，如链接和拼写的检查、图标尺寸的大小以及声音文件的格式转换等。

（9）“命令”菜单：提供了一些增强的功能，如转换 PowerPoint 文件、获得网络上的资源、查找 Xtras 对象、调用超文本编辑器等。

（10）“窗口”菜单：主要作用是调出或隐藏各种窗口，如按钮窗口、函数面板等。

（11）“帮助”菜单：可以调出帮助文件以及 Authorware 的使用手册、函数参考等，还可以通过 Internet 得到 Macromedia 公司的技术支持。

1.2.3　Authorware 7.0 的工具栏

工具栏是 Authorware 窗口的重要组成部分，其中每个按钮实际上都是菜单栏中的某一个命令，由于这些命令使用频率较高，被放在常用工具栏中。训练使用工具栏中的按钮，可以大大提高操作的效率。

要调出工具栏或者隐藏工具栏，应该单击“查看”→“工具条”命令或者按快捷键 Ctrl+Shift+T，如图 1-10 所示。

图 1-10　通过菜单命令显示工具栏

默认情况下 Authorware 7.0 的标准工具栏中共有 17 个按钮和一个文本样式的下拉列表框，如图 1-11 所示。

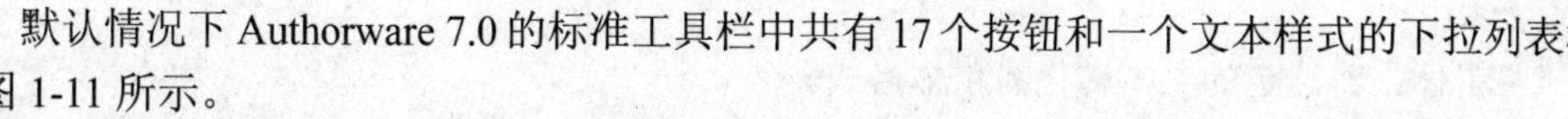

图 1-11　工具栏

新建：新建一个 Authorware 文件。

打开：打开一个已经存在的文件。

保存：保存当前所有的 Authorware 文件。

导入：用于直接向流程线、显示图标或交互图标中导入多媒体数据文件。单击“导入”按钮，会弹出一个“导入哪个文件？”对话框，供用户选择需要导入的文件。用户可以采用外部链接或内部链接的方式将文件导入到 Authorware 文件中，如图 1-12 所示。

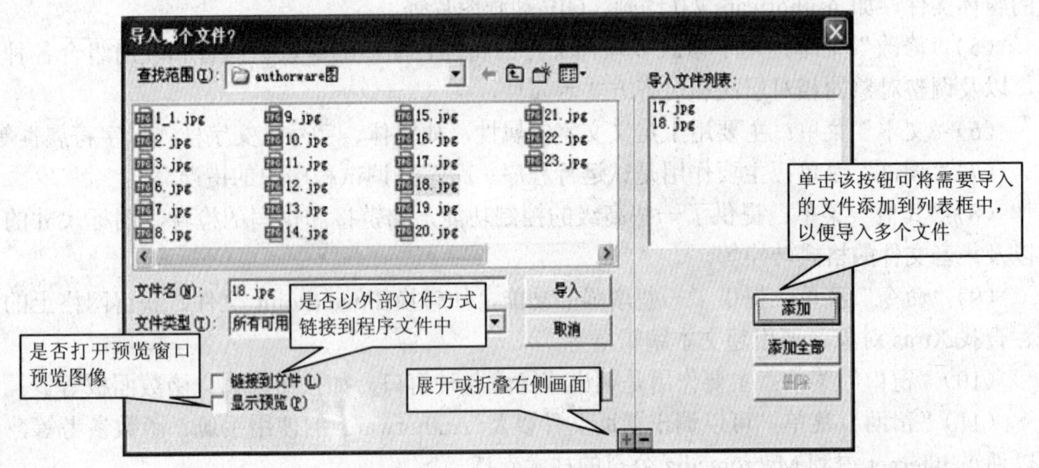

图 1-12 “导入哪个文件？”对话框

撤消：撤消最近一次的操作，若要将所撤消的操作重新恢复，可再次单击该按钮，但需要注意的是并不是每个操作都能够完全撤消。

剪切：将选中的对象移动到剪贴板中暂时保存。

复制：将选中的对象复制到剪贴板中，但是不移走对象。

粘贴：将剪贴板中的内容粘贴到当前光标所在的位置，但是如果没有进行剪切或复制，则粘贴按钮是无效的，不可单击。

查找：可以在 Authorware 文件中查找包含所设关键词的对象，图标的名字、包含内容的文字等都可以作为被查找的对象，同时还可以根据需要进行对象的替换，单击该按钮系统将弹出“查找”对话框。例如，把图标标题“海底背景”替换成“背景”。如图 1-13 所示，在“查找”和“替换”文本框中设置要查找和替换的内容，在“查找”下拉列表框中选择查找范围，选择匹配的规则为“图标标题”，单击“查找下一个”按钮，找到后单击“改变”按钮，最后单击“完成”按钮。

(默认风格) 文本风格：在 Authorware 7.0 中，用户可以自定义文本格式，所有定义过的格式都会出现在“文本风格”下拉列表框中。单击相应的文本格式，可以将该格式应用到当前选定的文本中。

B 粗体：将选定的文本转化为粗体格式。

I 斜体：将选定的文本转化为斜体格式。

U 下划线：将选定的文本转化为下划线格式。

运行：从头开始运行程序。

控制面板：单击该按钮，将弹出控制面板，再次单击此按钮可以关闭控制面板。

函数：单击该按钮，会打开函数面板，再次单击此按钮可以关闭函数面板。

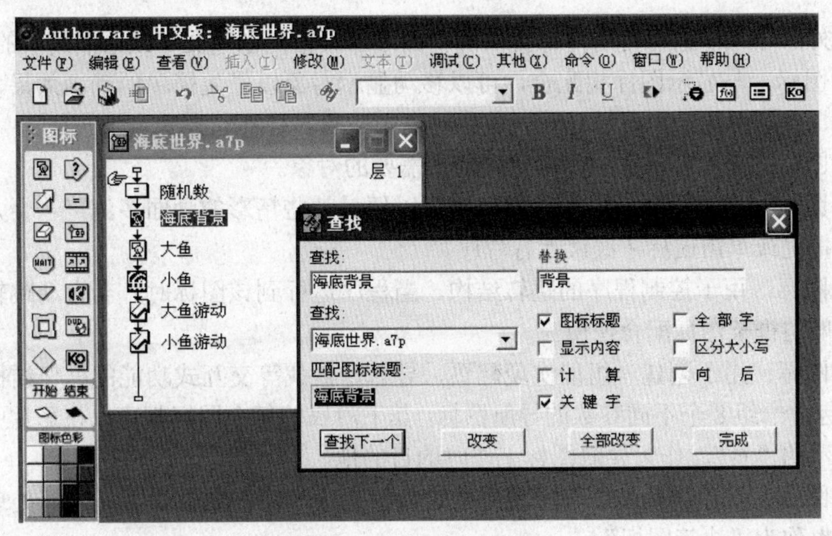

图 1-13　“查找”对话框

变量：单击该按钮，会打开变量面板，再次单击此按钮可以关闭变量面板。

知识对象：单击该按钮，会打开知识对象面板，再次单击此按钮可以关闭知识对象面板。

1.2.4　Authorware 7.0 的图标栏

Authorware 是一种基于图标的多媒体开发软件，以往制作多媒体一般要用编程语言，而 Authorware 通过这些图标的拖放及设置就能完成多媒体程序的开发，充分体现了现代编程的思想。因此，图标栏是 Authorware 中最核心的组件。

图标栏在 Authorware 窗口中的左侧，包括 14 个图标，以及用于控制播放的开始标志旗、结束标志旗和设置图标颜色的图标调色板，如图 1-14 所示。

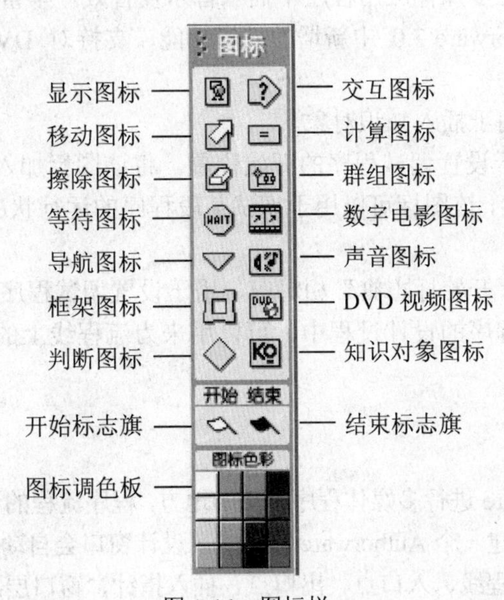

图 1-14　图标栏

显示图标：该图标是 Authorware 中使用最频繁的图标，用来显示文字或图形图像等信息，即可从外部导入，也可使用内部提供的“图形工具箱”创建文本或绘制简单的图形。

移动图标：与显示图标相配合，可以移动显示对象以产生简单的动画效果，这些对象可以是文本、图形图像，也可以是一段数字化电影，有 5 种移动方式可供选择。

擦除图标：擦除显示在展示窗口中的不需要的对象。

等待图标：用于设置一段等待的时间，以便对某些精彩的画面多浏览一会儿，也可以设置等待用按键或单击鼠标才继续运行程序。

导航图标：用于控制程序的跳转结构，当程序运行到该图标时，会自动跳转到其指向的位置，一般与框架图标配合使用。

框架图标：用于创建一组能实现翻页、导航、查找等交互式功能的框架结构。在默认情况下，它包含一组 8 个不同参数的导航图标，其下附属的每个图标都可以在影片中形成一个可以单独显示的“页”，作为导航图标工作时的目的地。

判断图标：其作用是控制程序流程的走向，完成程序的条件设置、判断处理和循环操作等功能，也称为“决策图标”。

交互图标：可以实现各种交互功能，是 Authorware 交互功能最主要的部分，共提供 11 种交互方式，如按钮、下拉菜单、目标区、热区域等。

计算图标：执行数学运算和 Authorware 程序，用于进行变量和函数的赋值及运算，利用计算图标可增强多媒体编辑的弹性。

群组图标：对于复杂的文件，可能包含大量的图标，但是流程线的长度是有限的，在屏幕上不可能显示所有的图标，这时可以利用群组图标，其作用是将多个图标组合在一起，使程序流程更方便阅读和管理。

数字电影图标：在流程中插入数字化电影文件（包括*.avi、*.flc、*mov、*.mpeg 等），并对电影文件进行播放控制。

声音图标：用于在多媒体应用程序中插入音乐及音效，丰富程序的演示过程。

DVD 图标：Authorware 7.0 中新增的编辑功能，支持对 DVD 格式的数字视频影片的读取。

知识对象图标：用于插入知识对象。

开始标志旗：用于设置调试程序的开始位置。将该图标加入到流程线后，运行程序时将从该标志下的图标开始，该图标可以用于调试某段程序的运行状况，对于高度复杂的程序来说非常方便。

结束标志旗：和“开始标志旗”相对应，用于设置调试程序的结束位置。

图标调色板：在程序的设计过程中，可以用来为流程线上的设计图标着色，以区别不同区域的图标。

1.2.5 设计窗口

设计窗口是 Authorware 进行多媒体程序编辑的地方，程序流程的设计和各种媒体的组合都是在设计窗口中实现的。新建一个 Authorware 程序时，设计窗口会自动出现在 Authorware 界面中，设计窗口包含标题栏、流程线、入口点、出口点、插入指针、窗口层次等，如图 1-15 所示。

（1）标题栏：标题栏显示程序文件名或图标名，当设计窗口为第一层时，为程序文件名，否则为所属图标的名称。标题栏右边与其他 Windows 应用程序的窗口标题栏类似，只是“最大化”按钮永远是灰色禁用的。

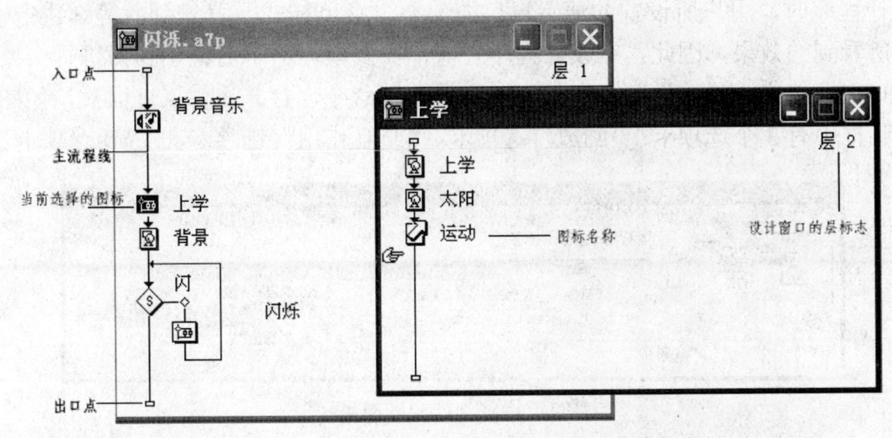

图 1-15　设计窗口

（2）流程线：一条被两个小矩形封闭的线段，用来放置设计图标。在第一层设计窗口中的流程线为主流程线，其他设计窗口中的流程线称为分支流程线。

（3）入口点、出口点：流程线两端的两个小矩形标记分别为“入口点”和“出口点”，程序从主流程线的“入口点”开始运行，沿着流程线到“出口点”处结束。

（4）插入指针：流程线的左边有一个☞标志，称为“插入指针”，它指示下一步插入的设计图标的位置。当要在流程线上放置图标时，首先要用插入指针确定放置图标的位置。在设计窗口中图标和图标名以外的区域单击即可确定将要插入的位置。

（5）窗口层次：设计窗口的右上方是“窗口层次”级别说明，层 1 为主程序窗口，其他各层为“群组”图标打开后的设计窗口。

1.2.6　演示窗口

演示窗口是用于显示程序内容的窗口，用户可以在上面输入文字、制作图形，也可以导入外部图像，甚至可以放映一段电影。演示窗口提供了一个所见即所得的工作环境。

1．打开演示窗口

在流程线上双击显示图标，会自动弹出演示窗口；演示窗口也是程序执行的输出窗口，单击工具栏上的“运行”按钮或者单击“调试”→“播放”命令，就会弹出演示窗口并可以观察到程序的执行效果，如图 1-16 所示。

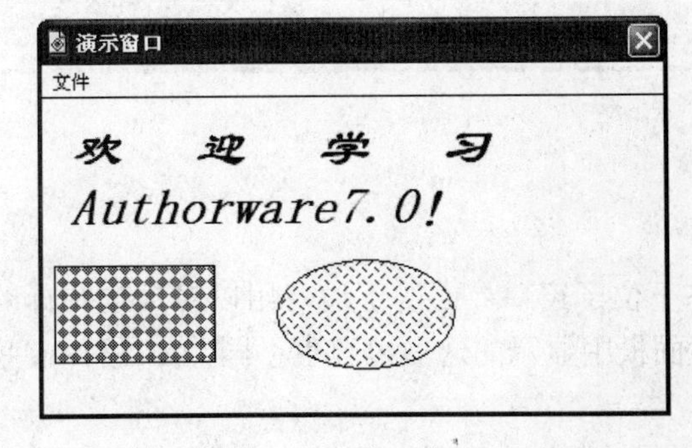

图 1-16　演示窗口

2. 设置演示窗口

在设计程序时，用户所设置的演示窗口的大小、菜单样式及背景颜色等都决定着程序最终运动时所看到的效果，因此，在设计程序之前，需要根据需求对演示窗口进行必要的设置。

在窗口中，单击“修改”→“文件”→“属性”命令，打开文件属性面板，如图 1-17 所示，该对话框中有 3 个选项卡：“回放”选项卡、“交互作用”选项卡和 CMI 选项卡。

图 1-17 文件属性面板

（1）“回放”选项卡：主要设置演示窗口的大小、颜色、是否显示标题栏、菜单栏等外观的设置。

（2）“交互作用”选项卡：在文件属性对话框中选择“交互作用”标签时，将打开“交互作用”选项卡，如图 1-18 所示。可以对等待按钮的样式、标签、返回页面时的特效等进行设置。

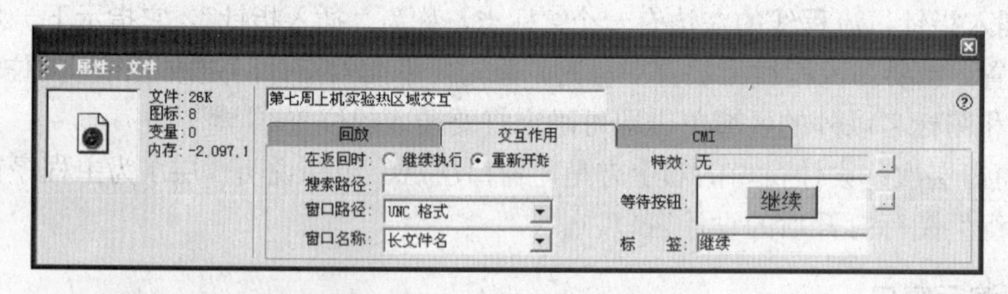

图 1-18 “交互作用”选项卡

（3）CMI 选项卡：CMI 是“计算机管理教学”的缩写，CMI 选项卡主要是用来在运行一个多媒体课件时对使用者的操作情况进行跟踪，如图 1-19 所示。

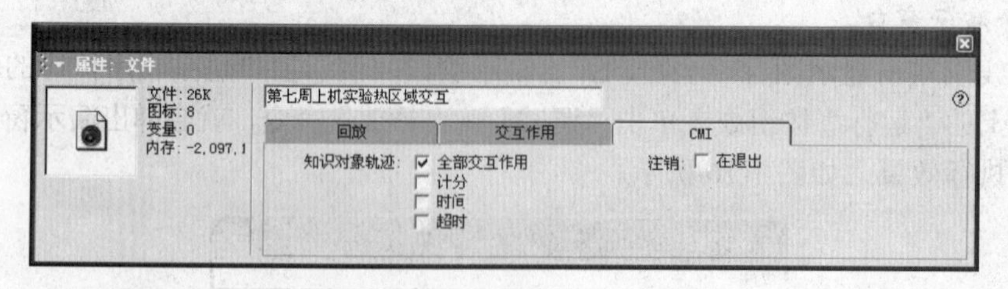

图 1-19 CMI 选项卡

1.2.7 属性面板

属性面板在默认状态下位于窗口界面的下边，用以对所选图标的属性和参数进行设置。选取的对象不同时，属性面板中显示的选项内容也不同，如图 1-20 所示。下面简单介绍一下属性面板的基本操作。

（1）显示面板：如果属性面板不可见，可以单击“窗口”→“面板”→“属性”命令或者按快捷键 Ctrl+I 将其开启。

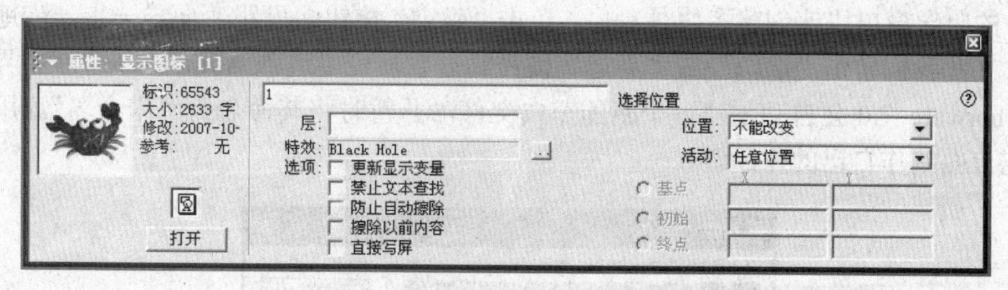

图 1-20　显示图标属性面板

（2）移动面板：和其他所有面板一样，用鼠标按住面板名称前面的按钮并拖动，可以将它拖至窗口中的任意位置而成为浮动面板。

（3）关闭面板：单击属性面板标题栏上的“关闭”按钮即可关闭属性面板；如果面板在扩展状态下，“关闭”按钮不可见，这时可以右击面板标题栏，然后在弹出的快捷菜单中单击“关闭”选项，即可关闭该属性面板。

（4）折叠面板：单击属性面板的标题栏；或者右击属性面板的标题栏，然后在弹出的快捷菜单中单击“折叠”选项即可。

1.2.8　控制面板

使用 Authorware 开发多媒体应用程序，在制作过程中要不断地进行程序的调试工作来改进和完善程序，以达到理想的运行效果。控制面板的主要作用就是调试运行多媒体程序。

单击工具栏中的“控制面板”按钮可以打开控制面板，也可以通过菜单打开控制面板，即单击“窗口”→“控制面板”命令。默认情况下，控制面板采用的是缩略模式，如图 1-21 所示，单击控制面板上的“显示跟踪”按钮，控制面板就会变成完整模式，如图 1-22 所示。

图 1-21　控制面板缩略模式

图 1-22　控制面板完整模式

1.3　Authorware 7.0 的基本操作

1.3.1　创建 Authorware 文件

新建 Authorware 文件的方法有以下几种：

（1）Authorware 7.0 启动后，屏幕上会出现一个欢迎画面，此时单击画面的任何地方或稍等几秒钟，该画面消失，屏幕上弹出一个“新建”对话框，如图 1-23 所示。这是使用“知识对象”的向导窗口快速创建多媒体程序，单击“确定”按钮即可跟着向导一步一步地开始创建程序。在此我们单击“取消”或“不选”按钮跳过它，可以进入 Authorware 7.0 主界面。接下来 Authorware 7.0 会自动创建一个新的空白文件，并暂时将其命名为“未命名”。用户可以直接在它上面制作自己的作品。

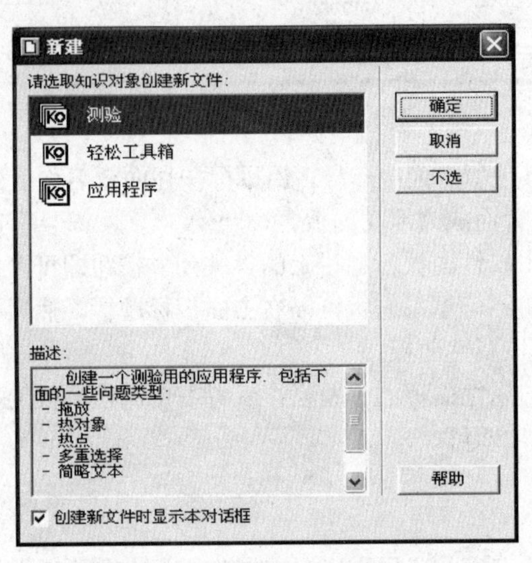

图 1-23　“新建”对话框

（2）选择“文件”→“新建”→“文件”命令或者按快捷键 Ctrl+N（如图 1-24 所示），可以创建一个文件。

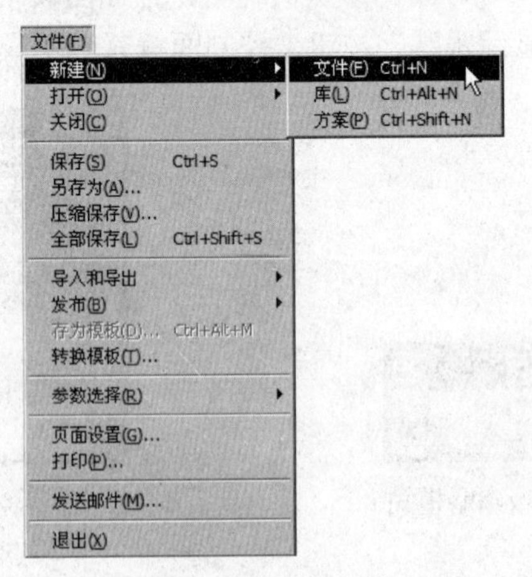

图 1-24　使用菜单创建文件

（3）单击工具栏中的“新建”按钮创建新文件。

1.3.2　图标的基本操作

Authorware 的最大特点是基于图标设计，图标的设计是程序开发的重要环节，首先来了解一下图标的一些基本操作。

1. 添加图标

在图标栏上选择需要添加的图标，将其拖动到流程线上，释放鼠标后图标即被添加到流程线上了，如图 1-25 所示。在默认情况下，添加的图标名都是“未命名”，用户可以自己给所添加的图标命名。

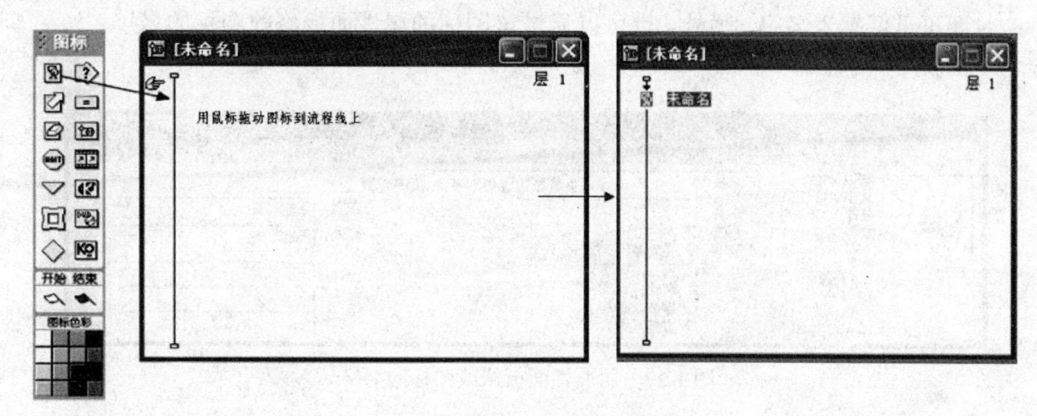

图 1-25　向流程线添加图标

2. 定位图标

在流程线上，可以看到有一个图标插入点的标志☞。通过☞标志，可以精确定位下一个图标的插入位置，如图 1-26 所示。

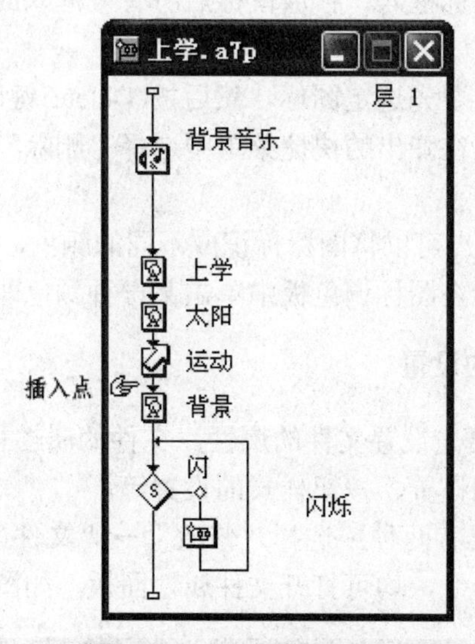

图 1-26　定位图标插入点

在要添加图标的位置单击，☞标志就会移动到该位置。这时，可以把图标栏上需要插入的图标拖动到这个位置，也可以单击“插入”→“图标”命令，在弹出的子菜单中选择需要插入的图标。

3. 命名图标

流程线上的每一个图标都对应着一个名字，在添加图标时，除了等待图标没有名字外，Authorware 7.0 会自动为每个图标取一个默认的名字——“未命名”。

Authorware 中允许图标使用重复的名字，即使不命名也不影响程序的运行，但为了今后阅读和调试方便，建议最好为每一个图标指定一个唯一的名字，图标的名字可以是汉字，也可以是数字或英文。为了增强程序的可读性，最好为图标指定一个有意义而且好记的名字。

给图标命名的方法非常简单，只需要在图标或图标的名字上单击，图标名字就会反白显示，这时即可重新输入名字。另外，也可以通过该图标的属性面板修改图标的名字，如图 1-27 所示。

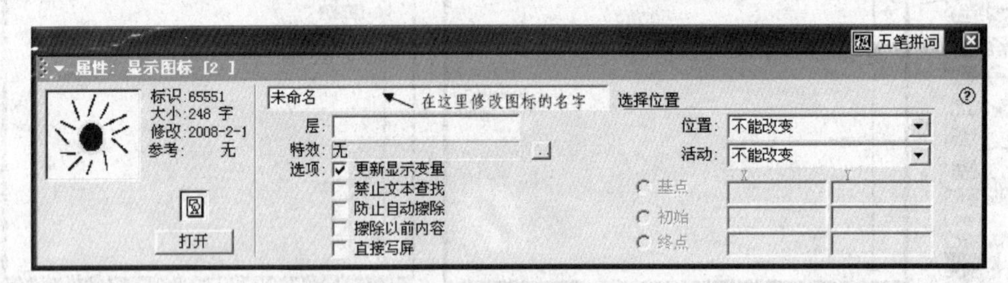

图 1-27 用属性面板修改图标的名字

4. 选择图标

当要编辑图标时，首先要选择图标。在流程线上单击图标，图标反白显示时就表示该图标已经处于选中状态了。如果需要选中多个图标，可以先按住 Shift 键，然后依次单击需要选定的图标。如果多个图标是连续图标，则还有一个方法实现，在流程线上按下鼠标左键拖动一个矩形选框，将需要选定的图标框入，释放鼠标后所有被框入的图标都会被选中。

5. 删除图标

要删除流程线上的图标，要先选定图标，然后按 Delete 键即可。也可以使用鼠标右键菜单删除，在选定图标上右击，在弹出的快捷菜单中选择“删除”选项。

6. 着色图标

在 Authorware 7.0 中，用户可以将图标标识成不同的颜色，以便于区分。方法非常简单，首先选定要着色的图标，然后在图标调色板中单击某一种颜色即可。

1.3.3 程序初始化窗口的设置

新建一个文件后，一般要先设置文件的属性。文件的属性可以应用于整个文件，主要包括文件标题的设置、背景色的设置、按钮样式的设置等。

设置文件属性的方法主要有两种：选择“修改”→“文件”→“属性”命令；选择“窗口”→“面板”→“属性”命令，均可打开文件属性面板，如图 1-28 所示。

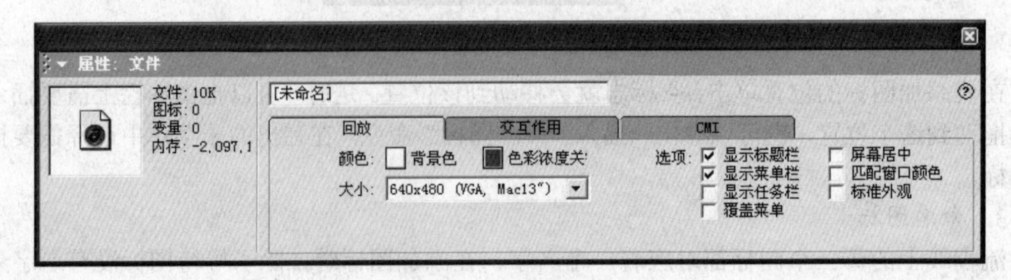

图 1-28 文件属性面板

面板的左侧，显示了当前文件的一些基本信息，在此栏中，可以了解到文件的大小、所用图标的总数、变量的总数和当前系统可用内存大小等。

面板的右侧有 3 个选项卡：回放、交互作用、CMI，单击每个选项卡都可以进行不同的选项设置。

1. "回放"选项卡

（1）"颜色"栏。有两个选项："背景色"和"色彩浓度关键"，单击前面的颜色按钮会分别出现一个调色板，在"背景色"调色板中，用户可以设置程序运行时演示窗口的背景色，它将应用于整个文件；"在色彩浓度关键"调色板中可以设置关键色，它主要是为视频覆盖卡而设，默认情况下选择洋红色。

（2）"大小"下拉列表框。可以设置演示程序窗口的大小，它提供的选项分为 3 类：根据变量、固定尺寸和使用全屏，如图 1-29 所示。

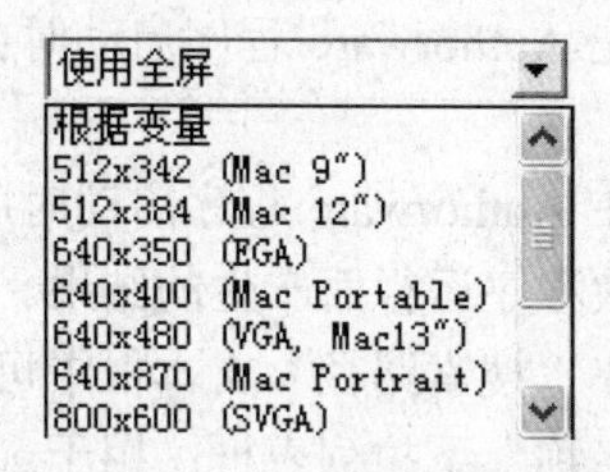

图 1-29　"大小"下拉列表框

- 根据变量：当程序运行时，可以用鼠标调整演示窗口的大小。但是一旦确定了窗口的大小，最终多媒体程序在运行时将不再改变。
- 固定尺寸：可以选择系统预先设置好的演示窗口的大小，如 512×342、640×350、800×600 等，乘号前面的数值是演示窗口的水平像素值，后面的数值是演示窗口的垂直像素值。
- 使用全屏：选择该选项，程序在运行时演示窗口会充满整个屏幕。

除了用以上 3 种方法设置演示窗口的大小外，Authorware 还提供了用"计算图标"结合"系统函数"的方法来精确设置窗口的大小，将在下一节介绍它的使用方法。

（3）"选项"选项组。选项组中包括多个复选框，用于对应用程序的窗口界面进行各种细节设置。

- 显示标题栏：勾选此项，演示窗口中会显示标题栏；否则，不显示标题栏。
- 显示菜单栏：勾选此项，演示窗口中会显示菜单栏；否则，不显示菜单栏。
- 显示任务栏：勾选此项，用户所开发的程序在 Windows 系列操作系统下运行时会显示任务栏，即任务栏会覆盖演示窗口的一部分；否则，不显示任务栏。
- 覆盖菜单：勾选此项，多媒体程序的菜单栏将覆盖演示窗口所处的位置；否则，程序的菜单栏会放置在演示窗口位置的正上方。
- 屏幕居中：将演示窗口放置于屏幕的中央位置。
- 匹配窗口颜色：勾选此项，用户发布的多媒体程序会根据 Windows 上的配色方式自动调整演示窗口的颜色。
- 标准外观：勾选此项，程序在 Windows 操作系统下运行时可以指定演示窗口中按钮等对象的颜色。

2. “交互作用”选项卡

“交互作用”选项卡主要是关于程序中的交互功能的一些设置，如图 1-30 所示。

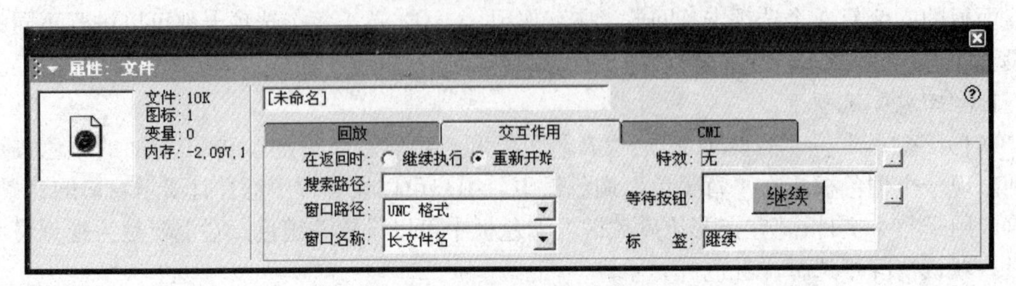

图 1-30 “交互作用”选项卡

（1）“在返回时”选项组：该选项组中有两个单选按钮，其含义如下：

- 继续执行：勾选此项，在 Authorware 程序启动时会继续使用以前程序保留的变量信息，继续运行程序。
- 重新开始：勾选此项，在 Authorware 程序启动时所有的系统变量将被清零并重新开始赋值，而不会保留上次程序运行而产生的结果。

（2）“搜索路径”文本框：在“搜索路径”文本框中可以输入程序查找的路径。

（3）“窗口路径”和“窗口名称”下拉列表框：用于选择文件路径和文件格式的要求。

（4）“特效”栏：设置由调用的文件返回原文件的过渡方式。

（5）“等待按钮”栏：用于设置按钮的样式。

（6）“标签”文本框：显示按钮上的文字，可以在“标签”文本框中修改按钮上的文字。

3. CMI 选项卡

CMI 是“计算机管理教学”的缩写，CMI 选项卡主要用于设置各种追踪记录的项目。CMI 选项卡如图 1-31 所示。

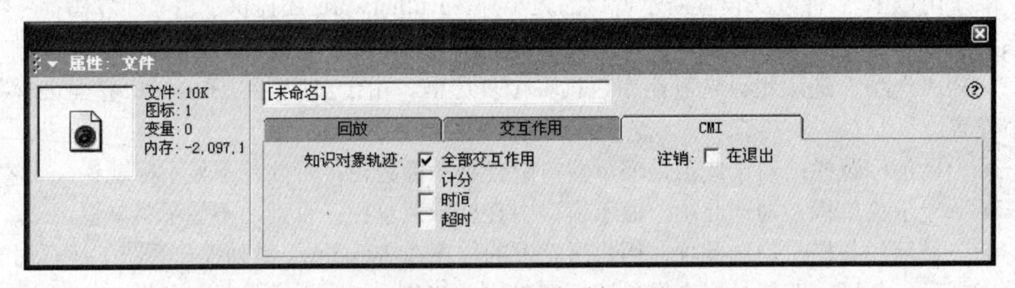

图 1-31 CMI 选项卡

1.3.4 制作一个简单的多媒体程序

为了让初学者对 Authorware 7.0 的设计平台有一个初步认识，了解 Authorware 多媒体程序结构的特点，下面制作一个简单的实例，通过实例来了解 Authorware 的功能。

本实例将实现犹如幻灯片播放的效果，作品中的每张图片都有不同的过渡效果。本例中用到了计算图标、显示图标，程序的动画流程如图 1-32 所示。

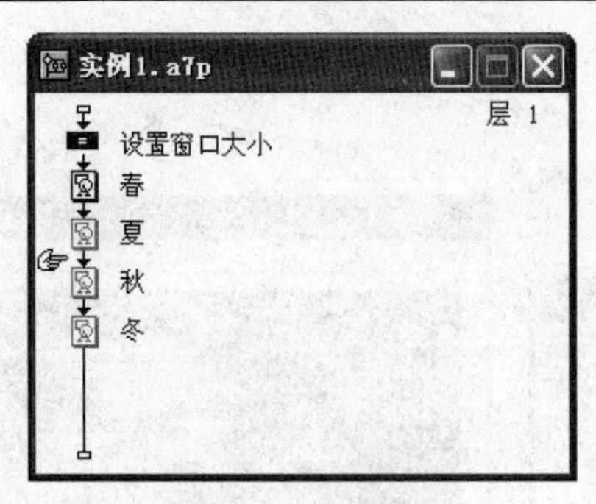

图 1-32　动画流程

制作步骤如下：

（1）启动 Authorware 7.0，默认情况下，Authorware 7.0 会自动弹出“新建”对话框，单击“取消”按钮，进入 Authorware 7.0 设计窗口。

（2）将鼠标指针移动到设计图标栏上，拖到“计算”图标，把它放到流程线上。此时在图标右侧出现默认的图标名“未命名”，在此将它改为“设置窗口大小”。双击“计算”图标，在弹出的计算图标编辑器中键入如下代码：ResizeWindow(600,405)，如图 1-33 所示，这样就将程序窗口的尺寸定义为 600×405 像素。

图 1-33　定义窗口尺寸

（3）在流程线上添加 4 个显示图标，分别命名为“春”、“夏”、“秋”、“冬”，如图 1-32 所示。

（4）双击“春”显示图标，打开一个空白的演示窗口，单击工具栏中的“导入”按钮，弹出“导入哪个文件？”对话框，在其中选择一幅预先准备好的图片“春”，如图 1-34 所示。

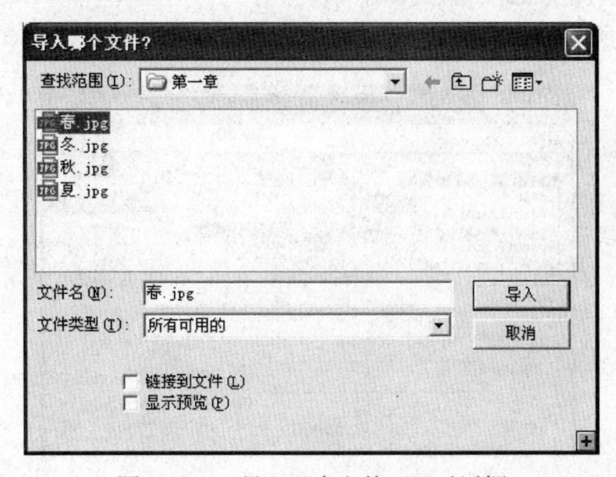

图 1-34　“导入哪个文件？”对话框

这时在演示窗口中可以看到一幅图片，用鼠标拖动图片使之位于演示窗口左侧的合适位置，如图 1-35 所示。

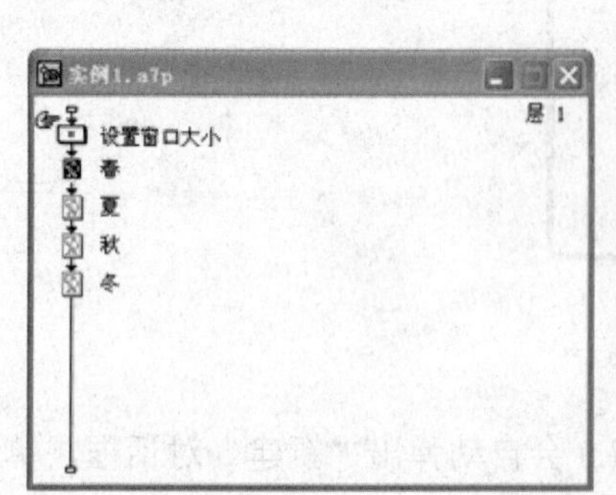

图 1-35 向演示窗口中导入图片

（5）设置图标的过渡效果。首先在流程线上单击“春”显示图标，这时在属性面板上可以看到该图标的属性，如图 1-36 所示。

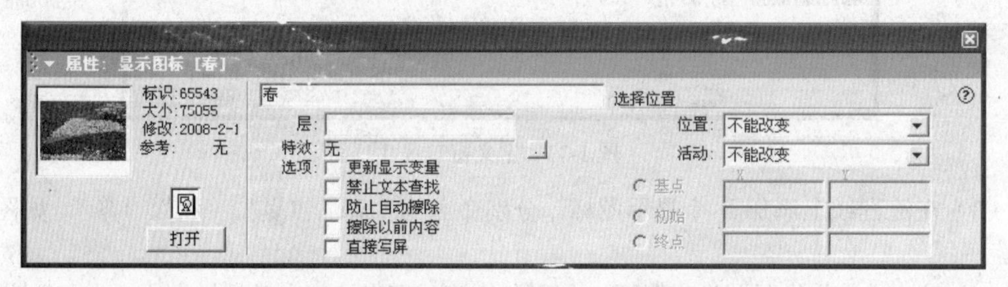

图 1-36 显示图标“春”的属性面板

单击“特效”栏右侧的按钮，弹出“特效方式”对话框，该对话框用于设定过渡渐变的效果。按照图 1-37 所示的参数设定渐变方式，然后单击“确定”按钮。

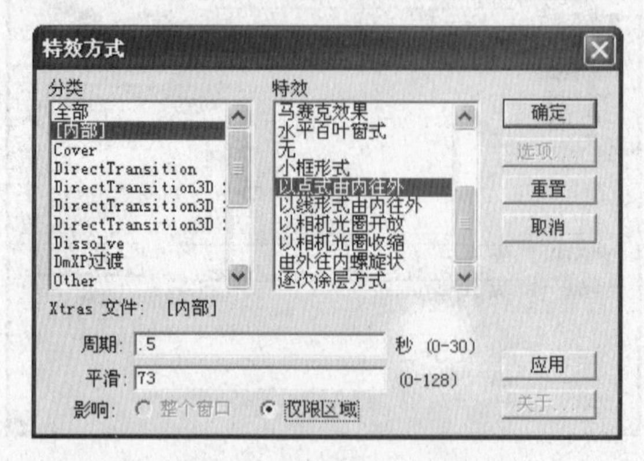

图 1-37 过渡效果的设置

这样，程序在运行到“春”显示图标时会按照刚才设置的过渡方式来显示图片了。

（6）按照步骤 4 和 5 的操作，依次在“夏”、“秋”、“冬”中导入图片，然后分别为这几个显示图标中的图片设置切换效果。

（7）设置完成后，保存文件。单击工具栏中的按钮可以看到制作效果。

1.3.5　保存 Authorware 文件

程序制作完成后，最后一项重要的事情就是保存自己的成果，保存程序常用的方法有以下几种：

- 单击工具栏中的“全部保存”按钮。
- 选择“文件”→“保存”命令。
- 按快捷键 Ctrl+S。

在初次保存文件时，以上 3 种方法 Authorware 都会弹出“保存文件为”对话框，在其中指定保存的位置和文件名，这里将文件命名为“幻灯片浏览.a7p”，如图 1-38 所示，然后单击“保存”按钮，文件就被保存下来了。当用户自定义一个文件名时，Authorware 7.0 会自动加上扩展名“.a7p”，以表示这是一个 Authorware 的程序文件。

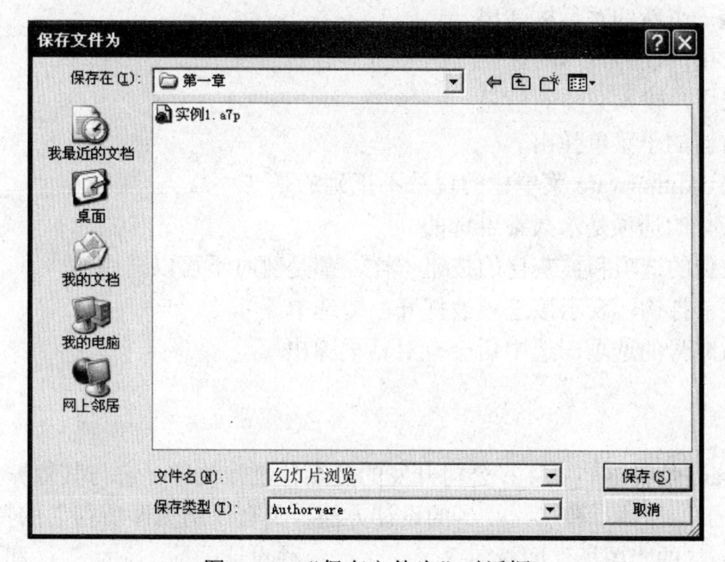

图 1-38　“保存文件为”对话框

如果需要把文件另外备份保存，可以选择“文件”→“另存为”命令，同样可以弹出“保存文件为”对话框，在这里可以设置新的路径或新的文件名，单击“保存”按钮即可。

本章练习

一、选择题

1．在 Authorware 中，当选中流程线上的多个图标或选择同一图标中的多个对象时，需要按住（　）键。

A．Ctrl B．Alt C．Shift D．Tab

2．Authorware 采用（ ）的程序设计方法使多媒体的创作更加方便、快捷，即使是非专业人员也可以利用它轻松地进行多媒体创作。

A．基于图层和蒙板 B．基于图层和时间帧

C．基于页和语言 D．基于图标和流程图

3．属性面板位于 Authorware 主窗口的下方，可以被折叠、展开和移动，它可以根据选择的对象来显示和设置当前对象的属性，按（ ）组合键可以打开或关闭属性面板。

A．Ctrl+1 B．Ctrl+Alt+K

C．Ctrl+I D．Ctrl+Shift+K

4．Authorware 的主要功能特点包括（ ）。

A．具备多媒体素材的集成能力

B．具备多样化的交互作用能力，提供强有力的交互控制

C．具备三维变形动画处理能力

D．对网络应用提供完善的支持

5．Authorware 菜单中，有省略号的选项单击后（ ）。

A．会有一个新的对话框弹出

B．要求用户设置具体的选项

C．要求用户输入必要的信息

D．会有新的子菜单弹出

6．下列关于 Authorware 菜单栏的说法不正确的是（ ）。

A．被灰化的选项是永久不可选的

B．被灰化的选项和被灰化的按钮一样，都是暂时不可以选用的

C．选项前打钩，表示该选项被打开，即选中

D．有省略号的选项，选中后会有对话框弹出

二、填空题

1．Authorware 是美国________公司开发的多媒体制作软件，它与其他编程工具的不同之处在于它采用基于________和________的设计方法，具有“所见即所得”的特点。

2．Authorware 的“图标”面板包含了________种设计图标、________和图标色彩面板。

3．Authorware 菜单栏包括________、________、________、________、________、________、________、________、________、________、________共 11 个菜单。

第 2 章　绘制图形与外部图像的使用

2.1　显示图标

显示图标是 Authorware 中使用频率最高的设计图标，几乎所有的程序都有一个或多个显示图标。可以通过图标创建和编辑文本及图形图像对象，设置对象的特殊显示效果等。

2.1.1　使用显示图标

当需要在多媒体程序中显示文本或图形图像时，就需要用到显示图标。方法非常简单，只需要从图标栏上将显示图标拖动到设计窗口流程线上的相对位置，即可将显示图标加入到程序中，如图 2-1 所示。

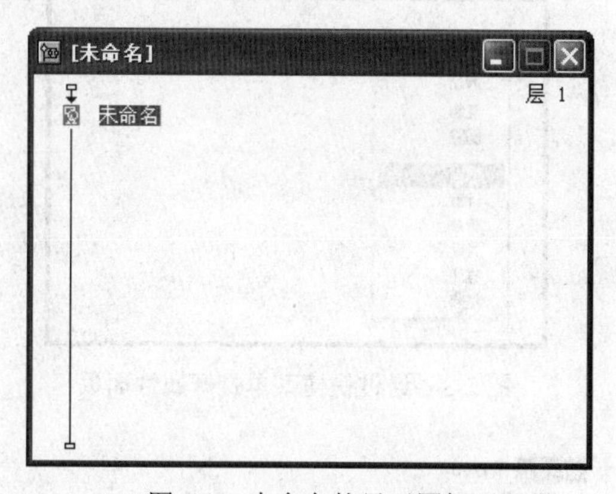

图 2-1　未命名的显示图标

2.1.2　设置显示图标属性

在 Authorware 程序中，每一个图标都代表各自独特的内容，因此也具有不同的图标属性。前面曾经讲到过对导入到显示图标内的图像进行属性设置，显示图标自身的属性与它很相似，可以使用 4 种方法来为流程中的图标开启属性面板，这些方法同样适用于其他的图标。

方法一：在设计窗口中选取一个显示图标，选择“修改”→“图标”→“属性”命令，这样即可开启显示图标的属性面板，如图 2-2 所示。

方法二：在显示图标上右击，从弹出的快捷菜单中选择“属性”选项，也可以开启显示图标的属性面板，如图 2-3 所示。

方法三：在按住 Ctrl 键的同时双击设计窗口中的显示图标，即可快速地开启显示图标的属性面板。

方法四：在设计窗口中选取一个显示图标，选择“窗口”→“面板”→“属性”命令或者按 Ctrl+I 快捷键，即可开启显示图标的属性面板，如图 2-4 所示。

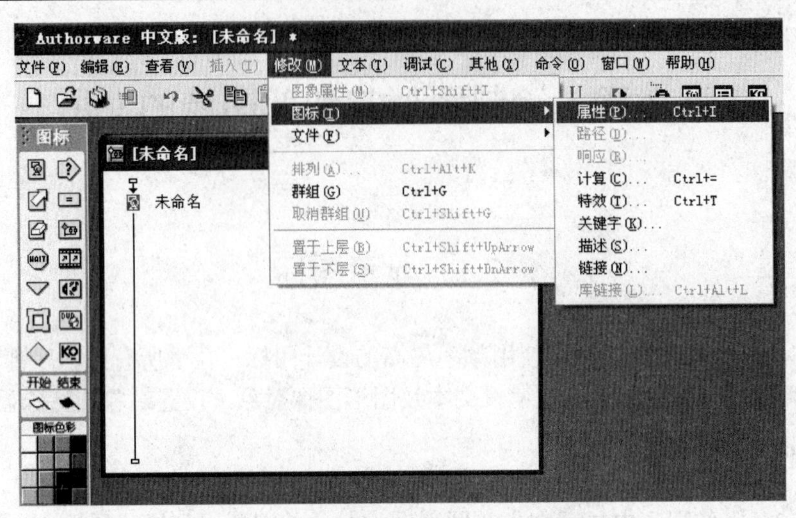

图 2-2　通过“修改”菜单打开属性面板

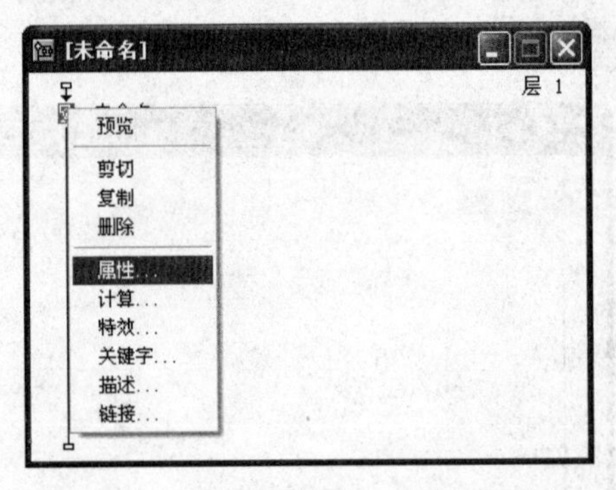

图 2-3　通过快捷菜单打开属性面板

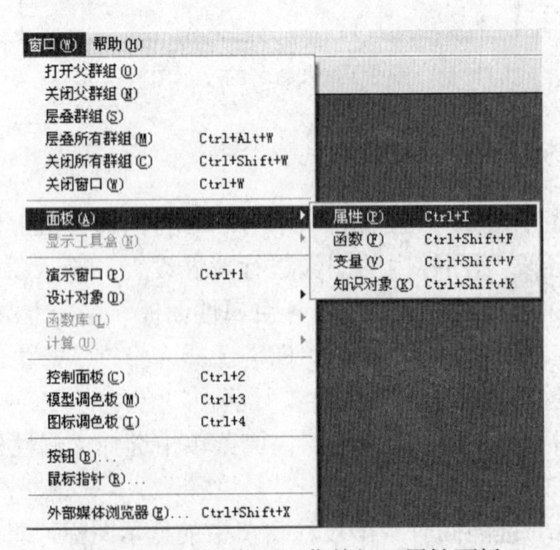

图 2-4　通过“窗口”菜单打开属性面板

默认情况下，开启的属性面板将出现在 Authorware 窗口的下方。按住这个面板的名称栏并向上拖动，可将其以浮动面板的方式显示在窗口中，如图 2-5 所示。

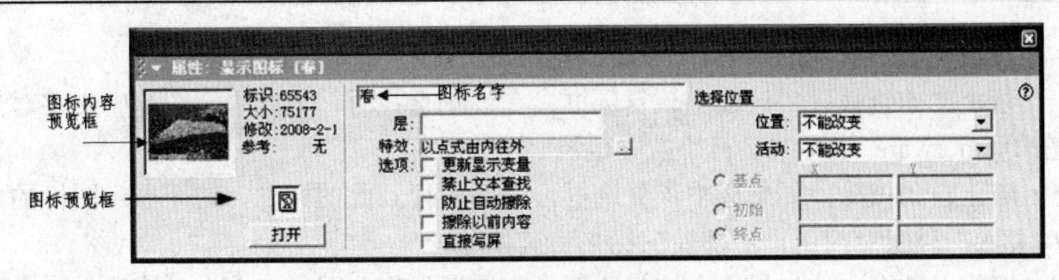

图2-5　显示图标的属性面板

显示图标属性面板中的各选项的含义和用途如下：

（1）层：设置图标内容在显示窗口中所处的层位置。层数值较高的图标内容会放置于层数较低的图标内容之上。

（2）特效：设置图标内容显示的过渡效果，每个显示图标的内容都可以在显示的时候设置过渡效果，让画面内容的出现更加生动，增强影片内容的表现力。单击右侧的□按钮将弹出“特效方式”对话框，如图2-6所示，选择过渡效果应用于目前的设计图标。

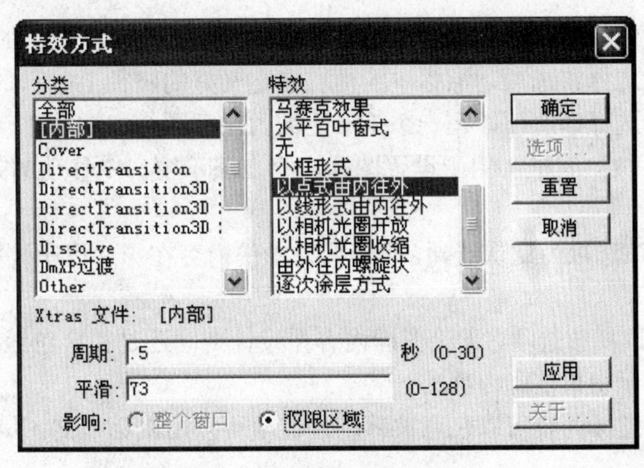

图2-6　“特效方式”对话框

在“分类”列表框中有各种过渡效果的类型，选择好类型后在“特效”列表框中会出现相应类型的过渡效果。如果在“分类”列表框中选择“全部”选项，则在“特效”列表框中会显示所有的过渡效果。

选择好过渡效果后，在对话框的下半部分会出现该过渡效果属性的具体设置选项，常见的选项有：

- “周期”文本框：在文本框中可以输入一个数字，作为过渡效果持续的时间，单位是秒。
- “平滑”文本框：在文本框中可以输入过渡效果的平滑程度，数字越大，渐变时的各种变化越粗糙。
- “影响”单选按钮组：有两个选项，如果选中“整个窗口”单选按钮，则过渡效果的范围将是整个演示窗口；如果选中“仅限区域”单选按钮，则过渡效果只影响窗口中有改变的区域。系统的默认选项一般为“仅限区域”。

属性设置完毕后，单击“应用”按钮，可以预览过渡效果。如果对设置的结果不满意，可以单击“重置”按钮，所有的属性设置会恢复默认值。

（3）更新显示变量：该选项只有当图标中含有变量时才有用。如果选中该复选框，

Authorware 执行到显示图标时会自动更新图标中的变量值并刷新显示结果。

（4）禁止文本查找：如果选中该复选框，在设置查找时，将此显示图标中文字对象的内容排除在 Authorware 进行的字符串搜索范围之外。

（5）防止自动擦除：如果选中该复选框，程序运行到此图标时，这个显示图标的内容不会被自动清除，只能专门用一个擦除图标来将其擦除。

（6）擦除以前内容：如果选中该复选框，程序运行到此图标时会自动擦除上一个图标中的内容。

（7）直接写屏：勾选该复选项，则不管图标的层数是如何设置的，图标的内容都会在演示窗口的最前面显示。

（8）"位置"下拉列表框：下拉列表框中的选项用于设置图标内容的显示位置，其中各选项的意义如下：

- 不能改变：该选项为默认选项，选择该选项，图标内容在程序运行时按照编辑时的位置显示。
- 在屏幕上：选择该选项，在演示窗口中按照"初始"栏中设置的坐标显示。
- 在路径上：选择该选项，图标中的内容在定义好的路径上显示。
- 在区域内：选择该选项，在一个矩形区域内显示图标中的内容。

（9）"活动"下拉列表框：用于设置图标内容在演示窗口中移动的方式，其中各选项的意义如下：

- 不能改变：该选项为默认选项，设计图标中的内容在影片程序被打包发布之后显示位置不能再移动。
- 在屏幕上：选择该选项，无论图标内容在设计期间还是在打包运行之后，图标内容可以在程序演示窗口范围内移动。
- 任意位置：图标内容可以任意被移动，甚至可以用鼠标拖到窗口的可视区域之外。

2.2　图形的绘制

在多媒体程序中，图形图像是不可缺少的内容，它们具有信息丰富、视觉直观等诸多优点。在 Authorware 7.0 中提供了最基本的图形绘制工具，虽然 Authorware 在图形绘制上没有其他图形图像处理工具功能强大，但为方便用户使用，Authorware 可以绘制一些简单的图形。绘制完图形后，还可以给这些图形设置相应的属性，如设置线型、颜色、填充样式等，以使图形更加形象、生动。

2.2.1　基本绘图工具

Authorware 提供了 6 种基本绘图工具，这些基本绘图工具位于工具箱中，如图 2-7 所示，使用这些工具可以绘制出简单的矢量图形。这些工具分别是：直线工具＋、斜线工具╱、椭圆工具○、矩形工具□、圆角矩形工具▢和多边形工具△。

本章介绍的图形图像的绘制及编辑都是在演示窗口中进行的，在绘制图形时，可以用鼠标在绘图工具箱中单击来选择某种工具，被选择的工具会加亮显示。

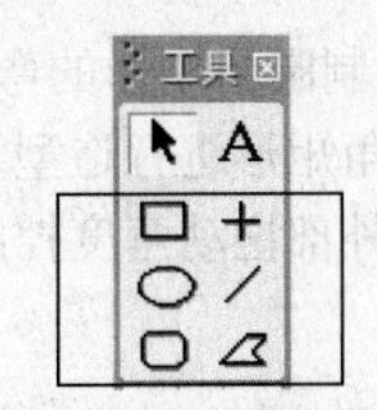

图 2-7　基本绘图工具

1. 直线工具

直线工具＋主要用于绘制水平线、垂直线或 45 度直线。选中工具后，在演示窗口中按下鼠标左键并拖动即可创建这 3 种直线。

2. 斜线工具

斜线工具／可以绘制各种角度的直线。选中工具后，在演示窗口中按住鼠标左键并拖动，可以画出任意角度的直线。但如果在使用斜线工具时按住 Shift 键，则只能画出水平线、垂直线和 45 度角方向的直线。

3. 椭圆形工具

椭圆工具○用于绘制椭圆和正圆。选中工具后，在演示窗口中按住鼠标左键并拖动，可以画出椭圆，如果同时按住 Shift 键可以画出正圆，如图 2-8 所示。

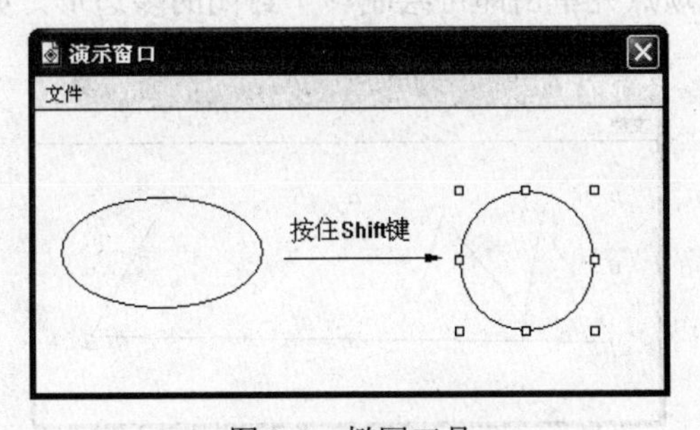

图 2-8　椭圆工具

4. 矩形工具

矩形工具□用于绘制长方形和正方形。选中工具后，在演示窗口中按住鼠标左键并拖动，可以画出矩形。与椭圆工具类似，如果同时按住 Shift 键则可以画出正方形，如图 2-9 所示。

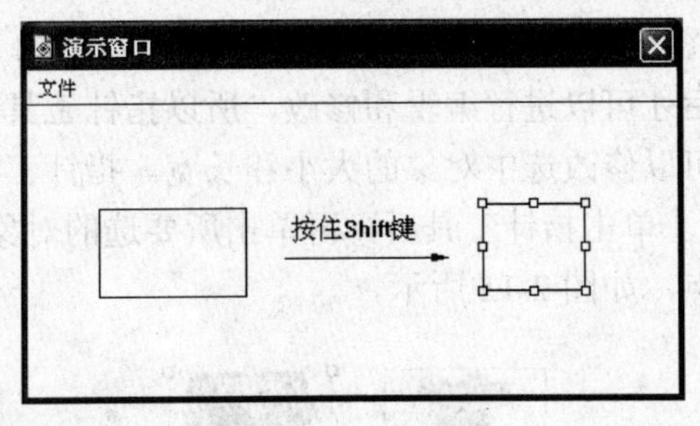

图 2-9　矩形工具

5. 圆角矩形工具

圆角矩形工具▢用于绘制圆角矩形。在演示窗口中按住鼠标左键并拖动，可以画出圆角矩形，同时按住 Shift 键可以画出圆角正方形，但刚刚绘制完毕的圆角矩形四周没有控制点，而是在其内部显示一个控制点，用于控制圆角矩形的弯度，所以称为弯度控制点，如图 2-10 所示。按住该控制点并拖动，可以对圆角矩形进行造型编辑：向中心位置拖动弯度控制点，圆角矩形将逐渐变为一个椭圆或圆形；向外部拖动弯度控制点，圆角矩形将逐渐变为一个矩形或正方形。

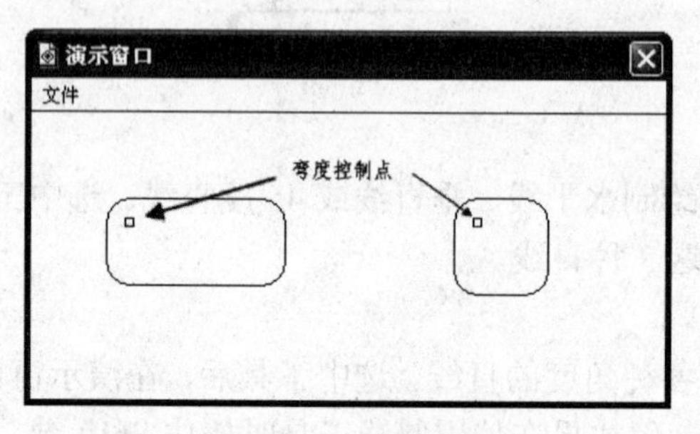

图 2-10 弯度控制点

6. 多边形工具

多边形工具用于绘制任意多边形或任意的折线。操作方法是：在演示窗口中，单击起始点，然后单击结束点绘制一条线段。以后每画出一条直线都需要点一下，若要结束则双击完成。若将光标移至第一个顶点并单击即可绘制一个封闭的多边形，如图 2-11 所示。

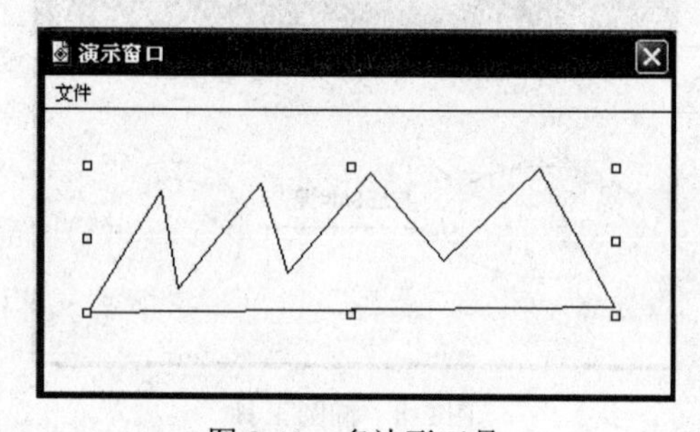

图 2-11 多边形工具

2.2.2 编辑图形

1. 指针工具

要想对自己所绘制的图形进行编辑处理，首先要选中该图形，用指针工具来选择对象。因为对象只有在被选中以后才可以进行编辑和修改，所以指针工具是 Authorware 中最常用的工具。另外，指针工具还可以修改选中对象的大小和长宽。指针工具使用的方法如下：

（1）单个对象的选择。单击指针工具后，再单击所要选的对象即可将它选中，被选中的对象周围会出现 8 个控制点，如图 2-12 所示。

图 2-12 选择单个对象

（2）多个对象的选择。当选择多个对象时，可以用指针工具先选择一个对象，然后按住

Shift 键，再单击其他对象，这样即可选择多个对象，如图 2-13 所示。

图 2-13　按住 Shift 键选择多个对象

指针工具的另一个选择多个对象的方法是区域选择对象。单击鼠标并拖动，出现一个虚矩形框，当松开鼠标时，位于矩形框中的所有对象都被选中了，如图 2-14 所示。

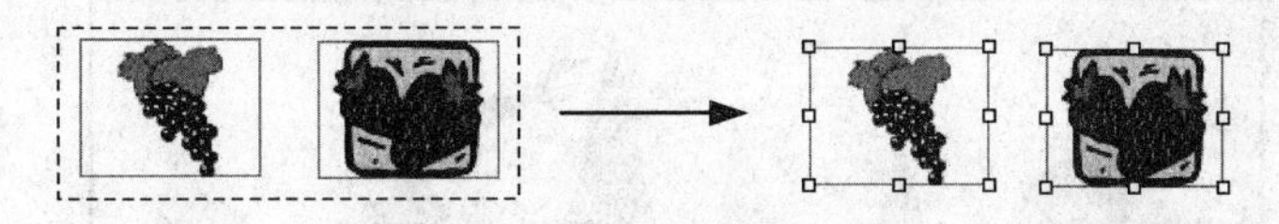

图 2-14　框选多个对象

（3）取消选择。如果想要取消选择，只需单击任意空白处即可。当同时选中多个对象之后，想要取消其中的某个对象时，仍需要按住 Shift 键，然后再次单击该对象，这样就可以取消对这个对象的选择，而其他的对象仍然处于被选中的状态。

（4）修改对象的大小。利用指针工具也可以修改对象的大小尺寸，选中对象后，在对象的周围会出现 8 个控制点，将鼠标指针移动到控制点上并拖动，可以修改该对象的大小。若在拖动控制柄时按住 Shift 键，则可以按比例缩放对象的大小。

2. 设置线型

设置线型包括线宽设置和是否带箭头。打开线型面板，方法是：单击“窗口”→“显示工具盒”→“线型”命令；或者按快捷键 Ctrl+L；或者单击绘图工具箱中的“线型”图标，如图 2-15 所示。

线型面板分为上下两栏：上面一栏用于设置线条的粗细程度，其中，最上面的一项是设置虚线；下面一栏用于选择线条的形式，可以选择普通线条，也可以设置箭头。

要修改线条的样式很简单。选择图形对象后，在线型面板上单击线条粗细程度和样式即可，如图 2-16 所示。

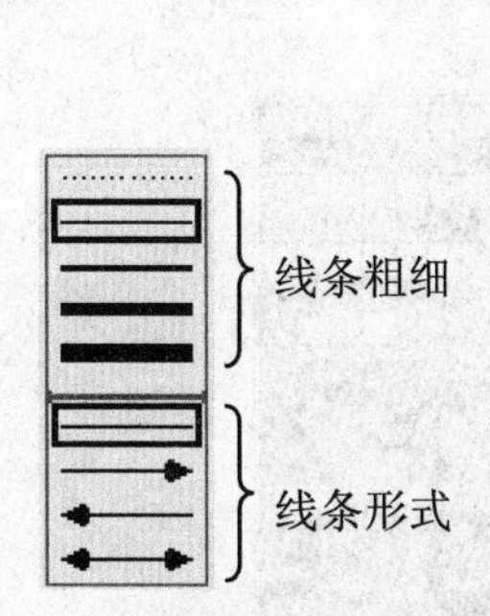

图 2-15　线型面板

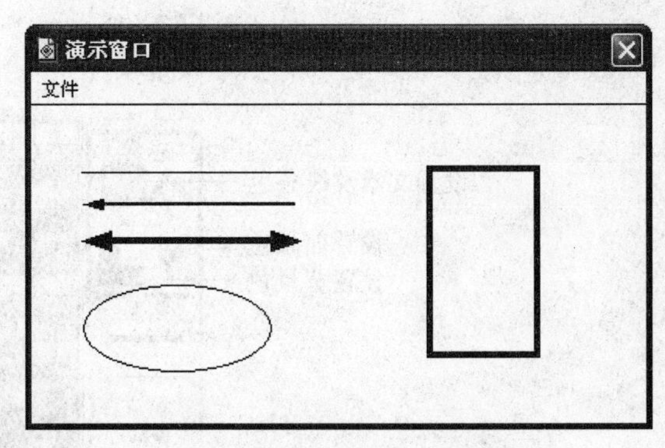

图 2-16　各种线型效果

3. 设置填充样式

Authorware 为绘制的图形提供了多种纹理填充样式，可以根据需要为图形设置不同的填充图案。单击绘图工具栏上的填充工具，或者选择“窗口”→“显示工具盒”→“填充”命令，可以打开填充面板（也可以按快捷键 Ctrl+D）。

在 Authorware 7.0 中，由矩形工具、椭圆工具、圆角矩形工具、多边形工具创建的图形都可以使用填充图案。

要使用填充图案，首先要选中图形，然后在填充面板上选择填充图案即可，如图 2-17 所示。如果要取消填充，只需选择填充面板左上角的“无”即可实现。

图 2-17　不同样式的填充图案

4. 设置图形的颜色

设置图形颜色包括设置图形的边框颜色、内部填充颜色及填充样式的颜色等。选择“窗口”→“显示工具盒”→“颜色”命令（也可以按快捷键 Ctrl+K），或者单击绘图工具箱中的“色彩”工具，可以打开“色彩”面板，如图 2-18 所示。

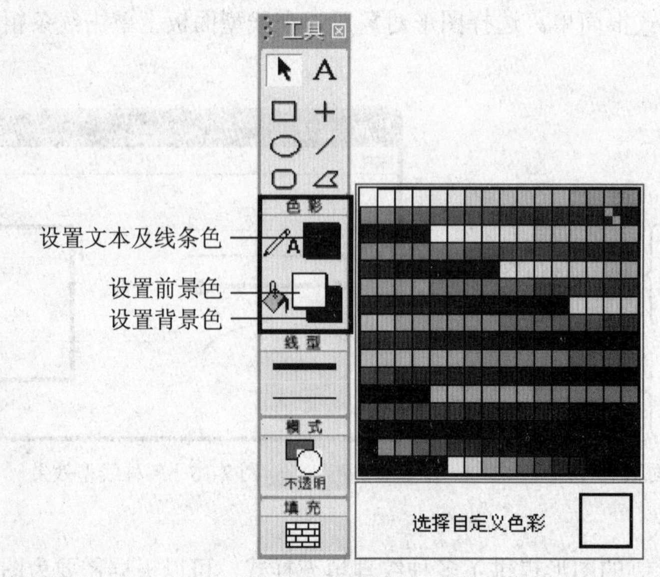

图 2-18　“色彩”面板

文本及线条色可以用来设置文本或各种线条的颜色；前景色可以设置各种填充花纹的颜色；背景色用来设置各种填充花纹中的颜色。

设置颜色的方法很简单，以设置前景色为例：选中图形，然后单击"前景色"按钮，接下来在色彩选择框中选择一种合适颜色。

2.3　外部图像的使用

实际上，在使用 Authorware 进行多媒体创作过程中，很少直接使用 Authorware 提供的绘图工具来进行图形界面的创建，绝大部分的程序界面都是在项目开发策划完成后，根据设计需要和内容要求，在专业的图形编辑工具中完成的，因为 Authorware 可以直接导入这些已经创建好的图形图像。

2.3.1　常用图像格式

从上面的操作中，已经可以知道 Authorware 对图形、图像的处理能力并不强，因此很多的画面效果不能依靠 Authorware 中有限、简单的处理功能来完成，而需要先在比较专业的图形工具中制作完成，然后再导入到 Authorware 中使用。

图像格式是指计算机中存储图像文件的方法，它们代表不同的图像信息——矢量图形还是位图图像、色彩数和压缩程度。图形图像处理软件通常会提供多种图像文件格式，每一种格式都有它的特点和用途。下面介绍几种能在 Authorware 7.0 中使用的图像文件格式及其特点。

1. JPEG 格式

JPEG 格式（Joint Photo graphic Experts Group）简称 JPG，是应用最广泛的图片格式之一，它采用一种特殊的有损压缩算法，将不易被人眼察觉的图像颜色删除，从而达到较大的压缩比，所以"身材娇小，容貌姣好"，特别受网络青睐。

2. BMP 格式

BMP 格式（bitmap）是一种与设备无关的图像文件格式，是 Windows 环境中经常使用的基本位图图像格式。它最大的好处就是能被大多数软件"接受"，可称为通用格式。其结构简单，未经过压缩，一般图像文件会比较大，因此在网络中传输不太适用。

3. GIF 格式

GIF 格式（Graphics Interchange Format）分为静态 GIF 和动画 GIF 两种，支持透明背景图像，适用于多种操作系统，文件很小，可以极大地节省存储空间，因此常常用于保存作为网页数据传输的图像文件。但 GIF 是一个 8 位的格式，只能表达 256 种色彩，不能用于存储真彩色的图像文件。

GIF 动画格式可以同时存储若干幅静态图像并指定每幅图像轮流播放的时间，从而形成动画效果。所以归根到底 GIF 仍然是图片文件格式。

4. PSD 格式

PSD 格式是 Adobe Photoshop 图像处理软件中默认的文件格式，它可以将所编辑的图像文件中的所有有关图层和通道的信息记录下来。所以，在编辑图像的过程中，通常将文件保存为 PSD 格式，以便于重新读取需要的信息。但是用 PSD 格式保存图像时，由于图像没有经过压缩，当图层较多时，文件会很大，会占用很多硬盘空间。

该格式通用性差，只有 Photoshop 能使用它，很少被其他软件和工具所支持。所以，在图像制作完成后，通常需要转换为一些比较通用的图像格式，以便于输出到其他软件中继续编辑。

5. TIFF 格式

TIFF 格式（Tagged Image File Format）的最大优点是图像不受操作平台的限制，无论 PC 机、MAC 机还是 UNIX 机都可以通用，所以它是应用最广泛的位图图像格式。TIFF 格式可包含压缩和非压缩像素数据，几乎被所有绘画、图像编辑和页面排版应用程序所支持。

2.3.2 图像素材的获取与处理

获取图像的途径有很多，可以从互联网上下载图片，这是最快捷最方便的方法，也可以利用扫描仪扫描图像、使用数码照相机拍摄图像、使用专业抓图软件，抓图软件常用的有 HyperSnap、SnagIt 等。

图像处理软件专门用于获取、处理和输出图像。在多媒体制作过程中，通常先要查找需要的图片，然后调整图片的大小、色彩、效果等，最后再导入到多媒体制作软件中。

常用的软件有 Photoshop、Fireworks、CorelDRAW 和 Adobe Illustrator 等。图像文件格式转换也很重要，稍微好一些的图像处理软件几乎都具有图像文件格式的自动转换功能，即以某一种图像文件格式输入，再以另外一种图像文件格式保存。

2.3.3 导入外部图像

在 Authorware 7.0 中，导入外部图片有如下几种方法：

（1）以粘贴方式。

使用复制和粘贴的方法，用户可以方便地将外部图片导入到 Authorware 程序中。首先选择需要的图片，然后按 Ctrl+C 组合键复制图片，再回到 Authorware 中，打开演示窗口，然后按 Ctrl+V 组合键粘贴图片，也可以单击工具栏上的“粘贴”按钮，这样被复制的图片就会出现在显示窗口中。

（2）以拖放方式导入图像。

可以把图像直接拖入到 Authorware 中，打开 Windows 资源管理器，找到需要的图片，然后将文件直接拖动到设计窗口的流程线上，系统会自动在流程线上创建一个显示图标，用来装载该图像，显示图标名为该图片文件名。也可以在图片处理软件（如 Firworks）的编辑界面上直接把图片拖动到流程线或演示窗口中，如图 2-19 所示。

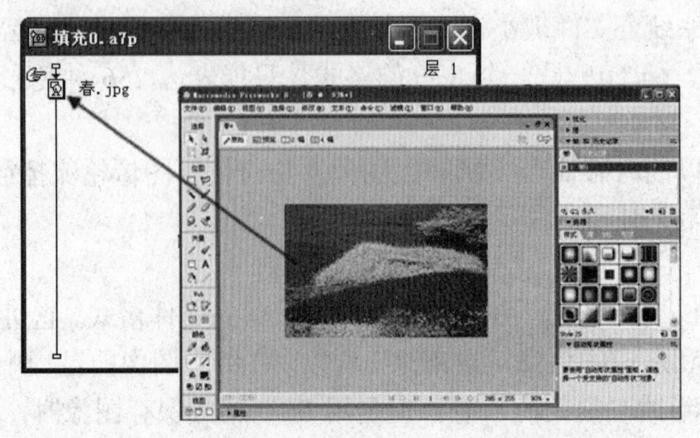

图 2-19 从 Firworks 中把图片拖动到流程线上

（3）从外部文件直接导入图像。

单击“文件”→“导入和导出”→“导入媒体”命令，或者单击工具栏中的“导入”按钮，会弹出一个“导入哪个文件？”对话框，供用户选择需要导入的文件。用户可以采用外部链接或内部链接的方式，选择要导入的图片，最后单击“导入”按钮，即可将图片导入到 Authorware 文件中，如图 2-20 所示。

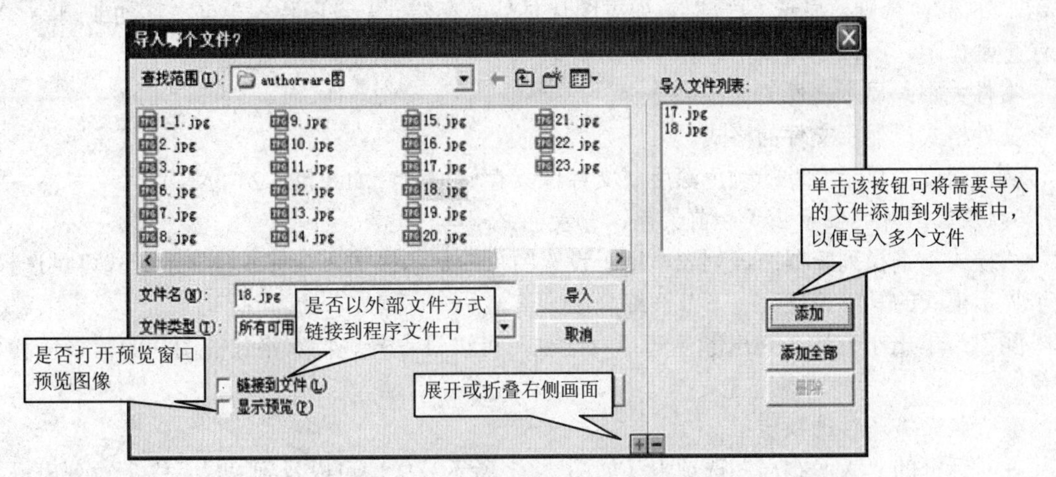

图 2-20　“导入哪个文件？”对话框

如果一次想导入多个图像文件，可单击“导入哪个文件？”对话框右下角的扩展按钮，出现扩展窗口。选中图片，然后单击“添加”按钮，重复几次，即可将选中的文件添加到扩展窗口中；若要删除某个文件，先选中它，然后单击“删除”按钮即可。最后单击“导入”按钮可将“导入文件列表”中的图片文件全部添加到 Authorware 文件中。

2.3.4　设置图像属性

在 Authorware 程序中引入外部图像后，用户还可以根据需要对其属性进行设置。在演示窗口中选择图像后，双击图片或者选择“修改”→“图像属性”命令，系统将打开“属性：图像”对话框，如图 2-21 所示，可以在其中设置图像的属性。

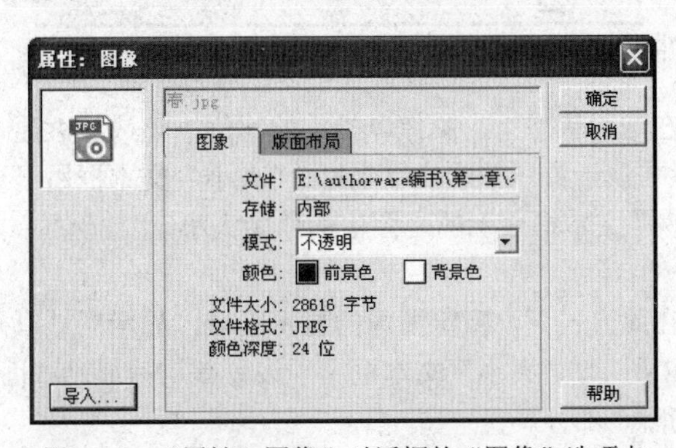

图 2-21　“属性：图像”对话框的“图像”选项卡

1．替换图片

如果对当前导入的图像不满意，可以单击对话框左下角的“导入”按钮重新打开“导入哪个文件？”对话框，即可将原来导入的图片用新的图片替换掉。

2. 查看图片的属性

在对话框的“图像”选项卡中，可以查看导入图片的一些属性和状态。

文件：显示文件保存的路径及名称。

存储：显示该文件是内部文件还是外部文件。若在导入时选择了“链接到文件”，则此处显示“外部”；否则，显示“内部”。如果图片是外部存储，一旦图片被更名、移动或删除，将无法正常显示，所以尽量少用这种存储方式。

文件大小：显示文件的大小。

文件格式：显示文件的格式。

颜色深度：显示文件的颜色深度（文件像素存储位数，如 8 位、24 位等）。

3. 设置图片的显示模式和前景色、背景色

“模式”下拉列表框：该列表框用于设置图片的显示模式，共有 6 种显示模式可供选择。关于显示模式的具体论述会在下节详细介绍。

颜色：单击小方块，弹出颜色选择对话框，可以设置一些特殊格式的图片的前景色和背景色。

4. “版面布局”选项卡

在对话框的“版面布局”选项卡（如图 2-22 所示）中，可以看到“显示”下拉列表框，用于选择图像的显示状态。在“显示”下拉列表框中有 3 种显示状态可供选择：比例、原始、裁切。这 3 种状态各自的设置选项不同。

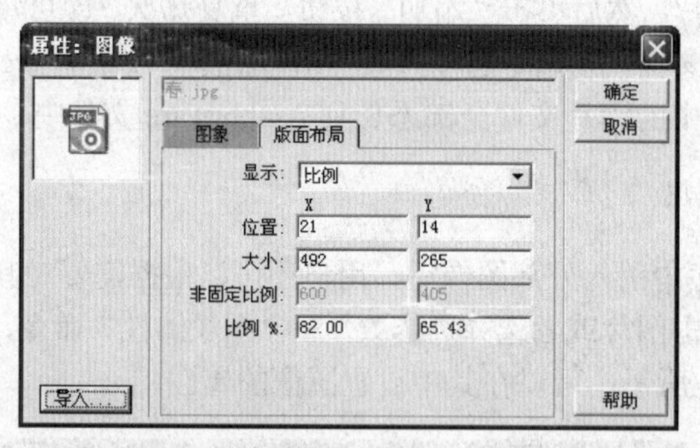

图 2-22 “属性：图像”对话框的“版面布局”选项卡

（1）比例状态：在这种状态下，图像以指定的比例缩小或放大显示。其中“位置”文本框用于设置图像左上点在演示窗口中的横纵坐标，“大小”文本框用于设置希望得到的图像的显示尺寸，“非固定比例”文本框显示的是图像的原始大小，“比例%”文本框用于设置图像的缩放比例。

（2）裁切状态：在此方式下，指定图像的显示区域，显示区域以外的部分将被裁切掉。该选项的画面如图 2-23 所示。“大小”文本框用于设置裁切后显示画面的大小，“放置”选择框用于指定显示图像的哪一部分。

（3）原始状态：表示按图像的原始状态显示，不对图片进行修改。当用户对某个图片进行了缩放或是裁切之后并不满意，想恢复到图片最初的模样，可以将显示状态改为“原始”，这样图片就会自动恢复原始图片的样子。

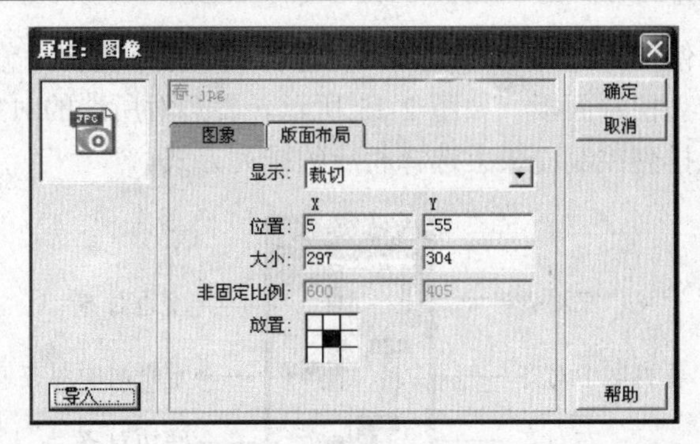

图 2-23　裁切选项的画面

2.3.5　图像的显示层次和模式

在 Authorware 程序中绘制或导入了多个图形图像后，有时需要对这些图形图像进行合理的排列，当一个图像遮住了另一个图像时，也要进行一些处理，使需要的图像得到所需要的效果。

1. 图像的显示层次

当图形对象被创建或导入后，它们就按先后次序一层层放置在演示窗口中。当对象覆盖住下面的对象时，便无法直接选择下面的对象。这时就需要调整重叠图形图像的位置关系，显示图标中重叠图片的位置关系的方法有以下两种：

（1）在同一个图标中。

如果所有的图形图像都在同一个图标中，要修改对象的层次非常简单，首先选中对象，然后选择“修改”→“置于上层”或“置于下层”命令，“置于上层”的作用是将图像移动到演示窗口中层叠在一起的对象的最上层，如果同时选择了多个对象，当它们移动到顶部时其相对位置不变；“置于下层”的作用是将图像移动到演示窗口中层叠在一起的对象的最下层，如果同时选择了多个对象，当它们移动到底部时其相对位置不变。

（2）在不同图标中。

当图形图像在不同的图标中时，默认情况下，在流程线上后面的图标会覆盖在前面的图标上。如果想改变图像的显示层次，可以在流程线上单击图标，这时属性面板的标题栏会变成“属性：显示图标”。在属性面板上的“层”文本框中可以键入图标所在的图层数字，如图 2-24 所示。默认情况下，“层”文本框为空值，表示默认为 0 图层。在“层”文本框中输入的数字越大，图标中图像的层次越靠上。

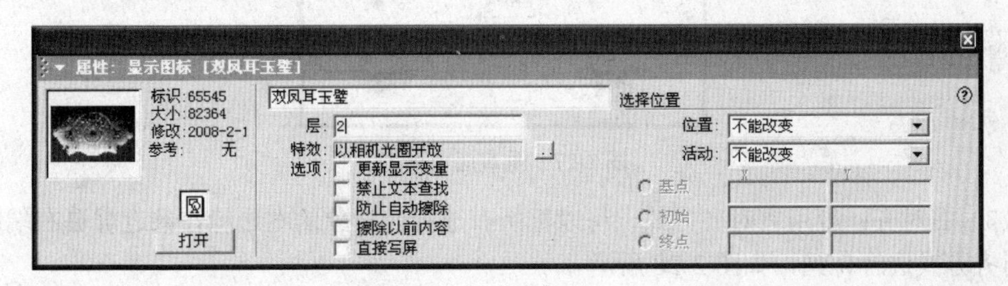

图 2-24　属性面板

2. 图形的排列

在演示窗口中创建多个对象时，常常希望这些对象有秩序地排列，以使界面看起来显得整齐有序。这时就需要使用 Authorware 提供的对象排列功能。选择“修改”→“排列”命令，系统将自动打开对象排列控制面板，如图 2-25 所示。要想对所选的对象进行排列，首先选中这些对象，然后在对象排列控制面板上选择相应的排列方式。

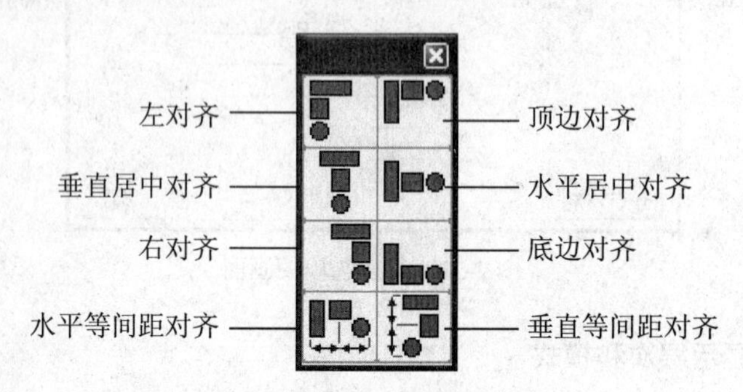

图 2-25 对象排列控制面板

对象排列控制面板中各排列方式的含义如下：

（1）左对齐：应用左对齐方式，可以把所有选择的对象的左边缘在靠近屏幕左端的位置按左对齐方式进行排列，如图 2-26 所示。

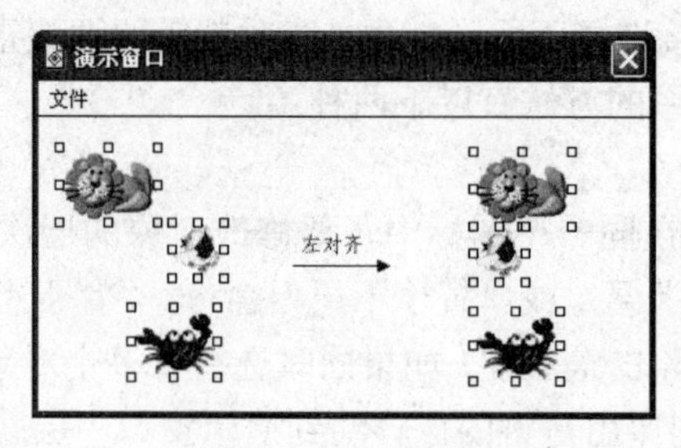

图 2-26 左对齐

（2）垂直居中对齐：应用垂直居中对齐方式，可以把所有选择的对象沿着它们在垂直方向上共同的中心线对齐排列，如图 2-27 所示。

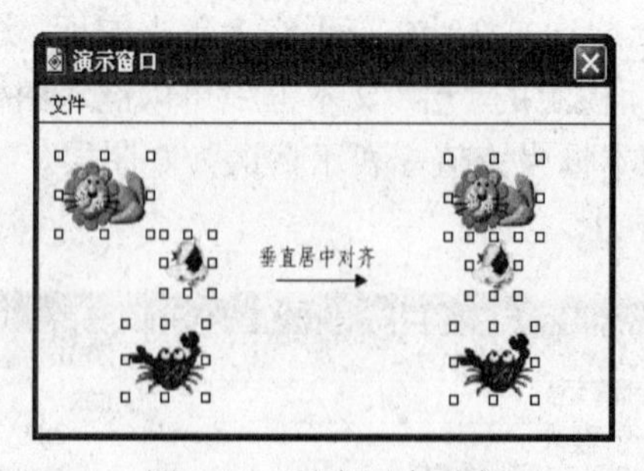

图 2-27 垂直居中对齐

（3）右对齐：应用右对齐方式，可以把所有选择的对象的右边缘在靠近屏幕右端的位置按右对齐方式进行排列，如图 2-28 所示。

（4）水平等间距对齐：应用水平等间距对齐方式，可以把所有选择的对象在水平方向上等间距排列。

（5）顶边对齐：应用顶边对齐方式，可以在靠近屏幕顶部的位置上把所有选择的对象按最顶端的边缘对齐方式进行排列。

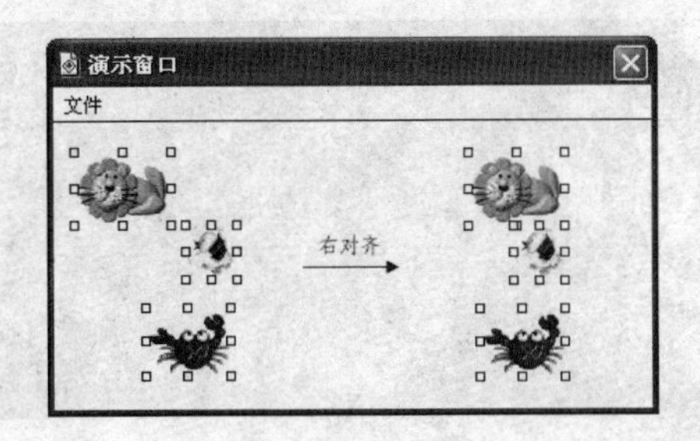

图 2-28　右对齐

（6）水平居中对齐：应用水平居中对齐方式，可以把所有选择的对象沿着它们在水平方向上共同的中心线对齐排列。

（7）底边对齐：应用底边对齐方式，可以在靠近屏幕底部的位置上把所有选择的对象按它们最底部的边缘对齐方式进行排列。

（8）垂直等间距对齐：应用垂直等间距对齐方式，可以把所有选择的对象在垂直方向上隔开相等的间距。

3. 图形图像的显示模式

当多个图形图像相互重叠时，可以通过“显示模式”面板来改变图形图像之间的相互关系。单击绘图工具箱中的“模式”工具，可以打开“显示模式设置”面板，如图 2-29 所示。

显示模式设置面板共提供了 6 种显示模式，各种显示模式介绍如下：

（1）不透明模式：这是 Authorware 7.0 的默认模式，在该模式中，上面的图形在自己显示的范围内将完全覆盖下面的图形，也就是说，在上面图形显示的范围内，将看不到下面的内容，如图 2-30 所示。

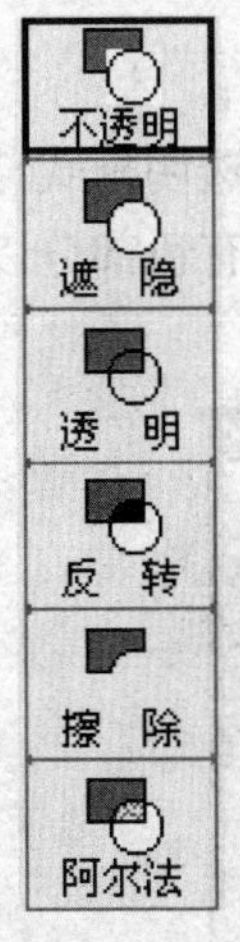

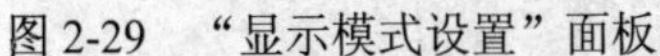

图 2-29　“显示模式设置”面板　　图 2-30　不透明模式

（2）遮隐模式：只对从外部导入的图像有效，图像边缘之外的白色背景将变为透明，而边缘线之内的所有像素将保持原有的颜色不变，如图 2-31 所示。

（3）透明模式：在该模式中，被选择的图形对象的所有白色部分变为透明，而显示出其下方的图形图像，其他颜色部分则不透明，如图 2-32 所示。

图 2-31 遮隐模式

图 2-32 透明模式

（4）反转模式：在该模式中，若图像在白色的背景上，则和不透明模式一样显示，而如果背景色是其他颜色，则被选择对象的白色部分将以背景色显示，而有色部分以它的互补色显示，如图 2-33 所示。

图 2-33 反转模式

（5）擦除模式：在该模式中，图像的背景色如果与其下层图像的颜色不完全一致，则颜色不同的部分将被擦除，但该图形移走后，下面的内容将重新展示出来，也就是说，下面的图形并没有真正地擦除，如图 2-34 所示。

图 2-34　擦除模式

（6）阿尔法模式：在该模式中，使具有 Alpha 通道（所谓 Alpha 通道，是制图软件中常用的一种方法）的图形显示透明或发光效果。如果被选图形没有阿尔法通道，则使用不透明模式显示图像，如图 2-35 所示。

图 2-35　阿尔法模式

显示模式的使用方法为：要对任何一个显示对象使用显示模式，可以先选择该显示对象，使其周围出现白色句柄，然后在显示模式设置面板中选择相应的显示模式，便可以在演示窗口中直接观察到所选对象的显示效果。

4. 多个图像的组合

如果要对同一个显示图标中的多个图形对象进行同样的操作，采用前面介绍的方法逐个编辑太麻烦了。在编辑中遇到对一组选中对象进行改变大小或形状的操作时，对象的相对位置会发生错乱。此时，可以将所有对象组合起来后再进行操作，使用组合功能的方法是：首先选中需要组合的所有对象，然后选择“修改”→“群组”命令，即可把所有被选中的对象组合在一起，也可以按快捷键 Ctrl+G 完成此项操作，如图 2-36 所示。

图 2-36 把多个对象组合在一起

对于已经组合的对象，如果发现其中的某个对象还需要修改时，可以取消原来的组合。取消组合的方法是：选中已经组合好的对象，然后选择“修改”→“取消群组”命令，即可将对象拆分成一个个单独的对象。

本章练习

一、选择题

1．如果要绘制一个五边形，应在绘制工具箱中单击（ ）按钮，再进行绘制。

A．＋ B．▭ C．／ D．⊿

2．在下列遮盖模式中不正确的是（ ）。

A．透明模式 B．反转模式 C．贝塔模式 D．阿尔法模式

3．如果不需要显示一个被填充的椭圆的边界线，可将该椭圆的线型设置为（ ）。

A．虚线 B．不选择线型 C．任意线宽 D．以上都不对

4．Authorware 中图标的默认名称是（ ）。

A．无名 B．未定义 C．未命名 D．*

5．组合多个对象的快捷键是（ ）。

A．Ctrl+O B．Ctrl+G C．Ctrl+I D．*Ctrl+M

二、操作题

1．新建一个文件，以“乡村小屋.a7p”为文件名保存到“我的作品”文件夹中。综合运用绘图工具绘制图形，适当使用颜色、填充样式，最后用“组合”命令将所绘图形组合在一起，形成一个整体，程序运行后，屏幕显示一幅乡村小屋图形，缕缕炊烟从烟囱中冒出，给人一种生机盎然的感觉，如图 2-37 所示。

图 2-37　乡村小屋示意图

2．在一个显示图标中，导入两幅图片，将一幅图片用比例方式放大，占满整个演示窗口，另一幅图片利用裁切方式剪小，放在屏幕正中央，然后依次将图片设置为不同显示模式，看看效果有何不同。

3．新建一个文件，导入 3 个外部图像，将它们按如图 2-38 所示的效果排布，将这些图像分别设置一种浏览效果，然后以“古董欣赏.a7p”为文件名保存在“我的作品”文件夹中。

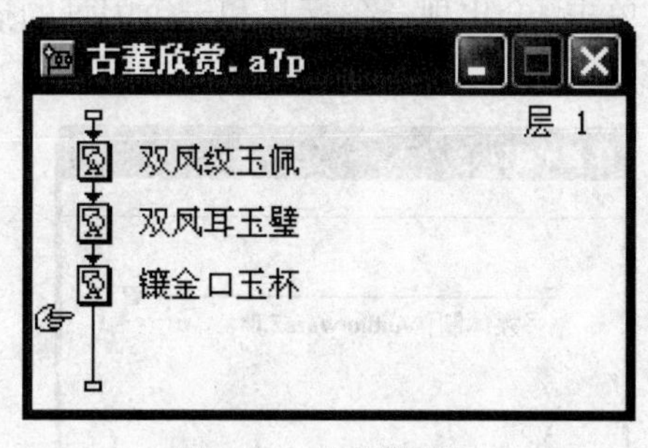

图 2-38　作品流程图

第 3 章　文本对象的处理和应用

在使用 Authorware 制作多媒体程序时，为了在画面中表现必要的信息，常常需要使用文字工具在演示窗口中输入文字内容来完成，文字在多媒体中起着画龙点睛的作用，它能够直抒胸意，表达思想。本章将介绍如何在 Authorware 7.0 中使用文本对象。

3.1　创建和导入文本

3.1.1　创建文本

文本和图像一样，也是通过显示图标在演示窗口中进行编辑的。创建文本的方法很简单，在流程线上添加显示图标，双击显示图标打开演示窗口，同时系统会自动打开绘图工具箱，工具箱上的**A**文本工具用于输入和编辑文本的内容和格式。

单击**A**文本工具，该工具块高亮显示。将鼠标移到演示窗口中，鼠标指针形状变为“I”形光标。在想输入文字的地方单击，会出现一条标尺和一个闪烁的插入点光标，如图 3-1 所示，在此状态下就可以输入文字了。

图 3-1　创建文本

输入文本时，按回车键可换行，当输入的文本到达右缩排标志时，会自动输入下一行。文本输入结束后，单击绘图工具栏中的指针工具，文本缩排线消失，输入文本即成为一个文本对象，可以方便地移动、复制或编辑文本对象。

3.1.2　导入文本

在 Authorware 中，可以通过多种方法导入外部文本，如复制和粘贴文本、从外部应用程序窗口中直接拖入文本文件、导入文本文件等，尤其是对于篇幅较大的文本，可以节省时间和精力。Authorware 7.0 支持导入的文本格式有.txt 文件和.rtf 文件。导入文本的具体操作如下：

（1）在流程线上添加一个显示图标，双击图标打开演示窗口。

（2）选择“文件”→“导入和导出”→“导入媒体”命令，弹出“导入哪个文件？”对话框，如图 3-2 所示。在该对话框中选择要导入的文本文件，例如选择一个名为“如梦令.txt”的文件。

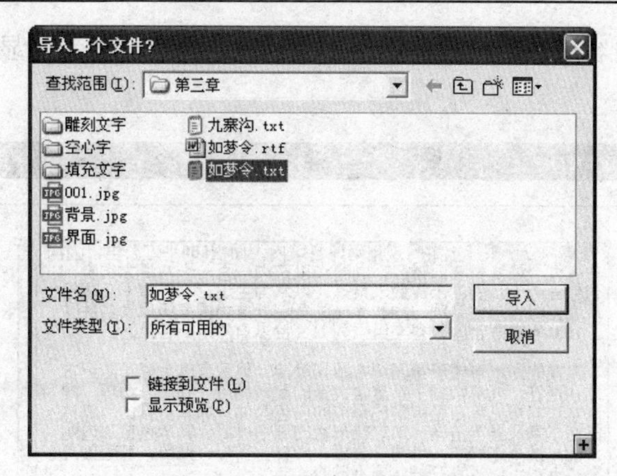

图 3-2　“导入哪个文件？”对话框

接下来会弹出“RTF 导入”对话框，如图 3-3 所示。这个对话框的作用是进行导入文本的各种详细设置。

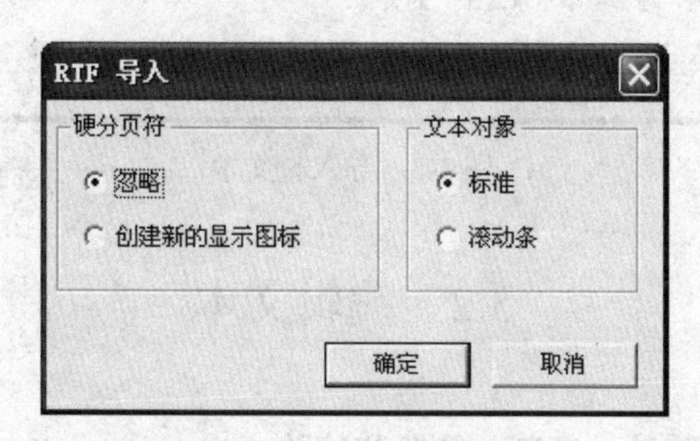

图 3-3　“RTF 导入”对话框

在“硬分页符”选项区中，包含两个单选按钮：如果选中“忽略”单选按钮，则忽略 RTF 文件中的分页符，全部文本导入到一个显示图标中；选中“创建新的显示图标”单选按钮，则 RTF 文件中的每一页都会在流程线上新建一个显示图标。

在“文本对象”选项区中，包含两个单选按钮：选中“标准”单选按钮，导入的文件将创建正常的文本对象，不带滚动条；如果选中“滚动条”单选按钮，会创建出带有垂直滚动条的文本对象。

（3）设置完毕后，单击“确定”按钮，即可完成导入，导入的文本如图 3-4 所示。

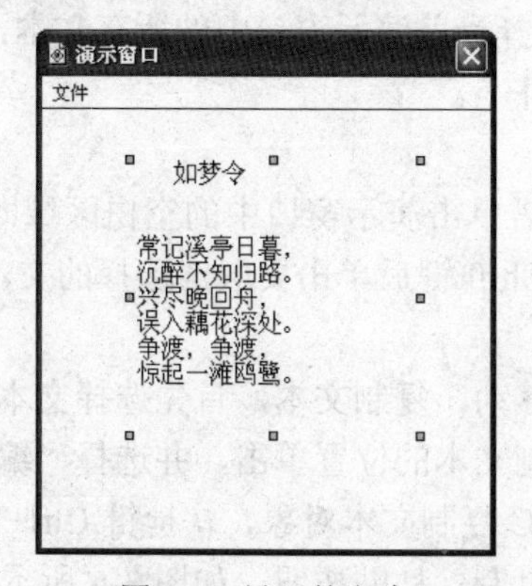

图 3-4　导入的文本

如果导入的文本内容过长，一屏很难容下，建议选择“创建新的显示图标”或“滚动条”复选项，如图 3-5 所示。

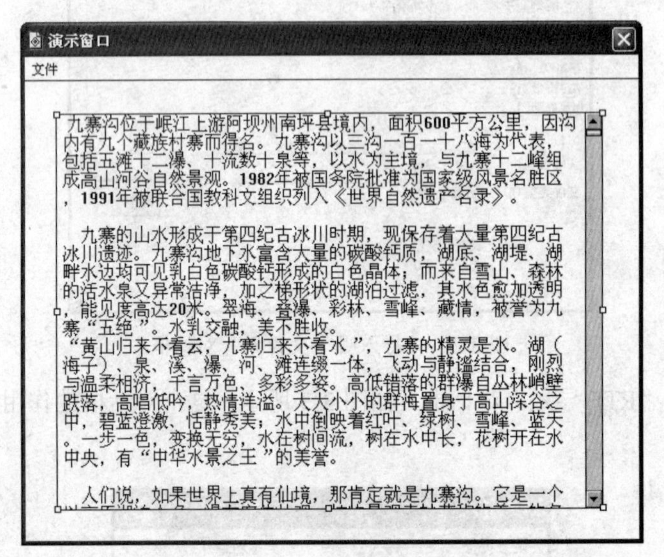

图 3-5 导入长文本

3.2 编辑文本

3.2.1 文本的选取、移动、复制、删除和修改

在演示窗口中创建文本后，若要删除、移动、复制或修改文本，首先需要将其选中。下面简单介绍一下如何选取、取消选择、删除、移动、复制和修改文本。

1. 选取文本

在演示窗口中，选取文本的方法有如下几种：

（1）选取一个文本：选择工具箱中的选择工具后单击文本，即可将其选取。

（2）选取多个文本：若要选取多个对象，可在按住 Shift 键的同时用选择工具单击每一个文本。也可以在选择工具后，单击并拖动鼠标，创建一个选择框，将多个文本框圈入选择框。

（3）选择全部文本：要选择当前演示窗口中的所有文本，可以选择“编辑”→“选择全部”命令，也可以按快捷键 Ctrl+A。

2. 取消选取的文本

若要取消选择的文本，只需单击演示窗口中的空白区域即可。若要从一组选取的文本中取消其中的某一个，可在按住 Shift 键后单击要取消选择的文本。

3. 复制文本

方法一：通过菜单。若要移动、复制文本，首先选择文本，然后选择“编辑”→“复制”命令，再在演示窗口中需要复制文本的位置单击，并选择“编辑”→“粘贴”命令。

方法二：通过快捷键 Ctrl+C 复制文本对象，快捷键 Ctrl+V 粘贴文本对象。

方法三：通过工具栏中的复制、粘贴按钮，如图 3-6 所示。

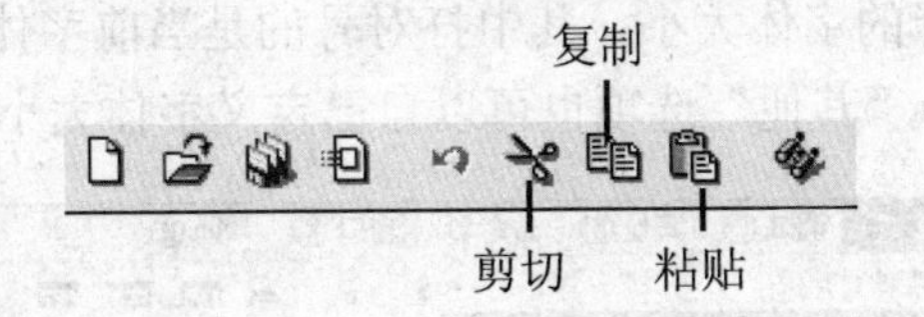

图 3-6　工具栏中的按钮

4. 删除文本

若要删除文本，首先选中文本对象，然后按 Delete 键或者选择“编辑”→“清除”命令。

3.2.2　文本属性的设置

文本属性包括字体、字号、风格和对齐方式等。

1. 设置字体

选择要设置的文本，然后选择“文本”→“字体”选项，将弹出如图 3-7 所示的二级菜单，在二级菜单中列出了用过的几种字体。当前所用字体的前面打了一个对号。要设置选中的文本为某个字体，单击该字体即可。如果想选择更多的字体，则选择“其他”选项，将会提供更多的字体。

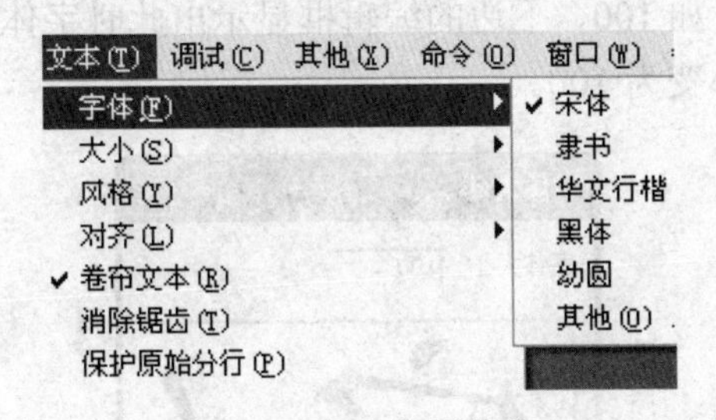

图 3-7　字体设置菜单

选择“其他”选项，弹出“字体”对话框，如图 3-8 所示。“字体”下拉列表框中列出了系统中所有的字体类型。从“字体”下拉列表框中选择自己喜欢的字体，如“楷体_GB2312”，下边的编辑框中显示出选择字体后字体的样式。单击“确定”按钮后，显示窗口中的字体变为“楷体_GB2312”。

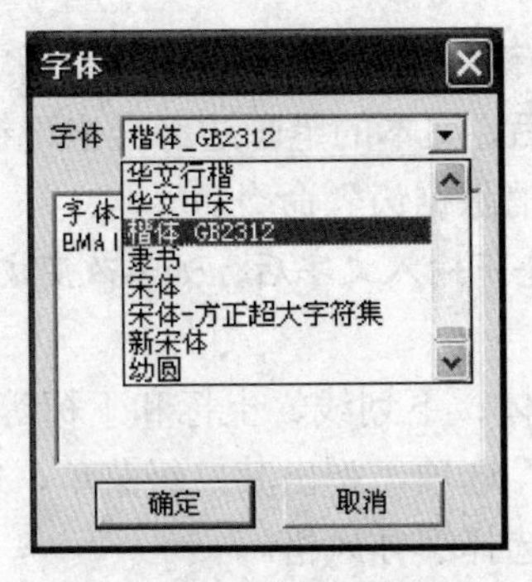

图 3-8　“字体”对话框

2. 设置字体大小

若要设置字体的大小，可以在选择文本对象之后选择“文本”→“大小”选项，在弹出的二级菜单中列出了可选择的字体大小，其中打对号的是当前字体大小，单击某个字号即可，如图 3-9 所示。同样，选择“其他”选项也可以自己定义字体大小。

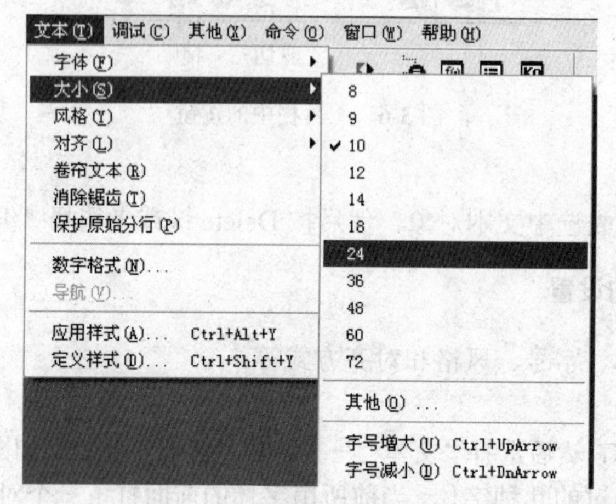

图 3-9 字体大小设置菜单

选择“其他”选项，弹出“字体大小”对话框，如图 3-10 所示。在“字体大小”文本框中输入你要求的字体大小，如 100，下边的编辑框显示出此时字体的大小。单击“确定”按钮后，显示窗口中的字体大小变为 100。

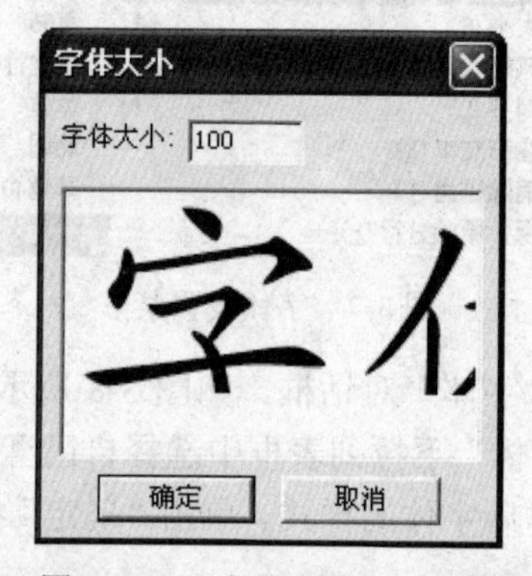

图 3-10 “字体大小”对话框

用户也可以利用 Ctrl+↑组合键和 Ctrl+↓组合键分别增大和缩小文本的字号，每次改动的差值是 1 磅。在将文本字号增大后，文本的笔画边缘会出现锯齿现象，要消除锯齿显示，可以在选择文本后选择“文本”→“消除锯齿”命令。

提示： 在 Authorware 初始状态下输入文字后，如不改变文字的字体，将不能改变文字大小。

3. 设置字体风格

文本的风格样式有粗本、斜体、下划线、上标和下标等。首先选择要设置字体风格的文字，然后选择“文本”→“风格”选项，弹出其二级菜单，如图 3-11 所示，在二级菜单中列出了文本的风格，可以根据需要选择字体风格。

用户也通过单击工具栏中的相应按钮B、I、U来设置字体风格为加粗、斜体、下划线。

4. 设置字体对齐方式

在 Authorware 的默认情况下，文本的对齐方式是左对齐，即文本从左至右依次排列，如果要改变这种对齐方式，可以选择“文本”→“对齐”选项，在弹出的二级菜单中选择其他对齐方式，如图 3-12 所示。二级菜单中列出了几种对齐方式，如左齐、居中、右齐、正常。其中，左齐、右齐、居中方式与 Word 中相似。

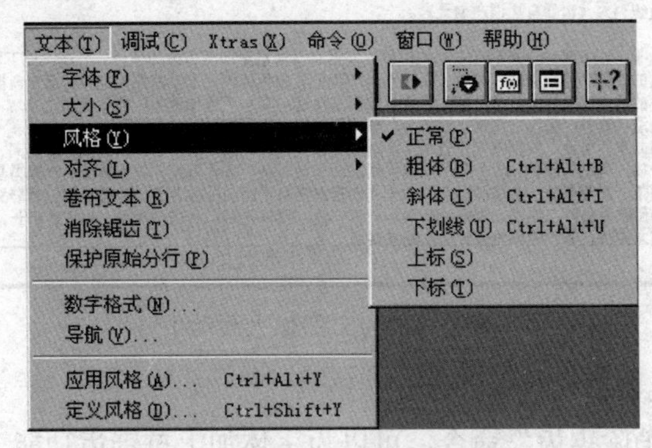

图 3-11　字体风格设置菜单

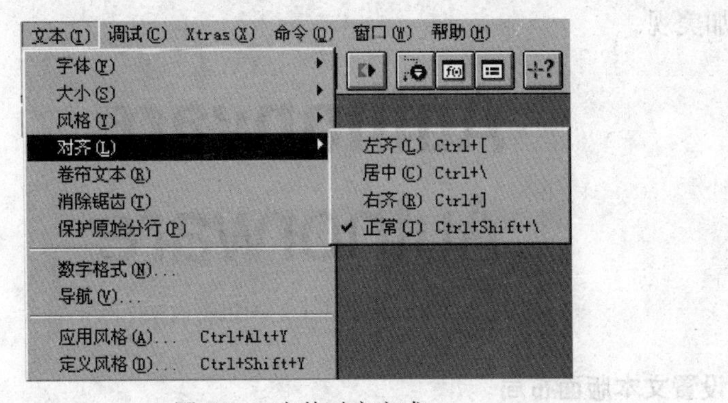

图 3-12　字体对齐方式

文档中的段落可能需要不同的对齐方式，如图 3-13 所示为李白写的一首诗《春思》，标题为左对齐方式，作者为居中对齐方式，首句为右对齐方式，后两句为正常方式。

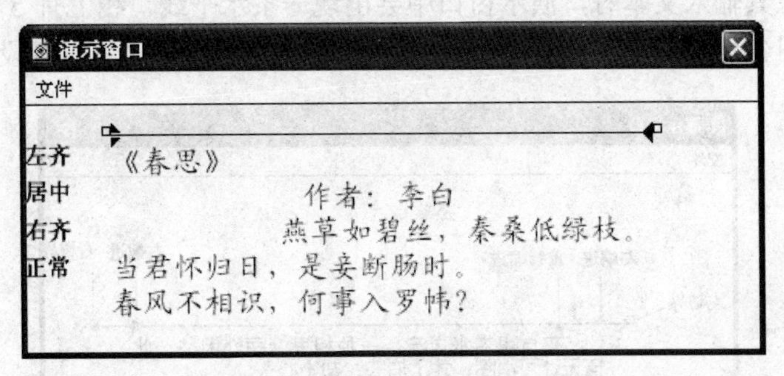

图 3-13　设置文本的对齐方式

5. 设置文字是否有滚动条

在 Authorware 中处理文本时，当文字的数量很多，在一页中无法完全显示时，可以使用滚动条来节省空间。首先选中文本对象，然后选择“文本”→“卷帘文本”命令，可以为文字加上滚动条，如图 3-14 所示。

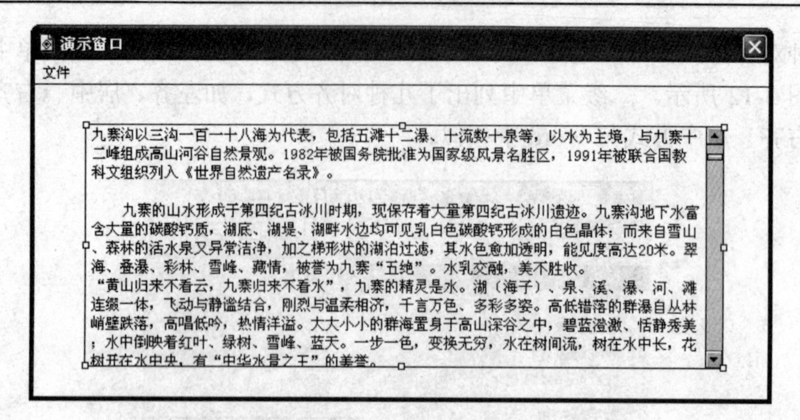

图 3-14　为文字加上滚动条

6. 设置文字具有抗锯齿功能

选择“文本”→“消除锯齿”命令，可以为字体加上抗锯齿功能。如图 3-15 所示，显示了使用“抗锯齿文字”与“普通文字”的区别。将文字设置为抗锯齿文字，可以使文字变得更加平滑、更加美观。

Authorware

Authorware

图 3-15　普通文字（上）和抗锯齿文字（下）

3.2.3　设置文本版面布局

应用文本时，用户可以设置文本的版面布局。比如，设置文本的缩进以及制表位等。

1. 设置段落缩进

在选择文本工具输入文本时，演示窗口中会出现一条水平线，线上有 5 个控制标记，各个控制点的名称如图 3-16 所示。通过拖动水平线上的控制标记，可以为每个段落设置排版格式。

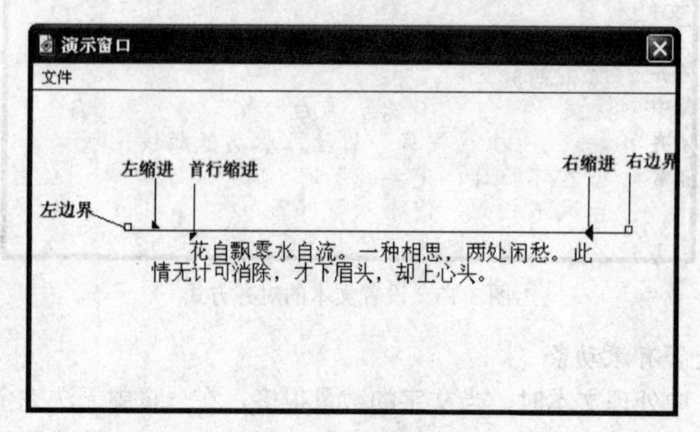

图 3-16　设置段落缩进

文本框的左、右边界控制点可以调整文本框的左右范围；段落的左、右缩进控制点可以调整文本段落的左、右侧边界范围；段落首行缩进控制点可以缩排文本块里每一个自然段中的第一行。

在显示文字范围确认以后，输入的文字将在控制块末尾自动换行，当按下 Enter 键时，文字块便生成一个新的段落。

2. 设置制表位

在制作多媒体作品时，经常需要显示多栏目内容。可以利用 Authorware 提供的“制表位”来实现多栏目文字的输入。

Authorware 的制表位有普通制表位▼和小数点制表位◆两种。普通制表位用于设置一个左对齐的栏目，小数点制表位用于将一栏中所有数据的小数点对齐。若输入的数字为整数，则用小数点制表位使它们右对齐。单击文本标尺上的制表位符号，可以在普通制表位与小数点制表位之间转换。要想删除制表位，只需用鼠标将它横向拖离文本标尺即可。

下面利用制表位来制作一个以表格形式显示的成绩单，最终效果如图 3-17 所示。

演示窗口
文件

2000-2001年度3年4班成绩单

姓名	语文	数学	总分
朱岩	90	100	190.00
孙重	100	85	185.00
朱枫	100	80.5	180.50

图 3-17　用制表位制作的成绩单

制作步骤如下：

（1）启动 Authorware 7.0，将新文件命名为“成绩单.a7p”。然后在流程线上添加一个显示图标，命名为“成绩单”，双击该显示图标，打开演示窗口。

（2）单击绘图工具栏中的**A**，再在演示窗口的适当位置单击，使窗口中出现文本标尺，如图 3-18 所示。

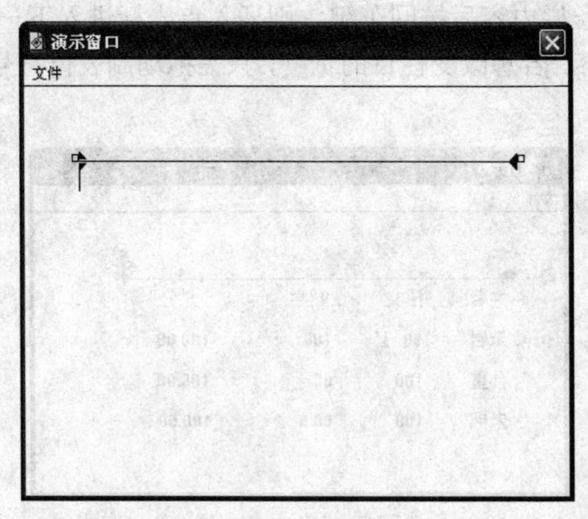

图 3-18　显示标尺

（3）在演示窗口的文本标尺上选择合适的位置单击，即出现一个普通制表位，继续单击可设置其他的制表位，如果想添加一个小数点制表位，只需要在普通制表位上单击即可，如图 3-19 所示。

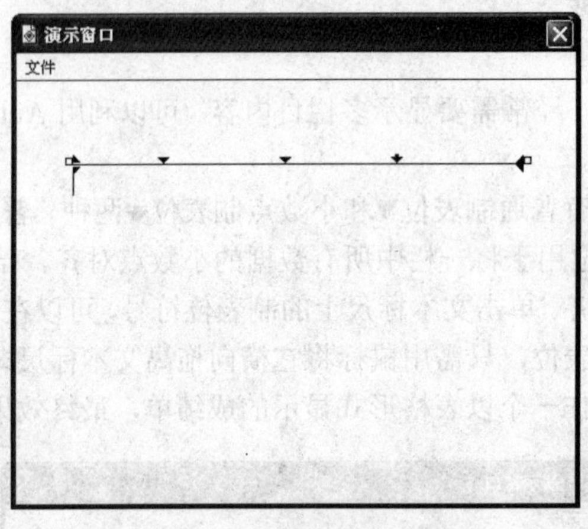

图 3-19　添加制表位

（4）在制表位状态下输入文字的方法是：每输完一栏中的内容后按 Tab 键，插入点光标就会跳到下一个制表位处，如图 3-20 所示。

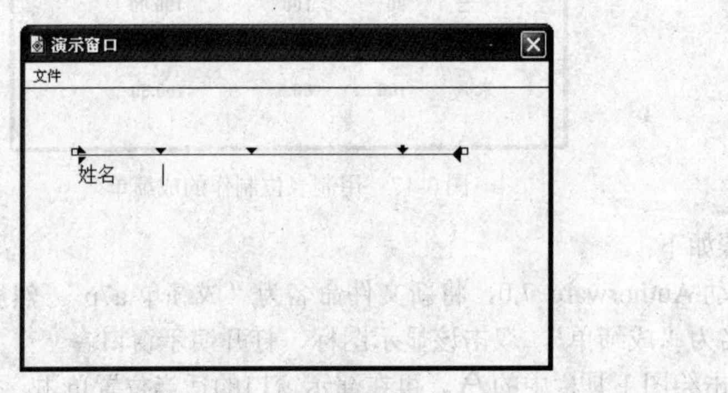

图 3-20　按 Tab 键跳格

当输完本行的最后一栏内容后按回车键，则插入点光标进入下一行的第一个制表位，即可开始输入第二行的内容。若想改变栏目的宽度，只需拖动制表位符号到合适的位置即可，效果如图 3-21 所示。

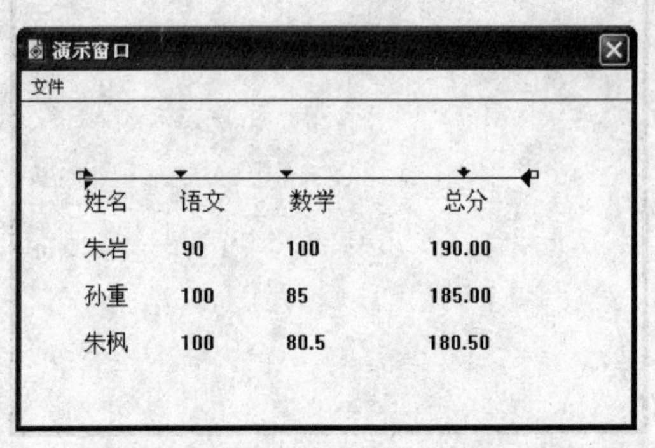

图 3-21　用制表位输入数据

（5）输入完毕后，为表格加上一个标题文字“2000-2001 年度 3 年 4 班成绩单”，文字的风格可按自己的爱好设置，效果如图 3-22 所示。

图 3-22　最终效果

（6）保存程序文件。

3.3　制作特效文本

3.3.1　阴影字的制作

阴影字是特效文字中最常用的一种，为文字配上阴影效果，可以增强文字的立体感。在 Authorware 中能够非常容易地制作阴影字，效果如图 3-23 所示。

图 3-23　阴影字

本实例涉及显示图标的运用、设置文本显示模式等知识点，阴影字的具体制作方法如下：

（1）启动 Authorware 7.0，在流程线上添加一个显示图标，命名为“阴影字”，双击该显示图标，打开演示窗口。

（2）单击工具栏上的“导入”按钮，弹出“导入哪个文件？”对话框，在其中选择一幅图片，单击“导入”按钮向演示窗口中导入一张背景图片，如图 3-24 所示。

图 3-24 导入背景图

（3）在流程线上添加一个显示图标，命名为“阴影”，双击该图标，打开演示窗口，使用**A**文本工具在窗口中输入“数学”、“语文”。

（4）选中输入的文本，给该文本设置适当的字号、字体并为文本填充一种较深的颜色，不妨设为黑色作为背景，如图 3-25 所示。

图 3-25 输入文本

（5）选择文本，复制文本框，然后粘贴文本到同一演示窗口，并将文本填充为一种较浅的颜色，不妨设为黄色。

（6）设置文本为透明显示模式并适合调整这两个文本的位置，使两个文本位置相错，产生阴影效果。

（7）可以用 Ctrl+G 组合键把这两个文本组合在一起，这样两个文本对象就变成了一个整体，以方便日后编辑，单击工具栏上的“运行”按钮，运行程序，观看效果，最后保存文件。

3.3.2　艺术字

在 Authorware 中并不能输入艺术字，但是可以把在 Word 中制作的艺术字粘贴到 Authorware 中，效果如图 3-26 所示。

图 3-26　艺术字

本实例涉及显示图标的运用、设置艺术字显示模式等知识点，但操作方法很简单，步骤如下：

（1）启动 Authorware 7.0，在流程线上添加一个显示图标，命名为“艺术字”，双击该显示图标，打开演示窗口。

（2）单击工具栏上的“导入”按钮，弹出“导入哪个文件？”对话框，在其中选择一幅图片，单击“导入”按钮向演示窗口中导入一张背景图片，如图 3-27 所示。

图 3-27　导入背景图

（3）打开 Word，创建艺术字，适当设置艺术字的字体、字号、字形，如图 3-28 所示。

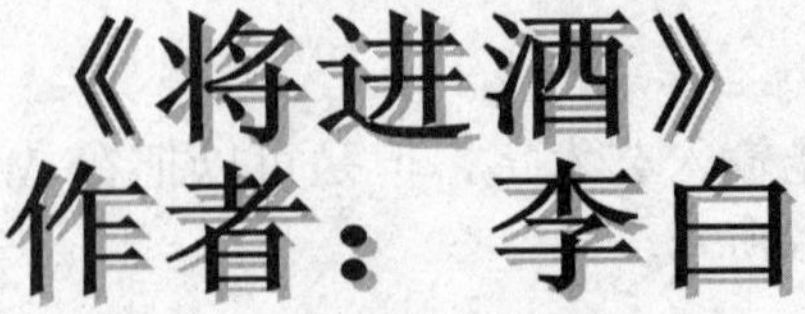

《将进酒》
作者：李白

图 3-28　在 Word 中设置艺术字

（4）选定艺术字，按 Ctrl+C 组合键复制文本框。切换到 Authorware 中，在演示窗口中按 Ctrl+V 组合键或者单击工具栏中的“粘贴”按钮，把刚才复制的内容粘贴过来。

（5）适当调整艺术字的大小、位置并设置艺术字为透明显示模式。

（6）单击工具栏中的按钮，运行程序，观看效果，最后保存文件。

3.3.3　制作竖排文字

在 Authorware 中并不能输入竖排文字，但是可以把在 Word 中制作的竖排文字粘贴到 Authorware 中，效果如图 3-29 所示。

图 3-29　竖排文本

本实例涉及显示图标的运用、设置文本显示模式等知识点，但操作方法很简单，步骤如下：

（1）启动 Authorware 7.0，在流程线上添加一个显示图标，命名为“竖排文字”，双击该显示图标，打开演示窗口。

（2）单击工具栏中的“导入”按钮，弹出“导入哪个文件？”对话框，在其中选择一幅图片，单击“导入”按钮向演示窗口中导入一张背景图片，如图 3-30 所示。

（3）打开 Word，插入竖排文本框，输入文本，并适当设置文本的字体、字号、风格、颜色等，如图 3-31 所示。

（4）设置文本框无填充颜色和无线条颜色。

（5）选定文本框，按 Ctrl+C 组合键，复制文本框。切换到 Authorware 中，在演示窗口中按 Ctrl+V 组合键或单击工具栏中的“粘贴”按钮，把刚才复制的内容粘贴过来。

图 3-30　导入背景图

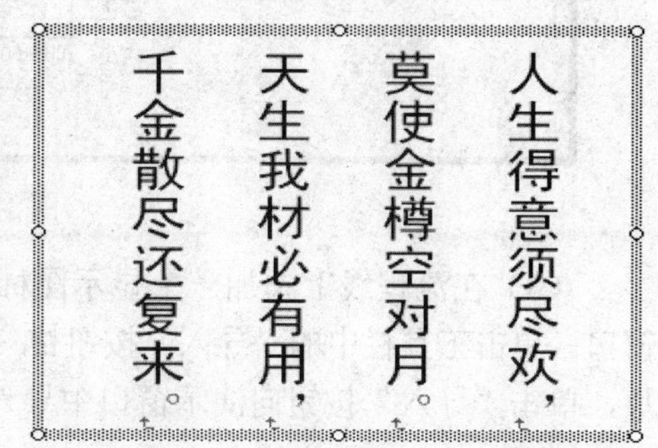

图 3-31　在 Word 中设置文本框

（6）适当调整竖排文字的大小、位置并设置文本为透明显示模式。

（7）保存文件。

3.3.4　雕刻字

本实例将制作雕刻效果，如图 3-32 所示。

图 3-32　雕刻字

本实例涉及显示图标的运用、设置文本显示模式等知识点，但操作方法很简单，步骤如下：

（1）启动 Authorware 7.0，单击工具栏中的“新建”按钮新建一个文件，将其保存为“雕刻文字”。

（2）打开属性面板，在“大小”下拉列表框中选择：800×600（SVGA），如图 3-33 所示，把演示窗口的大小设置成 800×600。

图 3-33 设置窗口大小

（3）在流程线上添加一个显示图标，命名为“填充文字”，双击该显示图标，打开演示窗口。单击工具栏中的“导入”按钮，弹出“导入哪个文件？”对话框，在其中选择一幅图片，单击“导入”按钮向演示窗口中导入一张背景图片，如图 3-34 所示。

图 3-34 导入背景图

（4）在流程线上再添加一个显示图标，命名为“中国节”，双击该图标，在打开的演示窗口中输入文本“中国节”，字体设置为“华文行楷”，字号为 72，显示模式为“透明”，颜色为棕色，效果如图 3-35 所示。

图 3-35 输入文字

（5）选择文本，然后复制文本，将复制的文本水平向下和向右移动一点，然后单击工具箱中的“模式”，将复制的文本的显示模式设置为“擦除”，这时即出现雕刻的效果，如图 3-36 所示。

中国节

图 3-36 制作雕刻字

（6）按 Ctrl+A 快捷键全选文本，然后按 Ctrl+G 键将其组合，可以统一设置雕刻文字的颜色。

（7）保存文件，单击工具栏中的“运行”按钮可以看到效果，如图 3-37 所示。

图 3-37 最终效果

3.3.5 空心字

本实例将制作空心字效果，如图 3-38 所示。

图 3-38 空心字

本实例涉及显示图标的运用、设置文本显示模式等知识点，但操作方法很简单，步骤如下：

（1）启动 Authorware 7.0，单击工具栏中的“新建”按钮新建一个文件，将其保存为“空心字”。

（2）打开属性面板，在“大小”下拉列表框中选择：800×600（SVGA），把演示窗口的大小设置成 800×600，如图 3-39 所示。

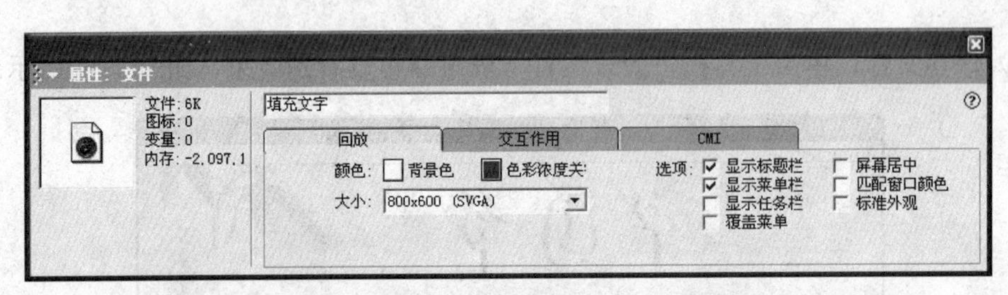

图 3-39　设置窗口大小

（3）在流程线上添加一个显示图标，命名为“背景”，双击该显示图标，打开演示窗口。单击工具栏中的“导入”按钮，弹出“导入哪个文件？”对话框，在其中选择一幅图片，单击“导入”按钮向演示窗口中导入一张背景图片，如图 3-40 所示。

图 3-40　导入背景图

（4）在流程线上再添加一个显示图标，命名为“中国节”，双击该图标，在打开的演示窗口中输入文本“中国节”，字体设置为“宋体”，字号为 72，显示模式为“反转”，效果如图 3-41 所示。

图 3-41　输入文字

（5）选择文本，然后复制文本，将复制的文本水平向下和向右移动一点，然后单击工具箱中的“模式”，将复制的文本的显示模式设置为“反转”，这时即出现空心的效果。最后，调整文字的位置，得到最终效果，如图 3-42 所示。

图 3-42　空心字

（6）按 Ctrl+A 快捷键全选文本，然后按 Ctrl+G 键将其组合。

（7）保存文件，单击工具栏中的“运行”按钮可以看到效果，如图 3-43 所示。

图 3-43　空心字效果

3.3.6　文字填充效果

在 Authorware 中输入的一个文字只能设置一种颜色，但是可以把一个自己所绘制的图形设置成不同的颜色，包括边框颜色和填充颜色，能不能把输入的文字和图形结合起来呢，答案是可以，本例效果如图 3-44 所示。

本实例涉及显示图标的运用、设置文本显示模式等知识点，但操作方法很简单，步骤如下：

（1）启动 Authorware 7.0，单击工具栏中的“新建”按钮新建一个文件，将其保存为“填充文字”。

（2）打开属性面板，在“大小”下拉列表框中选择：800×600（SVGA），把演示窗口的大小设置成 800×600。

（3）在流程线上添加一个显示图标，命名为“填充文字”，双击该显示图标，打开演示窗口。单击工具栏中的“导入”按钮，弹出“导入哪个文件？”对话框，在其中选择一幅图片，单击“导入”按钮向演示窗口中导入一张背景图片，如图 3-45 所示。

图 3-44 填充文字

图 3-45 导入背景图

（4）在演示窗口中输入文本“节”，字体设置为“黑体”，字号为 150，显示模式为“透明”，效果如图 3-46 所示。

（5）单击工具箱中的“多边形工具”，然后选择一种较粗的线条，移动鼠标到演示窗口中，当鼠标指针变成“＋”形状时，沿着输入的文字绘制文字的轮廓，如图 3-47 所示。

图 3-46　输入文字

图 3-47　描边

（6）选定输入的文本，然后将其删除。选定绘制的所有轮廓，设置线条的填充颜色、填充效果和线条颜色，如图 3-48 所示。如果想统一设置文字图形的线条颜色、粗细等效果，可以先将绘制的文本轮廓组合，然后再设置。

（7）添加其他普通的文字，设置其字体为“华文行楷”，字号为 120，颜色为“浅粉色”进行修饰，如图 3-49 所示。

图 3-48 填充文字图形

图 3-49 添加其他文字

（8）保存文件，单击工具栏中的“运行”按钮可以看到效果。

3.4 使用 RTF 文本编辑器

RTF 文本编辑器是 Authorware 内置的一个文本编辑器，该编辑器提供了功能强大的文本编辑功能。在编辑器中，可以方便地设置文本的风格，如文本的字体、字号、字形、颜色等属性，并且可以进行文本的复制、剪切和删除等操作，另外还可以插入图形、图像创建文本链接等。

打开 RTF 文本编辑器的方法是：选择"命令"→"RTF 对象编辑器"命令，即会自动打开 RTF 文本编辑器，如图 3-50 所示。

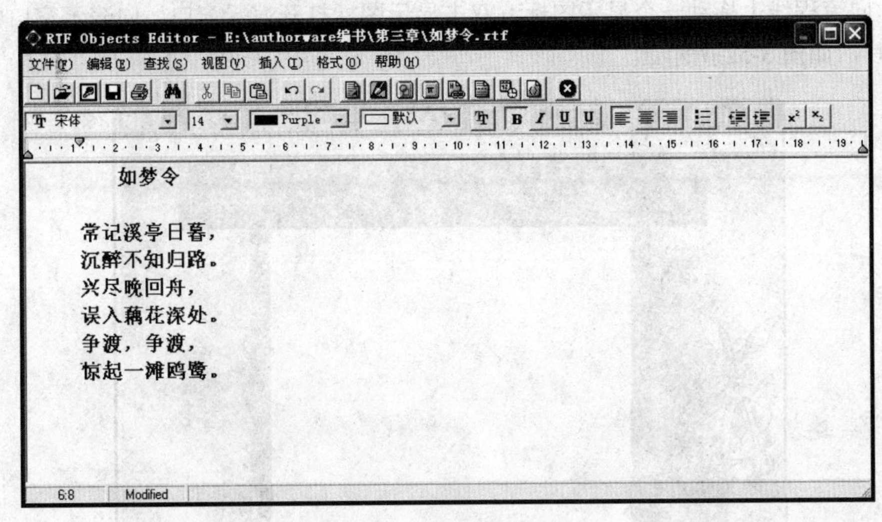

图 3-50　RTF 文本编辑器

RTF 文本编辑器的使用与 Word 类似，用户可以参考 Word 的用法来使用它，这里就不再详细介绍了。

3.5　实例制作

制作一个程序，效果如图 3-51 所示。

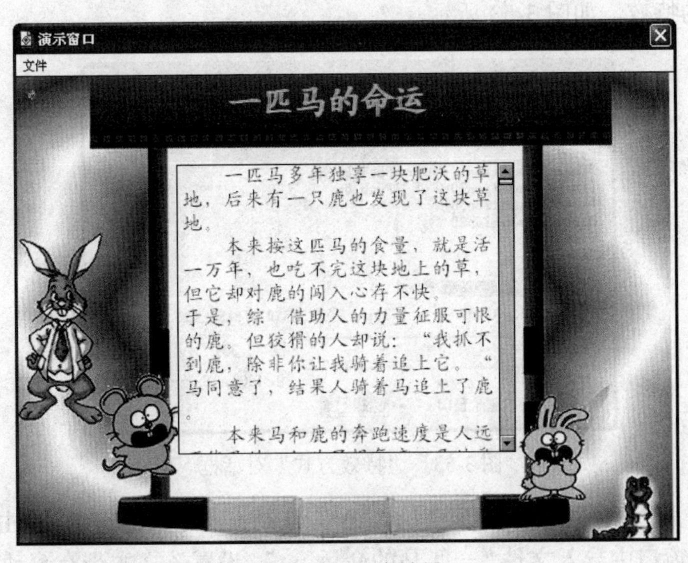

图 3-51　最终效果

本实例涉及显示图标的运用、设置文本显示模式、制作阴影字、设置"卷帘文本"等知识点，但操作方法很简单，步骤如下：

（1）新建一个文件，命名为“一匹马的命运.a7p”。在文件属性面板中设置窗口大小为 640×480。

（2）向流程线上拖动一个显示图标，双击显示图标打开演示窗口，向演示窗口中导入一个背景图片，如图 3-52 所示。

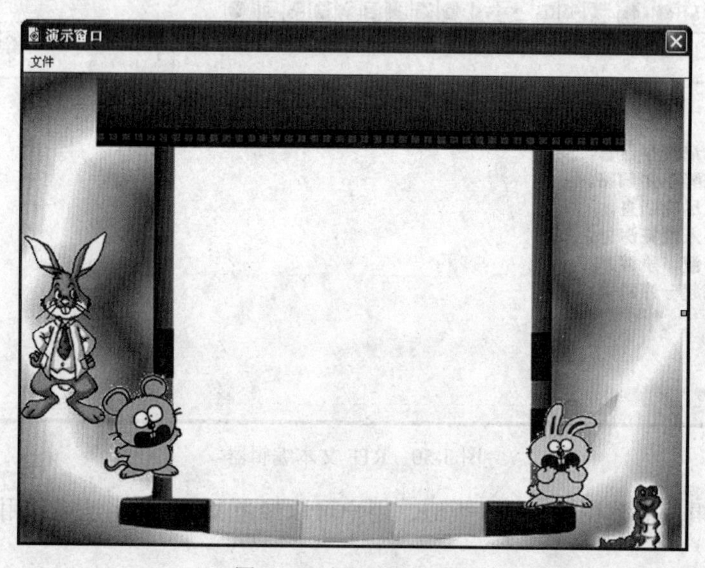

图 3-52　插入背景图像

（3）向流程线上添加另一个显示图标，命名为“标题”，双击该显示图标，在打开的演示窗口中输入一个标题“一匹马的命运”，并设置成阴影字的效果，选中该文本，在它的属性面板中为其设置一个特效。单击属性面板中“特效”后面的按钮打开“特效方式”对话框，在其中设置文本的特效，如图 3-53 所示。

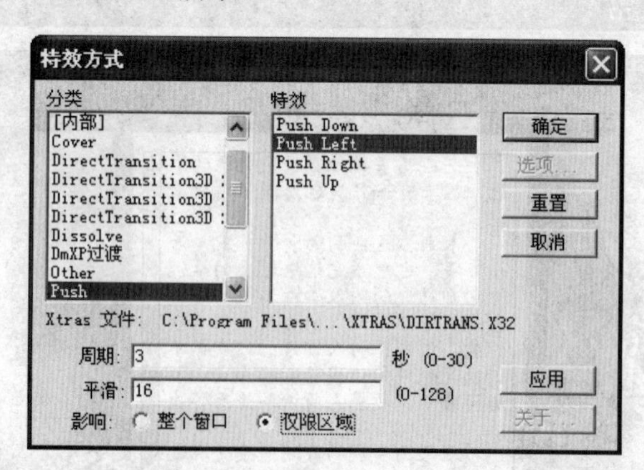

图 3-53　“特效方式”对话框

（4）向流程线上再添加一个显示图标，命名为“一匹马的命运”，双击该显示图标打开演示窗口，向演示窗口中导入文件“一匹马的命运.txt”。设置该文本带有滚动条，字体为楷体，字号为 14，加粗，颜色为蓝色，适当调整文本的位置，效果如图 3-54 所示，并为文本设置一个特效。

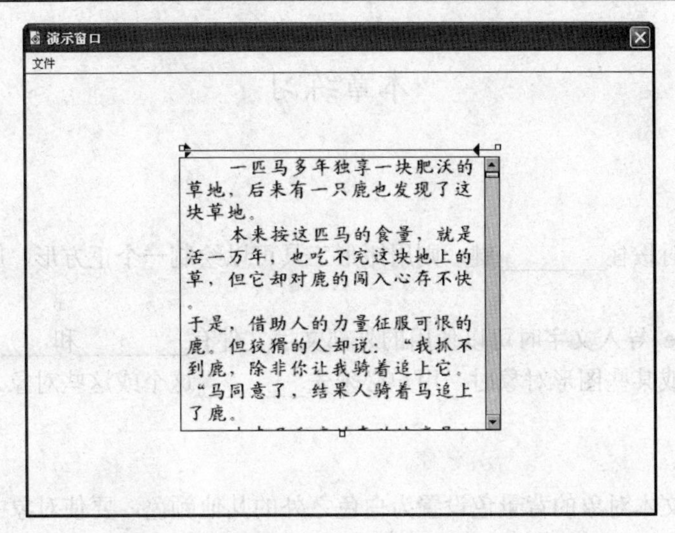

图 3-54　导入文本

（5）保存文件，然后运行这个程序，拖动滚动条右侧的滚动块或单击▼和▲按钮，滚动浏览文本内容，观看运行的效果，如图 3-55 所示。

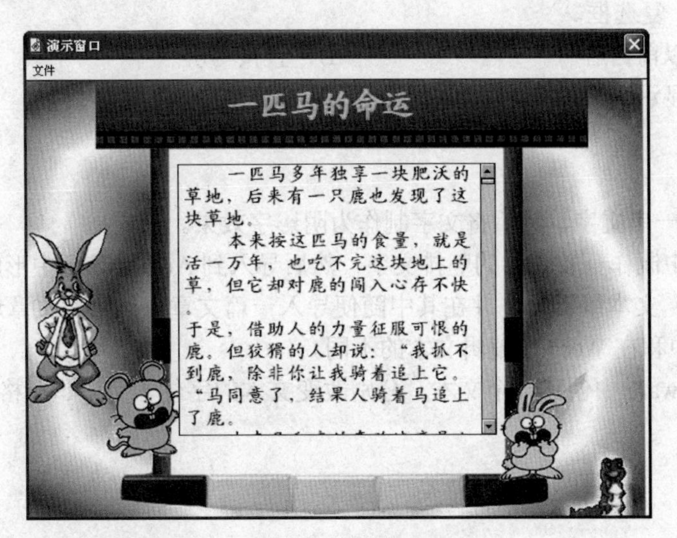

图 3-55　运行效果

至此，本例制作完毕，本例的流程图如图 3-56 所示。

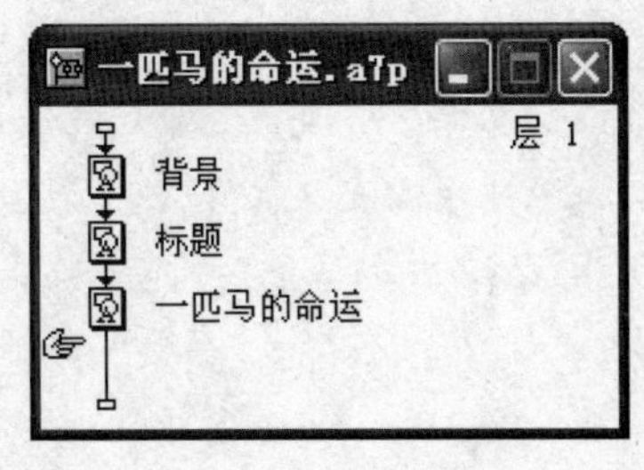

图 3-56　流程图

本章练习

一、填空题

1．若在绘制时按住________键，则用矩形工具可以绘制一个正方形，用椭圆工具可以绘制一个圆形。

2．Authorware 导入文字时可以使用的外部文字文件有________和________两种文件。

3．编辑某个或某些图形对象时，用户必须先________这个或这些对象。

二、选择题

1．如果将某文本对象的背景色设置为白色之外的其他颜色，要使对象中的白色区域变为透明，其他有颜色的部分将以互补色进行显示，需要将该文本的模式设置为（　）。

A．透明　　B．遮隐　　C．反转　　D．擦除

2．要使某个显示图标中的内容始终放置在演示窗口的最前面，可以在显示图标的“属性”面板中选中（　）复选框。

A．擦除以前内容　　B．直接写屏

C．更新显示变量　　D．禁止文本查找

三、操作题

1．随意输入一串文字，然后将文字制作为阴影字效果。

2．在 Word 中制作一首古诗的竖排文字，然后导入到 Authorware 中形成竖排效果。

3．打开 RTF 文本编辑器，并在其中随便导入一篇文章，然后对文章进行排版，体会在 RTF 文本编辑器中和在 Word 中编辑文本的不同。

4．在 Authorware 中创建一个文本，分别改变文本的字体、字号、风格和颜色。

第 4 章　对象的显示和擦除

用 Authorware 进行多媒体程序设计时，可以让多个对象在同一演示窗口中显示。但是显示内容过多时，将会造成重叠，使画面变得凌乱不堪。此时就必须将浏览过的内容和暂时不需要的内容清除掉，就像擦黑板一样。

4.1　对象的擦除图标和擦除过渡效果

擦除图标可以擦除任何已经显示在屏幕上的图标，无论使用显示图标、交互图标、框架图标还是数字电影图标显示的对象，都可以使用擦除图标把它从屏幕上抹去。

但需要注意的是，当用户使用擦除图标来擦除一个设计图标时，它会将该图标中的所有内容都擦除，而不能只擦除“显示”图标或“交互”图标中的一部分对象。如果要单独擦除某个对象，可以将该对象单独放在一个“显示”图标中。

4.1.1　擦除图标

在流程线上添加一个擦除图标，然后单击它，在属性面板上可以设置擦除图标的属性，如图 4-1 所示。

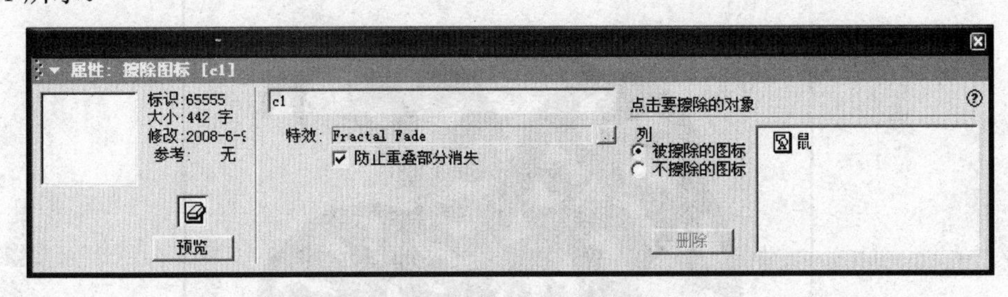

图 4-1　擦除图标的属性面板

擦除图标属性面板中各选项的意义如下：

（1）在“特效”栏中可以设置过渡擦除效果，单击按钮，可以打开“擦除模式”对话框，设置擦除的过渡效果，如图 4-2 所示。

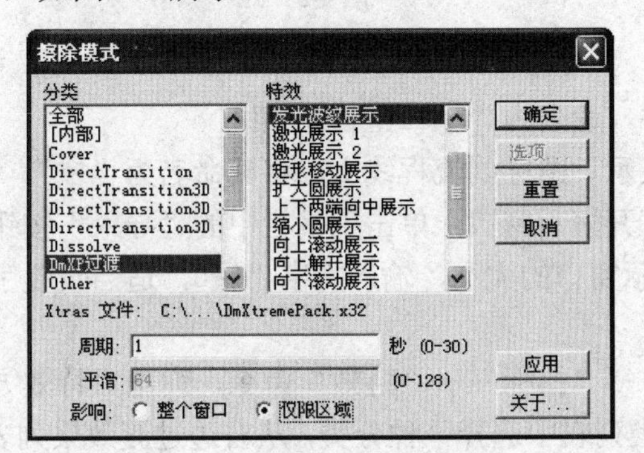

图 4-2　“擦除模式”对话框

分类：Authorware 提供了丰富的过渡方式类型。为了方便用户选择，又将这些方式按照其屏幕效果进行分类，该列表中列出了所有的过渡种类。

设置的方法与显示图标的过渡效果相同，只不过是显示图标的过渡是渐入效果，而擦除图标设置的是渐出效果。

（2）“防止重叠消失”复选框：用来控制擦除显示对象时程序应该如何进行。如果选择该选项，Authorware 会等到“擦除”图标擦除完设置的所有对象后才继续执行程序；如果不选择该选项，Authorware 会在执行“擦除”图标擦除显示对象的同时开始继续运行下面的程序。

（3）“列”单选按钮组：该单选按钮组中包括“被擦除的图标”和“不擦除的图标”两个单选按钮，若选择“被擦除的图标”单选按钮，则包含在图标列表中的图标内容将被擦除；若选择“不擦除的图标”单选按钮，则包含在图标列表中的图标将被保留，未包含在图标列表中的图标内容将被擦除。

（4）图标列表：单击演示窗口中要擦除或要保留的对象，该对象所属的图标就被加入到该列表中。

（5）“删除”按钮：单击该按钮，可将图标列表中选定的图标从列表中删除。

4.1.2 擦除图标的应用

本例是运用“显示”图标和“擦除”图标制作的“十二生肖剪纸图片”展，如图 4-3 所示。

图 4-3 蛇

制作步骤如下：

（1）新建一个文件，命名为“十二生肖.a7p”。

（2）拖动一个“显示”图标到流程线上，将其命名为“鼠”。

（3）双击该图标打开演示窗口，单击工具栏中的“导入”按钮导入准备好的一幅图片，调整图片大小以适应展示窗口的大小，输入文字“鼠”，适当设置字体、字号和文字颜色，如图 4-4 所示。

（4）选择“修改”→“图标”→“特效”命令，弹出“特效方式”对话框，如图 4-5 所示。从左边过渡效果分类列表中选择一种分类，从右边过渡效果列表中选择一种特效，其他设置不进行改变，单击“确定”按钮。

图 4-4　鼠

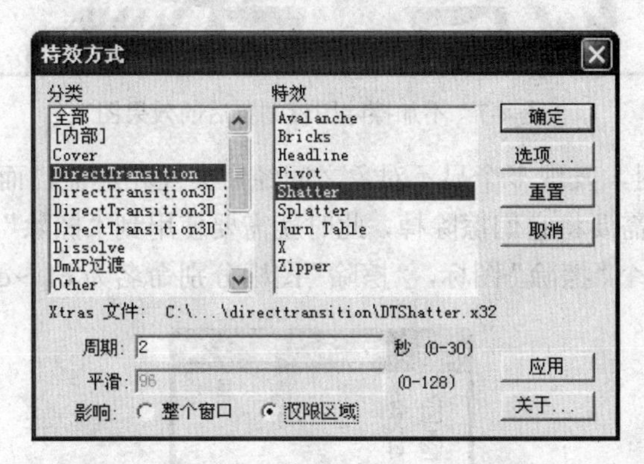

图 4-5　“特效方式”对话框

（5）同样的方法拖动显示图标，分别命名为“牛”、“虎”、“兔”、“龙”、“蛇”、“马”、“羊”、“猴”、“鸡”、“狗”、“猪”等，并分别设置其过渡效果，流程图如图 4-6 所示。

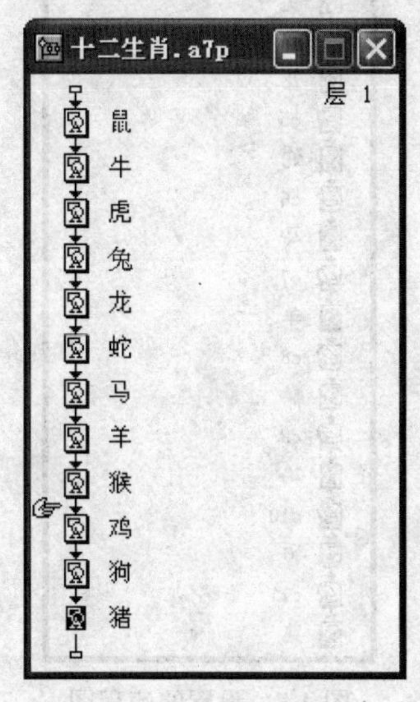

图 4-6　流程图

（6）制作完毕后运行程序，观看制作效果，最终效果如图 4-7 所示。

图 4-7　不加擦除图标浏览后的效果图

（7）在程序运行时，发现多个显示对象之间经常会互相遮盖，而且有很多显示对象用过之后就不再使用，所以需要将它们擦除掉，此时就需要使用到“擦除”图标。方法是在每一个显示图标的后面放置一个“擦除”图标，“擦除”图标分别命名为 c1～c11，流程如图 4-8 所示。

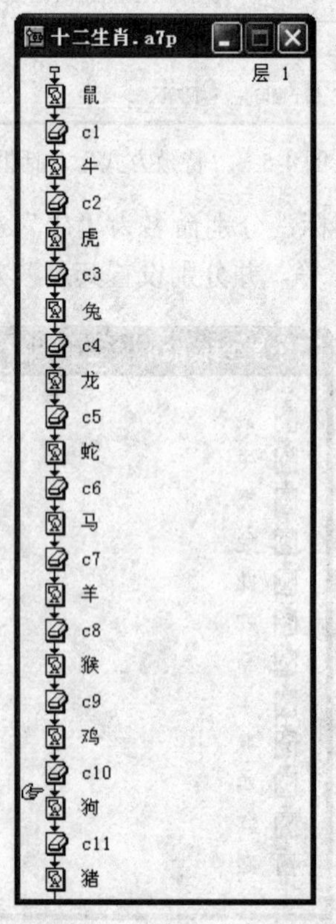

图 4-8　设置的流程图

（8）双击 c1 擦除图标，打开属性面板，单击“鼠”演示窗口中的“鼠”图片，表示要擦除“鼠”图片，这时演示窗口中的“鼠”图片消失。其属性面板中的设置如图 4-9 所示。

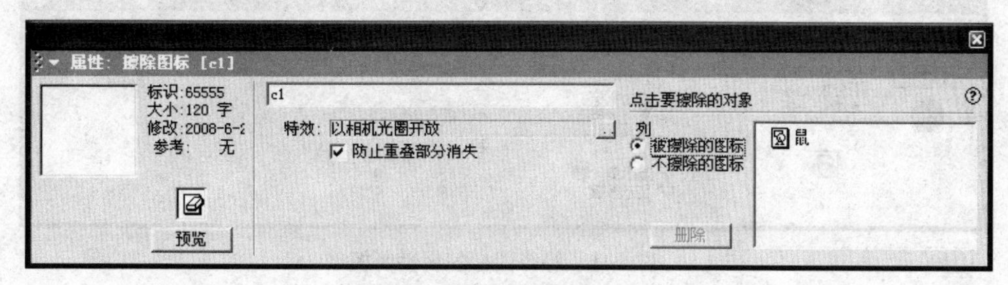

图 4-9　擦除图标的属性面板

（9）用相同的方法设置其他擦除图标，依次擦除与之相邻的显示图标中的图片。

（10）设置完成后，保存文件。单击工具栏中的“运行”按钮可以看到效果，如图 4-10 所示。

图 4-10　添加擦除图标后的浏览效果

4.2　程序运行的暂停

制作的多媒体应用软件，当图标连续显示时，如果内容较多或者过渡时间太短，都可能导致读者无法看清，这时需要一定的停顿，“等待”图标就是 Authorware 提供的实现程序暂停的方法。

4.2.1　等待图标

等待图标的主要功能就是设置等待延时，既可以设置程序暂停一段时间后再运行，也可以设置程序等待用户的反应，直到用户单击按钮后再运行程序。

使用等待图标的方法是：拖曳等待图标到流程线上，然后双击流程线上的图标，出现其属性面板，在该面板中设置它的属性，如图 4-11 所示。

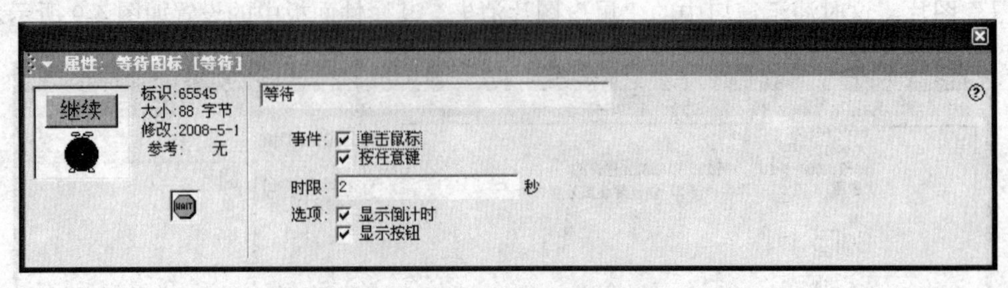

图 4-11 等待图标的属性面板

使用“等待”图标的属性面板可以指定“等待”图标想要响应的事件的类型，如鼠标单击或按任意键。如选中“单击鼠标”复选框时，如果在演示窗口中的任意位置单击，就将结束程序的暂停而继续运行程序；如选中“按任意键”复选框时，如果按下键盘上的按键，即可继续运行程序；如果同时选中这两个复选框，则无论是发生哪个事件都可以结束暂停继续运行。

有时用户计划在固定的时间后自动运行程序，可以在“时限”文本框中输入一个单位为秒的时间值来控制。在运行到等待图标时，经过文本框中设定的时间长度后，程序会自动结束暂停继续运行下去。

“显示倒计时”复选项：若设定了时限，则该选项是可用的，若选取了该选项，则程序暂停时会在演示窗口中出现一个小时钟来显示剩余的等待时间。

“显示按钮”复选项：设置屏幕上是否显示一个等待按钮继续，当单击该按钮后，会自动结束暂停而继续运动程序。默认情况下，该复选框处于选中状态。如果要更改等待按钮的样式和文字，可以选择“修改”→“文件”→“属性”命令，在属性面板的“交互作用”选项卡中设置，如图 4-12 所示。将在下一节介绍如何设置个性化的按钮。

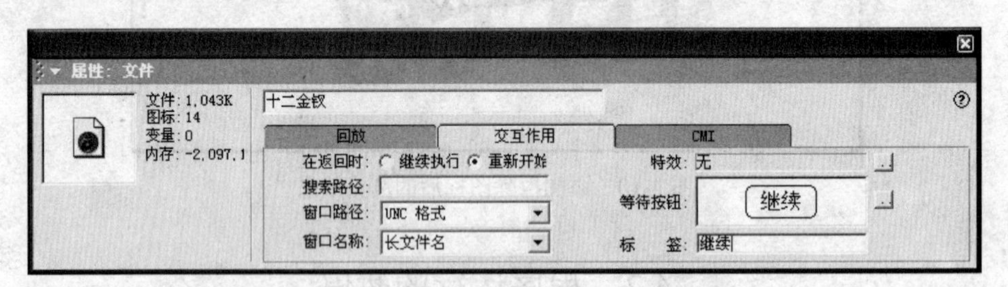

图 4-12 文件属性面板的“交互作用”选项卡

4.2.2 等待图标的应用

本节制作一个使用自定义等待图标的例子，单击界面上的按钮则结束暂停继续运动程序，并且单击按钮时会发出声音效果。最终效果如图 4-13 所示。

（1）新建文件，命名为“十二金钗.a7p”。拖拽一个计算图标，命名为“设置窗口大小”，双击计算图标，在打开的对话框中设置演示窗口的大小为 530×700 像素，如图 4-14 所示。

（2）向流程线上拖动 12 个显示图标，图标命名如图 4-15 所示，分别向图标中导入准备好的图片素材，并为每个显示图标设置特效效果。

图 4-13　最终效果

图 4-14　设置窗口大小

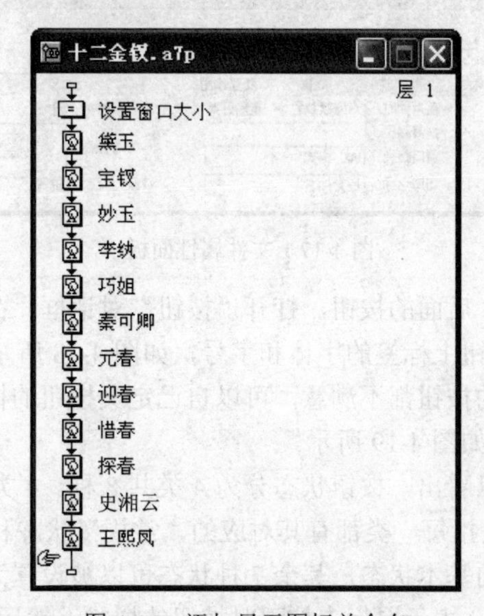

图 4-15　添加显示图标并命名

（3）分别在每个显示图标下面添加一个等待图标，依次命名，如图 4-16 所示。

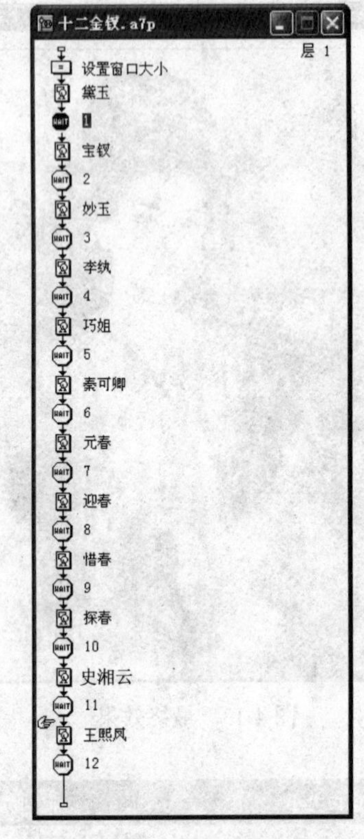

图 4-16 添加等待图标

（4）选择“修改”→“文件”→“属性”命令，打开文件属性面板，在该面板中选择“交互作用”选项卡，如图 4-17 所示。

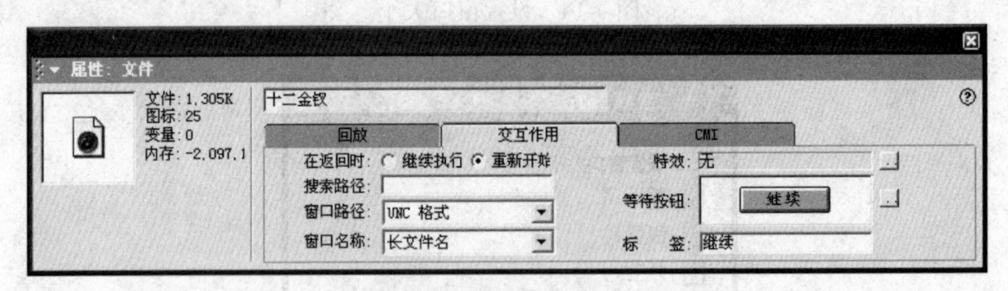

图 4-17 文件属性面板

（5）单击“等待按钮”后面的按钮，打开“按钮”对话框，在该对话框中可以选择一个按钮模式，并且可以设置按钮上标签的字体和字号，如图 4-18 所示。

（6）如果对系统提供的按钮都不满意，可以自己定义按钮的样式，单击“添加”按钮，打开“按钮编辑”对话框，如图 4-19 所示。

（7）从该对话框中可以看出，按钮状态分为 4 类共 8 种。4 类分别是“未按”、“按下”、“在上”和“不允”，8 种是指每一类都有其对应的“常规”状态和“选中”状态。在 8 种状态中，“未按”状态是按钮的基本状态，其余 7 种状态可以被设置为与基本状态相同。

首先单击“未按”按钮，表示鼠标未按下时按钮的样式，然后在“图案”后面的“导入”按钮上单击，打开“导入哪个文件？”对话框，如图 4-20 所示，在该对话框中选择“未按”时按钮的图像，然后单击“导入”按钮返回“按钮编辑”对话框。

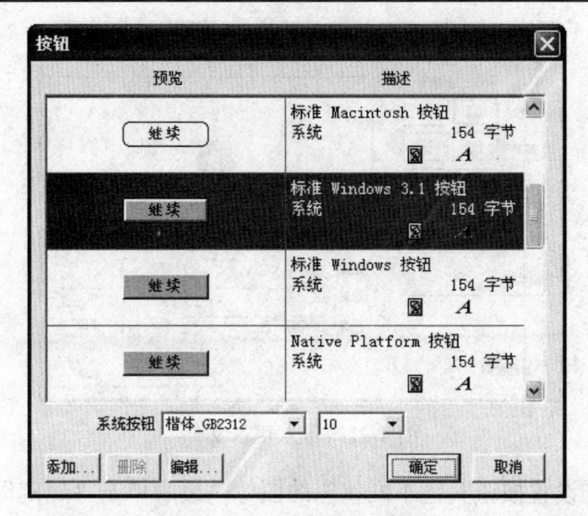

图 4-18　“按钮”对话框

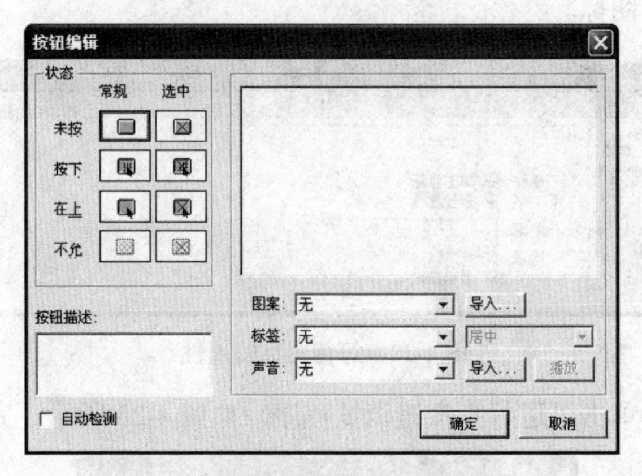

图 4-19　“按钮编辑”对话框

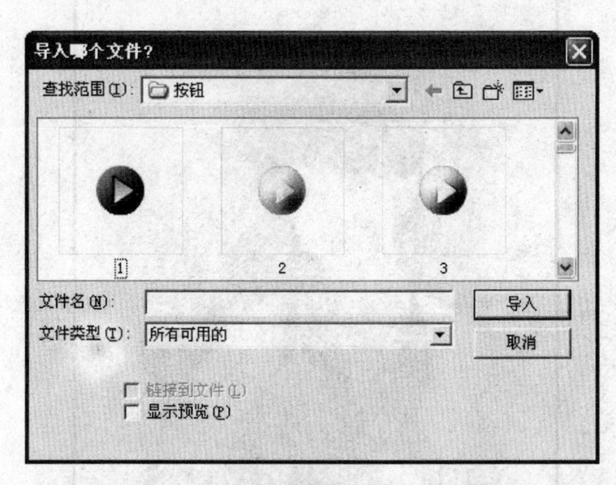

图 4-20　“导入哪个文件？”对话框

（8）在“标签”下拉列表框中选择“无”选项，如果想在单击按钮时能够发出声音，则单击“声音”下拉列表框后面的“导入”按钮，打开“导入哪个文件？”对话框，在该对话框中选择一个声音文件。可以单击“播放”按钮试听导入的声音文件，如图 4-21 所示。

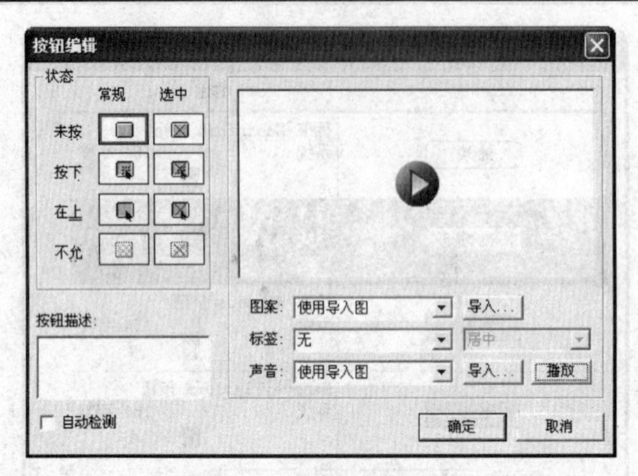

图 4-21 导入声音文件

（9）用同样的方法设置按钮其他不同状态的图像，最后单击“确定”按钮完成按钮的编辑。

（10）在流程线上选择等待图标 1，在其属性面板中设置它的属性如图 4-22 所示。用同样方法设置其他的等待图标。

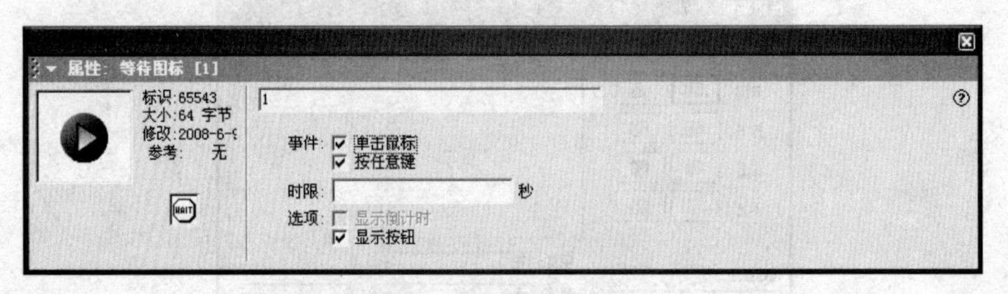

图 4-22 等待图标的属性

（11）保存程序，单击“运行”按钮浏览程序，如图 4-23 所示，完成本例制作。

图 4-23 运行效果

在浏览过程中，可以移动按钮的位置，如果对按钮的图像或是声音等属性不满意，还可以重新修改，在文件属性面板的“交互作用”选项卡中，单击“等待按钮”后面的按钮，再次打开“按钮”对话框，在该对话框中单击“编辑”按钮，可以重新设置按钮的样式，如图 4-24 所示。

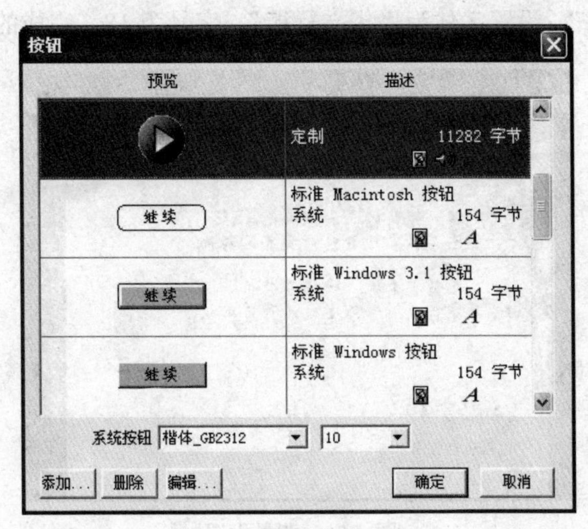

图 4-24　重新编辑按钮

4.3　实例制作

在进行多媒体程序设计时，需要控制程序暂停与继续运行，同时擦去不需要的画面内容，使用户有足够的时间来看清演示画面的内容。也可将等待、擦除与特效展示有机地结合起来生成连续的过渡效果。

本例将介绍如何设置演示画面的停留和清除画面内容，本例最终效果如图 4-25 所示。

图 4-25　最终效果

本例涉及显示图标、等待图标、擦除图标和计算图标的使用（制作本例的素材在光盘“第

4 章”文件夹下）。图像浏览具体制作方法如下：

（1）新建一个文件，将其命名为“咏梅.a7p”。

（2）向流程线上放置一个显示图标，命名为 beijing，双击该显示图标打开演示窗口，向该演示窗口中导入一个背景图片，调整图片的位置。然后在工具箱中单击**A**图标，在背景图片上输入一首诗“咏梅”，设置字体为“华文行楷”，字号为 18，完成的效果如图 4-26 所示。

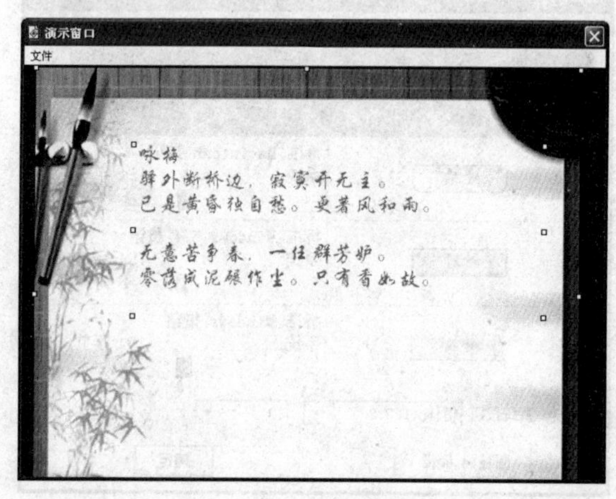

图 4-26　背景设置

（3）向演示窗口中添加一个显示图标，命名为“图画 1”，双击该图标，向演示窗口中导入一个准备好的图片“梅.jpg”，在显示图标的属性面板中设置图像的特效为“激光展示 1”，浏览图像如图 4-27 所示。

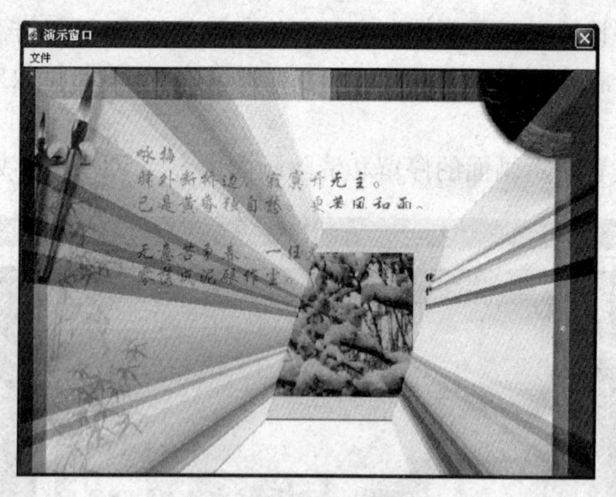

图 4-27　激光展示

双击导入的图片，在打开的“属性：图像”对话框中选择“版面布局”选项卡，设置图片的位置：X=180，Y=150，如图 4-28 所示，然后选择“图像”选项卡，设置图像为“透明”显示模式。

（4）向流程线上添加一个“等待”图标，命名为“wait1”，打开“等待图标”属性面板，如图 4-29 所示。在“事件”栏中单击选中“单击鼠标”和“按任意键”两个复选项；在“时限”文本框中输入 2。

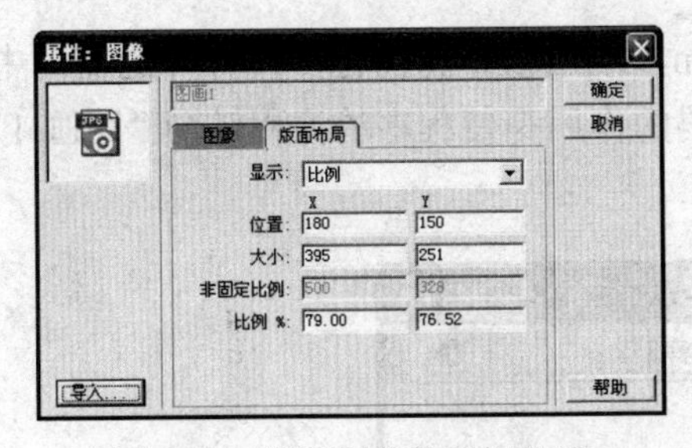

图 4-28　设置图像的最初位置

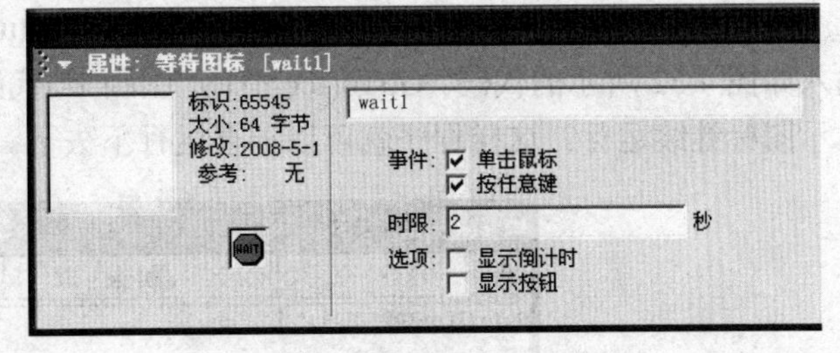

图 4-29　“等待图标”属性面板

（5）向流程线上添加一个擦除图标，命名为“擦 1”，擦除图标的属性设置如图 4-30 所示，设置被擦除的图标为“图画 1”，同时设置擦除的特效为“波纹展示”。

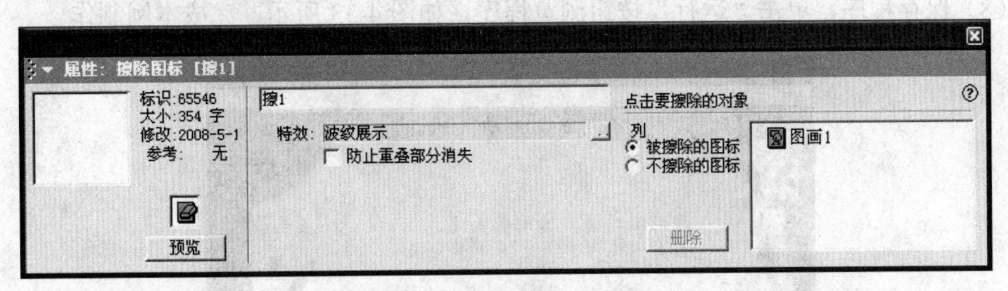

图 4-30　“擦除图标”属性面板

（6）同样的方法，向流程线上依次添加另外 4 组显示图标、等待图标和擦除图标，为这几组图标设置各自的图标颜色以示区别，并分别命名，设置如图 4-31 所示。分别向图画 2、图画 3、图画 4、图画 5 显示图标中导入已准备好的图片素材，并分别设置等待图标和擦除图标。

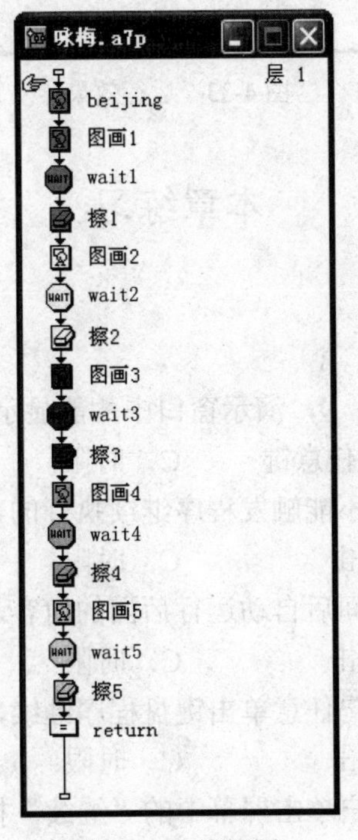

图 4-31　流程图

（7）向流程线上添加一个计算图标，命名为 return，双击该计算图标，在打开的窗口中输入如图 4-32 所示的代码。GoTo(IconID@"图画 1")代码的作用是使程序的流程转向“图画 1”显示图标继续运行。这样程序就可以一直运行下去了。

图 4-32 输入代码

（8）保存程序，单击“运行”按钮浏览程序，如图 4-33 所示，完成本例制作。

图 4-33 运行效果

本章练习

一、选择题

1．选择以下用户触发事件（ ），演示窗口中才能显示倒计时动画。

A．单击鼠标　　B．按任意键　　C．时限　　D．显示倒计时

2．对于等待图标，下列事件不能触发程序继续执行的是（ ）。

A．单击　　B．双击　　C．时限　　D．鼠标移动

3．若要使程序在等待一段时间后自动运行后面的内容，应设置（ ）触发事件。

A．单击　　B．双击　　C．时限　　D．按任意键

4．若要使程序在等待时由用户任意单击键盘程序继续，应设置（ ）触发事件。

A．单击　　B．双击　　C．时限　　D．按任意键

5．若要使程序在等待时由用户单击屏幕中的“继续”按钮程序继续，应设置（ ）触发事件。

A．单击　　B．双击　　C．显示按钮　　D．按任意键

二、填空题

1．擦除过渡特效对话框中的“周期”用于设置该过渡特效所持续的时间，其取值范围为________秒。

2．“平滑”的数字越________，其平滑程度越好；数字越________，其过渡特效越粗糙。

3．若要使 Authorware 在完全擦除前面的内容后才显示后面的内容，应选择擦除图标属性面板中的________命令。

三、操作题

1．制作一个全家福的电子相册，用于顺序播放照片，综合运用显示图标、等待图标和擦除图标。

2．制作一个当地旅游风景的电子相册，用于顺序播放照片，综合运用显示图标、等待图标和擦除图标。

3．制作一个红楼梦人物的相册，制作自定义暂停按钮，效果如图 4-34 所示，素材都在光盘中。

图 4-34　最终效果

第 5 章　创建动画效果

文字、图形图像、声音和数字动画信息已经足以表现多媒体作品的主题和内容。不过我们还需要进行简单的动画效果设计来满足创作需要，动画效果可以使多媒体作品更加生动有趣。

5.1　Authorware 7.0 中的动画

要在 Authorware 中制作动画效果非常简单：使用移动图标在设计流程图中指定运动对象后，再为其设置需要的移动方式即可。Authorware 中的移动图标让对象所产生的运动具有以下特点：

（1）移动图标主要用于创建简单实用的二维空间的平面移动效果。移动图标的功能是将演示窗口中的对象从一个位置移动到另外一个位置，包括沿直线移动和沿曲线移动等。

（2）不改变移动对象的自身形状。无论对象如何运动，都不改变这一对象的形状和显示角度。

（3）匀速运动。在移动图标的属性中，可以设置移动的固定速率和固定时间。因此，物体的运动虽然可以是直线运动，也可以是曲线运动，但这种运动都是匀速运动。

需要确认的是：一个移动图标只能对一个有内容的显示图标中的所有对象进行移动。如果是要移动一个单独的对象，那么这个对象必须单独放在一个显示图标中。

另外，Authorware 支持大多数的动画格式，如简单的 GIF 图片动画、当前十分流行的 Flash 动画、FLI 和 FLC 动画、AVI 数字电影以及 MPEG 视频文件等。

5.2　移动图标

5.2.1　移动图标的移动对象

Authorware 提供了功能强大的移动图标，可以实现动画效果。不过移动图标本身并不会动，也不含有要移动的对象，它必须与显示图标配合使用。显示图标是 Authorware 动画对象的载体，有了显示图标，才能放置各种文字、图形图像等对象。移动图标往往位于显示图标的下方。如图 5-1 所示，这是一个最普遍的制作动画效果的图标组合，用显示图标“太阳”显示出太阳的图形，然后利用“太阳运动”来控制太阳的运动。

Authorware 7.0 支持两种设置移动对象的方法：一种是同时开启移动图标属性面板和演示窗口，通过点选演示窗口中的对象（文本、图形或图像）来指定移动对象；另一种是将需要移动的显示图标拖动到移动图标上，在放开鼠标后，移动图标由灰色变为黑色，即表明已经指定了移动对象。

图 5-1　显示图标和移动图标配合使用

5.2.2　移动图标的属性面板

拖动一个移动图标到流程线上，默认情况下将打开其属性面板，如图 5-2 所示。

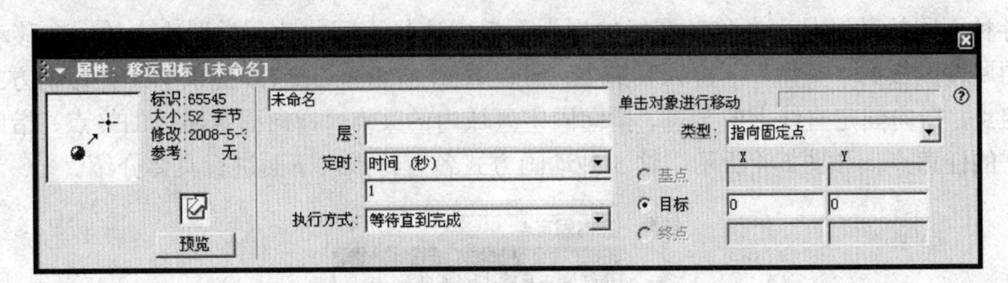

图 5-2　移动图标的属性面板

移动图标属性面板中一些选项的含义如下：

（1）移动对象标记预览框：预览移动对象的内容。若没有确定移动对象，则预览框中显示的是移动方式的示意图。

（2）“层”栏：移动显示层次与显示图标层次基本一致，层次越高，其越显示在上；若此栏为空，层次设为默认值 0；显示相同层次时，先再现的显示在下面。若显示图标设置为“直接写屏”，则其产生的移动会显示在所有显示对象的上面。移动图标中的层次只在移动显示过程中有效；移动结束，则该显示对象的层次重新变为它所在显示图标的层次。

（3）“定时”下拉列表框：该框中包含“时间”和“速率”两个选项。若选中“时间”选项，则在下方的文本框中输入的数值、变量或表达式表示完成整个移动过程所需要的时间，单位为秒；若选中“速率”选项，则其下方的文本框中的数值、变量或表达式表示移动对象的移动速度，单位为“秒/英寸”。用户在制作动画前，必须先明确到底要控制动画的时间还是运动的速度，不同的目的需要选用不同的方式。

（4）“执行方式”下拉列表框：该框中包含“等待直到完成”和“同时”两个选项。若选中“等待直到完成”选项，则程序等待本移动图标的移动过程完成后，才继续流程线上下一个图标的执行；若选中“同时”选项，则程序将本移动图标的移动过程与下一个图标的运行同时进行。

（5）“类型”下拉列表框：该框中包含“指向固定点”、“指向固定直线上的某点”、“指向固定区域内的某点”、“指向固定路径的终点”和“指向固定路径上的任意点”5 种移动类型，如图 5-3 所示。

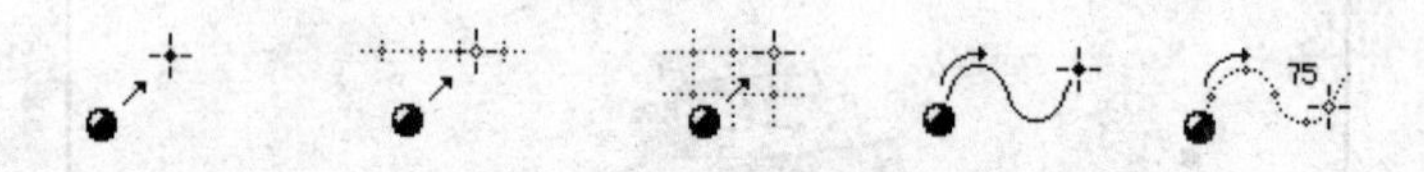

图 5-3　移动图标的 5 种运动类型

在 Authorware 移动图标属性面板中选择不同的移动类型，将出现不同的选项。

（6）“基点”文本框：用于设置移动对象在演示窗口中的起点坐标。

（7）“目标”文本框：用于设置移动对象在目标位置的坐标。

（8）“终点”文本框：用于设置移动对象的终点坐标。

5.3　运动动画类型

各种不同的动画是由在移动图标的属性面板中选择不同的动画类型决定的，在移动图标对应的属性面板的“类型”下拉列表框中，可以看到 Authorware 7.0 提供的 5 种移动方式：指向固定点、指向固定直线上的某点、指向固定区域内的某点、指向固定路径的终点、指向固定路径上的任意点，如图 5-4 所示。这 5 种动画方式各有特点，下面进行具体介绍。

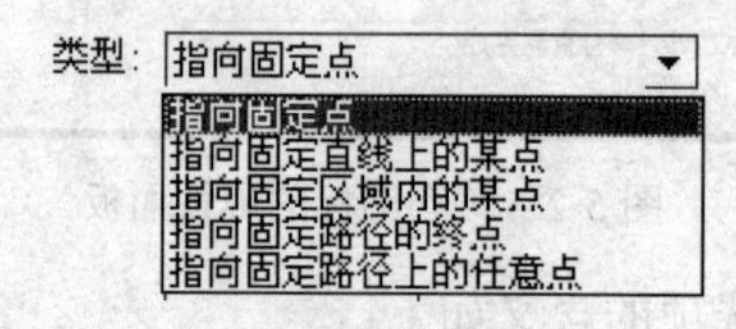

图 5-4　“类型”下拉列表框

5.3.1　指向固定点

指向固定点是动画中最基本的动画设计方法，是使对象直接由起点位置沿直线移动到终点位置的动画。这里的起点是对象在屏幕上的最初位置，可以是屏幕坐标内的任意点，终点是预先指定的运动的目标点，如图 5-5 所示。

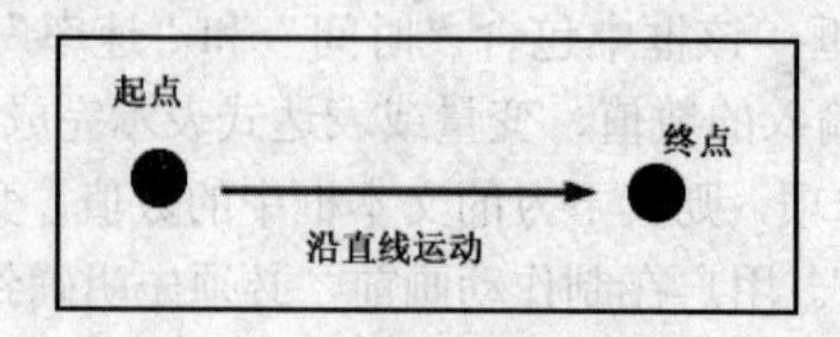

图 5-5　“指向固定点”运动方式示意图

下面以“滚动字幕”为例来介绍这种方式。字幕效果的制作比较简单，使用指向固定点方式，将文本由下向上移动。滚动字幕制作的要点在于选择合适的运动速度，过快和过慢的速度都会影响字幕的显示效果，最终效果如图 5-6 所示。

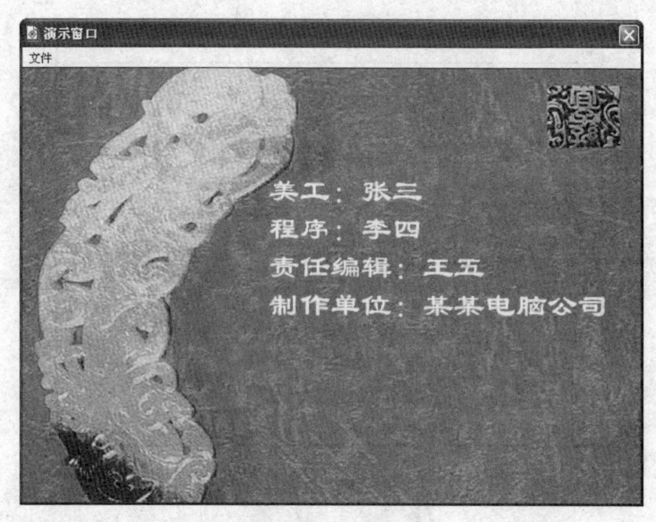

图 5-6　滚动字幕

操作步骤如下：

（1）启动 Authorware，新建一个文件，将其保存为“滚动字幕.a7p”。

（2）在流程线上添加一个显示图标，命名为“背景”，双击该图标打开演示窗口，单击工具栏中的“导入”按钮，弹出“导入哪个文件？”对话框，在其中选择一幅图片（图片在光盘“第 5 章”文件夹中），单击“导入”按钮将选择的图片插入到演示窗口中，调整演示窗口的大小，以使背景图片正好充满整个演示窗口，如图 5-7 所示。

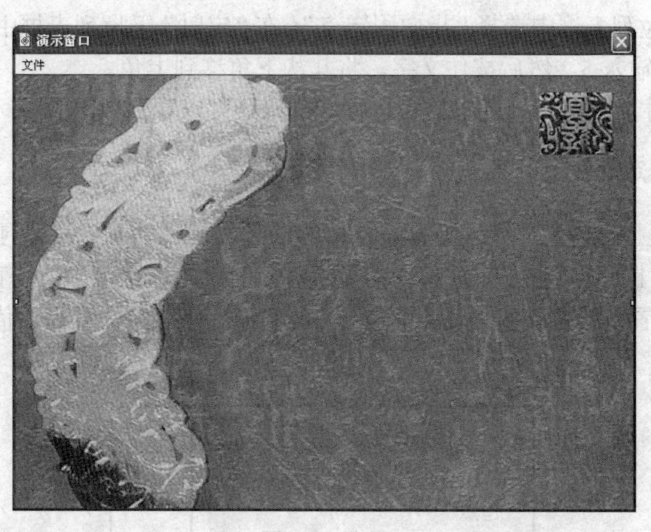

图 5-7　背景

（3）在流程线上添加一个显示图标，命名为“字幕”，双击该图标打开演示窗口，使用工具箱中的**A**按钮，输入文字，如图 5-8 所示，将其字体设置为“隶书”，字号设置为 24，颜色为“黄色”，然后将其移到演示窗口的下角，使其稍微露出一点。

（4）在流程线上添加一个移动图标，将其命名为“运动”。然后选择文字作为移动的对象，在移动图标的属性面板中设置，如图 5-9 所示。

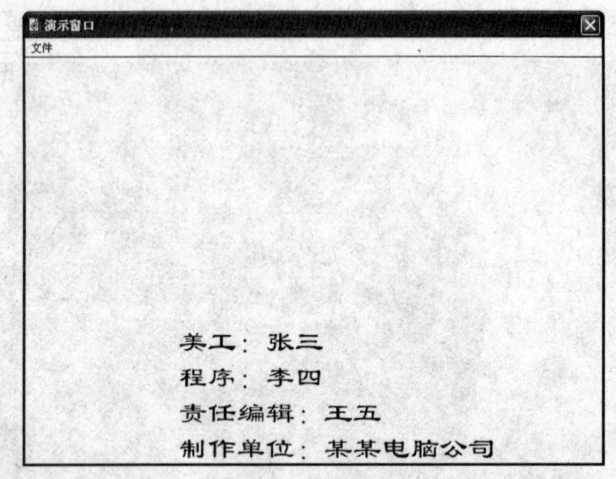

图 5-8　在演示窗口中输入运动文字

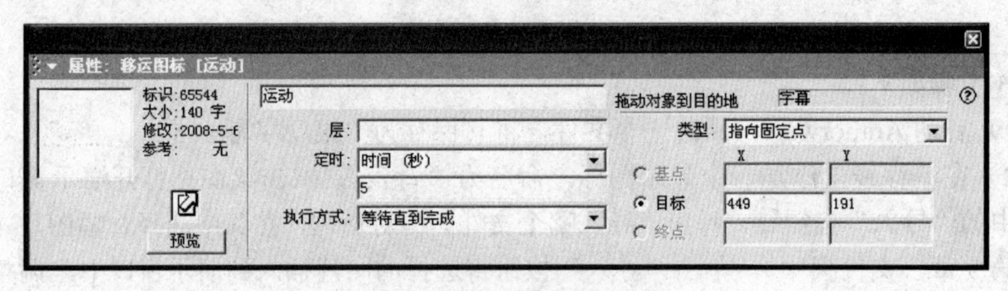

图 5-9　属性面板

在“类型”下拉列表框中选择“指向固定点”，在“定时”下拉列表框中选择“时间（秒）”，在下面的文本框中输入 5。然后按住文字，将其从下角移到上角。

（5）保存文件。单击工具栏中的“运行”按钮可以看到效果。

5.3.2　指向固定直线上的某点

指向固定直线上的某点是终点沿直线定位的动画。这种动画效果是使显示对象从当前位置移动到一条直线上的某个位置。被移动的显示对象的起始位置可以位于直线上，也可以在直线之外，但终点位置一定位于直线上，如图 5-10 所示。停留的位置由数值、变量或表达式来指定。

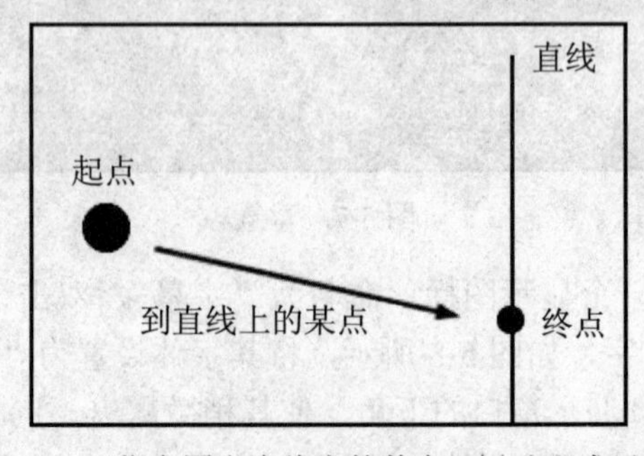

图 5-10　“指向固定直线上的某点”运动方式示意图

5.3.3　指向固定区域内的某点

指向固定区域内的某点是对象从当前点沿直线在设定的时间内匀速移动到指定区域内的某点，如图 5-11 所示。

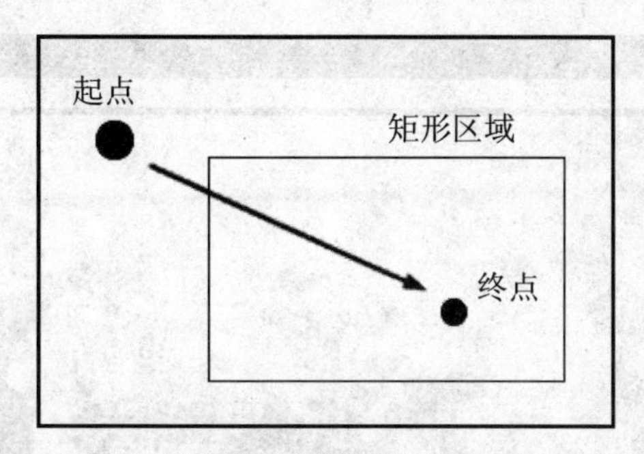

图 5-11　“指向固定区域内的某点”运动方式示意图

通过制作“鼠标跟随”动画，掌握创建指向固定区域内的某点动画的方法。

鼠标跟随是电脑动画和网页中常见的效果，即当鼠标指针移动时，有小图片或文字跟随鼠标移动，产生动态效果，引起观众的注意，这也是人机交互的一种最常用的手段，不仅在动画和网页中常用，在多媒体程序中也屡见不鲜。在 Authorware 中可以通过指向固定区域内的某点运动方式实现鼠标跟随效果，下面就来看一个实现鼠标跟随效果的例子，如图 5-12 所示。

图 5-12　鼠标跟随效果

鼠标跟随效果的制作步骤如下：

（1）创建一个 Authorware 7.0 文件，命名为“鼠标跟随.a7p”并保存。然后选择“修改”→“文件”→“属性”命令，打开属性面板，在“大小”下拉列表框中选择“根据变量”选项，设置演示窗口的尺寸为可变值。

（2）在流程线上添加一个计算图标，命名为“窗口大小”，双击该计算图标打开计算图标编辑器，输入如下代码：

```
ResizeWindow(600,400)
```

这样就将演示窗口的尺寸定义为 600×400 像素。

（3）在流程线上添加一个显示图标，命名为“背景”，双击“背景”图标打开演示窗口，向演示窗口中导入准备好的背景图片。然后根据插入的图片的大小调整演示窗口的大小，以使演示窗口和图片大小吻合，如图 5-13 所示。

图 5-13 背景图

（4）在流程线上添加一个显示图标，命名为“蝴”，双击该图标打开演示窗口，利用工具箱中的文本工具输入“蝴”字，调整文字的字体、字号和颜色。

（5）在流程线上添加一个移动图标，命名为“跟随蝴”，双击“跟随蝴”移动图标，打开移动图标的属性面板，选择演示窗口中的“蝴”字作为移动对象，然后按如图 5-14 所示的对话框进行设置。

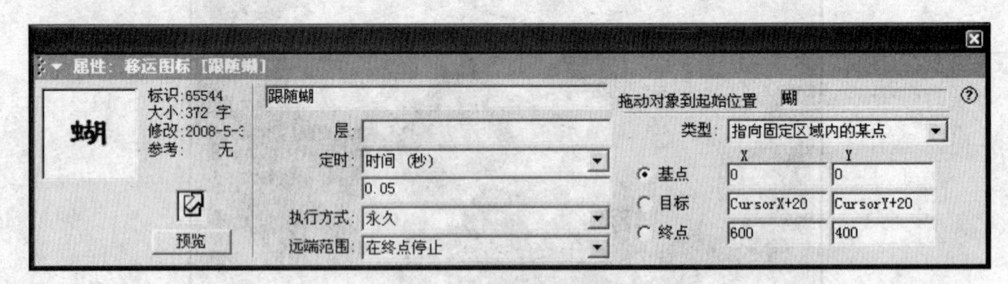

图 5-14 设置移动属性

设置方法如下：

在“定时”下拉列表框中选择“时间（秒）”方式，在下面的文本框中输入 0.05，设置移动时间为 0.05 秒。

在“执行方式”下拉列表框中选择“永久”。

在“远端范围”下拉列表框中选择“在终点停止”。

在“类型”下拉列表框中选择“指向固定区域内的某点”。

选择“基点”单选按钮，设置移动的起点为窗口的左上方，在 X、Y 文本框中均输入 0（即坐标位置为 0），如图 5-15 所示。

图 5-15　文字的起点位置

选择“终点”单选按钮，将文字对象移动到窗口的右下方，如图 5-16 所示。在“终点”栏中输入 600 和 400，这里将终点设置为(600,400)，是因为在前面的计算图标中将演示窗口的尺寸设置为 600×400 像素的缘故，这样相当于在矩形区域内创建了一个和窗口同样大小的坐标区域。

图 5-16　文字的终点位置

选择“目标”单选按钮，设置 X 的坐标为 CursorX+20，Y 的坐标为 CursorY+20，即把文字移动到鼠标指针右下方偏移量(20,20)的位置处。系统变量 CursorX、CursorY 分别存储了鼠标在演示窗口中的坐标，利用这两个变量实现了对鼠标位置的跟踪。

（6）按照上面的操作步骤，在流程线上再添加一个显示图标和一个移动图标。将显示图标命名为“蝶”，在演示窗口中输入“蝶”；将移动图标命名为“跟随蝶”，双击图标打开属性设置对话框，按照如图 5-17 所示进行设置。

（7）按照上面的操作步骤，在流程线上依次添加“飞”显示图标、“跟随飞”移动图标和“舞”显示图标、“跟随舞”移动图标，如图 5-18 所示。

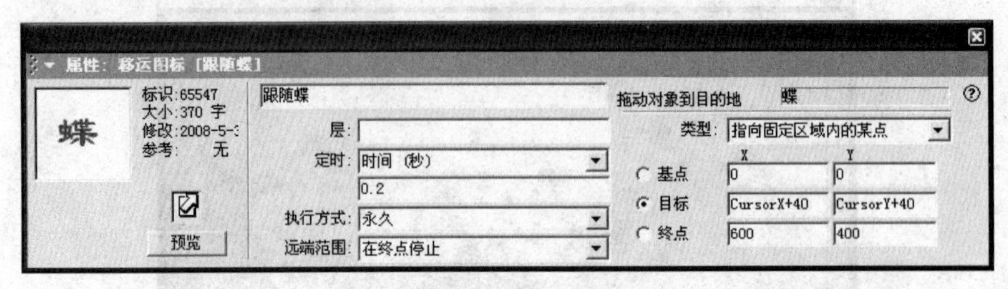

图 5-17 设置移动属性

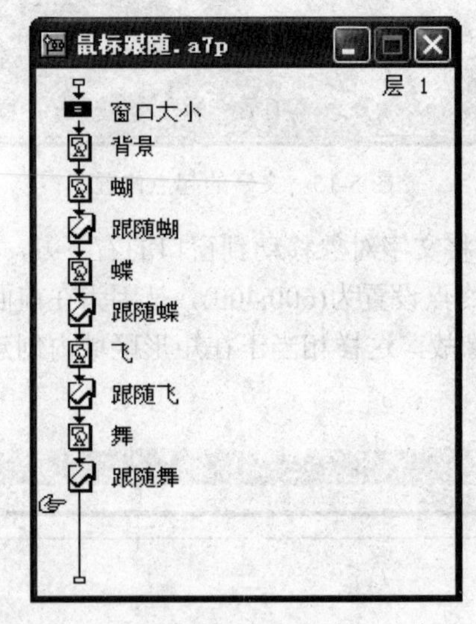

图 5-18 添加图标

（8）分别在“飞”和“舞”演示窗口中输入“飞”和“舞”。在移动属性面板中设置移动过程的持续时间依次延长 0.1 秒，移动目标偏移量沿水平方向和垂直方向向右向下各增加 20 像素。

（9）保存文件。单击工具栏中的“运行”按钮可以看到效果。

5.3.4 指向固定路径的终点

指向固定路径的终点是沿平面定位的动画。对象沿给定的路径从起点沿路径在设定的时间内匀速移动到路径的终点，如图 5-19 所示。

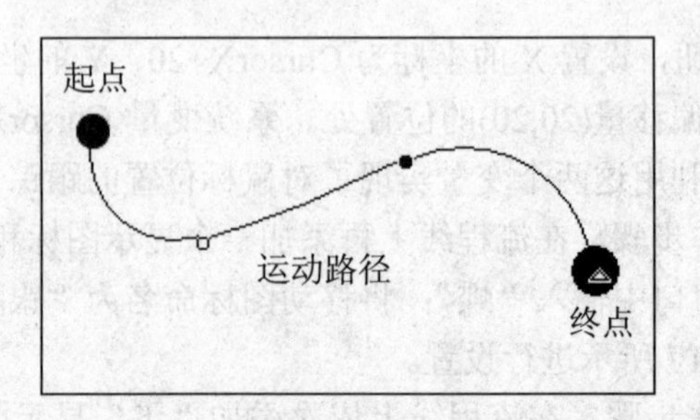

图 5-19 “指向固定路径的终点”运动方式示意图

下面以一个“蜜蜂、蝴蝶在花间飞舞”的例子介绍创建该动画的操作。本例制作的动画效果如图 5-20 所示。

图 5-20　蝶恋花最终效果

制作步骤如下：

（1）新建一个 Authorware 7.0 文件，将其命名为“蝶恋花.a7p”并保存。

（2）在流程线上添加一个显示图标，将其命名为“花”，然后双击该显示图标，在打开的演示窗口中导入一个背景图片。

（3）单击“插入”→“媒体”→Animated GIF 命令，弹出一个对话框，如图 5-21 所示。

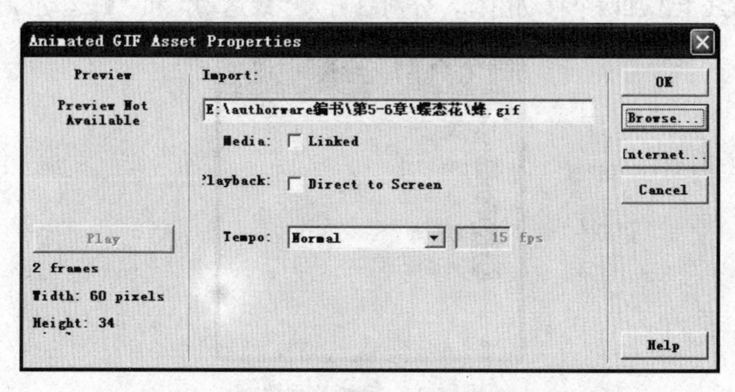

图 5-21　选择一个 GIF 图像

在该对话框中单击 Browse 按钮，选择已准备好的 GIF 素材“蜂.gif”图像，然后单击 OK 按钮，把该图像插入到流程线上。

（4）在流程线上单击插入的 GIF 图像，在属性面板中设置它的名称为“蜂”，选择面板上的“显示”选项卡，在该选项卡中设置模式为“透明”，如图 5-22 所示。

（5）同样的方法，向流程线上插入第二个 GIF 图像，取名为“蝶”，并在属性面板上设置它的模式为透明。

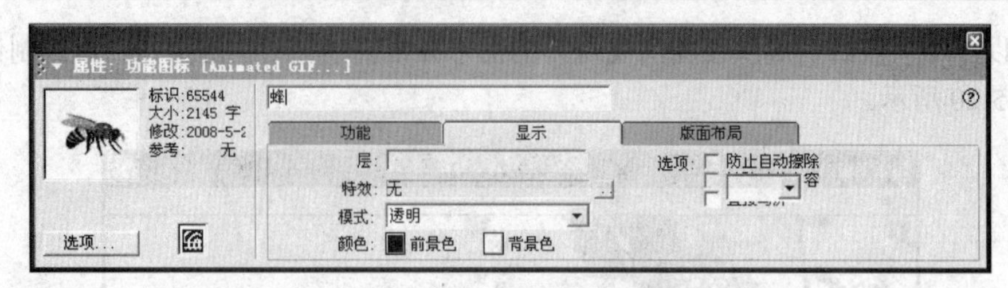

图 5-22 设置第一个 GIF 图像的属性

（6）单击“运行”按钮，在演示窗口中调整“蜜蜂”和“蝴蝶”的最初位置，如图 5-23 所示。

图 5-23 蜜蜂和蝴蝶的最初位置

（7）向流程线上添加两个移动图标，分别命名为“蝶运动”和“蜂运动”，如图 5-24 所示。

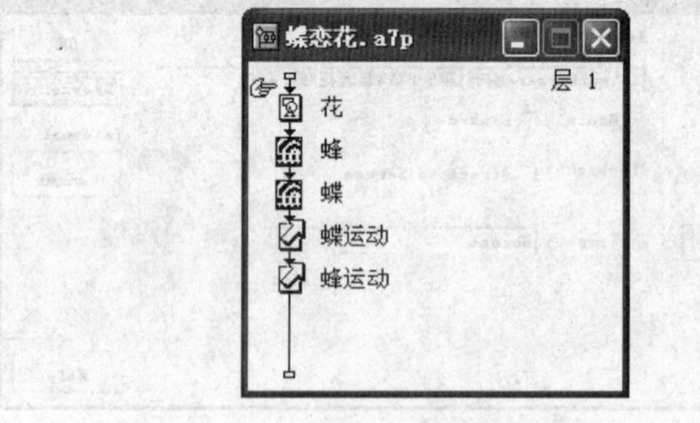

图 5-24 动画流程图

（8）单击“蝶运动”移动图标，在属性面板上设置它的移动时间为 5 秒，移动的类型为“指向固定路径的终点”，如图 5-25 所示。

（9）设置完毕后，鼠标在演示窗口中单击“蝴蝶”图像，使运动的对象为“蝴蝶”，这时蝴蝶图像上面出现一个空心的小三角形，这标记着蝴蝶移动的起点，拖动蝴蝶到其他位置，确定运动的终点，这时在演示窗口中出现一条细线，这标记着蝴蝶运动的轨迹，在轨迹上单击，在轨迹上又出现了一个空心的小三角形，用鼠标拖动该三角形向上或向下移动可以改变运动的轨迹，双击三角形可以使三角形变成实心的圆点，这时曲线变成了平滑的曲线，使得运动更加自然，如图 5-26 所示。

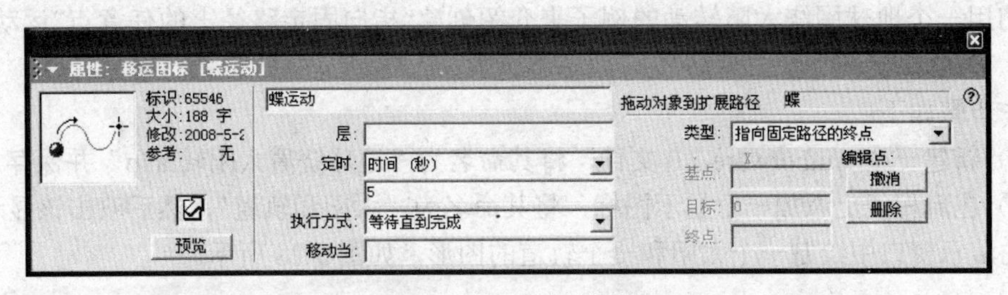

图 5-25　设置移动图标

图 5-26　蝴蝶运动的轨迹

（10）蝴蝶的运动设置完毕，接下来，用同样的方法设置蜜蜂运动的轨迹。

（11）全部设置完毕后保存文件，运行文件观看制作的效果。这样就完成了蝶恋花的制作。

5.3.5　指向固定路径上的任意点

指向固定路径的任意点是沿路径定位的动画。这种动画效果也是使显示对象从起点沿路径在设定的时间内匀速移动，最后停留在路径上的任意位置而不一定非要移动到路径的终点。停留的位置可以由数值、变量或表达式来指定，如图 5-27 所示。

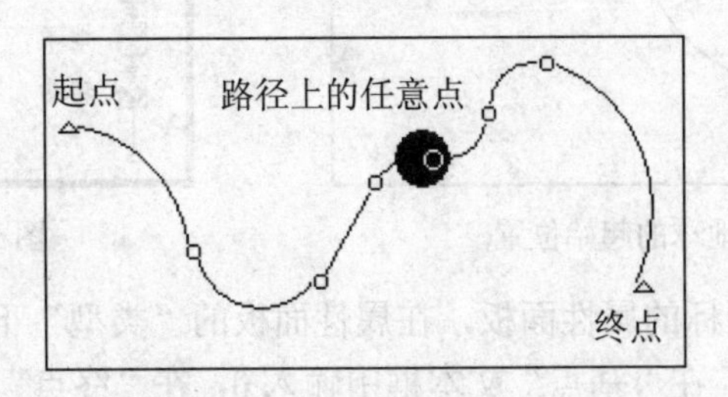

图 5-27　“指向固定路径上的任意点”运动方式示意图

在“指向固定路径的终点”和“指向固定路径上的任意点”运动方式中，需要确定运动路径，这里的路径可以是直线、折线，也可以是不同弧度的曲线，甚至也可以是闭合的环路。

我们用一个地球围绕太阳转动的例子来介绍创建“指向固定路径上的任意点”运动效果的动画。

制作步骤如下：

（1）新建一个 Authorware 7.0 文件，将其命名为“地球绕着太阳转.a7p”并保存。

（2）在流程线上添加一个显示图标，将其命名为“太阳和轨道”，然后双击该显示图标，在打开的演示窗口中绘制一个太阳和一个轨道的图形，如图 5-28 所示。

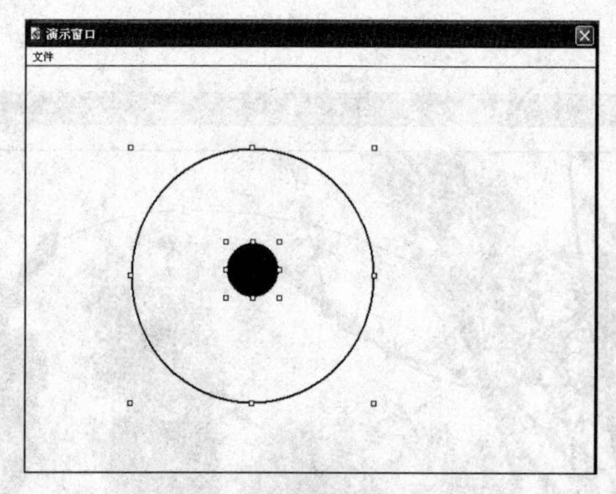

图 5-28 绘制轨道和太阳

（3）向流程线上添加一个显示图标，命名为“地球”，双击该图标打开演示窗口，在演示窗口中绘制一个地球图形，单击“运行”按钮，适当调整地球的位置，使它最初的位置位于轨道之上，如图 5-29 所示。

（4）向流程线上拖拽一个移动图标，本例流程图如图 5-30 所示。

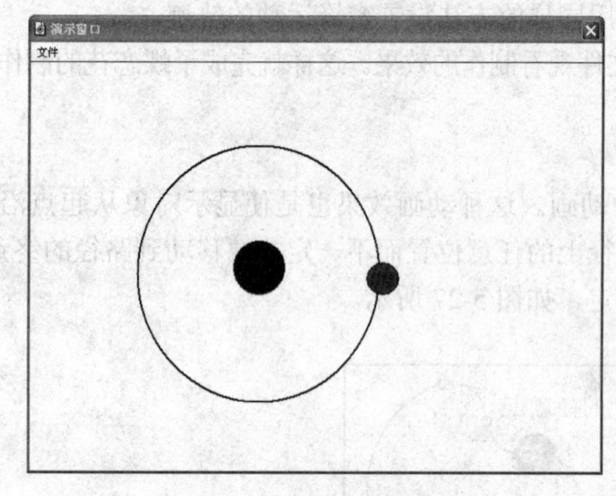

图 5-29 确定地球的起始位置

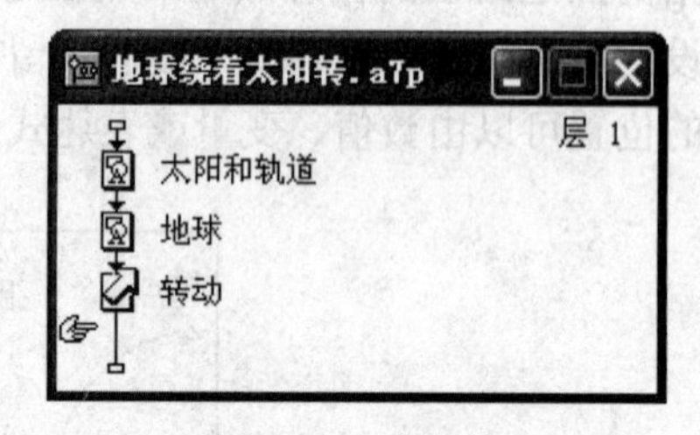

图 5-30 流程图

（5）双击打开移动图标的属性面板，在属性面板的“类型”下拉列表框中选择“指向固定路径上的任意点”方式。在“基点”文本框中输入 0，在“终点”文本框中输入 30，在“目标”文本框中键入 Sec，各项目设置如图 5-31 所示。这里的 Sec 是一个系统变量，其数值为当前系统时间的秒数，如果在计划在半分钟转一圈，取值范围为 0～30，因此将终点设置为 30。

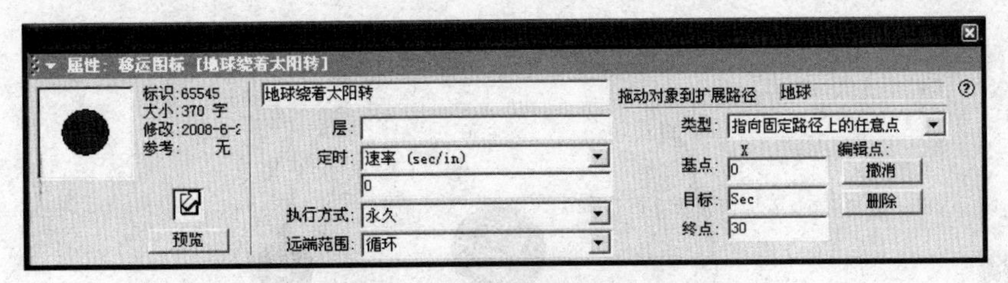

图 5-31　设置移动图标的属性面板

（6）在演示窗口中创建一个接近轨道的运动路线，并且注意路径的起点与终点之间要留下一个缺口，如图 5-32 所示。

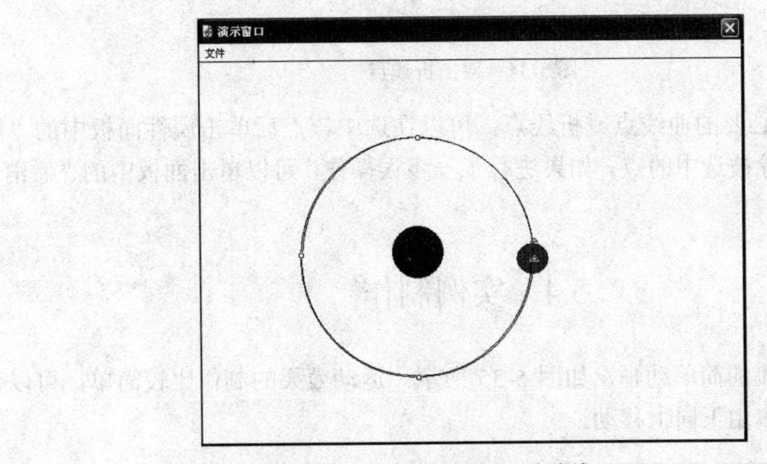

图 5-32　设置运动路线

创建圆形运动轨迹的方法很简单：首先单击运动对象，在运动对象的中心出现一个黑色三角符号，这个符号是一个路径的折线点，将指针定位在折线点上，单击并拖动，可以移动折线点。如果将鼠标指针定位在运动对象上折线以外的区域，然后移动对象，可以新建一个折线点，两个折线点之间用直线连接，如图 5-33 所示。

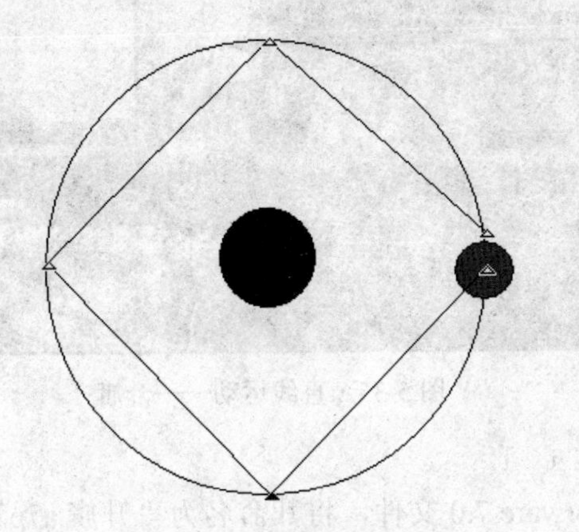

图 5-33　连续的折线

双击一个三角形折线点，该折线点就会变成圆形的曲线点，如图 5-34 所示，把所有的三角符号双击变成圆形曲线点，就完成了对运动轨迹的制作。

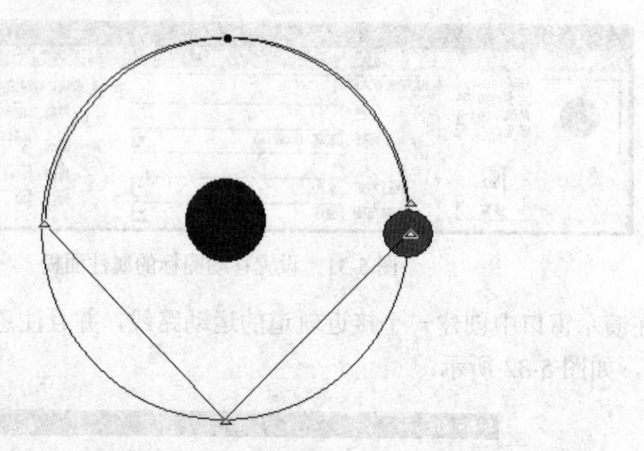

图 5-34 双击折线点

如果路径上有不必要的曲线点或折线点，可以在选中该点后单击属性面板中的“删除”按钮，这样就可以删除被选中的点。如果进行了一步误操作，可以单击面板中的“撤消”按钮撤消刚才的操作。

5.4 实例制作

本例制作一个升旗的简单动画，如图 5-35 所示。运动效果的制作比较简单，可以使用指向固定点方式，将国旗由下向上移动。

图 5-35 直线运动——升旗

升旗的制作步骤如下：

（1）新建一个 Authorware 7.0 文件，将其命名为“升旗.a7p”并保存。

（2）在流程线上添加 3 个显示图标，分别命名为“背景”、“旗杆”和“旗”；添加一个移动图标，命名为“运动”，如图 5-36 所示。

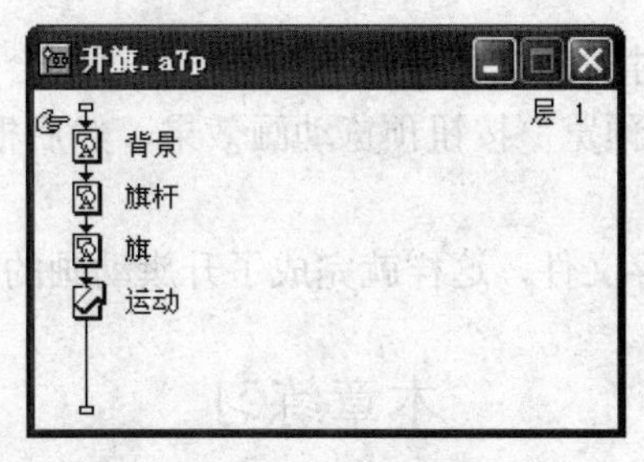

图 5-36　动画流程

（3）双击“背景”图标，导入一幅图片作为升旗的背景，调整图片的位置，使之位于演示窗口的中央，并且充满整个窗口。

（4）双击“旗杆”图标，在打开的演示窗口中，绘制一条细线作为旗杆，设置细线的颜色和粗细。然后单击“运行”按钮，在演示窗口中调整细线的位置，使它处于一个合适的位置，如图 5-37 所示。

图 5-37　设置旗杆的位置

（5）双击“旗”图标，导入一幅旗图片，单击“运行”按钮，在演示窗口中将旗的初始位置放在旗杆的下面。

（6）单击“运动”移动图标，打开属性面板，在“类型”下拉列表框中选择“指向固定点”选项。然后在演示窗口中单击旗，将旗确定为移动对象。接下来向上移动旗，将旗置于旗杆的顶部，也就是旗移动的终止位置。然后在“定时”下拉列表框中选择“时间（秒）”方式，在下面的文本框中输入 5，如图 5-38 所示。

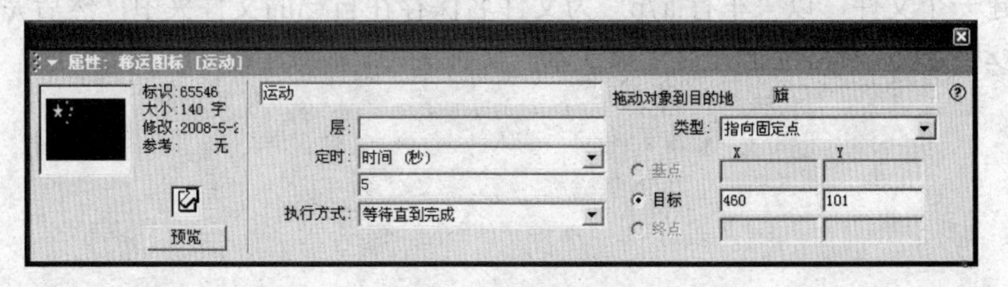

图 5-38　移动图标的设置

数值 5 表示旗移动的总时间，这个时间不能太长，否则会使观众失去兴趣，但也不能太快。可以单击面板左下角的“预览”按钮预览动画效果，然后根据实际情况增加或减少时间，直到满意为止。

（7）全部设置完毕后保存文件，这样就完成了升旗动画的制作。

本章练习

一、选择题

1．下列有关移动图标的说法中错误的是（　）。

A．移动图标是以屏幕上的对象作为移动目标的

B．移动图标要移动的是整个设计图标内的对象，而不是其中的某一个或几个对象

C．移动图标不能使数字电影中的视频以指定方式移动

D．移动图标可以创建 5 种类型的路径动画

2．以下（　）移动适合用“指向固定直线上的某点”移动方式。

A．模拟汽车在公路上行驶

B．围棋棋子移动到指定的网格位置

C．打靶，根据值的不同，箭射到靶上的位置也有所不同

D．指针沿标尺移动

二、填空题

1．使用 Authorware 创建的动画主要有两种形式：一种是________，另一种是________。

2．________动画是移动图标默认的运动类型，当用户设置了移动对象的目的位置之后，无论拖动对象的路径如何弯曲，Authorware 总是将移动对象沿着直线从当前显示的位置移动到目的位置。

三、操作题

1．按照“滚动字幕”实例的制作步骤制作一个“滚动字幕”效果的多媒体动画，将字幕做成竖排文本，将字幕的运动方向改为“从左至右”。

2．制作一个升旗的小程序。要求程序运行时，3 个国家的国旗依次缓缓升至旗杆的顶部。旗杆可以使用绘图工具绘制。国旗可以使用素材图片或动画，素材在光盘“第 5 章”文件夹中。最后以“升三国国旗.a7p”为文件名保存。

3．新建一个文件，以“车行.a7p”为文件名保存在自己的文件夹中，然后完成一辆车从左到右的运动效果。素材位于光盘“第 5 章”文件夹中。

第 6 章　多媒体素材的使用

6.1　使用声音图标

在 Authorware 中，除了最常见的文本和图形对象之外，系统还提供了对声音、数字电影以及视频的集成能力。在当前多媒体项目中，使用数字电影、声音和视频往往可以加强作品的表现力，将直接影响到作品的好坏，并且这 3 种媒体对象在多媒体项目中使用得非常广泛。我们常会把多媒体与漂亮的动画、优美动听的音乐联系在一起。在本章中，将讲述“数字电影”图标和“声音”图标，利用这些图标，多媒体作品都会从呆板的状态下走出来，通过听觉、视觉的全方位作用，给观众以深刻的印象。

6.1.1　Authorware 支持的声音文件

Authorware 支持的声音文件格式主要有 AIFF、PCM、SWA、VOX、WAVE 和 MP3 等，同时可以通过调用函数的方式来播放 MIDI 音乐。

6.1.2　导入声音文件

要向 Authorware 文件中加载声音，首先应该在流程线上添加一个声音图标，然后再导入声音文件并进行下一步的设置。

将声音图标拖动到流程线上后，单击声音图标，其属性面板如图 6-1 所示。在该属性面板中可以对声音文件进行编辑，包括导入声音文件、设置各项属性等。

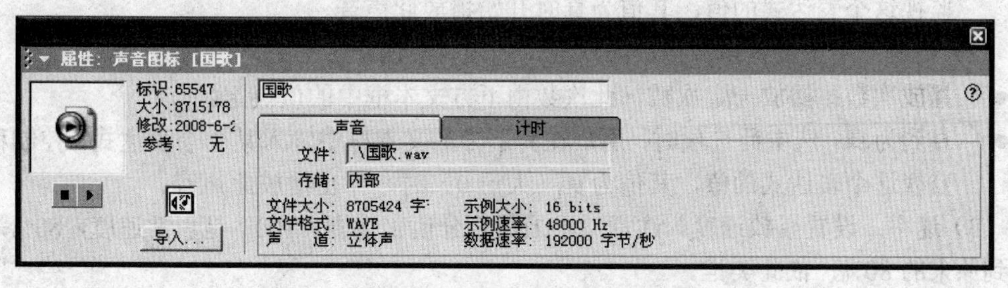

图 6-1　声音图标属性面板的“声音”选项卡

单击面板中的“导入”按钮，打开“导入哪个文件？”对话框，如图 6-2 所示，在这里选择想要导入的声音文件。选中要导入的声音文件后，单击“导入”按钮就完成了声音文件的导入。

6.1.3　声音图标的属性设置

利用声音图标属性面板中的“计时”选项卡，用户可以方便地设置声音的播放属性，如执行方式、播放次数、速率、开始片段等，如图 6-3 所示。

下面简单介绍面板中的几个选项。

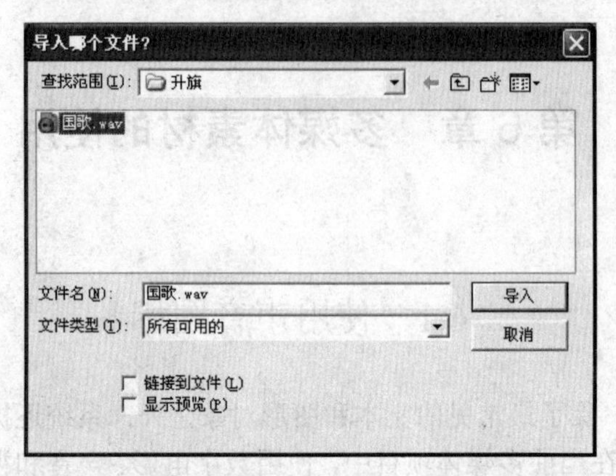

图 6-2　“导入哪个文件？”对话框

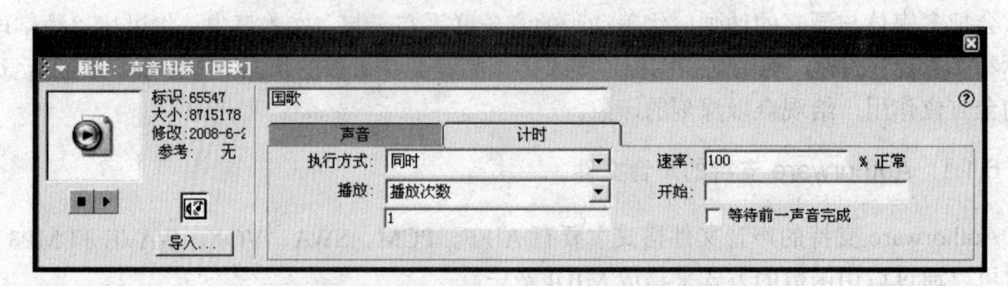

图 6-3　声音图标属性面板的“计时”选项卡

（1）执行方式：设置声音播放的方式，提供了如下 3 个选项：

- 等待直到完成：选择此选项时，控制程序播放完此声音后才开始执行流程线上的下一个图标。
- 同时：控制程序将一边播放声音，一边执行流程线上声音图标后的图标。
- 永久：选择此选项时，用户可以在“开始”文本框中输入某一个表达式，控制程序会监视这个表达式的值，其值为真时开始播放此声音。

（2）播放：用于设置声音播放的次数，选项只有两个：

- 播放次数：播放一定次数，此次数由下方文本框中的值决定。
- 直到为真：选中此选项时，用户在其下方的文本框中输入某一个表达式，控制程序会监视这个表达式的值，其值为真（大于 0）时，停止播放此声音。

（3）速率：设置播放速度。注意这里采用百分值来设置，100%是正常速度，80%是放慢速度到原来的 80%，依此类推。

（4）等待前一声音完成：选中此复选框后，只有系统播放完前一个声音之后才会开始播放，这样可以防止发生多个声音交叉的情况。

6.1.4　声音文件的处理

在制作 Authorware 程序时，除了考虑画面、音乐等效果外，还需要考虑的一个重要因素是声音文件的大小，小文件意味着作品可以更方便、快捷地发布，更流畅地播放。

用户可以采取下面的方法来减小声音文件占用的磁盘空间：在 Authorware 支持的声音文件中，可以将 CD 或 WAV 格式的声音文件用 MP3 压缩工具转换成 MP3 格式的文件；可以采用 MIDI 文件代替 WAVE 文件作为背景音乐。如果方便也可以用专门的声音编辑软件（如 SoundEdit、SoundForge）先将声音文件减肥编辑后再使用。

Authorware 软件提供了一个实用的转换工具，下面简单介绍一下。

选择“其他”→“其他”→Convert WAV to SWA 命令，即将存储空间大的 WAV 格式转换成压缩比高的 SWA 格式，如图 6-4 所示。

图 6-4　Convert WAV to SWA 菜单命令

弹出格式转换对话框，如图 6-5 所示。单击 Add Files（添加文件）按钮，指定需要进行格式转换的 WAV 文件，可以同时指定多个文件，单击 Remove（删除）按钮可以从待转换文件列表中删除指定的文件。单击 Convert（转换）按钮可以对文件进行转换。

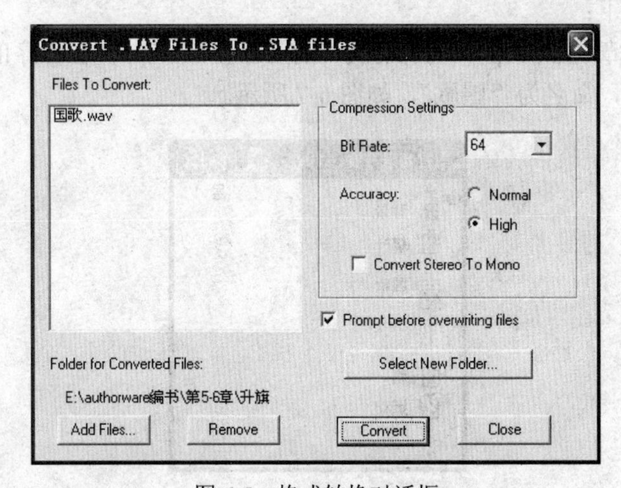

图 6-5　格式转换对话框

下面简单介绍一下转换过程中的主要参数。

- Bit Rate（位率）：从下拉列表框中可以选择不同的比特率，默认是 64。比特率越高压缩后的文件效果越好，但压缩比也越小，也就是说得到的 SWA 文件会比较大。
- Accuracy（精确度）：可以选择 Normal（正常）或 High（精密）。同样，选择“精密”单选按钮时，SWA 文件效果更好，但同时文件也会比较大。
- Convert Stereo To Mono（立体声转换为单声道）：立体声转换为单声道。
- Select New Folder（转换文件的目标文件夹）：可以指定转换后得到的 SWA 文件保存的目录。

在这里，选择一个名为“国歌.wav”的文件（9267.2KB），设置好上述各项后单击 Convert 按钮，就会弹出如图 6-6 所示的进度指示对话框，在转换过程中，单击“停止”按钮可以终止转换过程。

转换完成后，可以看到国歌.swa 文件大小仅为 387KB，而声音的播放效果并没有明显的改变，可见这个转换是相当有效的。

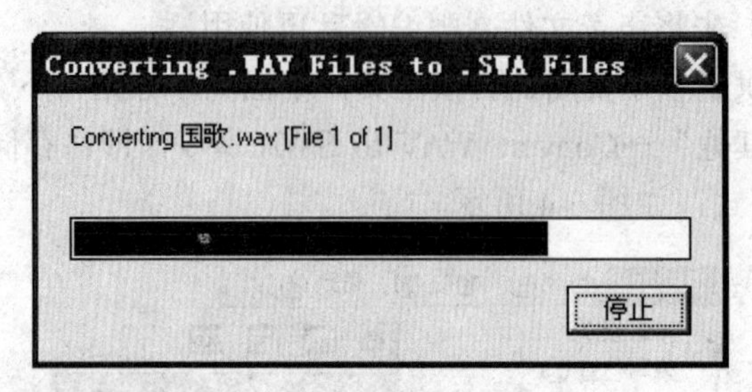

图 6-6 格式转换进程对话框

6.1.5 声音的应用实例

前面已经介绍了在 Authorware 中导入和设置声音属性的方法。下面一起制作一个有声音的程序。在上一章中，我们学习了移动图标，并且制作了一个升旗的小例子，下面我们为升旗的程序添加一个背景音乐。

具体制作步骤如下：

（1）打开“5-6 章/升旗.a7p”，将其存为“有音乐升旗.a7p”，在程序的流程线上的适当位置添加一个声音图标，命名为“国歌”，如图 6-7 所示。

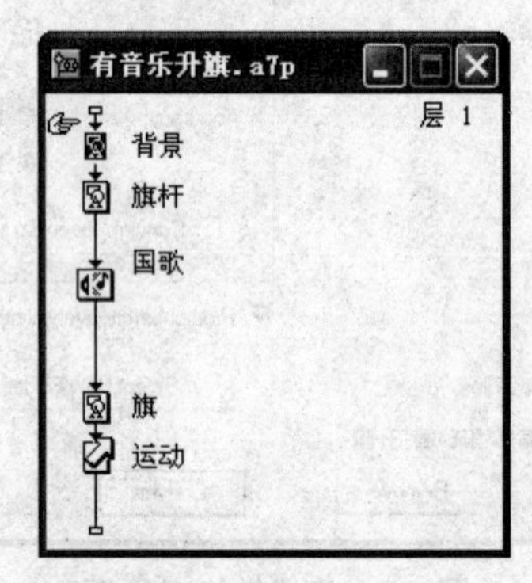

图 6-7 添加声音图标

（2）打开声音图标的属性面板，在该面板中单击“导入”按钮导入准备好的声音文件“国歌.swa”，如图 6-8 所示。

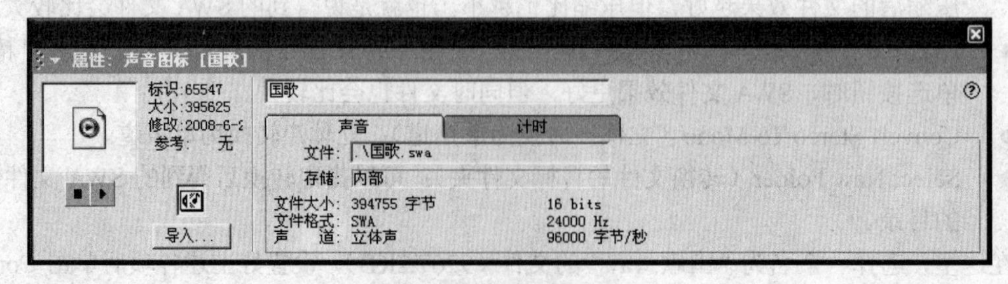

图 6-8 声音图标属性面板

（3）单击“计时”选项卡，设置导入声音的各项属性，如图 6-9 所示。设置执行方式为“同时”，播放次数为 1 次。

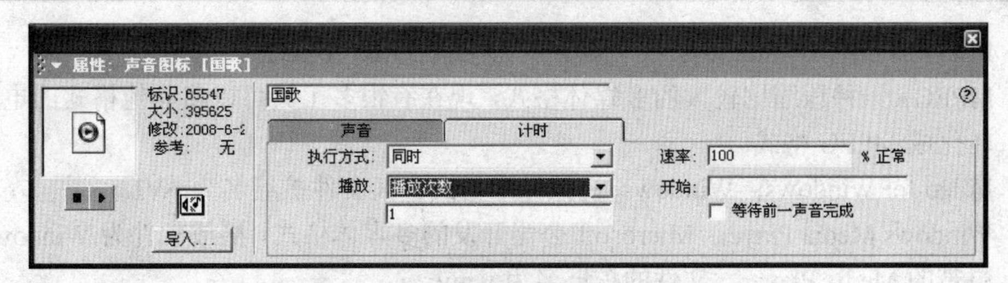

图 6-9　设置执行方式

（4）为了使国旗在旗杆上的运动与国歌播放的声音同步，要根据声音文件播放的声音设置运动图标运动的时间，本例设置运动的时间为 48 秒，设置运动图标的属性面板如图 6-10 所示。

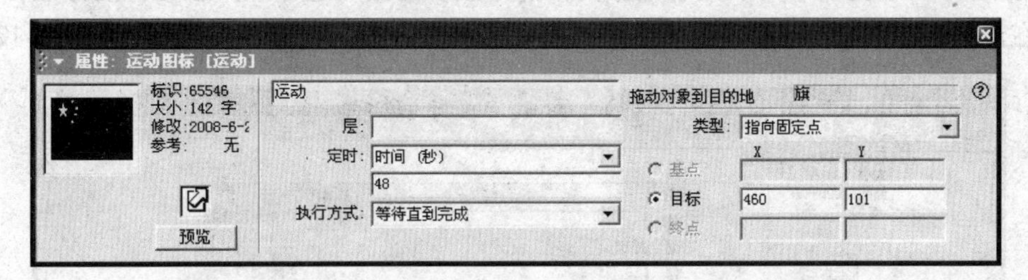

图 6-10　设置运动图标

（5）全部设置完毕后，保存文件，运行程序，效果如图 6-11 所示。

图 6-11　最终效果

6.2　使用数字电影图标

6.2.1　Authorware 支持的数字电影文件

数字电影图标的应用将为用户的应用程序增色不少。Authorware 7.0 支持以下 6 种数字电影文件类型：

- Bitmap Sequence：文图组合文件，其文件扩展名为.dir。
- Director 文件：以内部文件方式存储的动画文件，其扩展名为.dir、.dxr。

- FLC/FLI：由 3D Studio Max 创建，扩展名为.FLI、.FLC。
- MPEG：一种压缩比较大的多媒体格式，现在有很多工具可以将其他格式的电影文件转化成 MPEG 格式。
- Video for Windows：Windows 视频标准格式，其文件扩展名为.AVI。
- Windows Media Player：Microsoft 公司开发的多媒体格式，播放软件为 Windows 系统自带的 Media Player，文件的扩展名为.wmv。

6.2.2 导入数字电影文件

向 Authorware 文件中导入数字电影文件的方法和前面所述导入声音文件的方法相似，首先应该在流程线上添加一个数字电影图标，然后双击此图标，打开属性面板，如图 6-12 所示。

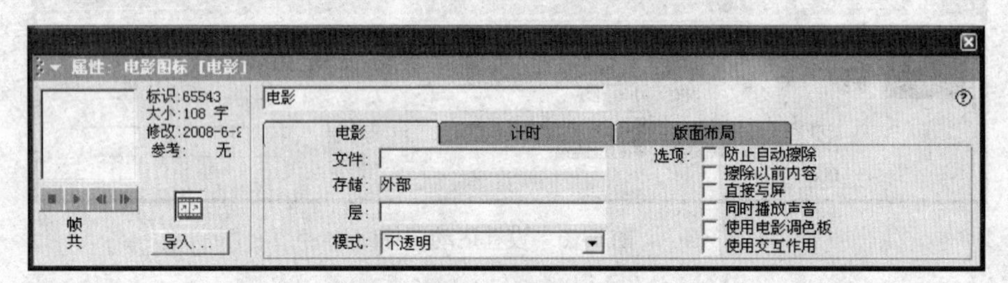

图 6-12　数字电影图标属性面板

在该属性面板中单击“导入”按钮，打开“导入哪个文件？”对话框，在其中选择想要导入的数字电影文件即可。

6.2.3 电影图标的属性设置

将数字电影图标拖入程序流程线或双击数字电影图标，均可弹出数字电影图标属性面板，如图 6-13 所示。

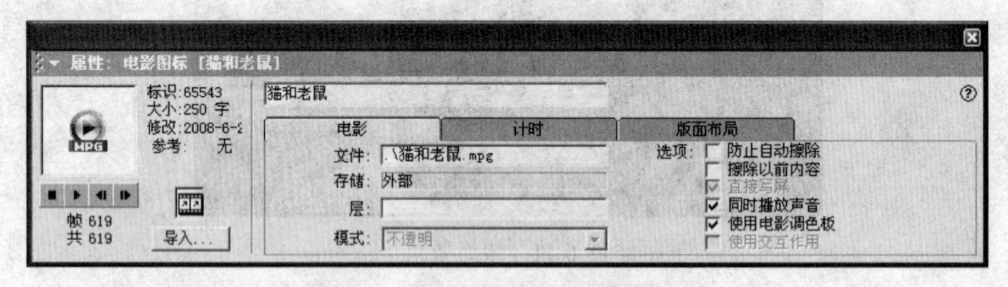

图 6-13　数字电影图标属性面板

通过该属性面板用户可以查看已导入影像文件的各方面的参数，以及设置和控制影像文件的播放及显示。该属性面板共有 3 个选项卡：电影、计时、版面布局。

1. 按钮组

该按钮组用于控制数字电影的播放。其中按钮用于停止数字电影的播放；按钮用于试播放数字电影；按钮用于逐帧倒播数字电影；按钮用于逐帧顺序播放数字电影。

2. “导入”按钮

单击该按钮，系统打开“导入哪个文件？”对话框，用户可以从中选择所要导入的电影文件。

3. “电影”选项卡

“电影”选项卡主要用于显示和设置影像文件的路径、存储方式、层与显示模式等内容，如图 6-13 所示。

（1）文件：显示导入的影像文件的路径。

（2）存储：显示当前的影像文件是内部文件还是外部文件。

这两种存储方式的区别：内部文件存储方式指影像文件存储在 Authorware 作品文件内部，用户可以使用擦除图标擦除影像对象，并且可以设置各种擦除过渡效果，但是这必然会增加 Authorware 文件的大小，因此一般只适合于文件比较小的情况；外部文件存储方式的电影并不是存储于 Authorware 文件内部，所以相对来说，这时多媒体的代码较小，但此时用户不能对这种方式的 MPG 或 AVI 格式的影像文件使用擦除过渡效果，对于外部存储方式的影像文件，用户必须保证当 Authorware 程序运动到此数字电影图标时能打开相应的影像文件。

（3）层：在此文本框中可以输入电影播放时所在的层次。层次越高，显示时画面越靠前。

（4）模式：此下拉列表框中可以设置画面模式，主要有以下几个选项：

- 不透明：对象会遮住其后面的所有显示对象，这种动画执行更快，占据很少的空间，通常以外部文件方式存储的动画总是采用这种显示模式。
- 透明：对象中有颜色的区域将覆盖掉它下面的对象，而其无色区域将不覆盖下面的对象。
- 遮隐：对于一个设置该模式的对象，所有空白区将从显示对象边缘移去，只保留显示对象的内部部分，类似于被遮蔽的效果。
- 反转：对象的白色部分将以背景色显示，而有色部分将显示成它的互补色。

（5）“选项”选项组：用户可以根据该选项，设置数字电影文件的声音通道是否播放，以及动画文件的调色板。

- “防止自动擦除”复选框：默认值为选中。如果选中此复选框，那么动画文件在播放结束之后不会被自动擦除，用户必须使用擦除图标来擦除该动画对象。
- “擦除以前内容”复选框：默认值为选中。如果选中此复选框，在播放动画文件之前，将擦除演示窗口中已经存在的显示对象。
- “直接写屏”复选框：将数字电影图标中的播放内容直接写屏，从而覆盖前面的内容。
- “同时播放音乐”复选框：设置动画文件执行时声音通道继续播放，默认值为选中。
- “使用电影调色板”复选框：选择是否用动画调色板，可以确定使用数字电影调色板还是 Authorware 调色板，该选项并不是对所有动画形式使用。
- “使用交互作用”复选框：用来对 Director 动画进行交互作用，例如通过单击鼠标或键盘开始播放，通常不可选。

4. “计时”选项卡

“计时”选项卡主要用于设置影像文件的播放参数，通过这个选项卡的设置可实现对已导入的影像文件的播放进行控制，如图 6-14 所示。

（1）执行方式：设置影像文件如何播放，其中有 3 个选项：同时、等待直到完成、永久，可以通过下拉列表框进行选择。

- 同时：如果选中该选项，那么在动画文件播放的同时将继续执行流程线下面的图标。
- 等待直到完成：如果选中该选项，当程序运行到“数字电影”图标时，程序将等待动画文件的播放结束。只有当动画文件播放完毕之后，程序才继续下面的流程。

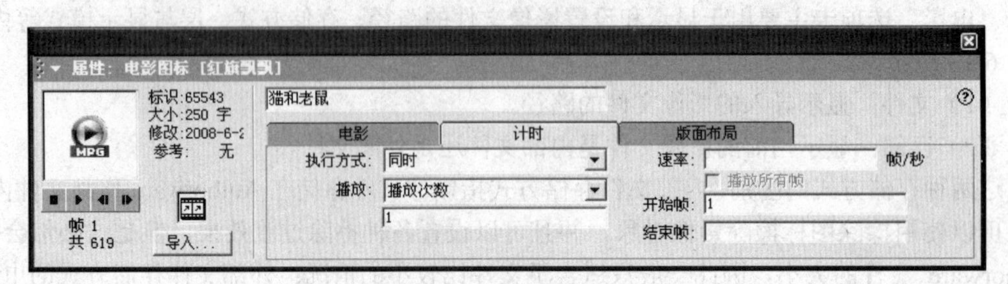

图 6-14　“计时”选项卡

- 永久：只要右侧“开始”的条件为真则播放影像图标，同时执行流程线上后面的图标。

（2）“速率”文本框：用户可以设置一个支持可调节速率形式的以外部文件存储方式保存的数字电影。通过输入一个数、变量名或者一个条件表达式来加快或减缓动画播放的速率。

（3）“播放所有帧”复选框：系统将不略过任何动画帧而尽可能快地播放动画，但并没有在“速率”文本框中所设定的速率快，该选项可以使动画在不同的系统中以不同的速率播放。它只对以内部文件存储方式保存的动画文件有效。

（4）“开始帧”文本框和“结束帧”文本框：用来设定动画文件的播放起始帧和结束帧。

（5）“播放”下拉列表框：用户可以设置动画文件播放的次数，它包括 3 个选项：

- 重复：重复播放动画，直到擦除或用 Media Pause 函数暂停。
- 播放次数：可以在下面的文本框中输入动画文件播放的次数。
- 直到为真：动画文件将一直播放，直到下面文本框中的条件变量或条件表达式值为真。

5.“版面布局”选项卡

可以在“版面布局”选项卡中设定动画对象在演示窗口中是否可以被移动，以及其可以移动的区域，如图 6-15 所示。此选项卡与显示图标的“版面布局”选项卡设置相同，所以不再赘述。

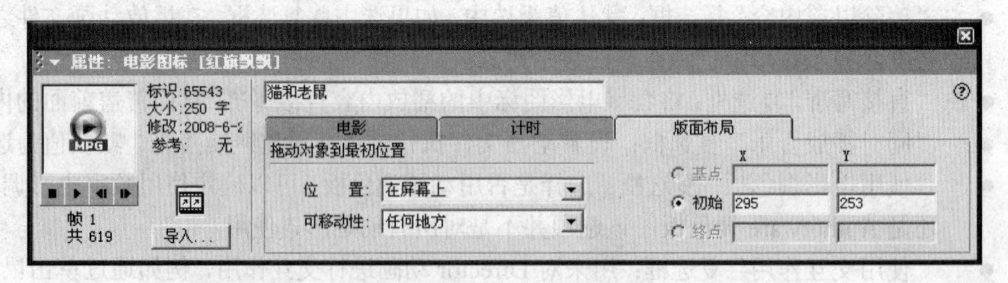

图 6-15　“版面布局”选项卡

6.3　Flash 动画和 GIF 动画对象的使用

6.3.1　使用 Flash 动画

在流程线上合适的位置单击，然后选择“插入”→“媒体”→Flash Movie 命令，弹出如图 6-16 所示的对话框，在这里单击 Browse 按钮，弹出“打开文件”对话框，可以指定要插入的目标 Flash 文件（*.swf），并对其进行必要的设置。

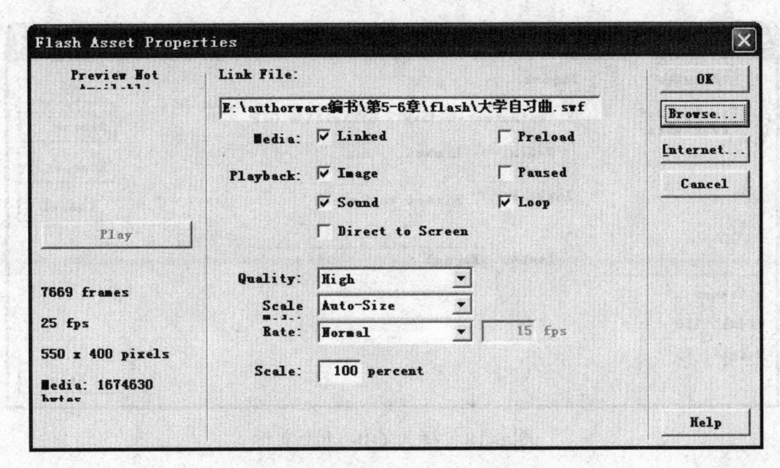

图 6-16　插入 Flash 动画文件

下面对主要选项进行简要介绍。

（1）媒体（Media）：此组有两个选项：如果选中了“链接（Linked）”复选框，只对 Flash 动画进行外部引用，而不是将其导入到 Authorware 文件中，因此发布作品时应该同时发布 Flash 动画文件；如果选中了“预载（Preload）”复选框，在程序运行过程中提前加载 Flash 动画，以使播放流畅。

（2）回放（Playback）：此组有图像、暂停、声音、循环、直接写屏等选项，用于控制 Flash 动画的重放，选中某些复选框可以实现相应的功能。

（3）品质（Quality）：动画显示质量控制，此下拉列表框中有高、低、自动－高、自动－低这 4 个选项。

（4）比例模式（Scale Mode）：运动控制，此下拉列表中有 5 个选项。

（5）速率（Rate）：播放速度控制，下拉列表框中有正常、固定、锁步 3 个选项。

（6）缩放（Scale）：可以设置显示对象的缩放比，100 为原始大小。

设置完毕后，单击“确定”按钮，可以看到，流程线上多了一个 Flash 动画图标。单击此图标，在属性面板上可以看到 Flash 动画的属性设置，如图 6-17 所示。

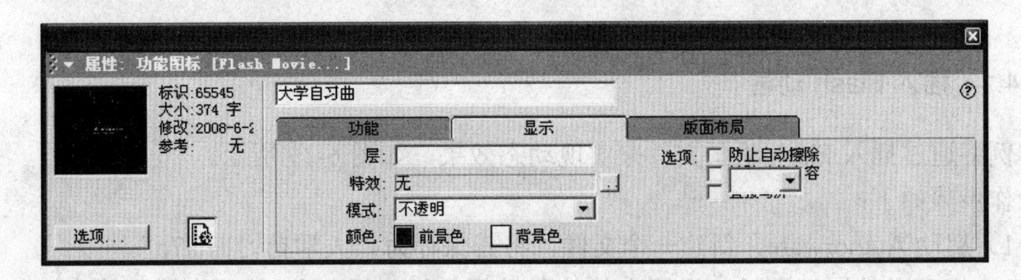

图 6-17　Flash 动画图标的属性面板

6.3.2　使用 GIF 动画

在流程线上合适的位置单击，然后选择“插入”→“媒体”→Aninated GIF 命令，弹出如图 6-18 所示的对话框，在这里单击 Browse 按钮，弹出“打开文件”对话框，可以指定要插入的目标 GIF 文件，并对其进行必要的设置。

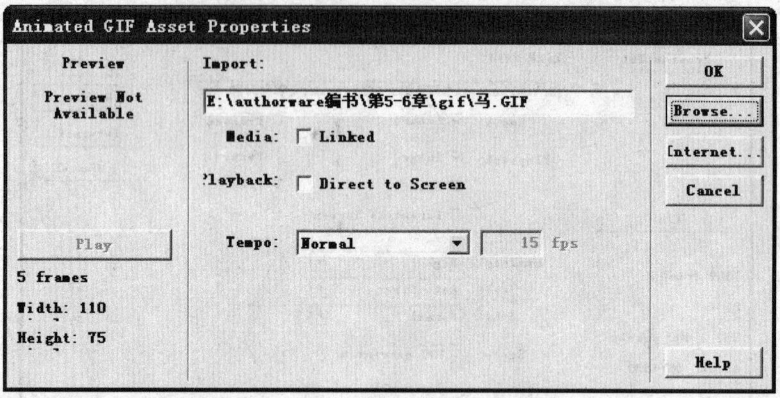

图 6-18　插入 GIF 动画文件

下面对主要选项进行简要介绍。

（1）媒体（Media）：如果选中了“链接”复选框，只对 GIF 动画进行外部引用，而不是将其导入到 Authorware 文件中，因此发布作品时应该同时发布 GIF 动画文件。

（2）回放（Playback）：选中“直接写屏”复选框，则会将 GIF 动画直接播放，覆盖前面的内容。

（3）速率（Tempo）：用于控制动画播放速度，共有以下 3 个选项：

- 正常（Normal）：以 GIF 动画原来的速度播放。
- 固定（Fixed）：选择此项后，可以在后面的文本框中指定 GIF 动画的播放速度，单位为 fps。
- 锁步（Lock-Step）：设置 GIF 动画的播放速度和文件的整体播放速度相同。

设置好上述选项后，单击 OK 按钮，可以看到，流程线上多了一个 GIF 动画图标。双击此图标，则会打开 GIF 动画图标属性设置面板，参数设置与前述其他对象的设置类似，这里不再赘述。

6.4　实例制作

6.4.1　插入 Flash 动画

本例将通过插入 Flash 动画文件来实现动态效果，如图 6-19 所示。

操作步骤如下：

（1）启动 Authorware，新建一个文件，将其保存为“大学自习曲.a7p”。

（2）打开文件属性面板，设置文件的背景颜色为“黑色”，然后在流程线上添加一个显示图标，命名为“背景”，双击该显示图标打开演示窗口，向演示窗口中输入文字“大学自习曲”，并设置其字体、字号等属性。

（3）在流程线上显示图标的下面单击定位插入点，然后选择“插入”→“媒体”→Flash Movie 命令，弹出如图 6-20 所示的对话框。

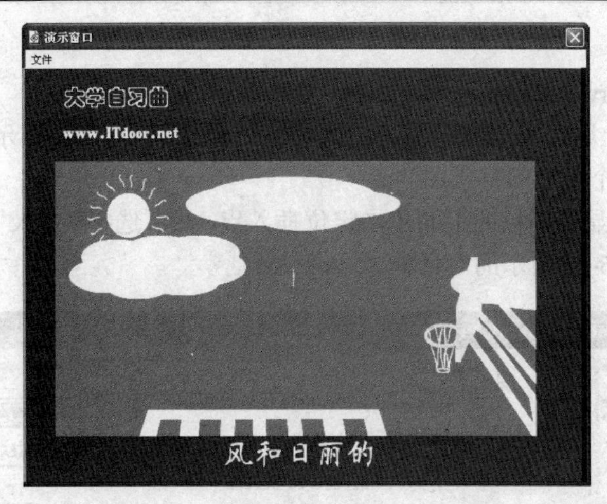

图 6-19　插入 Flash 动画最终效果

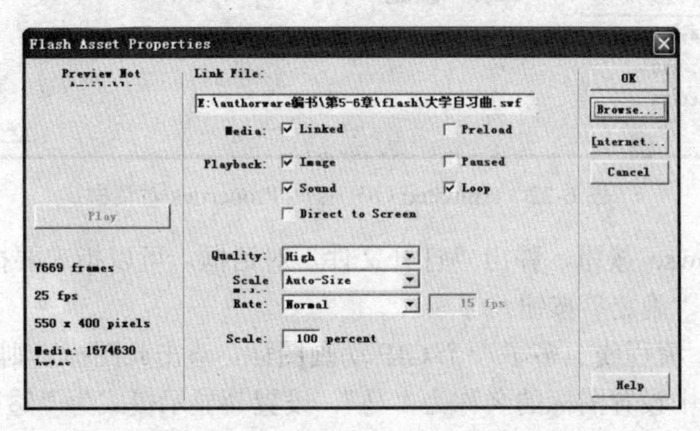

图 6-20　Flash Asset Properties 对话框

（4）设置完毕后，单击 OK 按钮，可以看到，流程线上多了一个 Flash 动画图标。（5）保存文件，单击工具栏中的“运行”按钮可以看到效果。

6.4.2　插入 GIF 动画

本例将通过插入 GIF 动画文件来实现动态效果，如图 6-21 所示。

图 6-21　最终效果

操作步骤如下：

（1）启动 Authorware，新建一个文件，将其保存为“奔马.a7p”。

（2）在流程线上添加一个显示图标，命名为“草地”，双击该显示图标打开演示窗口，向演示窗口中导入一个草地的背景图片。

（3）在流程线上显示图标的下面单击定位插入点，然后选择“插入”→“媒体”→Aninated GIF 命令，弹出如图 6-22 所示的对话框。

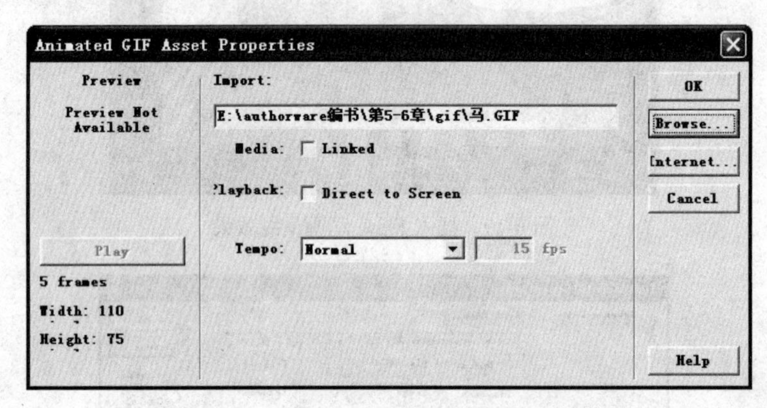

图 6-22　Aninated GIF Asset Properties 对话框

在这里单击 Browse 按钮，弹出“打开文件”对话框，可以指定要插入的目标 GIF 文件“马.gif”，最后单击“确定”按钮。

（4）可以看到，流程线上多了一个 GIF 动画图标。双击此图标，则会打开 GIF 动画图标属性设置面板，在其中设置图标的名称为“马”，设置其显示模式为“透明”，如图 6-23 所示。

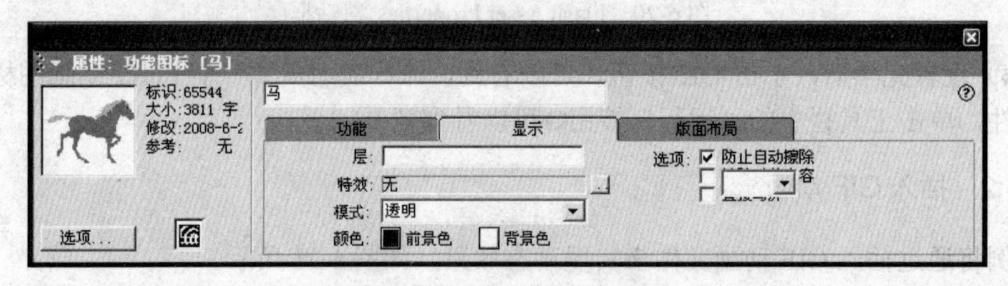

图 6-23　设置属性面板

（5）设置完成后，保存文件。单击工具栏中的“运行”按钮可以看到效果。

本章练习

一、选择题

1．设置数字电影的播放条件，表示该数字电影的播放与后面的图标在时间上是相同的，应该选用（　）。

A．等待直到完成　　　　B．同时

C．永久　　　　　　　　D．以上均不对

2．（　）不是 Authorware 声音图标所支持的声音文件格式。

A．WAV　　B．MPE　　C．SWA　　D．MDI

3．（　）不是 Authorware 数字电影图标所支持的文件格式。

A．DIR　　B．MPG　　C．WMV　　D．AVI

二、填空题

1．声音文件的存储方式有________和________两种。

2．使用声音图标属性面板中的________按钮可以将声音导入。

3．在数字电影图标属性面板中，若选择________复选框，则可以在导入该影像文件之前先进行预览。

三、操作题

1．为"太阳升起.a7p"中添加背景音乐，音东素材在"太阳升起"文件夹中。

2．制作一个有背景音乐的电子相册实例。

3．制作一个导入 Flash 动画的实例，要求用户能控制 Flash 的放大与缩小。

第 7 章　交互响应的创建与实现

使用 Authorware 创建的程序可以实现人机交互。通过前面各章的学习，我们学会了如何将文本、图形、图像、动画、声音、数字电影、Flash 动画和 GIF 动画等应用到多媒体程序中去，但是仅仅应用这些知识创建的程序只能供用户浏览，用户无法即时参与到程序中去。交互结构是一种人机对话机制，它不仅使创建的多媒体程序能够向用户演示信息，而且允许用户通过单击鼠标、使用键盘输入文本或按键等操作来控制多媒体程序的流程，改变了以往用户只能被动接受信息的状况。

7.1　多媒体的交互性

7.1.1　交互简介

Authorware 中的人机交互机制主要包括 3 个部分：用户的输入、交互的界面和程序的响应。用户的输入指的是用户所做的单击、双击、按键、输入文本等操作；交互的界面主要是指为用户提供输入的界面；程序的响应指的是用户输入后，程序执行的动作或实现的结果。任何一个人机交互机制都离不开这 3 个部分。

Authorware 程序的交互性主要是通过交互图标实现的。通过交互图标显示交互界面，除此之外，交互图标中还可以创建文本、图形、图像等对象。但是交互图标不能独立存在，必须在它右边添加至少一个响应分支，以实现交互结构。

当程序运行到交互图标时，首先在屏幕上显示交互图标中所包含的文本、图形图像等对象，然后程序暂停，等待用户选择合适的分支，程序对此做出响应。

7.1.2　交互结构的建立

Authorware 7.0 中的交互类型一共有 11 种，无论建立哪种类型的交互结构，建立的方法都是类似的。不同类型的交互结构，其属性的设置有所不同，下面介绍最基本的交互结构的建立方法。

（1）新建 Authorware 文件，拖动一个交互图标到设计窗口的程序流程线上，命名为“交互响应”。

（2）拖动一个显示图标到交互图标的右侧，在弹出的“交互类型”对话框中，使用默认的“按钮”响应类型，单击“确定”按钮，交互结构的第一个响应分支添加完成。

（3）继续向交互图标右侧添加 3 个显示图标，构成交互结构的另外 3 个分支。

一个具有 4 个响应分支的交互结构就建立完成了，它是由交互图标、响应类型、响应分支和响应图标 4 部分组成的，如图 7-1 所示。任何一个交互结构基本上都是由这 4 个部分组成的。

交互结构的 4 个部分的功能分别如下：

（1）交互图标：是交互结构的核心，创建交互结构首先必须添加交互图标；交互图标可以直接作为显示图标使用，为其添加文本、图形、图像等显示对象；它是显示图标、等待图标、擦除图标等的组合，当程序运行到交互结构时，程序暂停执行，等待用户的响应。

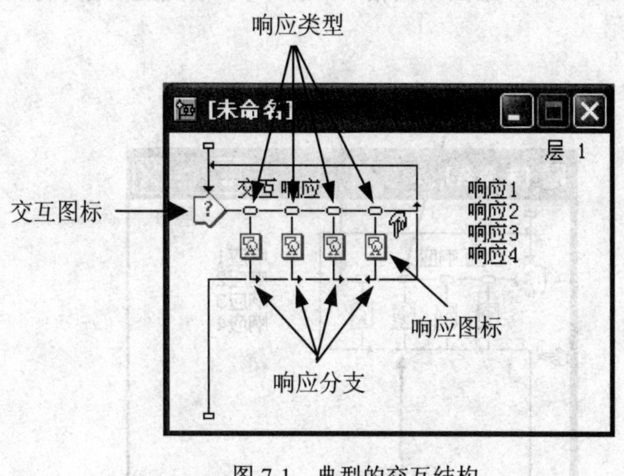

图 7-1　典型的交互结构

（2）响应类型：定义了用户可以与多媒体作品进行交互的控制方法，也叫交互类型；Athorware7.0 中的交互响应类型一共有 11 种，当程序运行到交互图标时，会自动判别交互图标下的响应类型，显示一些交互界面，如按钮、热区域、文本输入区等。

（3）响应分支：一旦用户与多媒体作品进行交互，它将沿着相应的分支执行，该分支被称为响应分支或交互分支，执行的内容被称为响应。

（4）响应图标：响应分支中包含的图标称为响应图标，响应可以是一个单一图标，也可以是复杂的程序模块。显示图标、计算图标、擦除图标、等待图标、导航图标、DVD 图标、知识对象图标等都可以直接作为响应图标；交互图标、数字电影图标、声音图标、框架图标、判断图标等不能直接作为响应图标，当把这些图标添加到交互图标右侧时，系统会自动添加一个群组图标，并将这些图标置于此群组图标中。

7.1.3　交互响应的过程

在交互结构中，对于每个响应分支，自上往下包含 3 个部分，依次为：响应类型标识符、响应图标和返回路径，如图 7-2 所示。交互图标右侧的横向流程线称为交互流程线。交互流程线与响应分支交叉处为响应类型标识符，不同的响应类型对应的响应类型标识符不同。响应图标与响应类型标识符一一对应。当用户与程序进行交互时，程序首先在交互流程线上反复查询等待，判断是否有与用户的操作相匹配的响应类型。如果有，则进入相应的分支，执行响应图标中的内容，然后根据当前分支的返回路径的设置，或者继续返回交互结构接着查询判断，或者直接退出交互结构，继续执行程序流程线上的其他图标。

7.1.4　交互图标属性的设置

在程序流程线上，右击交互图标，在弹出的快捷菜单中选择“属性”选项，或者在属性面板已经打开的状态下单击交互图标，打开交互图标的属性面板，如图 7-3 所示。

交互图标属性面板的左侧区域有两个按钮，分别为“文本区域”按钮和“打开”按钮。

单击“文本区域”按钮，将会打开“属性：交互作用文本字段”对话框，如图 7-4 所示。该对话框用来进行“文本输入”响应类型的相关设置，这里不再讨论。单击“打开”按钮，将交互图标切换到编辑状态，同时打开“绘图工具箱”。用户可以向交互图标中添加对象或者直接编辑交互图标中的对象。

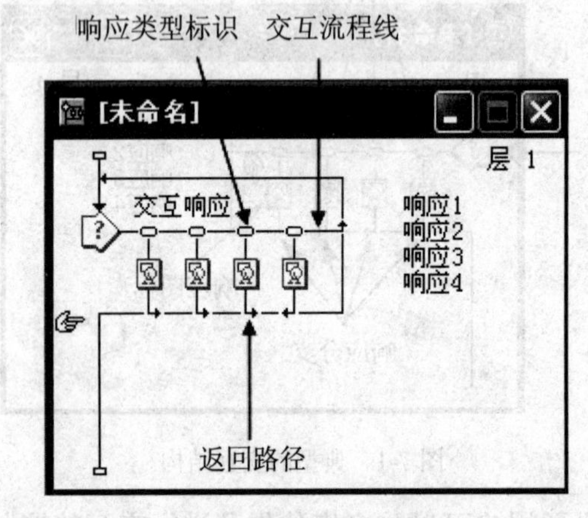

图 7-2 响应分支结构

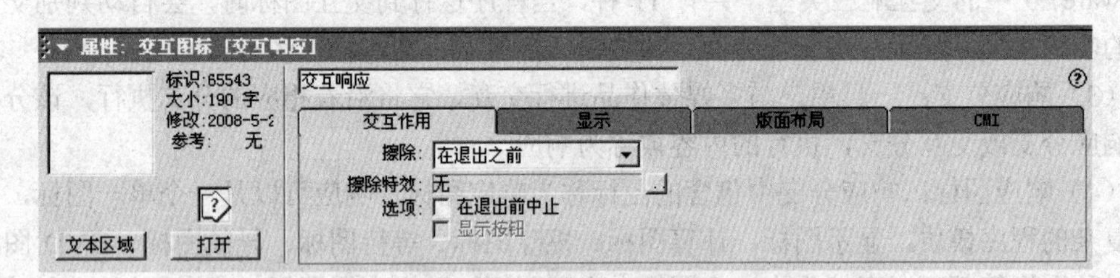

图 7-3 交互图标的属性面板

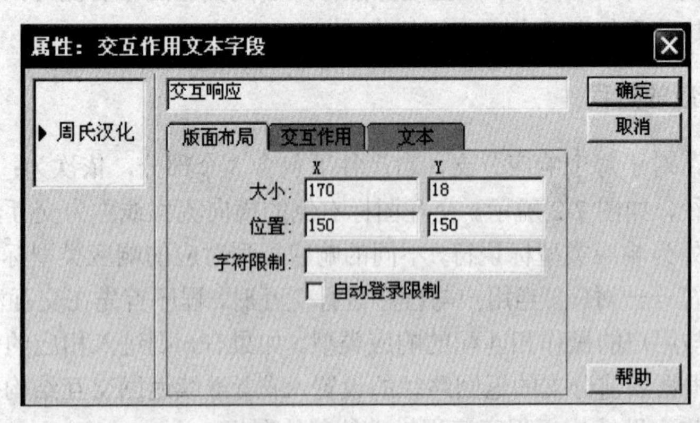

图 7-4 “属性：交互作用文本字段”对话框

交互图标属性面板的右侧区域包含 4 个选项卡，分别为“交互作用”选项卡、“显示”选项卡、“版面布局”选项卡和 CMI 选项卡，下面分别介绍各选项卡中的各个选项及其作用。

1. “交互作用”选项卡

单击“交互作用”选项卡，可以看到如图 7-3 所示的属性面板。

（1）“擦除”下拉列表框：用于确定交互图标中的内容何时被擦除，共有以下 3 个下拉选项：

- 在退出之前：表示当程序退出交互结构时自动擦除交互图标中的内容，是默认的擦除方式。通常情况下，用户可以在交互图标中输入当前交互结构的说明性文本、标题或在交互图标中导入图片作为背景。在此擦除方式下，交互图标中的内容会一直显示在演示窗口中，直到程序退出交互结构后被自动擦除。
- 在下次输入之后：表示当用户激活另一个响应分支时，擦除交互图标中的内容。但是当激活的响应分支其分支流向设置为“重试”、“继续”或者“返回”时，执行完该分支后，交互图标中的内容又重新显示在演示窗口中。
- 不擦除：表示交互图标中的内容即使是当程序退出交互结构时也不会被自动擦除，只能使用擦除图标进行擦除。

（2）“擦除特效”文本框：用于设置擦除交互图标中的内容时所使用的过渡效果，默认为“无”。单击文本框右侧的 按钮，在弹出的“擦除模式”对话框中可以选择擦除的过渡效果，如图 7-5 所示。

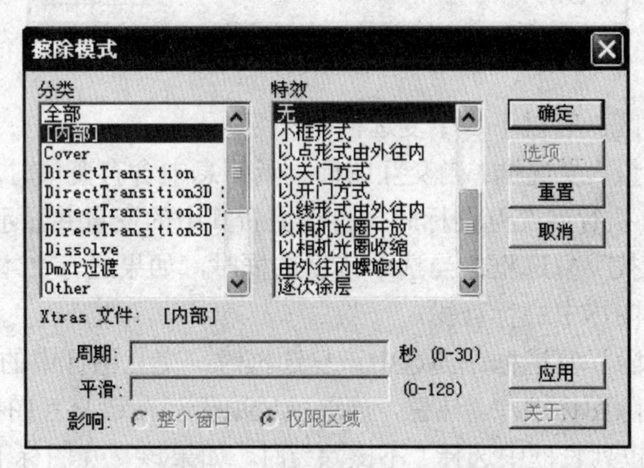

图 7-5　“擦除模式”对话框

（3）“选项”设置区：该设置区中有两个复选项：“在退出前中止”和“显示按钮”。如果选中“在退出前中止”复选项，表示程序在退出交互图标之前暂停，直到用户按任意键或单击鼠标，程序继续运行。当“在退出前中止”复选项被选中后，“显示按钮”复选项才可用。此时选中该复选项，表示当程序退出交互结构之前会暂停执行，同时在演示窗口中显示一个按钮，只有用户单击该按钮，程序才能继续运行。

2. “显示”选项卡

单击“显示”选项卡，可以看到如图 7-6 所示的属性面板。

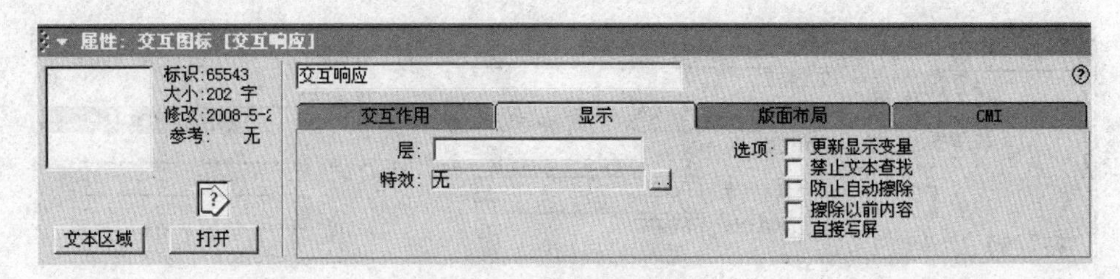

图 7-6　“显示”选项卡

（1）“层”文本框：在该文本框中可以输入一个数值，该数值用来确定当前交互图标中显示内容的层次。数值越大，显示的内容越靠上。

（2）“特效”文本框：用于设置交互图标中的内容出现时所使用的过渡效果，默认为“无”。单击文本框右侧的按钮，在弹出的“特效方式”对话框中可以选择显示的过渡效果，如图7-7所示。

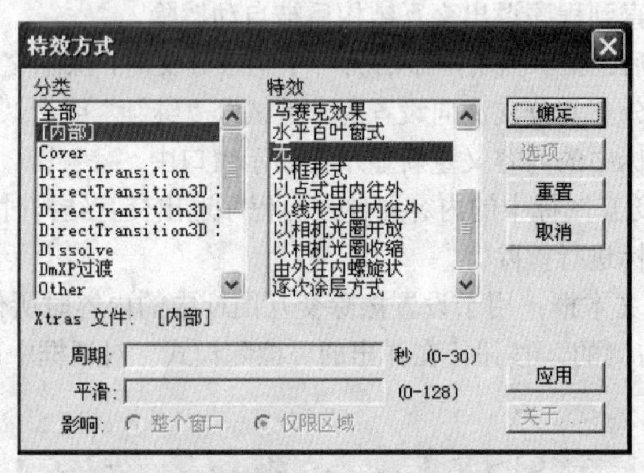

图 7-7 “特效方式”对话框

（3）“选项”设置区：有以下 5 个复选框：

- “更新显示变量”复选框：当交互图标显示信息中含有变量时，选中该复选框，表示当 Authorware 执行到交互图标时会自动更新其中的变量并显示。
- “禁止文本查找”复选框：当选中该复选框时，如果进行文本查找，Authorware 将不会在该交互图标中进行查找。
- “防止自动擦除”复选框：当选中该复选框时，交互图标中的内容不会被自动擦除，而只能使用擦除图标擦除。注意，该选项适用于当在该交互图标“交互作用”选项卡的“擦除”下拉列表框中选择“不擦除”时，如果该交互图标下面的其他图标属性面板中“擦除以前内容”复选项被选中时，该交互图标中的内容不会被擦除掉，而只能使用擦除图标进行擦除。
- “擦除以前内容”复选框：当选中该复选框时，程序运行到该交互图标，将自动擦除其上面其他图标中的内容。
- “直接写屏”复选框：当选中该复选框时，该交互图标中的内容将显示在演示窗口的最上层，不会被其他图标覆盖。

3. “版面布局”选项卡

单击“版面布局”选项卡，可以看到如图 7-8 所示的属性面板。

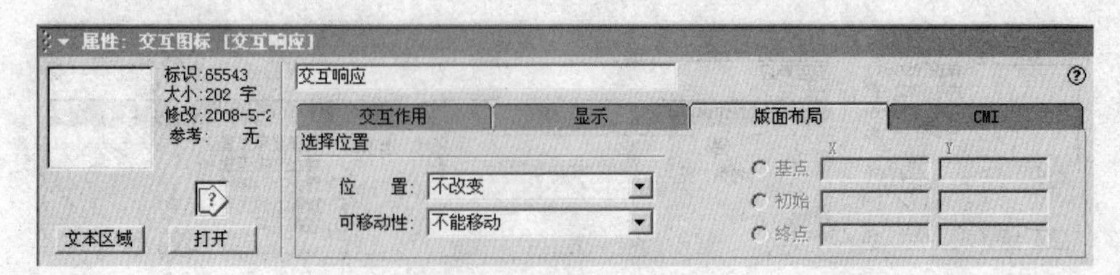

图 7-8 “版面布局”选项卡

（1）“位置”下拉列表框：用于设置交互图标中的对象在演示窗口中的显示位置。

- 不改变：显示对象始终显示在当前位置中不可移动。
- 在屏幕上：显示对象可以出现在窗口中的任意位置。
- 沿特定路径：显示对象只能放置在固定的路径上，该路径的创建方法和运动动画中“指向固定路径的终点”方式的设置方法相同。面板右侧的“编辑点”区域用于设置路径中的点。
- 在某个区域中：显示对象只能放置在固定的区域中，该区域的创建方法和运动动画中“指向固定区域内的某点”方式的设置方法相同。面板右侧的“基点”、“初始”和“终点”用于创建区域。

（2）“可移动性”下拉列表框：有以下 3 个选项：

- 不能移动：显示对象在演示窗口中不可移动。
- 在屏幕上：显示对象可以移动到演示窗口中的任意位置，但是显示对象必须完整地显示在窗口中，不能超出窗口的范围。
- 任何地方：显示对象可以移动到演示窗口中的任意位置，并且显示对象可以不必完整地显示在窗口中，可以移出窗口的范围。

4. CMI 选项卡

单击 CMI 选项卡，可以看到如图 7-9 所示的属性面板。该选项卡主要用于设置 CMI（计算机管理教学系统）的属性，此处略。

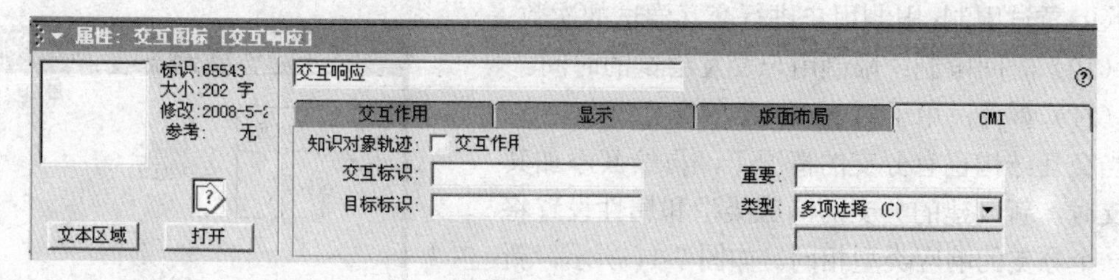

图 7-9　CMI 选项卡

7.1.5　交互响应的类型

当给交互结构添加第一个响应分支时会弹出交互类型对话框，如图 7-10 所示。Authorware 中的交互响应类型一共有 11 种，每种交互响应类型对应于一个符号，称为交互响应类型符号。

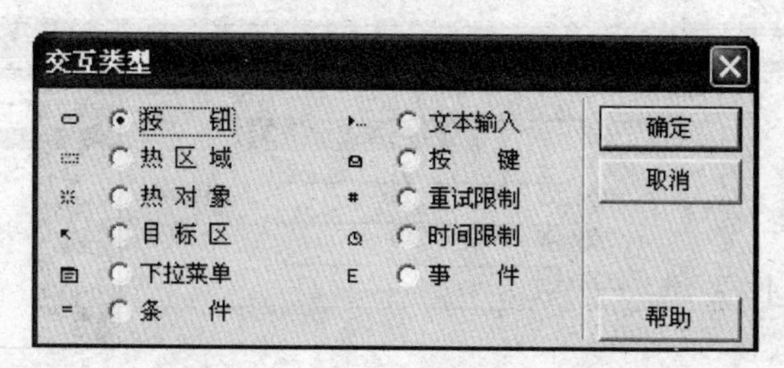

图 7-10　“交互类型”对话框

下面对每种交互响应类型进行简单介绍。

（1）按钮：创建按钮，用户使用此按钮与计算机交互。当程序运行到交互图标时，在演示窗口中显示按钮，用户使用鼠标单击此按钮，程序进入该响应分支，执行该分支的响应图标。

（2）热区域：创建矩形区域，用户使用此区域与计算机实现交互。当程序运行到交互图标时，在演示窗口中会出现矩形的区域（运行状态下此区域边框可用不可见），使用鼠标单击、双击或放置在该区域内时，程序进入该响应分支，执行该分支的响应图标。

（3）热对象：选中一个对象，用户使用此对象与计算机实现交互。当程序运行到交互图标时，在演示窗口中显示被设置为热对象的物体，使用鼠标单击、双击或放置到该物体时，程序进入该响应分支，执行该分支的响应图标。

（4）目标区：用户通过移动目标对象实现与计算机的交互。当程序运行到交互图标时，等待用户将演示窗口中的目标对象移动到设置好的目标区域，当用户将目标对象移动到目标区域时，程序进入该响应分支，执行该分支的响应图标。

（5）下拉菜单：创建下拉菜单，实现用户与计算机的交互。如果程序中创建了下拉菜单类型的交互，运行时，用户可以通过单击相应的菜单项进入相应的分支。

（6）条件：设置条件，实现用户与计算机的交互。程序运行到交互结构时，如果条件成立，程序进入该响应分支，执行该分支的响应图标。

（7）文本输入：创建可输入文本的区域，实现用户与计算机的交互。用户通过往文本输入区中输入文本来实现与计算机的交互。

（8）按键：设置按键，实现用户与计算机的交互。程序运行到交互结构时，当用户敲击键盘上的指定键时，程序进入该响应分支，执行该分支的响应图标。

（9）重试限制：限制用户进行交互尝试的次数。

（10）时间限制：限制用户交互尝试的时间。

（11）事件：用于对 ActiveX 的交互控制。

当交互结构已有分支的情况下，再给其添加其他分支时，新创建的响应类型和属性设置将和上一个分支的响应类型相同。如图 7-11 所示，新添加的“响应 2”分支的响应类型和“响应 1”的响应类型均为按钮类型。

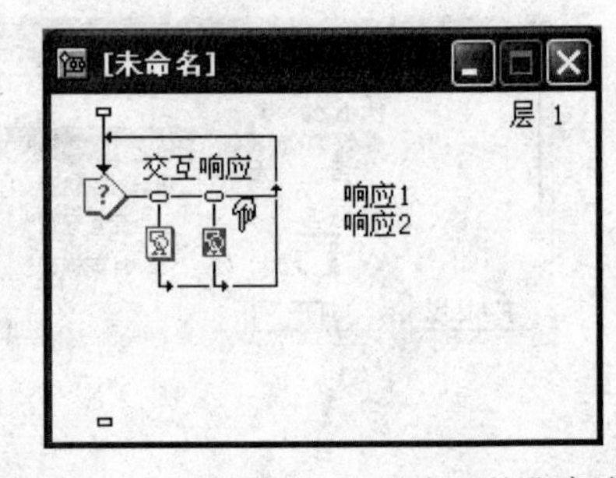

图 7-11　添加“响应 2”分支后的程序流程

如果想改变某响应分支的响应类型，可以单击此分支的交互响应类型符号，在打开的属性面板中单击“类型”下拉列表框，在其中选择要设置的响应类型即可，如图 7-12 所示。

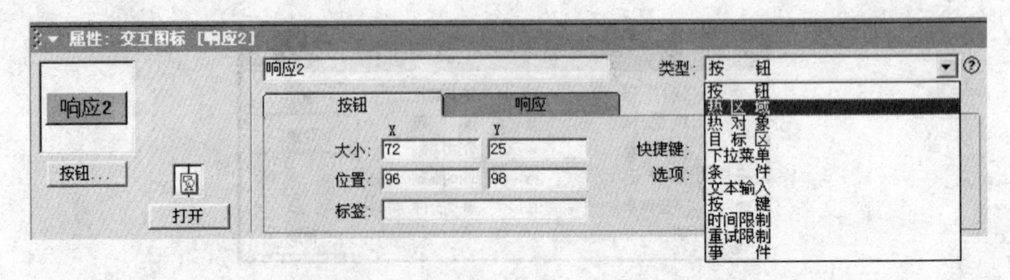

图 7-12　响应分支“响应 2”的属性面板

当一个交互结构添加的响应分支多于 5 个时，交互结构右侧的响应分支名称列表中会自动添加滚动条。此时，可通过对滚动条的操作来选择要查看或设置的响应分支。包含 11 种不同类型的交互结构如图 7-13 至图 7-15 所示。

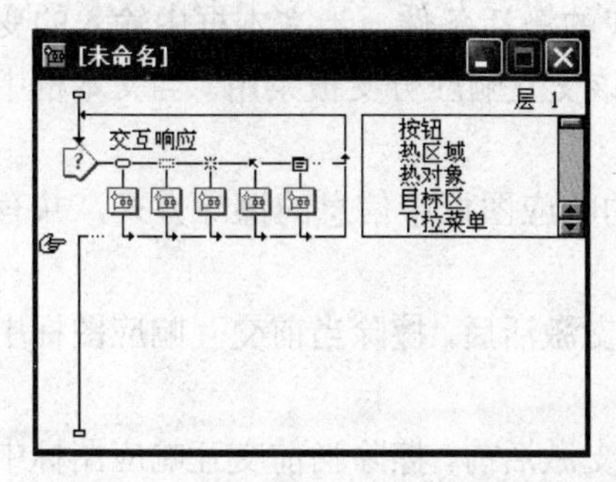

图 7-13　交互响应类型示例 1

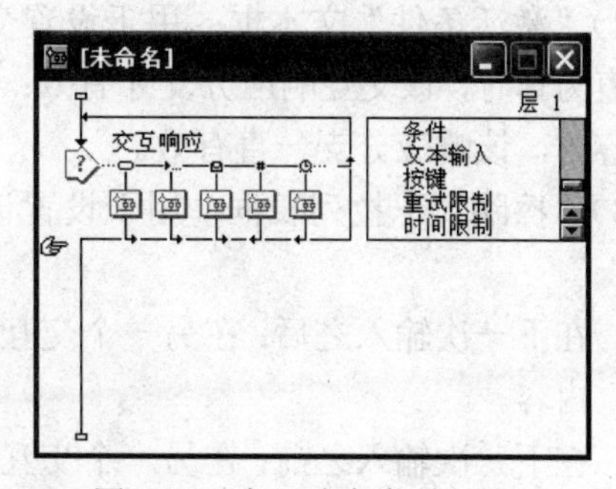

图 7-14　交互响应类型示例 2

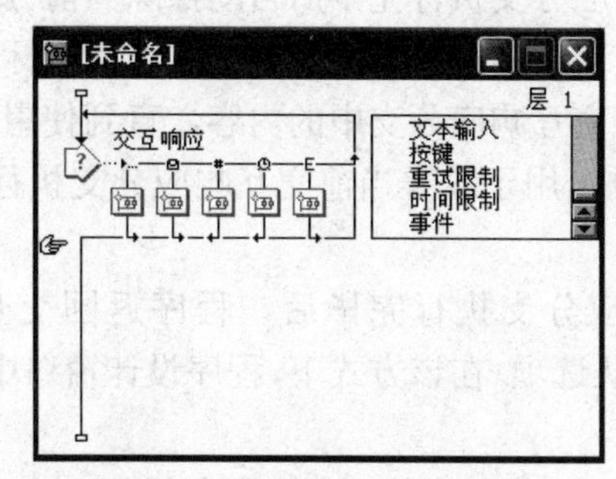

图 7-15　交互响应类型示例 3

通过观察可知，所有类型响应分支的属性面板中都包含两个选项卡：与响应类型名称相同的选项卡，用于设置本交互响应分支类型特有的属性；“响应”选项卡，各种类型的响应分支共有其属性。以按钮类型为例，其属性面板的第一个选项卡为“按钮”选项卡，第二个选项卡为“响应”选项卡，如图 7-16 和图 7-17 所示。

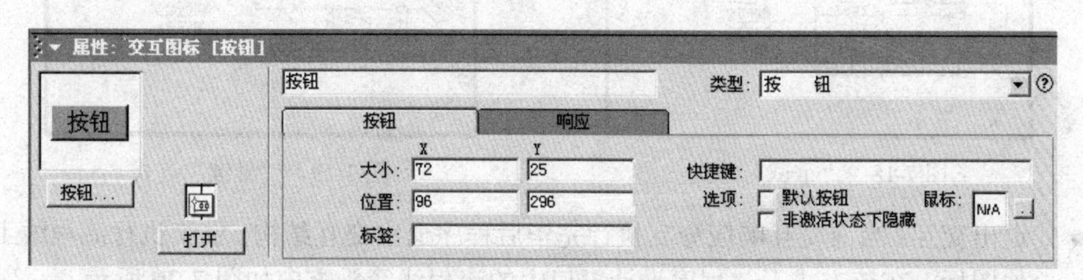

图 7-16　“按钮”选项卡

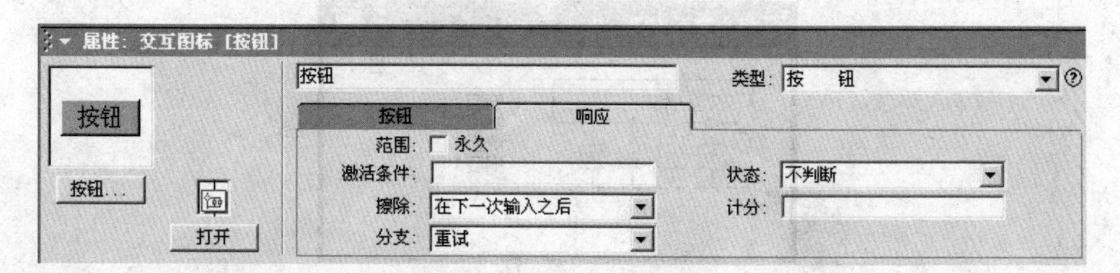

图 7-17　“响应”选项卡

“响应”选项卡的各选项及其功能如下：

（1）“范围”复选框：用于设置交互响应的有效作用范围。如果选择“永久”复选框，表示该交互分支在整个程序流程范围内都有效。

（2）“激活条件”文本框：用于设置交互响应的激活条件。当文本框中输入的变量或表达式的值为真时，该交互响应分支才有效；否则，该交互响应分支被禁用。当文本框中不输入任何内容时，该响应分支一直有效。

（3）“擦除”下拉列表框：用于设置该分支的响应图标中信息的擦除方式，共有以下 4 个选项：

- 在下一次输入之后：在另一个交互响应分支激活后，擦除当前交互响应图标中的显示内容。
- 在下一次输入之前：在另一个交互响应分支激活前，擦除当前交互响应图标中的显示内容，即当前交互响应分支执行完毕后自动擦除当前分支响应图标中的内容。
- 在退出时：当退出交互结构时，擦除当前交互响应图标中的显示内容。
- 不擦除：不擦除当前交互响应分支中的内容，直到使用擦除图标才能将其擦除。

（4）“分支”下拉列表框：用于设置当前交互响应分支执行完毕后程序的流向，共有以下 4 个选项：

- 重试：当前交互响应分支执行完毕后，程序返回交互图标，等待新的交互，是 Authorware 7.0 的默认选项。在该方式下，程序设计窗口中的流程线箭头方向如图 7-18 所示。
- 继续：当前交互响应分支执行完毕后，按顺序判断该分支右侧其他分支是否满足激活条件，若满足，自动执行；否则返回交互图标，等待新的交互。在该方式下，程序设计窗口中的流程线箭头方向如图 7-19 所示。

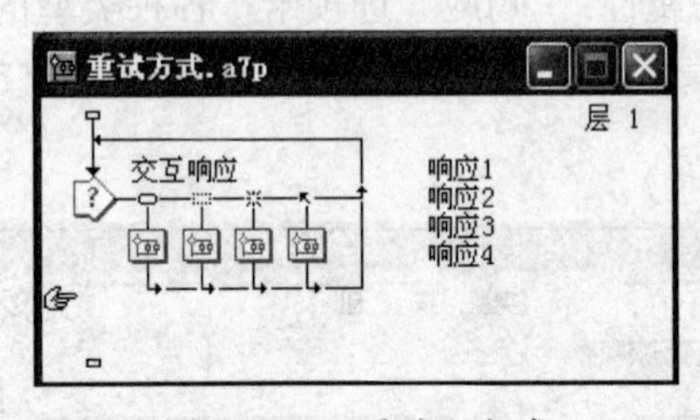

图 7-18 “重试”方式

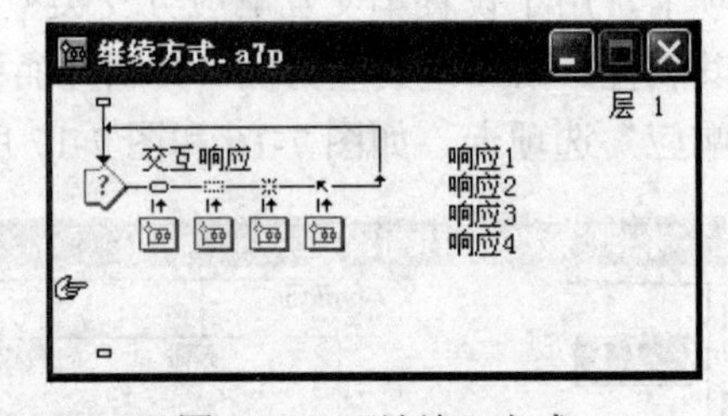

图 7-19 “继续”方式

- 退出交互：当前交互响应分支执行完毕后程序退出交互结构，继续执行流程线上的其他图标。在该方式下，程序设计窗口中的流程线箭头方向如图 7-20 所示。

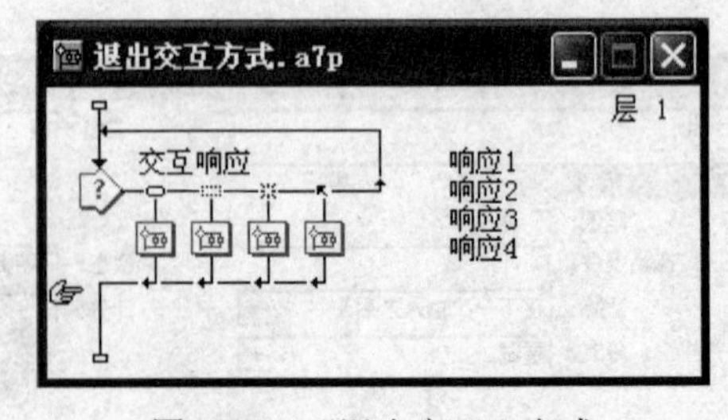

图 7-20 “退出交互”方式

- 返回：只有选中“永久”复选框时，“分支”下拉列表框中才出现“返回”选项。表示当前交互响应分支在程序运行期间一直有效，可以随时与该分支进行交互响应。在该方式下，程序设计窗口中的流程线箭头方向如图 7-21 所示。

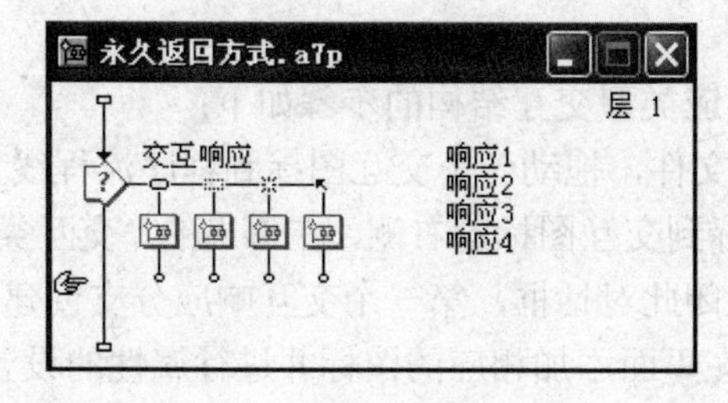

图 7-21　“永久返回”方式

当按住 Ctrl 键的同时单击返回路径上的箭头，可以循环改变该响应分支的程序流向。

（5）“状态”下拉列表框：设置交互响应动作正误状态的判断，共有以下 3 个选项：

- 不判断：程序不会对用户的响应操作做记录，是 Authorware 7.0 系统默认的选项。
- 正确响应：程序执行过程中，记录用户正确响应操作的次数，并将结果存放在系统变量 TotalCorrect 中。选中该选项后，响应图标的名称左侧会出现一个“+”号，如图 7-22 所示。

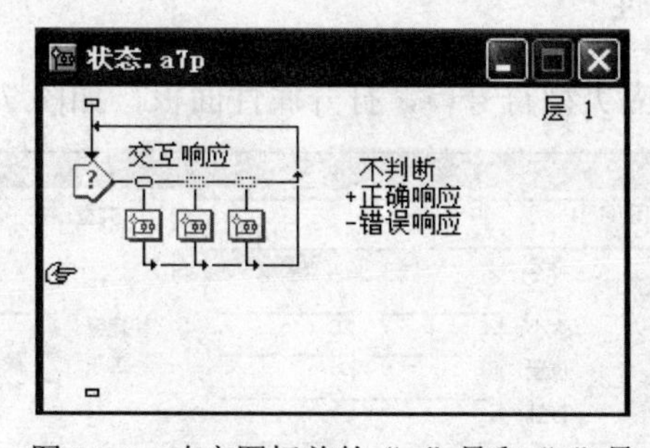

图 7-22　响应图标前的“+”号和“-”号

- 错误响应：程序执行过程中，记录用户错误响应操作的次数，并将结果存放在系统变量 TotalWrong 中。选中该选项后，响应图标的名称左侧会出现一个“-”号，如图 7-22 所示。

当按住 Ctrl 键的同时单击响应图标名称前面的符号（+、-或空白），可以循环改变该响应分支的状态。

（6）“计分”文本框：在该文本框中输入一个数值或表达式，可以对正确响应和错误响应计分。正确响应使用正值，错误响应使用负值。

7.2　按钮响应

按钮响应是多媒体程序中使用最广泛的一种交互响应类型。创建交互响应分支时，如果选择按钮响应类型，程序运行时在演示窗口中会显示一个按钮，当用户单击或双击（可根据用户设置）此按钮时，进入此交互响应分支，执行响应图标中的内容。按钮的大小和位置以及名称都是可以改变的，并且还可以加上伴音。Authorware 7.0 中提供了一些标准按钮，这些按钮可以任意选用，如不满意还可自建按钮。按钮响应对应的响应类型符号为▭。

7.2.1　按钮响应的建立

创建一个简单的按钮响应类型交互结构的步骤如下：

（1）新建 Authorware 文件，拖动一个交互图标到程序流程线上。

（2）拖动一个群组图标到交互图标的右侧，在弹出的“交互类型”对话框中选择“按钮”类型，单击“确定”按钮关闭此对话框，第一个交互响应分支创建好了。

（3）双击群组图标，在里面添加相应的图标并进行属性的设置。

（4）单击交互流程线上的响应类型符号▭，在打开的属性面板中对当前交互响应分支进行属性的设置。

（5）重复步骤 2 至步骤 4，继续添加其他的交互响应分支。

（6）双击交互图标，可直接设置各个按钮的大小和位置。

（7）保存程序并运行查看结果。

注意：当建立一个响应分支后，在此分支后（右侧）继续添加交互响应分支，新的响应分支自动生成与前一个响应分支相同的响应类型和属性。

7.2.2　设置按钮响应属性

单击交互流程线上的响应类型符号▭，打开属性面板，如图 7-23 所示。

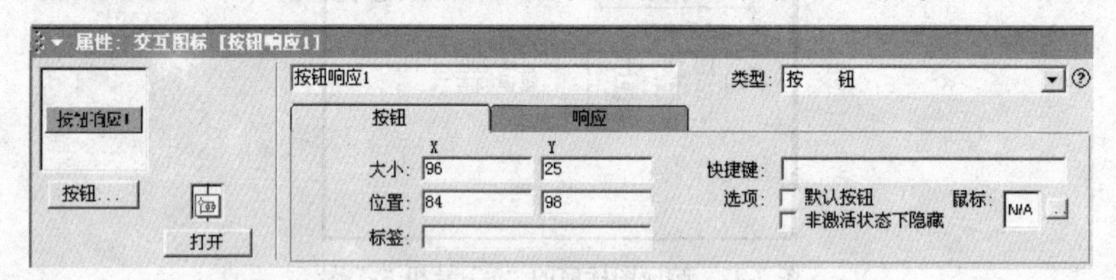

图 7-23　“按钮”响应方式的属性面板

“按钮”选项卡中的各选项及其功能如下：

（1）“大小”文本框：用于精确定义按钮的大小，其中 X 用于定义按钮的宽度，Y 用于定义按钮的高度，以像素为单位。按钮的大小也可以在演示窗口中直接调整，在编辑状态下，直接拖拽按钮的边框即可。

（2）“位置”文本框：用于精确定义按钮的位置，其中 X 用于定义按钮左上角的 X 坐标，Y 用于定义按钮左上角的 Y 坐标，坐标值均以像素为单位。按钮的位置也可以在演示窗口中直接调整，在编辑状态下，直接将按钮拖拽到合适位置即可。

（3）“标签”文本框：定义按钮上显示的文本标签。在此文本框中输入变量名称，可以动态地改变该按钮的文本标签。如果此文本框中不输入内容，则按钮以响应分支的名称作为默认的文本标签。

（4）“快捷键”文本框：允许用户为该按钮定义快捷键。如果需要使用多个快捷键，则可在两个快捷键之间添加“|”隔开，如在文本框中输入“A|a”，表示程序运行时，按大写字母 A 或小写字母 a 都可以触发当前的按钮交互响应。如果使用组合键，则可在文本框中直接输入组合键名称，如在文本框中输入“CTRLA”，表示程序运行时，可以使用 Ctrl+A 组合键触发当前的按钮交互响应。在使用组合键作为快捷键时，要注意使用的快捷键不要和应用程序

窗口中的某些常用快捷键重复。

（5）“选项”选项区：用于设置按钮的显示形式，包括以下两个选项：

- “默认按钮”复选框：将回车键设置为该按钮的快捷键，即当程序运行时，只需按Enter键即可触发当前的按钮交互响应。如果一个交互结构中多个按钮同时为默认按钮，则系统自动将第一个响应分支的按钮设置为默认按钮。
- “非激活状态下隐藏”复选框：当该按钮无效时自动隐藏。

（6）“鼠标”文本框：用于定义将鼠标移动到该按钮上时光标的显示形状。单击文本框右侧的按钮，打开如图7-24所示的“鼠标指针”对话框。在此对话框中选择要设置的鼠标指针形状，单击“确定”按钮即可。也可以单击“添加”按钮，添加更多的光标形状。

图7-24 “鼠标指针”对话框

在Authorware中可以使用系统自带的按钮，也可以自定义按钮。单击按钮响应属性面板左侧的“按钮”按钮，打开“按钮”对话框，如图7-25所示。

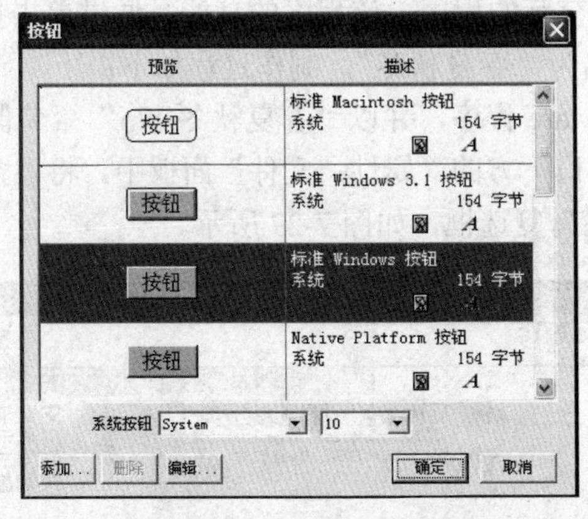

图7-25 “按钮”对话框

在此对话框中列出了很多种类型的按钮，有标准按钮、复选按钮和单选按钮3类，用户可以根据需要选择要使用的按钮类型。单击“系统按钮”下拉列表框，可以改变按钮的字体；单击字号下拉列表框，可以改变按钮的字号。修改之后单击“确定”按钮即可。

单击“按钮”对话框中的“添加”按钮，弹出如图7-26所示的“按钮编辑”对话框。

“按钮编辑”对话框左侧的“状态”区域中有8个按钮，分别对应于按钮的8种状态：

常规状态下的“未按”、“按下”、“在上”、“不允”和选中状态下的“未按”、“按下”、“在上”、“不允”。“未按”是指鼠标没有放在此按钮上时按钮的状态；“按下”是指鼠标放到此按钮上并且按下去时按钮的状态；“在上”是指鼠标放到此按钮上时按钮的状态；“不允”是指按钮失效时的状态。选中任何一种状态都可以对其进行编辑。

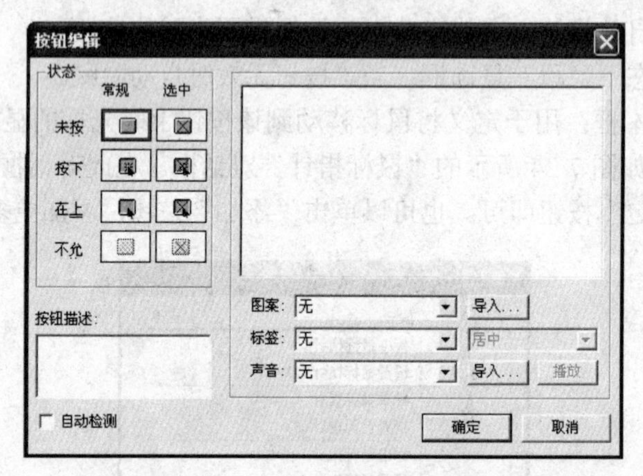

图 7-26 “按钮编辑”对话框

单击“图案”下拉列表框右侧的“导入”按钮可以将计算机中的任意图片作为按钮的图案；单击“标签”下拉列表框，选择“显示卷标”，可以在按钮上显示文本标签，同时可以在右侧的对齐方式下拉列表框中选择文本标签在按钮上显示的对齐方式，可以设置为左对齐、居中或右对齐方式；单击“声音”下拉列表框右侧的“导入”按钮可以给按钮当前状态添加所使用的声音。设置完成后单击“确定”按钮即可回到“按钮”对话框中。

7.2.3 按钮响应实例

例 7.1 新建一个按钮交互的程序，该程序的功能是通过单击按钮实现春、夏、秋、冬 4 幅图片的浏览。程序文件名为“春夏秋冬”，制作过程如下：

（1）新建一个 Authorware 程序，并以“春夏秋冬.a7p”命名保存。选择“修改”→“文件”→“属性”命令，在窗口下方的“属性：文件”面板中，将“背景色”设置为淡绿色，选中选项区中的“显示标题栏”复选框，如图 7-27 所示。

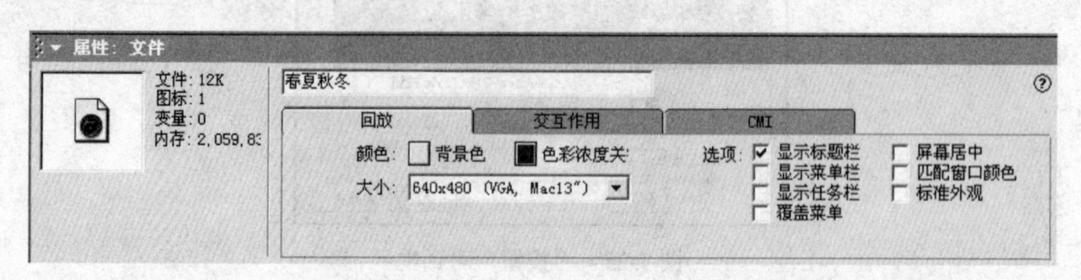

图 7-27 “属性：文件”属性面板的设置

（2）在程序流程线上添加一个交互图标，命名为“按钮交互”，双击此交互图标，在打开的演示窗口中输入文本“浏览图片”，将文本字体设置为“隶书”，字号为 36，文本模式为“透明”，拖拽文本到合适位置，如图 7-28 所示。

（3）拖拽一个显示图标到交互图标的右侧，在弹出的“交互类型”对话框中选择“按钮”

类型，单击“确定”按钮。将此分支响应图标命名为“春”，如图 7-29 所示。

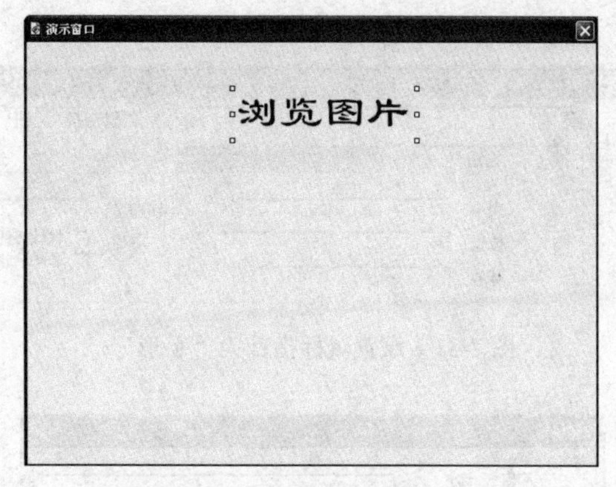

图 7-28　在交互图标中输入文本

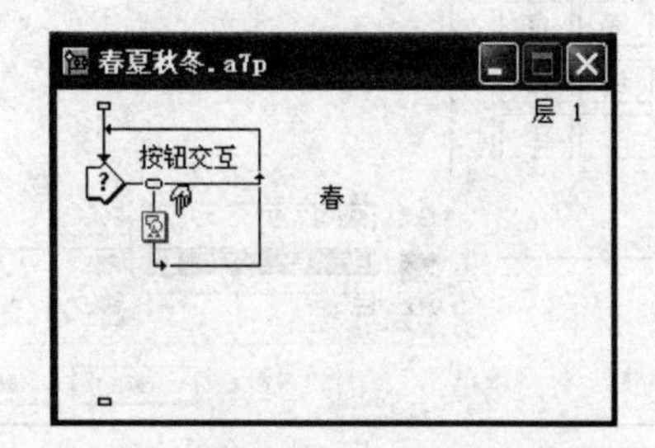

图 7-29　添加显示图标作为响应分支

（4）双击显示图标“春”，在打开的演示窗口中导入图片“春.jpg”，调整图片的大小和位置，如图 7-30 所示。

图 7-30　导入图片“春.jpg”

（5）单击此分支的响应类型符号，打开“属性：交互图标[春]”面板，单击“鼠标”文本框右侧的按钮，在弹出的“鼠标指针”对话框中选择“手形”，然后单击“确定”按钮，如图 7-31 所示。

单击面板左侧的“按钮”按钮，在弹出的“按钮”对话框中单击“添加”按钮，打开“按钮编辑”对话框。在此对话框中选择按钮的“常规”、“未按”状态，单击“图案”下拉列表框右侧的“导入”按钮，选择一个按钮图片；单击“标签”下拉列表框，选择“显示卷标”选项，如图 7-32 所示。

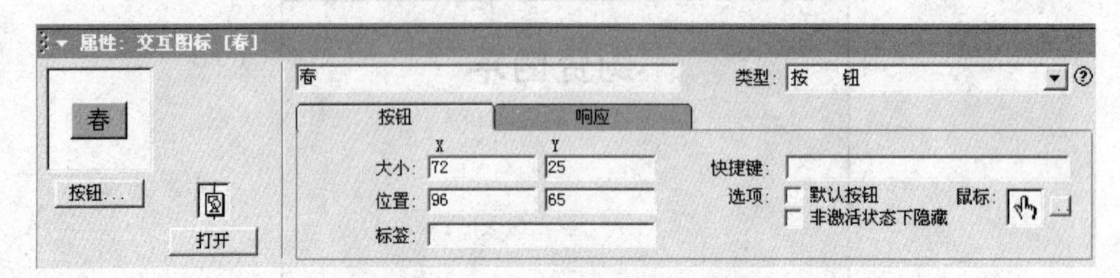

图 7-31 设置鼠标指针为“手形”

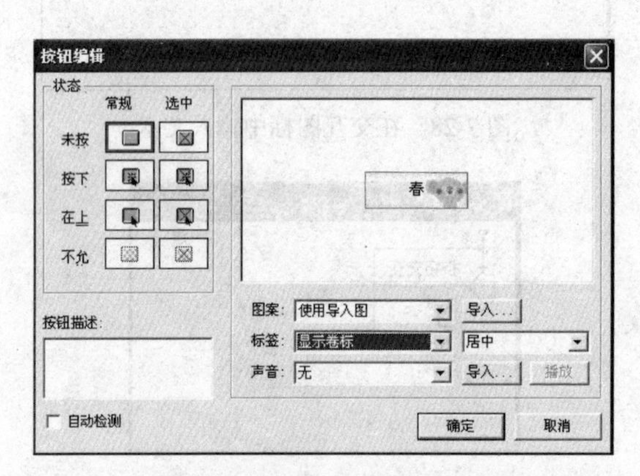

图 7-32 按钮的“常规”、“未按”状态属性设置

单击“确定”按钮，退回到“按钮编辑”对话框。再单击“确定”按钮，按钮就编辑完成了。

以同样的方法设置按钮的“常规”、“按下”状态的属性，如图 7-33 所示。

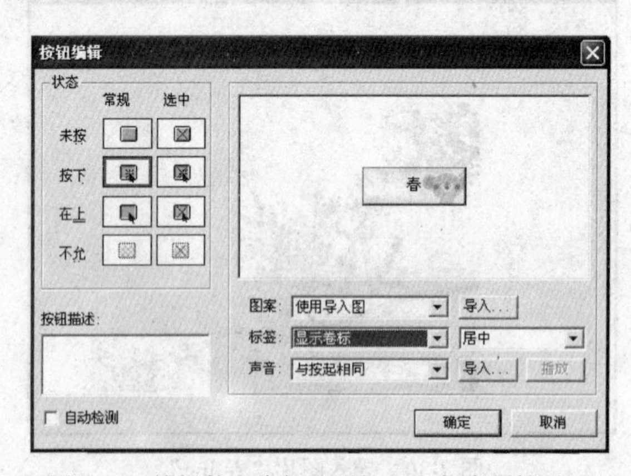

图 7-33 按钮的“常规”、“按下”状态属性设置

（6）单击“属性：交互图标[春]”面板中的“响应”选项卡，在“擦除”下拉列表框中选择“在下一次输入之后”；在“分支”下拉列表框中选择“重试”，如图 7-34 所示。

（7）往交互图标右侧依次添加 3 个显示图标，分别命名为“夏”、“秋”、“冬”，设计窗口的程序流程如图 7-35 所示。

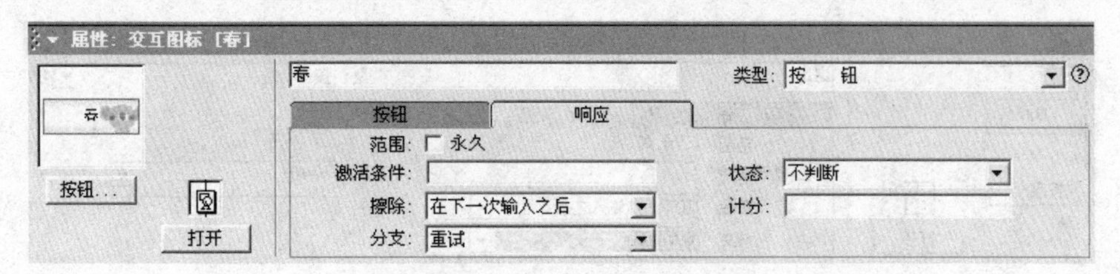

图 7-34　“响应”选项卡

向新添加的 3 个显示图标中分别导入相应的图片，并调整图片的大小和位置，如图 7-36 至图 7-38 所示。

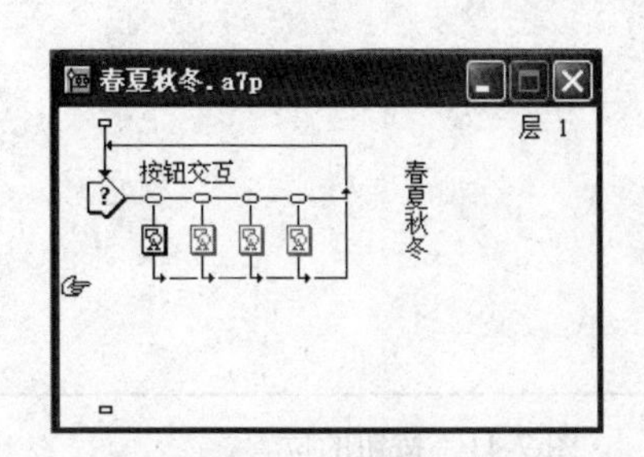

图 7-35　添加 4 个分支的设计窗口

图 7-36　“夏”显示图标

图 7-37　“秋”显示图标

图 7-38　“冬”显示图标

（8）将新添加的 3 个响应分支属性设置为与第一个相同，设置方法同上。

（9）往交互图标右侧再添加一个群组图标，响应类型为“按钮”，响应图标命名为“退出”，该按钮实现的功能是当程序运行时单击“退出”按钮程序退出交互结构，继续执行交互结构后面的其他图标。新添加的“退出”分支的属性默认与前 4 个分支属性相同。

单击“退出”分支的响应类型符号，打开“属性：交互图标[退出]”面板，选择“响应”选项卡，在“分支”下拉列表框中选择“退出交互”，如图 7-39 所示。此时可以看到“退出”分支的响应流程箭头指向退出交互的方向，如图 7-40 所示。

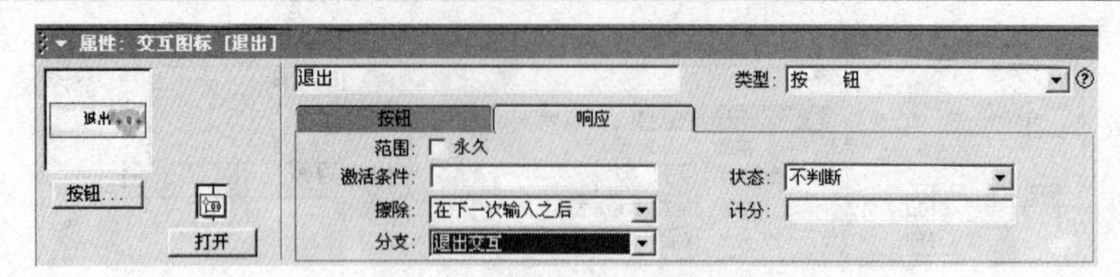

图 7-39 “退出”响应分支的属性设置

（10）双击交互图标，将 5 个按钮调整到合适位置，如图 7-41 所示。

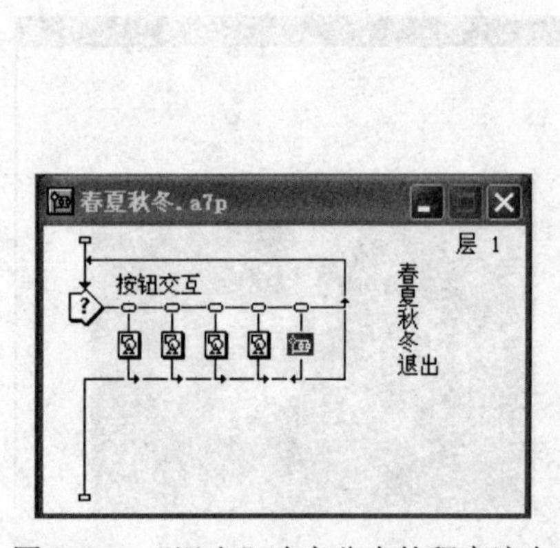

图 7-40 “退出”响应分支的程序流向

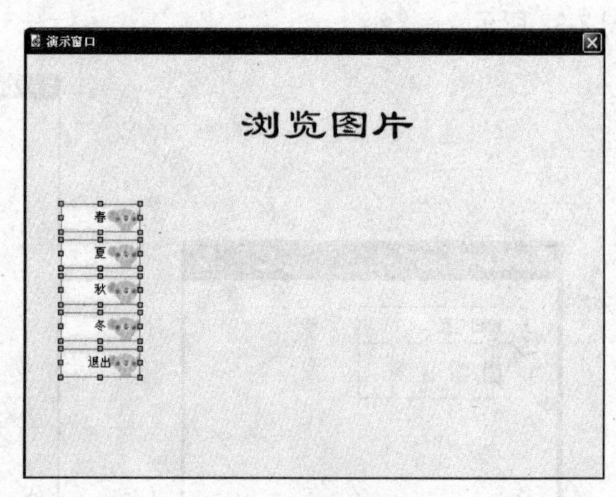

图 7-41 按钮的位置

（11）保存文件并运行，运行结果如图 7-42 所示。

图 7-42 运行结果

7.3 热区域响应

热区域响应也是多媒体程序中比较常用的一种交互响应方式。创建交互响应分支时，如果选择热区域响应类型，程序运行时在演示窗口中会自动定义一个矩形区域，当使用鼠标单击、双击或将鼠标指针移动到此区域时（可根据用户设置），进入此交互响应分支，执行响应图标中的内容。在编辑状态下，热区域是一个矩形虚线框，用户可以随意调整热区域的大小和位置，当程序运行时，矩形虚线框不会显示在演示窗口中，因此不能对其进行更改。热区域响应对应的响应类型符号为 。

7.3.1　热区域响应的建立

创建一个简单的热区域响应类型交互结构的步骤如下：

（1）新建 Authorware 文件，拖动一个交互图标到程序流程线上。

（2）拖动一个群组图标到交互图标的右侧，在弹出的“交互类型”对话框中选择“热区域”类型，单击“确定”按钮关闭此对话框，第一个交互响应分支创建好了。

（3）双击群组图标，在里面添加相应的图标，并进行属性的设置。

（4）单击交互流程线上的响应类型符号 ，在打开的属性面板中对当前交互响应分支进行属性的设置。

（5）重复步骤 2 至步骤 4，继续添加其他的交互响应分支。

（6）双击交互图标，演示窗口中出现热区域响应对应的矩形虚线框，即热区域。使用鼠标可以调整热区域的大小和位置。一些说明性的文本和图片可以导入到该交互图标中。

（7）保存程序并运行查看结果。

7.3.2　设置热区域响应属性

单击交互流程线上的响应类型符号 ，打开属性面板，如图 7-43 所示。热区域响应的属性与按钮响应的属性基本相同。

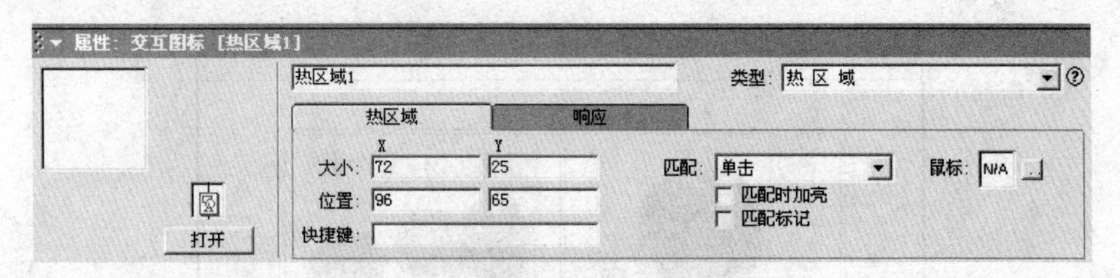

图 7-43　“热区域”响应方式的属性面板

“热区域”选项卡中的各选项及其功能如下：

（1）“大小”文本框：用于精确定义热区域的大小，其中 X 用于定义热区域的宽度，Y 用于定义热区域的高度，以像素为单位。热区域的大小也可以在演示窗口中直接调整，在编辑状态下，直接拖拽矩形热区域的边框即可。

（2）“位置”文本框：用于精确定义热区域的位置，其中 X 用于定义热区域左上角的 X 坐标，Y 用于定义热区域左上角的 Y 坐标，坐标值均以像素为单位。热区域的位置也可以在演示窗口中直接调整，在编辑状态下，直接将热区域拖拽到合适位置即可。

（3）“快捷键”文本框：允许用户为该热区域定义快捷键。如果需要使用多个快捷键，则可在两个快捷键之间添加“|”隔开，如在文本框中输入“A|a”，表示程序运行时，按大写字母 A 或小写字母 a 都可以触发当前的热区域交互响应。如果使用组合键，则可以在文本框中直接输入组合键名称，如在文本框中输入“CTRLA”，表示程序运行时，可以使用 Ctrl+A

组合键触发当前的热区域交互响应。在使用组合键作为快捷键时，要注意使用的快捷键不要和应用程序窗口中的某些常用快捷键重复。

（4）“匹配”下拉列表框：用于设置热区域的匹配方式，一共包含以下 3 个选项：

- 单击：当单击响应区域时激活该响应。
- 双击：当双击响应区域时激活该响应。
- 指针处于指定区域内：当把指针移动到响应区域内时激活该响应。

（5）“匹配时加亮”复选框：选中该复选框，当激活该响应区域时，该区域以高亮显示。该选项只有在匹配方式选择“单击”或“双击”时才有效。

（6）“匹配标记”复选框：选中该复选框，则程序运行时，热区域内左侧中央位置会出现一个匹配标记。

（7）“鼠标”文本框：用于定义将鼠标移动到该热区域上时光标的显示形状。与按钮响应类型的该属性相同。

7.3.3　热区域响应实例

例 7.2　新建一个热区域交互响应的程序，该程序实现的功能是当运行程序时演示窗口中显示 4 个水果的图片，当把鼠标指针移动到某种水果上时，鼠标指针变为手形，并且显示对该水果的英文注释。制作过程如下：

（1）新建一个 Authorware 程序，并以“看图识水果.a7p”命名保存。

（2）拖拽一个交互图标到设计窗口的流程线上，命名为“看图识水果”。双击该交互图标，在打开的演示窗口中绘制 5 个矩形，并导入 4 幅水果的图片，调整各矩形和各图片的大小和位置，如图 7-44 所示。

图 7-44　交互图标“看图识水果”中的内容

（3）在交互图标右侧添加一个显示图标，在打开的“交互类型”对话框中选择“热区域”响应类型，如图 7-45 所示。将该显示图标重命名为“苹果”。

（4）在“苹果”响应分支的右侧依次再添加 3 个显示图标作为另外 3 个响应分支，分别命名为“橘子”、“香蕉”和“葡萄”，如图 7-46 所示。

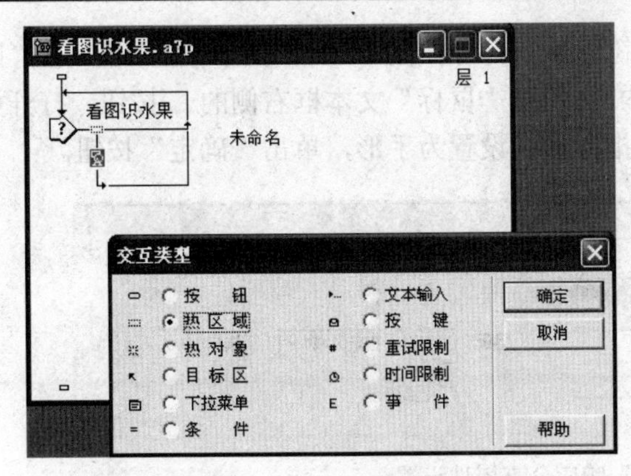

图 7-45　交互类型的设置

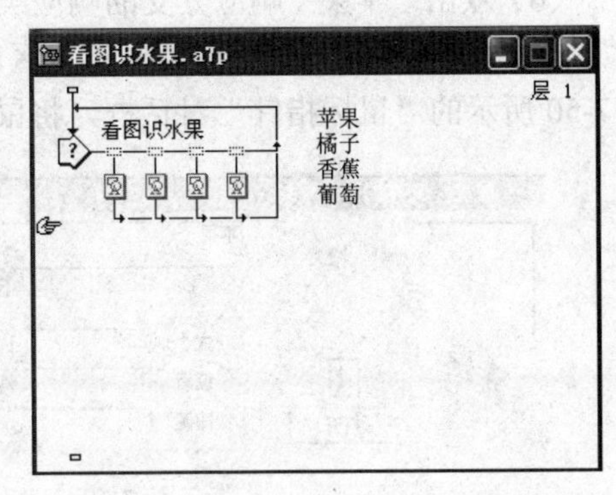

图 7-46　交互结构中的 4 个响应分支

（5）双击交互图标“看图识水果”，单击演示窗口中空白处，然后将 4 个矩形的虚线区域分别移动到相应位置并调整大小，如图 7-47 和图 7-48 所示。

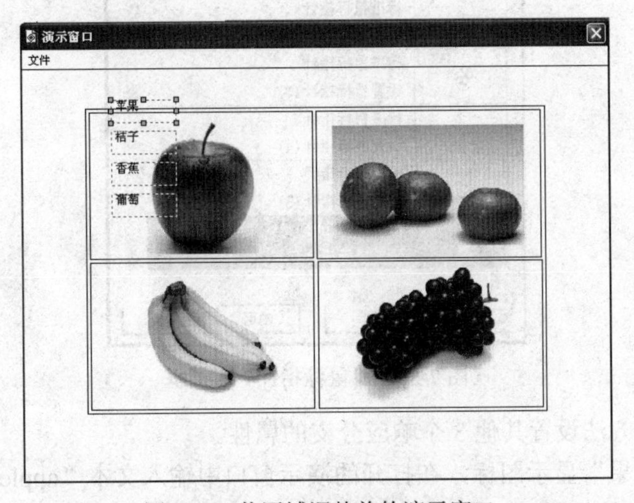

图 7-47　热区域调整前的演示窗口

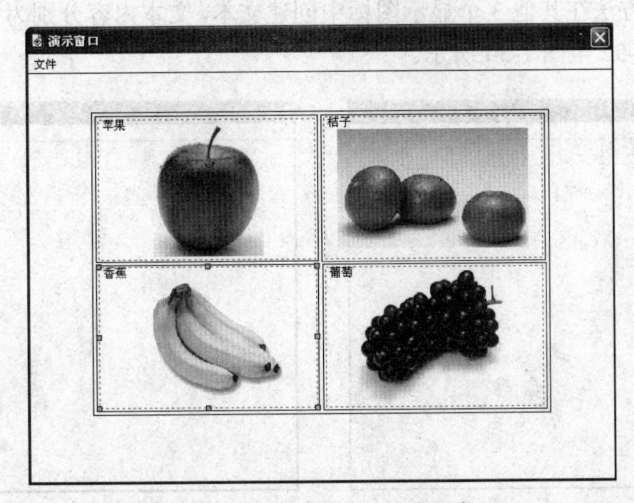

图 7-48　热区域调整后的演示窗口

（6）双击“苹果”响应分支的响应类型符号 ，打开如图 7-49 所示的属性面板。在“匹配”下拉列表框中选择“指针处于指定区域内”；单击“鼠标”文本框右侧的 按钮，打开如图 7-50 所示的“鼠标指针”对话框，将鼠标指针形状设置为手形，单击“确定”按钮。

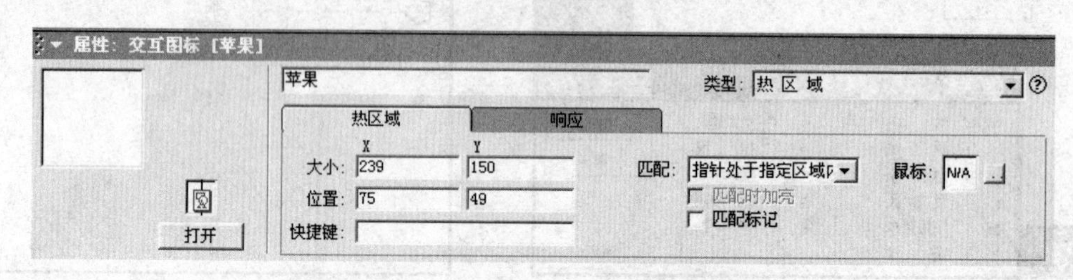

图 7-49　“苹果”响应分支属性设置

图 7-50　“鼠标指针”对话框

（7）以同样的方法设置其他 3 个响应分支的属性。

（8）双击“苹果”显示图标，在打开的演示窗口中输入文本“apple”，设置文本的大小和颜色，并调整文本的位置，如图 7-51 所示。

（9）以同样的方法在其他 3 个显示图标中创建文本，文本内容分别为“orange”、“banana”和“grape”，如图 7-52 至图 7-54 所示。

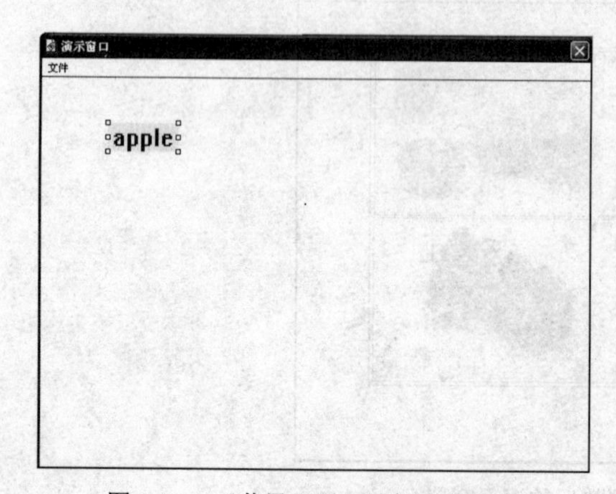

图 7-51　“苹果”显示图标中的内容

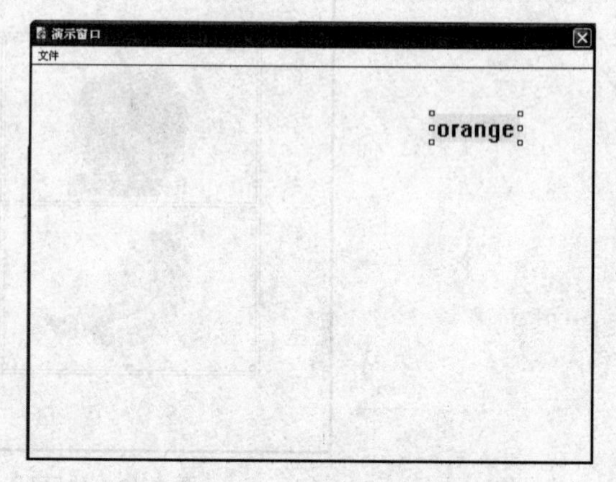

图 7-52　“橘子”显示图标中的内容

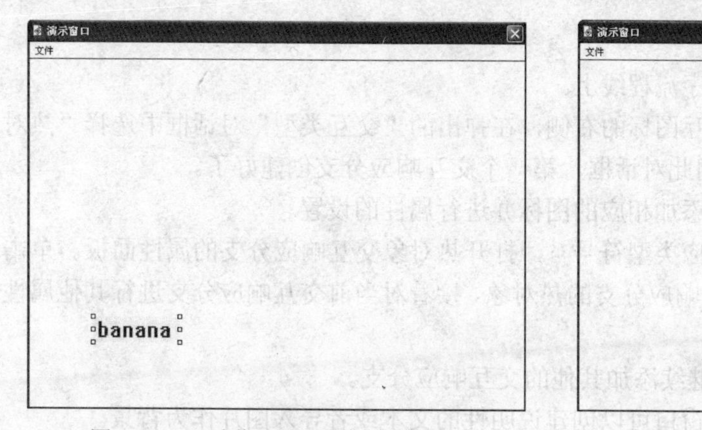

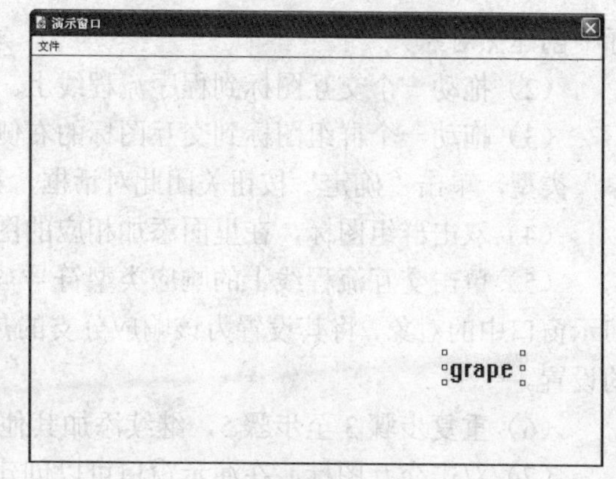

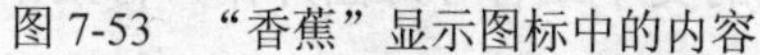

图 7-53　“香蕉”显示图标中的内容　　图 7-54　“葡萄”显示图标中的内容

（10）保存程序并运行。

创建好的程序设计窗口如图 7-55 所示，运行界面如图 7-56 所示。

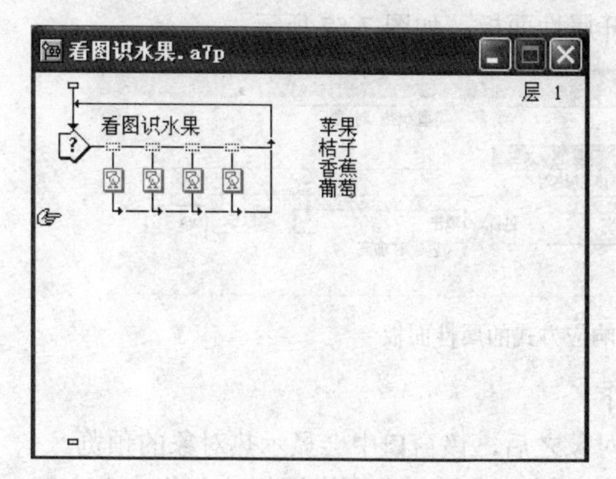

图 7-55　程序设计窗口

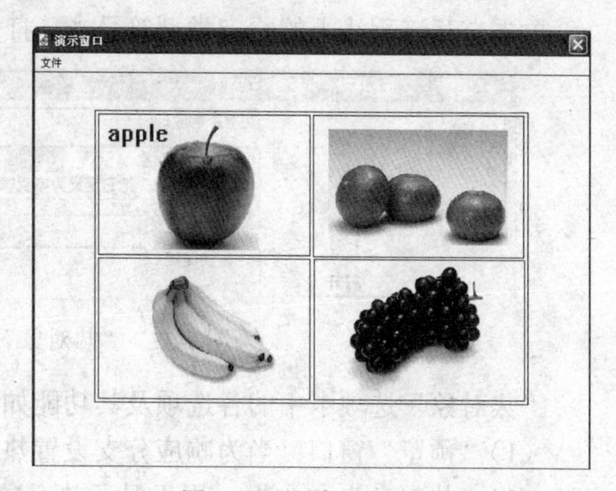

图 7-56　程序运行界面

7.4　热对象响应

热对象响应与热区域响应相似，都是对指定的区域产生响应。不同的是，热对象可以是屏幕上任意复杂形状的特定对象，因此说热对象响应的响应区域可以是任意形状的，且程序运行时可以在演示窗口中任意移动；而热区域响应的响应区域必须是一个规则的矩形，而不能是圆形、三角形或其他形状，且响应区域在程序运行期间不能根据需要自动进行调整。需要注意的是，必须为热对象响应类型的分支设置具体的热对象，否则程序无法正确运行。热对象响应对应的响应类型符号为※。

7.4.1　热对象响应的建立

创建一个简单的热对象响应类型交互结构的步骤如下：

（1）新建 Authorware 文件，拖动一个群组图标到程序流程线上。双击群组图标，在打开的第二层设计窗口中添加显示图标（显示图标的个数由热对象的个数决定），接着在各显示图标中创建热对象。

（2）拖动一个交互图标到程序流程线上。

（3）拖动一个群组图标到交互图标的右侧，在弹出的“交互类型”对话框中选择“热对象”类型，单击“确定”按钮关闭此对话框，第一个交互响应分支创建好了。

（4）双击群组图标，在里面添加相应的图标并进行属性的设置。

（5）单击交互流程线上的响应类型符号※，打开热对象交互响应分支的属性面板。单击演示窗口中的对象，将其设置为该响应分支的热对象，接着对当前交互响应分支进行其他属性的设置。

（6）重复步骤 3 至步骤 5，继续添加其他的交互响应分支。

（7）双击交互图标，在演示窗口可以创建说明性的文本或者导入图片作为背景。

（8）保存程序并运行查看结果。

7.4.2 设置热对象响应属性

单击交互流程线上的响应类型符号※，打开属性面板，如图 7-57 所示。

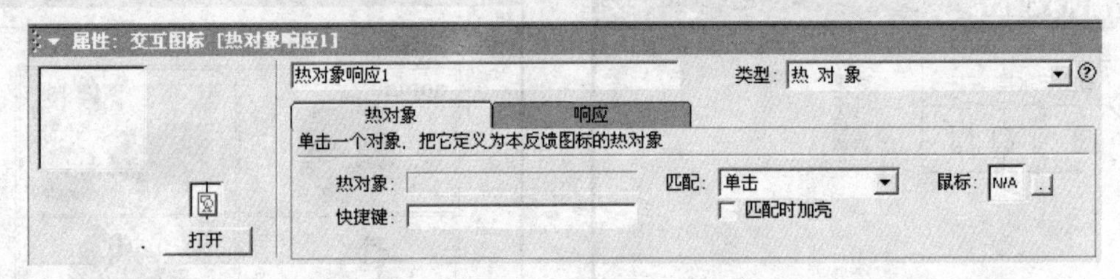

图 7-57 “热对象”响应方式的属性面板

“热对象”选项卡中的各选项及其功能如下：

（1）“预览”窗口：当为响应分支设置热对象之后，该窗口中会显示热对象的预览。

（2）“热对象”文本框：用于显示热对象的名称，即热对象所在图标的名称，文本框为空表示还没有为该响应分支设置热对象。

（3）“快捷键”文本框：允许用户为该热对象定义快捷键。与热区域响应的此属性设置相同。

（4）“匹配”下拉列表框：用于设置热对象的匹配方式，一共包含以下 3 个选项：

- 单击：当单击热对象时激活该响应。
- 双击：当双击热对象时激活该响应。
- 指针处于指定区域内：当把指针移动到热对象上时激活该响应。

（5）“匹配时加亮”复选框：选中该复选框，当激活该热对象时，该热对象以高亮显示。该选项只有在匹配方式选择“单击”或“双击”时才有效。

（6）“鼠标”文本框：用于定义将鼠标移动到该热对象上时光标的显示形状。与热区域响应类型的该属性相同。

7.4.3 热对象响应实例

例 7.3 新建一个热对象交互响应的程序，该程序实现的功能是当运行程序时演示窗口中显示 4 个形状，当把鼠标指针移动到某个形状上时，鼠标指针变为手形；当双击画面中相应的图形时，演示窗口下端显示相应的注释。制作过程如下：

（1）新建一个 Authorware 程序，并以“看图识图形.a7p”为文件名保存。

（2）拖动一个群组图标到程序的流程线上，命名为“四种图形”。双击该群组图标，在第二层设计窗口中添加 4 个显示图标，分别命名为“圆形”、“正方形”、“圆角矩形”和“三角形”。

（3）在“圆形”、“正方形”、“圆角矩形”和“三角形”4 个显示图标中，分别绘制如图 7-58 至图 7-61 所示的图形，将 4 个图形分别填充为蓝色、黄色、红色和绿色，调整图形的大小和位置。

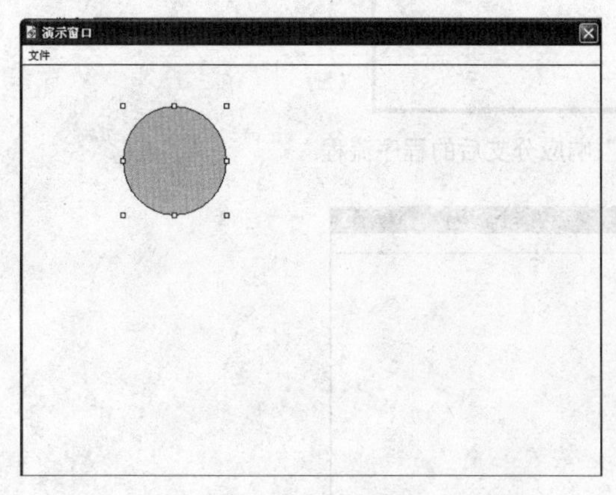

图 7-58　“圆形”显示图标中的内容

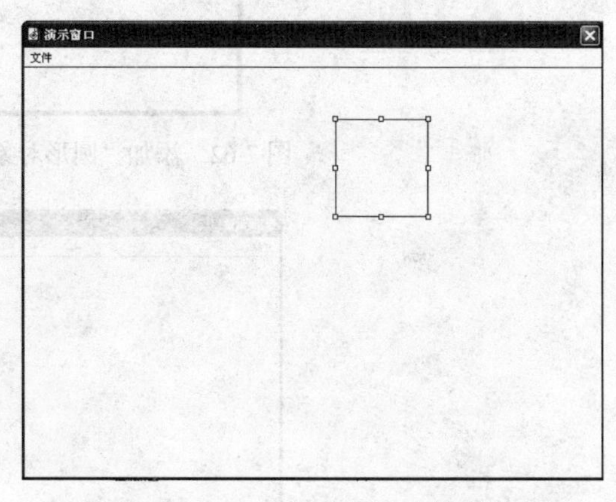

图 7-59　“正方形”显示图标中的内容

图 7-60　“圆角矩形”显示图标中的内容

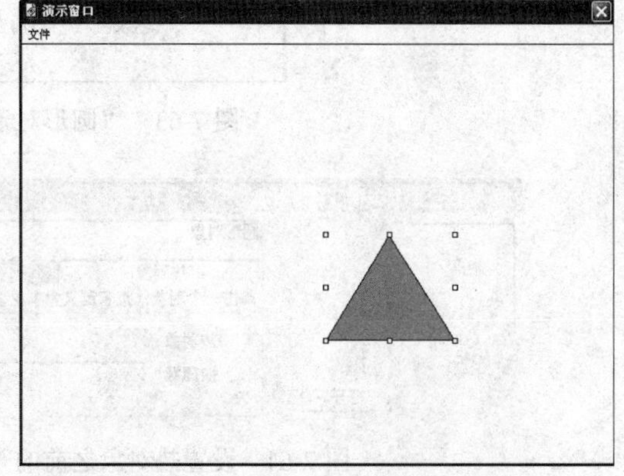

图 7-61　“三角形”显示图标中的内容

（4）在主流程线上的群组图标下方添加一个交互图标，命名为“热对象”。在此交互图标右侧添加一个显示图标作为第一个分支，并在弹出的“交互类型”对话框中选择“热对象”，将此分支命名为“圆形对象”，如图 7-62 所示。

（5）双击“圆形对象”响应分支中的显示图标，在演示窗口中输入文本“这是一个圆形”，设置文本的格式，如图 7-63 所示。

（6）双击“形状”群组图标中的“圆形”显示图标，在打开的演示窗口中显示该图标中的内容，接着双击“圆形对象”响应分支的响应类型符号※，打开如图 7-64 所示的属性面板；单击演示窗口中的“圆形”形状，将其设置为该响应分支的热对象（实际上是将该图形所在的显示图标中的所有对象设置为热对象)，设置属性面板中的匹配模式为“双击”，鼠标形状为手形，如图 7-65 所示。

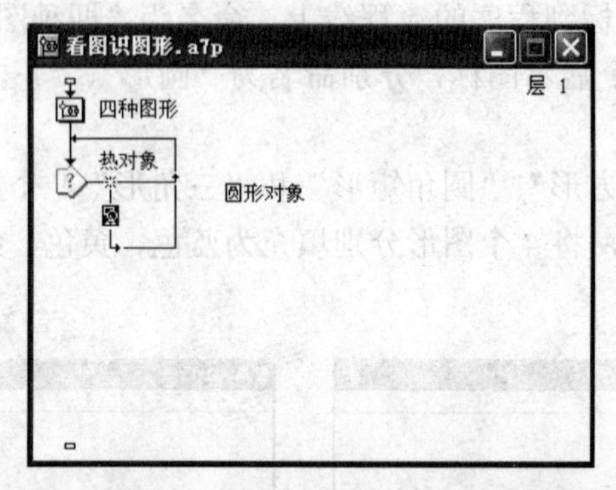

图 7-62 添加“圆形对象”响应分支后的程序流程

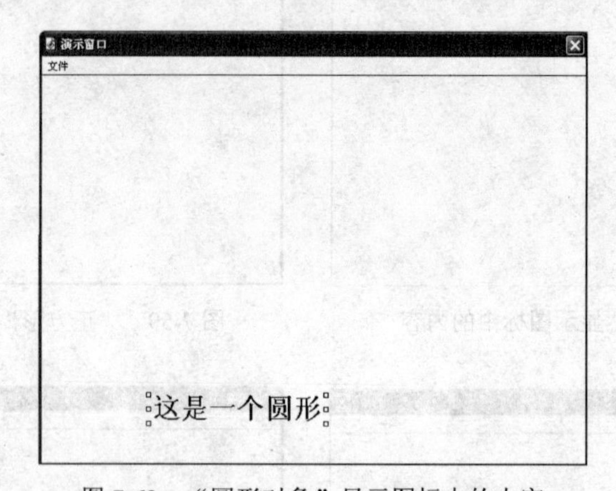

图 7-63 “圆形对象”显示图标中的内容

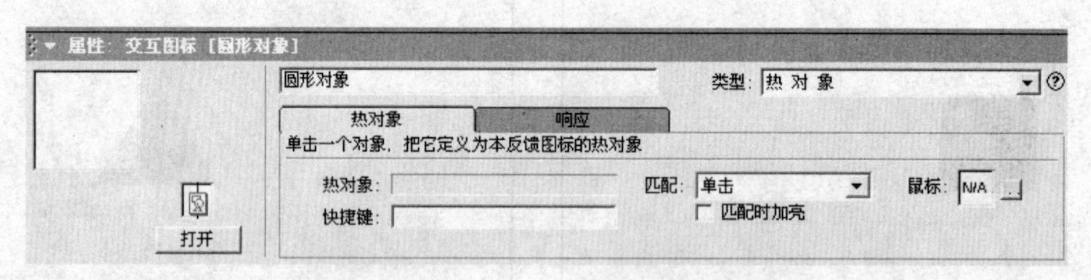

图 7-64 设置热对象之前的“圆形对象”响应分支属性面板

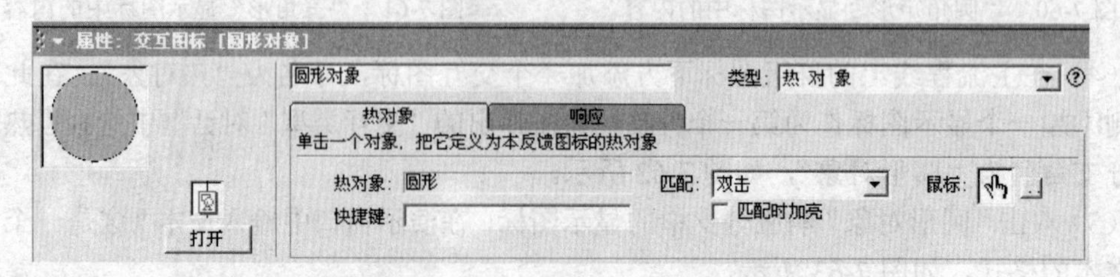

图 7-65 设置热对象之后的“圆形对象”响应分支属性面板

（7）以同样的方法向交互图标右侧继续添加 3 个显示图标，分别命名为“正方形对象”、“圆角矩形对象”和“三角形对象”，如图 7-66 所示。在这 3 个显示图标中分别创建文本“这是一个正方形”、“这是一个圆角矩形”和“这是一个三角形”，如图 7-67 至图 7-69 所示。

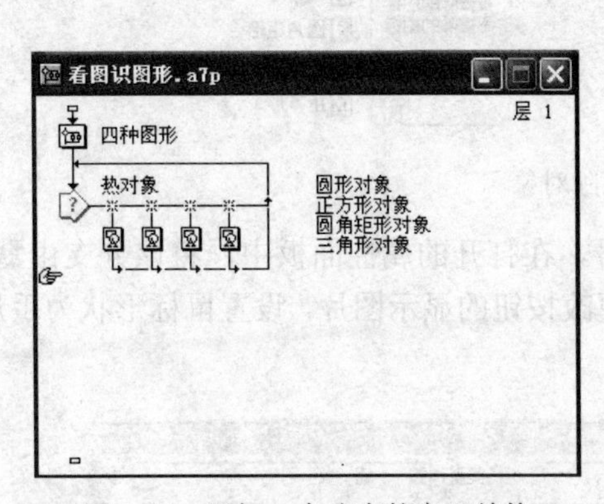

图 7-66　添加 4 个分支的交互结构

图 7-67　“正方形对象”显示图标中的内容

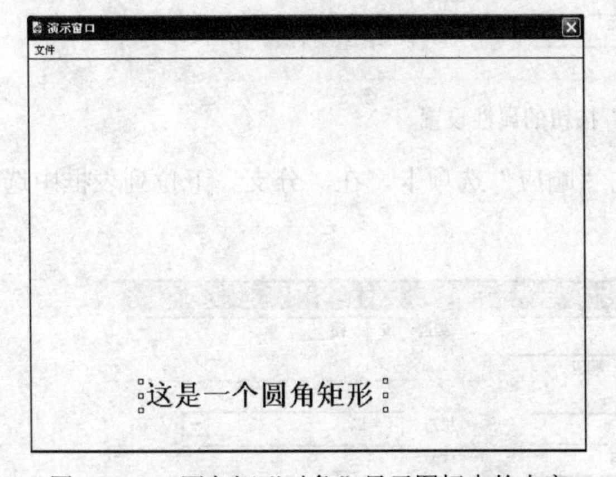

图 7-68　“圆角矩形对象”显示图标中的内容

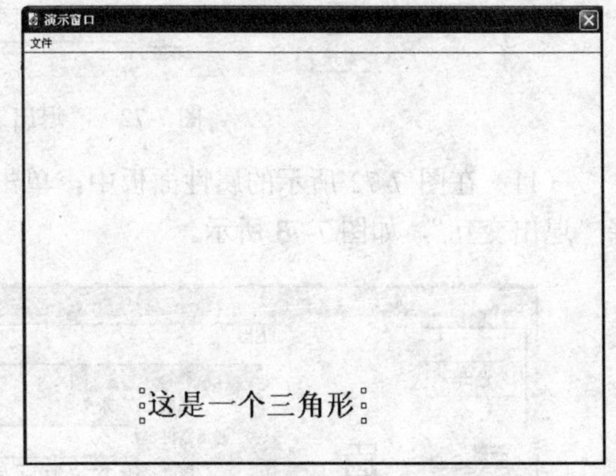

图 7-69　“三角形对象”显示图标中的内容

（8）按照步骤 4 至步骤 6 的方法，分别将“四种图形”群组图标中的“正方形”、“圆角矩形”和“三角形”3 个显示图标中的形状设置为交互结构中后添加的 3 个响应分支的热对象，并将此 3 个响应分支属性设置为与第一个响应分支的属性相同。

（9）在交互图标的最右侧添加一个群组图标，作为交互结构的第 5 个分支，并命名为“退出”。双击该群组图标，在第二层设计窗口中添加一个擦除图标，命名为“擦除热对象”，如图 7-70 所示。按住 Ctrl 键的同时双击该擦除图标，在打开的属性面板中将“三角形”、“圆角矩形”、“圆形”、“正方形”4 个显示图标设置为被擦除对象，如图 7-71 所示。

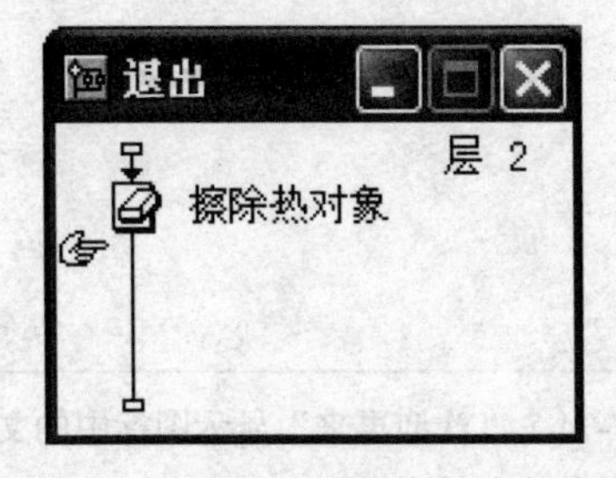

图 7-70　“退出”群组图标中的内容

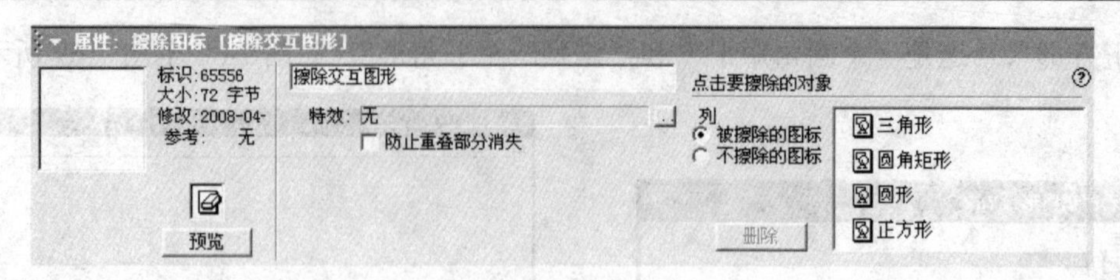

图 7-71 设置擦除对象

（10）双击“退出”响应分支的响应类型符号，在打开的属性面板中，将该分支由默认的响应类型“热对象”类型更改为“按钮”类型。更改按钮的显示图片，设置鼠标形状为手形，如图 7-72 所示。

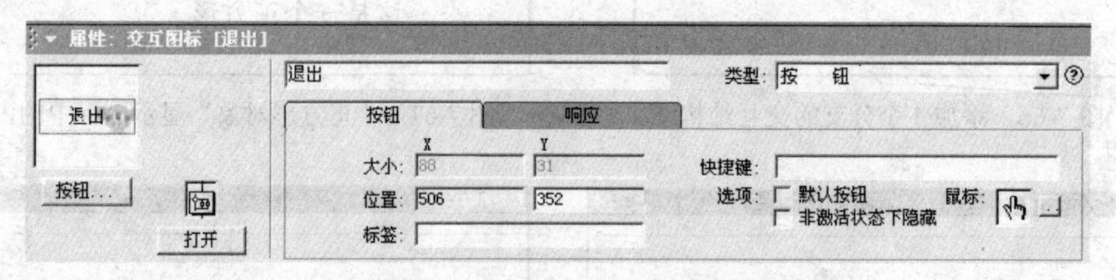

图 7-72 “退出”按钮的属性设置

（11）在图 7-72 所示的属性面板中，单击“响应”选项卡，在“分支”下拉列表框中选择“退出交互”，如图 7-73 所示。

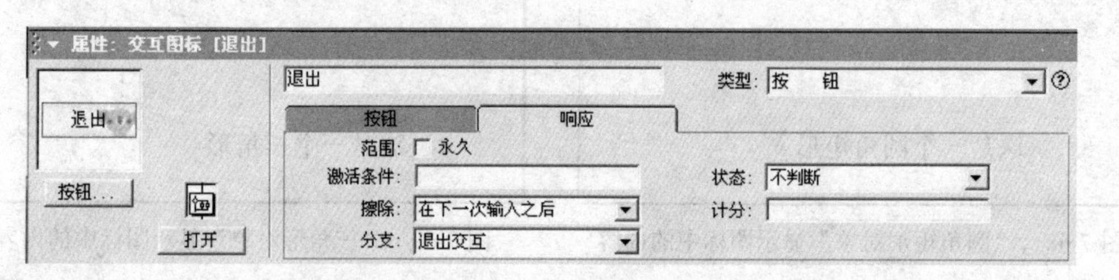

图 7-73 “退出”响应分支的响应属性设置

（12）在交互结构下方添加显示图标“欢迎再来”，双击该显示图标，在打开的演示窗口中创建阴影特效的文本“欢迎再来”，如图 7-74 所示。

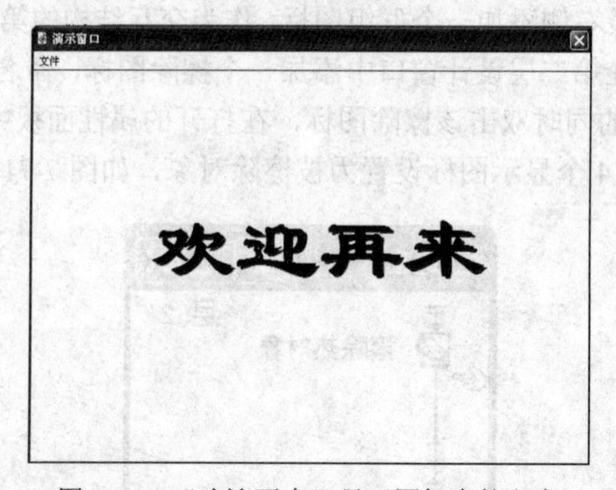

图 7-74 “欢迎再来”显示图标中的文本

（13）保存程序并运行。程序的流程与运行结果如图 7-75 和图 7-76 所示。

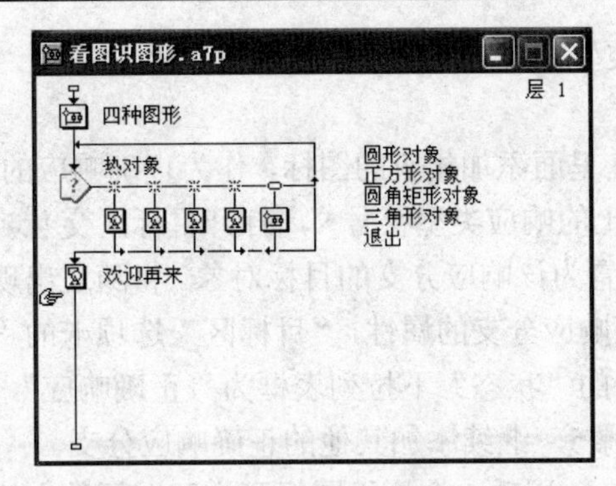

图 7-75　设计窗口中的程序流程

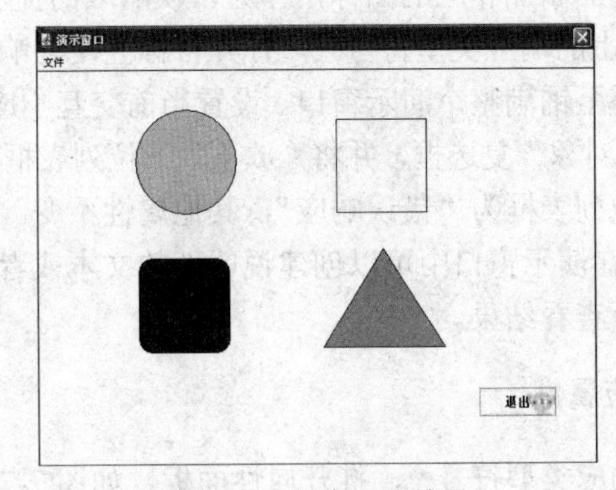

图 7-76　程序运行结果

7.5　目标区响应

如果用户希望在程序运行时，将演示窗口中的某个对象拖动到一个指定的区域内，那么在建立交互结构时，可以采用目标区响应方式。目标区响应方式的特点是，当用户将某个对象移动到了指定的区域内时，该对象就会停留在这个区域上，并执行相应的动作；反之，当用户将该对象移动到了指定的区域外时，该对象就会自动返回到原来的位置，同时执行另外的动作。被移动的对象称为目标对象，应该移动到的指定区域称为目标区。创建目标区响应必须确定目标对象和目标区，其中目标区包括正确区域和错误区域。目标区响应方式比较适合于制作拼图游戏、零件组装、智力测验程序等。目标区响应对应的响应类型符号为。

7.5.1　目标区响应的建立

创建一个简单目标区响应类型交互结构的步骤如下：

（1）新建 Authorware 文件，拖动一个群组图标到程序流程线上。双击群组图标，在打开的第二层设计窗口中添加显示图标（显示图标的个数由目标对象的个数决定），接着在各显示图标中创建目标对象。

（2）拖动一个交互图标到程序流程线上，双击该交互图标，在演示窗口中绘制矩形作为目标对象的正确位置。

（3）创建正确响应分支：拖动一个群组图标到交互图标的右侧，在弹出的“交互类型”

对话框中选择“目标区”类型，单击“确定”按钮关闭此对话框，第一个交互响应分支创建好了。

（4）双击群组图标，在里面添加相应的图标，作为正确响应的提示，并进行属性的设置。

（5）单击交互流程线上的响应类型符号↖，打开目标区交互响应分支的属性面板。单击演示窗口中的对象，将其设置为该响应分支的目标对象。将随之出现的虚线矩形区域移动到指定的目标区。设置当前交互响应分支的属性，“目标区”选项卡的“放下”下拉列表框为“在中心定位”，“响应”选项卡的“状态”下拉列表框为“正确响应”，其他属性不变。

（6）重复步骤 3 至步骤 5，继续添加其他的正确响应分支。

（7）创建错误响应分支：拖动一个群组图标到交互图标的右侧，默认为“目标区”响应类型。双击群组图标，在里面添加相应的图标，作为错误响应的提示，并进行属性的设置。

（8）单击交互流程线上的响应类型符号↖，打开目标区交互响应分支的属性面板。将随之出现的虚线矩形区域调整至铺满整个演示窗口。设置当前交互响应分支的属性，选中“目标区”选项卡中的“允许任何对象”复选框，并将“放下”下拉列表框设置为“返回”，设置“响应”选项卡的“状态”下拉列表框为“错误响应”，其他属性不变。

（9）双击交互图标，在演示窗口中可以创建说明性的文本或者导入图片作为背景。

（10）保存程序并运行查看结果。

7.5.2 设置目标区响应属性

单击交互流程线上的响应类型符号↖，打开属性面板，如图 7-77 所示。

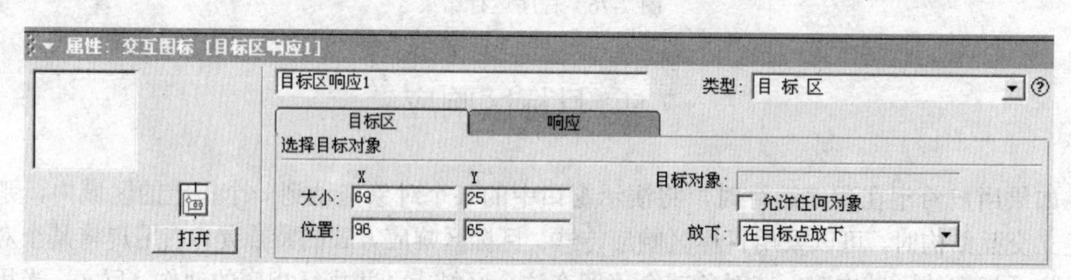

图 7-77 “目标区”响应方式的属性面板

“目标区”选项卡中的各选项及其功能如下：

（1）“大小”文本框：用于精确定义目标区域的大小，其中 X 用于定义目标区域的宽度，Y 用于定义目标区域的高度，以像素为单位。目标区域的大小也可以在演示窗口中直接调整，在编辑状态下，直接拖拽矩形目标区域的边框即可。

（2）“位置”文本框：用于精确定义目标区域的位置，其中 X 用于定义目标区域左上角的 X 坐标，Y 用于定义目标区域左上角的 Y 坐标，坐标值均以像素为单位。目标区域的位置也可以在演示窗口中直接调整，在编辑状态下，直接将目标区域拖拽到合适位置即可。

（3）“预览”窗口：当为响应分支设置目标对象之后，该窗口中会显示目标对象的预览。

（4）“目标对象”文本框：用于显示目标对象的名称，即目标对象所在图标的名称，文本框为空表示还没有为该响应分支设置目标对象。

（5）“允许任何对象”复选框：选中该复选框，表示演示窗口中的所有对象都作为当前响应分支的目标对象。

（6）“放下”下拉列表框：用于定义将目标对象拖动到目标区域后产生的动作，有以下 3 个选项：

- 在目标点放下：选择该选项，当将目标对象拖动到目标区域并释放鼠标后，目标对象将停留在鼠标释放的位置。
- 在中心定位：选择该选项，当将目标对象拖动到目标区域并释放鼠标后，目标对象会自动停留在目标区域的中心位置。
- 返回：选择该选项，当将目标对象拖动到目标区域并释放鼠标后，目标对象将会返回到原来的位置。

7.5.3　目标区响应实例

例 7.4　新建一个目标区交互响应的程序，该程序实现的功能是当运行程序时，演示窗口中显示 4 种动物和 4 个作为动物目标位置的矩形框，当使用鼠标左键将某种动物移动到正确的矩形内时，该动物停留在矩形的中心处；否则，该动物自动返回到原来位置。制作过程如下：

（1）新建一个 Authorware 程序，并以“对号入座.a7p”为文件名保存。

（2）添加一个群组图标到流程线上，命名为“动物”。双击该群组图标，在第二层设计窗口中添加 4 个显示图标，分别命名为“老虎”、“猴子”、“小熊”和“孔雀”，如图 7-78 所示。

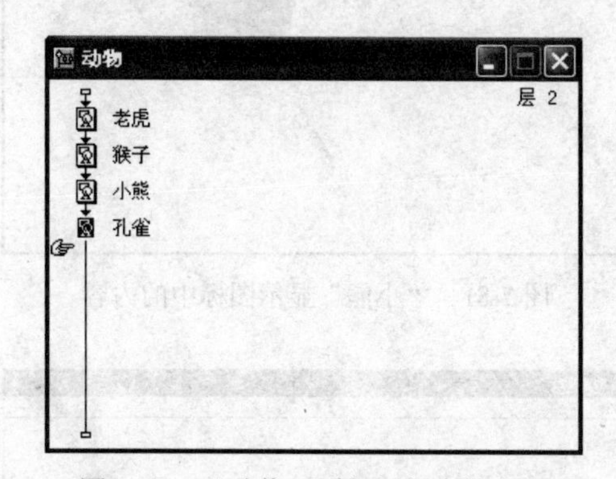

图 7-78　“动物”群组图标中的内容

（3）在 4 个显示图标中分别导入各种动物图片，调整各动物图片的大小和位置，如图 7-79 至图 7-82 所示。

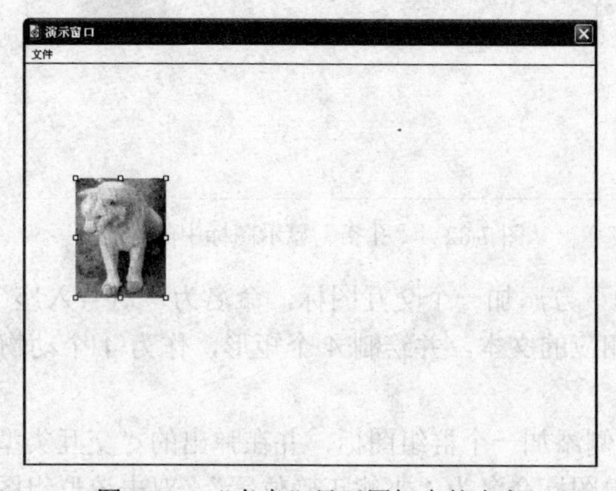

图 7-79　“老虎”显示图标中的内容

图 7-80 “猴子”显示图标中的内容

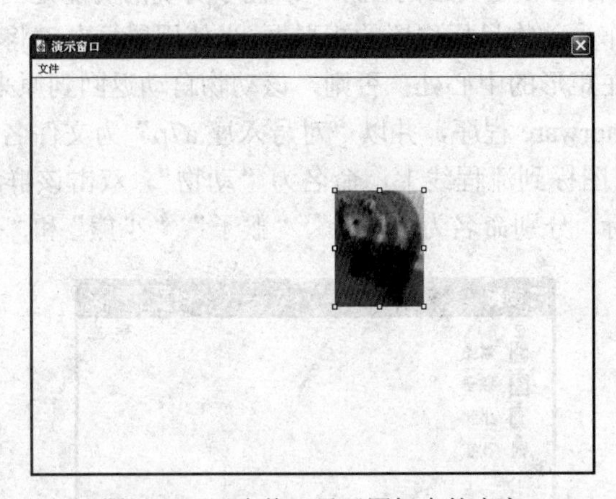

图 7-81 “小熊”显示图标中的内容

图 7-82 “孔雀”显示图标中的内容

（4）在群组图标的下方添加一个交互图标，命名为“对号入座”。双击该交互图标，在打开的演示窗口中输入相应的文本，并绘制 4 个矩形，作为 4 个动物的正确位置，如图 7-83 所示。

（5）往交互图标右侧添加一个群组图标，并在弹出的“交互类型”对话框中选择“目标区”响应类型，将此群组图标命名为“小熊正确位置”。双击该群组图标，在第二层设计窗口中添加一个显示图标，命名为“正确响应”，如图 7-84 所示。双击“正确响应”显示图标，在打开的演示窗口中创建文本“恭喜你!”，如图 7-85 所示。

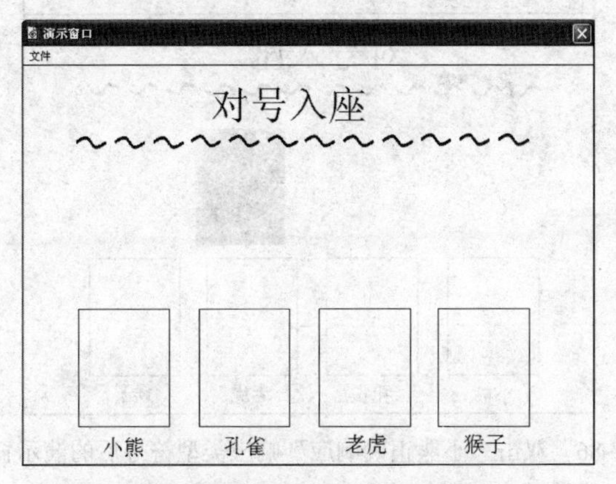

图 7-83　交互图标“对号入座”中的内容

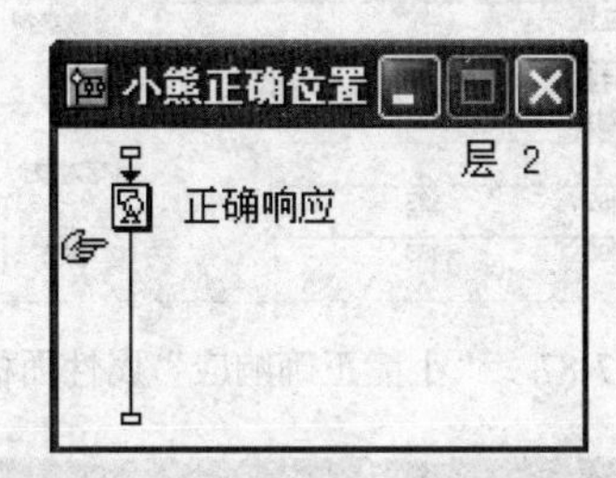

图 7-84　“小熊正确位置”群组图标中的内容

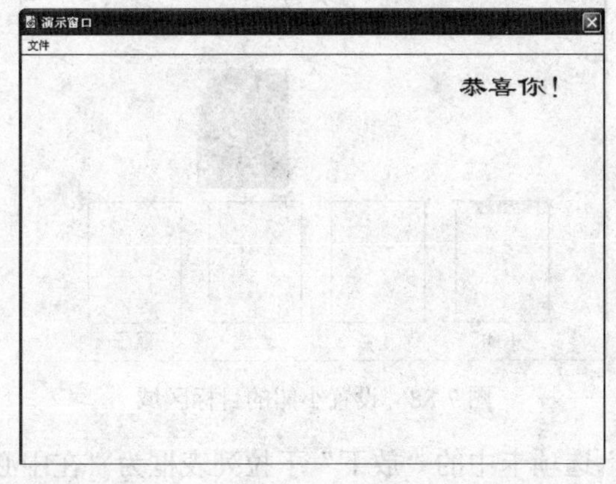

图 7-85　“正确响应”显示图标中的内容

（6）双击“动物”群组图标中的“小熊”显示图标，在打开的演示窗口中会看到小熊的图片。按住 Shift 键不放的同时双击“对号入座”交互图标，接着双击“小熊正确位置”响应分支的响应类型符号，看到如图 7-86 所示的演示窗口。

（7）此时在整个程序窗口下方打开该交互响应分支的属性面板，如图 7-87 所示。单击演示窗口中的小熊，将其设置为当前响应分支的目标对象，同时，“小熊正确位置”虚线框移至小熊图片上。将“小熊正确位置”虚线框移动到演示窗口下方的第一个矩形处，作为小熊的目标区，调整该虚线框的大小和位置与矩形框相同，如图 7-88 所示。

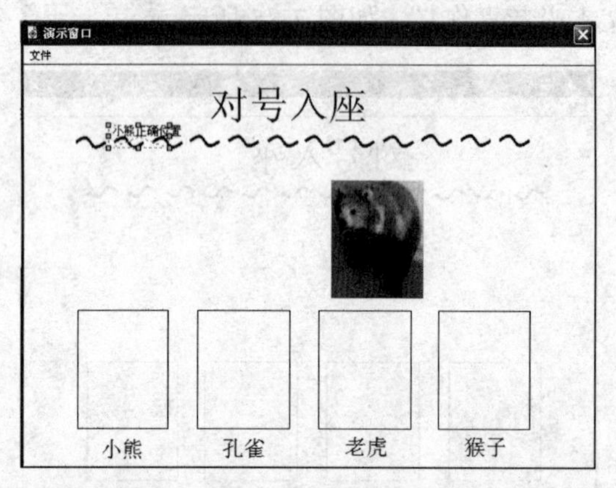

图 7-86　双击“小熊正确响应”响应类型符号后的演示窗口

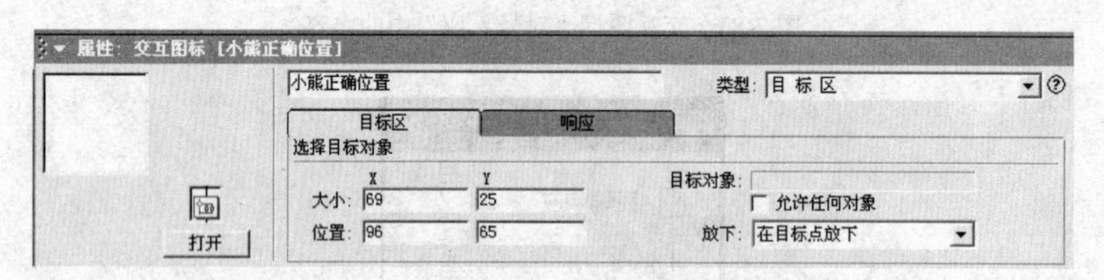

图 7-87　“小熊正确响应”属性面板

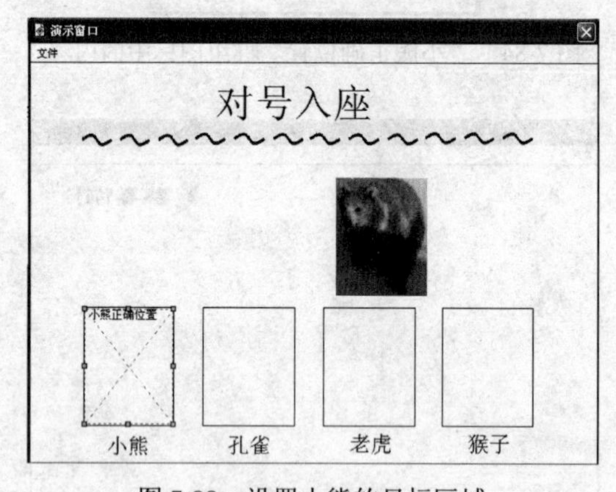

图 7-88　设置小熊的目标区域

（8）设置“目标区”选项卡中的“放下”下拉列表框为“在中心定位”；“响应”选项卡中的“状态”下拉列表框为“正确响应”，其他属性使用默认值，如图 7-89 和图 7-90 所示。

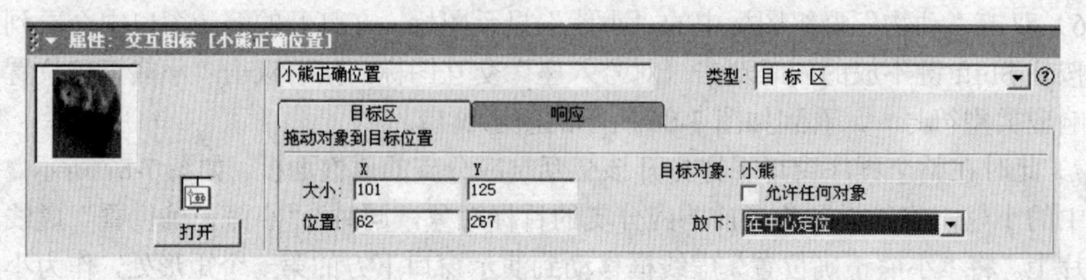

图 7-89　设置“放下”下拉列表框

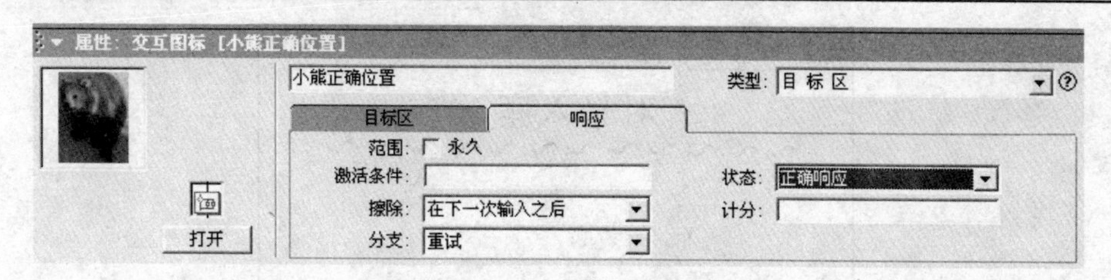

图 7-90 设置"状态"下拉列表框

（9）按照同样的方法再往交互结构中添加3个响应分支，并设置目标对象、目标区域和响应属性，设计窗口的交互流程和各响应分支的目标区域分别如图7-91和图7-92所示。

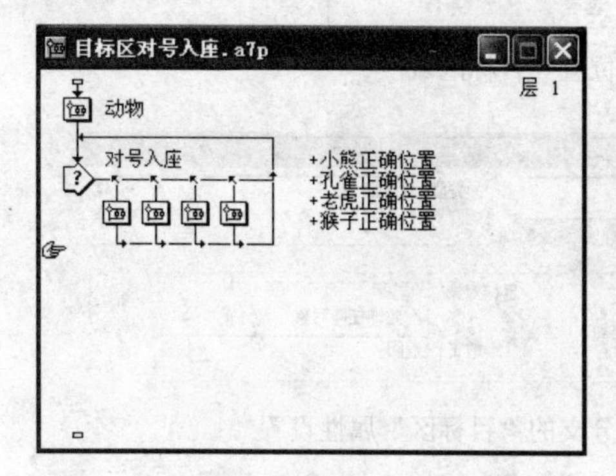

图 7-91 添加4个响应分支的程序流程

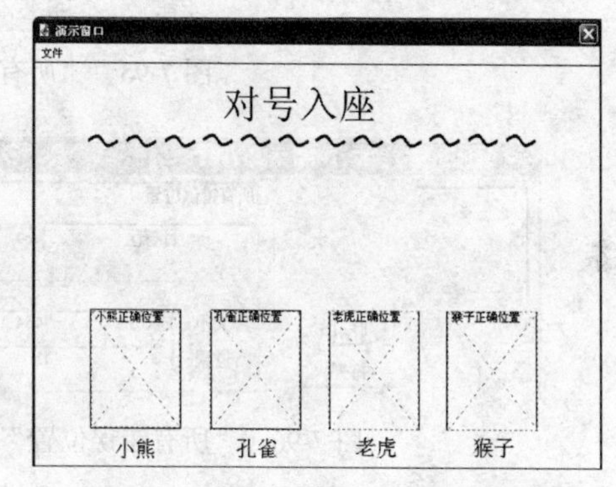

图 7-92 4个响应分支的目标区域

（10）向"对号入座"交互图标右侧再添加一个群组图标，命名为"所有错误位置"，将其作为此交互结构的第5个响应分支。

（11）双击"所有错误位置"群组图标，在打开的第二层设计窗口中添加一个显示图标"错误响应"，如图7-93所示。双击该显示图标，在打开的演示窗口中创建文本"太可惜了！"，如图7-94所示。

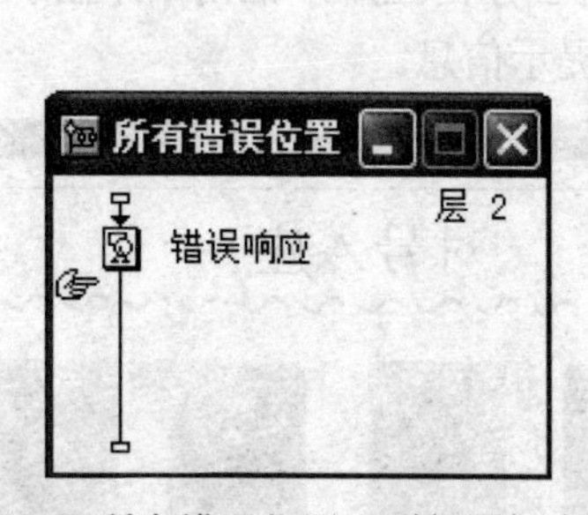

图 7-93 "所有错误位置"群组图标中的内容

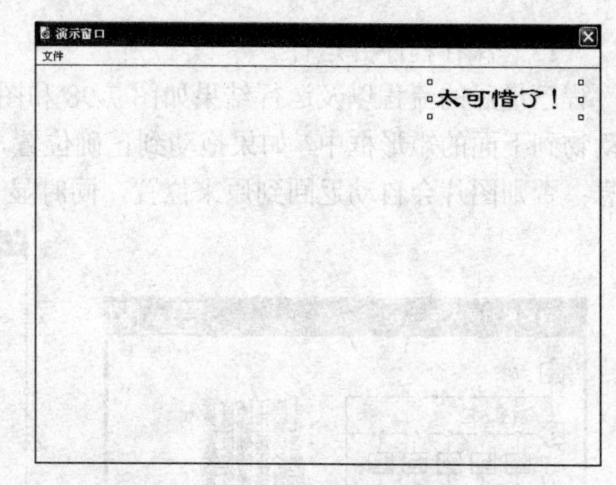

图 7-94 "错误响应"显示图标中的内容

（12）双击"所有错误位置"响应分支的响应类型符号，在打开的属性面板中，选中"允许任何对象"复选框，将演示窗口中的"所有错误位置"虚线框调整至铺满整个窗口，如图7-95所示。接着设置"目标区"选项卡中的"放下"下拉列表框为"返回"；"响应"选项卡中的"状态"下拉列表框为"错误响应"，其他属性使用默认值，如图7-96和图7-97所示。

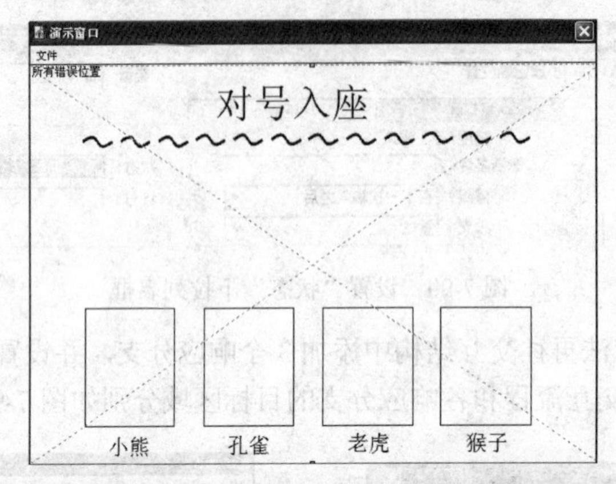

图 7-95 “所有错误位置”目标区域

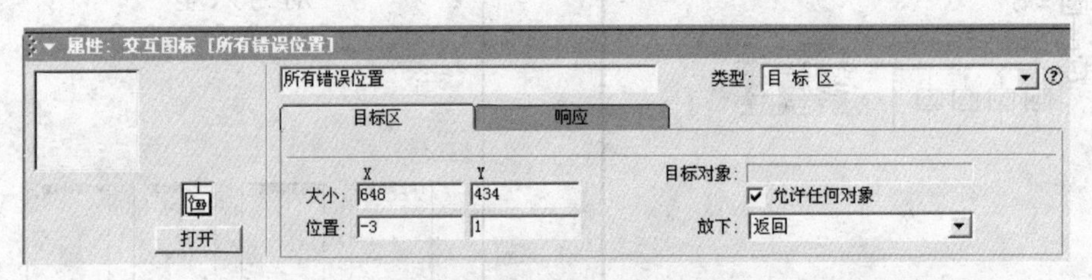

图 7-96 “所有错误位置”响应分支的“目标区”属性设置

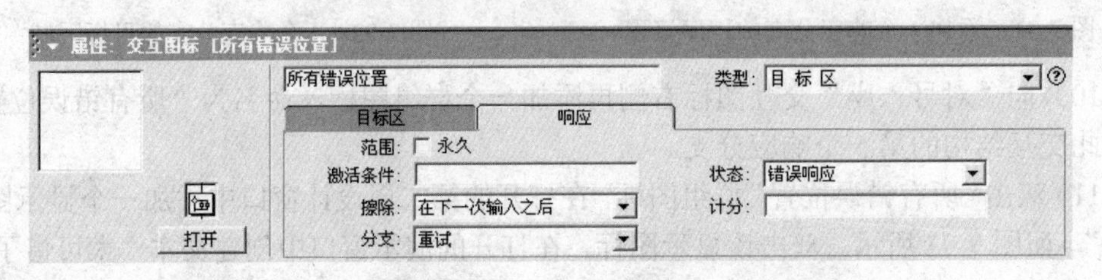

图 7-97 “所有错误位置”响应分支的“响应”属性设置

（13）保存程序并运行。

程序最后的流程以及运行结果如图 7-98 和图 7-99 所示。当程序运行时，拖动演示窗口中的动物到下面的矩形框中，如果拖动到正确位置，图片就会停留在矩形框内，并显示正确提示信息；否则图片会自动返回到原来位置，同时显示错误提示信息。

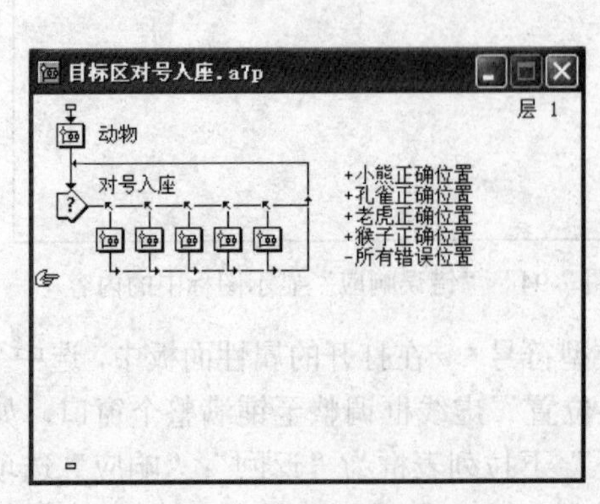

图 7-98 程序最后流程

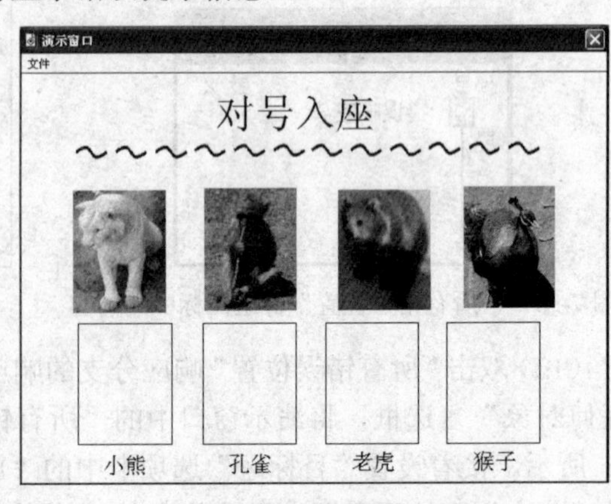

图 7-99 程序运行结果

7.6 下拉菜单响应

下拉菜单响应是一种操作比较方便的交互响应类型，创建下拉菜单可以节省屏幕上的空间。下拉菜单由条形菜单和弹出式菜单组成。在 Windows 操作系统中，下拉菜单的使用也是非常广泛的。要使用下拉菜单响应方式，首先必须保证文件的属性设置中的“显示菜单栏”复选框被选中，否则程序运行时没有菜单栏，也就无法显示所创建的菜单项。

Authorware 7.0 演示窗口中默认的菜单选项为“文件|退出”菜单项。下拉菜单响应对应的响应类型符号为▤。

7.6.1 下拉菜单响应的建立

创建一个简单的下拉菜单响应类型交互结构的步骤如下：

（1）新建 Authorware 文件，拖动一个交互图标到程序流程线上。

（2）拖动一个群组图标到交互图标的右侧，在弹出的“交互类型”对话框中选择“下拉菜单”类型，单击“确定”按钮关闭此对话框，第一个交互响应分支创建好了。

（3）双击群组图标，在里面添加相应的图标并进行属性的设置。

（4）单击交互流程线上的响应类型符号▤，在打开的属性面板中对当前交互响应分支进行属性的设置，将“响应”选项卡中的“范围”设置为“永久”，“分支”下拉列表框设置为“返回”。

（5）重复步骤 2 至步骤 4，继续添加其他的交互响应分支。

（6）向程序流程线上继续添加交互图标，并重复步骤 2 至步骤 4。每个交互图标对应于条形菜单中的一个主菜单，交互结构右侧的响应分支对应于该主菜单的弹出式菜单选项。

（7）保存程序并运行查看结果。程序运行时，通过用户对菜单的选择来激活相应的分支路径。

7.6.2 设置下拉菜单响应属性

单击交互流程线上的响应类型符号▤，打开属性面板，如图 7-100 所示。

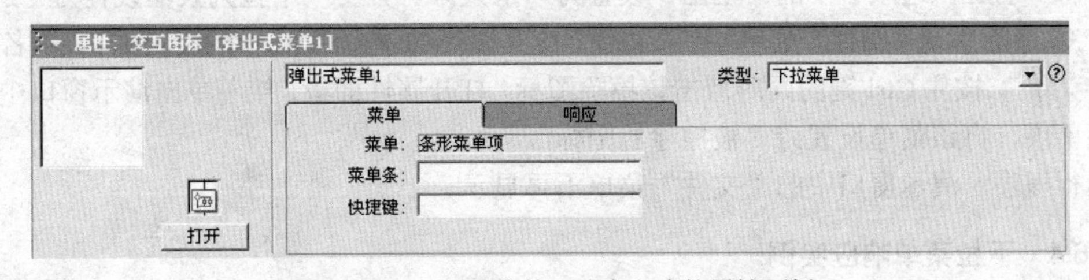

图 7-100　“下拉菜单”响应方式的属性面板

“菜单”选项卡中的各选项及其功能如下：

（1）“菜单”文本框：显示当前菜单选项所在的菜单组名称。

（2）“菜单条”文本框：用于输入菜单项的名称。输入菜单项名称时需要用英文半角的引号括起来，此时程序运行时，该菜单项显示为输入的菜单项名称。当不输入任何内容时，程序运行时，该菜单项显示的名称默认为该响应分支的名称。在此文本框中也可以输入一些特殊的控制字符，如“-”和“&A”等。输入“-”表示将该菜单项作为前后两个菜单项之间的分隔线；输入“&A”表示该菜单项的热键定义为字母 A，程序运行时，该菜单项显示为该字母，并且为该字母加上下划线，直接按键盘上的该字母，即可激活当前的菜单项。

（3）“快捷键”文本框：允许用户为该菜单项定义快捷键。快捷键可以是 Ctrl 或 Alt 组合键，设置方法是在该文本框中输入 CTRL 或 ALT，然后在其后面输入相应的字母。例如输入 CTRLA，则程序运行时，按 CTRL+A 组合键即可激活该菜单项。如果在该文本框中只输入字符 A，则默认的快捷键为 CTRL+A。

7.6.3 擦除文件菜单

Authorware 7.0 演示窗口中系统默认有一个“文件”菜单，其中有一个“退出”菜单项，如图 7-101 所示。如果在程序制作时不需要该菜单，可以将其去除。

图 7-101 系统默认的“文件”菜单

擦除系统“文件”菜单的方法如下：

（1）构造文件菜单。在程序流程线上添加一个交互图标，命名为“文件”。在“文件”交互图标右侧添加一个群组图标，在弹出的“交互类型”对话框中选择“下拉菜单”，并将该响应分支命名为“退出”。

（2）设置响应分支的属性。双击“退出”响应分支的响应类型符号，在打开的属性面板中，将“响应”选项卡中的“范围”设置为“永久”，“分支”下拉列表框设置为“返回”。

（3）擦除系统“文件”菜单。在“文件”交互图标的下方添加一个擦除图标，命名为“擦除文件菜单”，按住 Ctrl 键的同时双击该擦除图标，打开属性面板，接着单击演示窗口中的“文件”菜单项，将该菜单设置为“被擦除的图标”。

运行程序，演示窗口中的“文件”菜单不再显示。

7.6.4 下拉菜单响应实例

例 7.5 新建一个下拉菜单交互响应的程序，该程序实现的功能是当运行程序时，演示窗口的菜单栏中显示两个条形菜单项，通过单击条形菜单项下面的弹出式菜单，可以浏览相应的风景图片。制作过程如下：

（1）新建一个 Authorware 程序，并以“风景名胜.a7p”为文件名保存。

（2）按照 7.6.3 节所示的方法擦除系统文件菜单，程序流程以及擦除图标的属性如图 7-102 和图 7-103 所示。

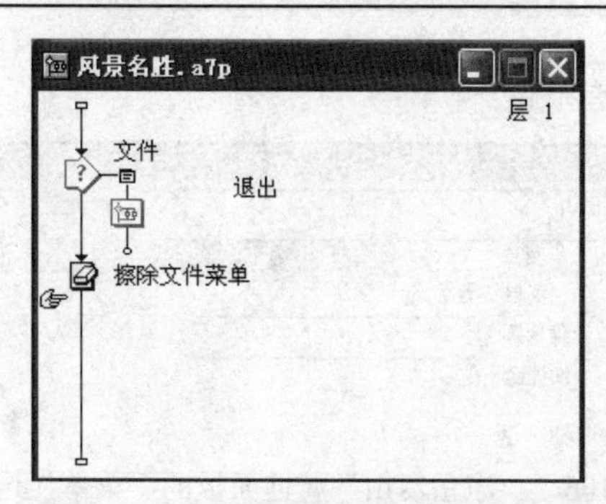

图 7-102　擦除“文件”菜单的流程

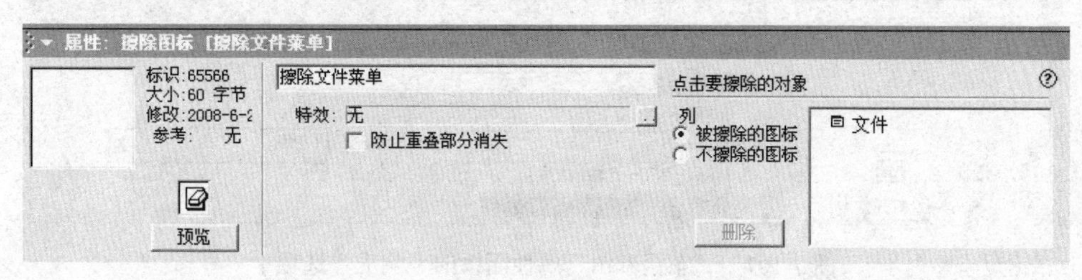

图 7-103　“擦除文件菜单”属性面板设置

（3）在流程线上添加一个交互图标，命名为“五岳”。拖动一个群组图标到此交互图标的右侧，在打开的“交互响应类型”对话框中选择“下拉菜单”，并将此响应分支命名为“东岳泰山”，如图 7-104 所示。

（4）双击“东岳泰山”群组图标，在打开的第二层设计窗口中添加一个显示图标，命名为“泰山”。双击打开该显示图标的演示窗口，导入一幅泰山的图片，如图 7-105 所示。

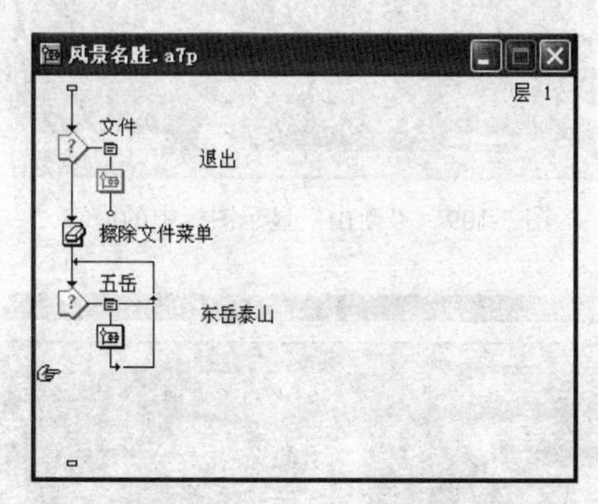

图 7-104　添加“东岳泰山”子菜单项

图 7-105　“泰山”显示图标中的内容

（5）双击“东岳泰山”响应分支上方的响应类型符号，在打开的属性面板中，将“菜单”选项卡中的“快捷键”文本框值设置为 T；将“响应”选项卡中的“范围”设置为“永久”，“分支”下拉列表框设置为“返回”，如图 7-106 和图 7-107 所示。

（6）按照同样的方法向“东岳”交互结构中继续添加 4 个群组图标，作为此交互结构的 4 个响应分支，并分别命名为“西岳华山”、“南岳衡山”、“北岳恒山”和“中岳嵩山”。向 4 个群组图标中分别添加显示图标，命名为“华山”、“衡山”、“恒山”和“嵩山”，并导入如图

7-108 至图 7-111 所示的图片。

属性：交互图标［东岳泰山］
东岳泰山
类型：下拉菜单
菜单　响应
菜单：五岳
菜单条：
快捷键：T
打开

图 7-106　“东岳泰山”属性面板的“菜单”选项卡

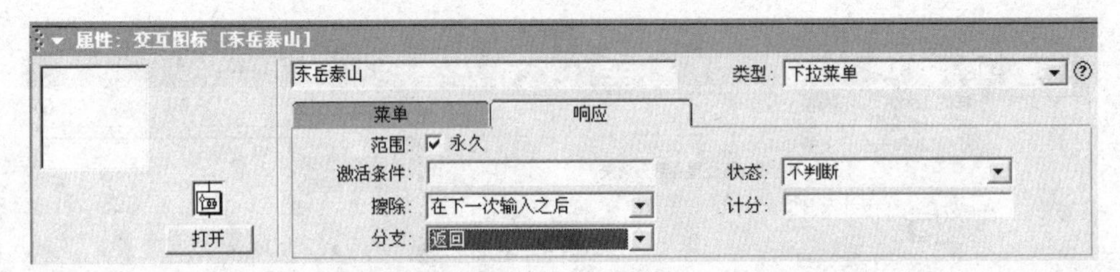

图 7-107　“东岳泰山”属性面板的“响应”选项卡

图 7-108　“华山”显示图标中的内容

图 7-109　“衡山”显示图标中的内容

图 7-110　“恒山”显示图标中的内容

图 7-111　“嵩山”显示图标中的内容

（7）设置后添加的 4 个响应分支的属性与“东岳泰山”响应分支的属性相同，此时设计窗口中的程序流程如图 7-112 所示。

（8）拖动一个群组图标到“五岳”交互图标右侧的第一个分支和第二个分支之间，并命名为“分隔线”，如图 7-113 所示。双击该响应分支的响应类型符号，在打开的属性面板中设置“菜单”选项卡中“菜单条”文本框中的值为“"-"”，如图 7-114 所示。

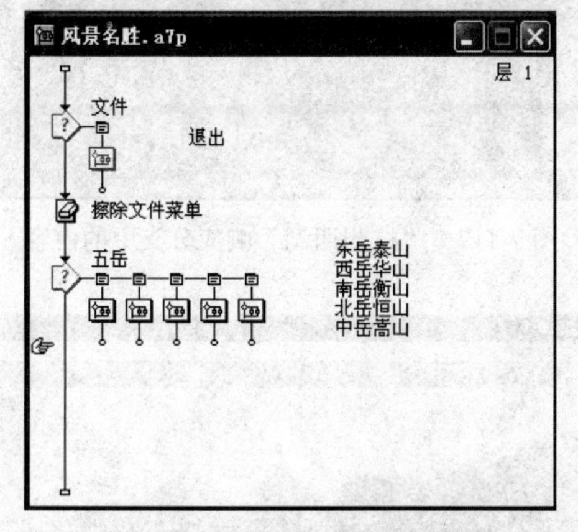

图 7-112　“五岳”交互结构

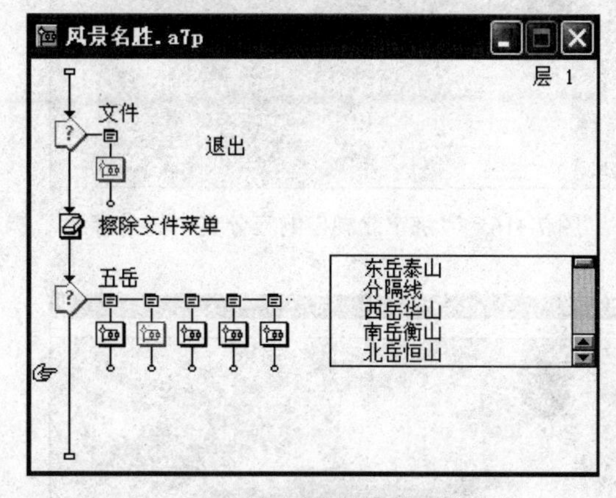

图 7-113　添加了分隔线的程序流程

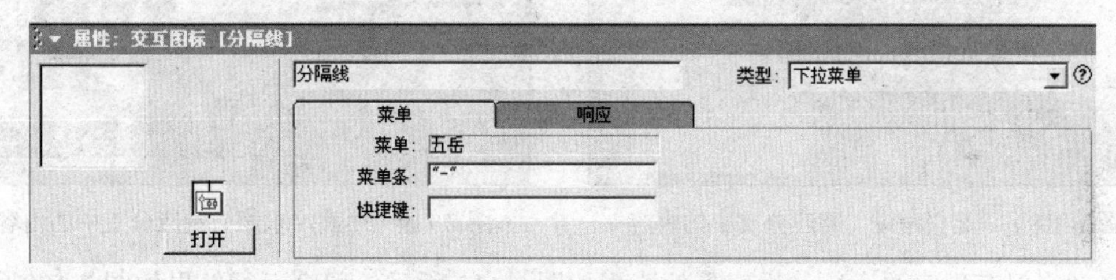

图 7-114　“分隔线”响应分支属性设置

（9）在“五岳”交互结构下方再添加一个交互图标，命名为“四大名湖”。在此交互图标右侧添加 4 个响应分支，其他设置和“五岳”交互结构相似，程序流程如图 7-115 所示。4 个响应分支中的内容如图 7-116 至图 7-119 所示。

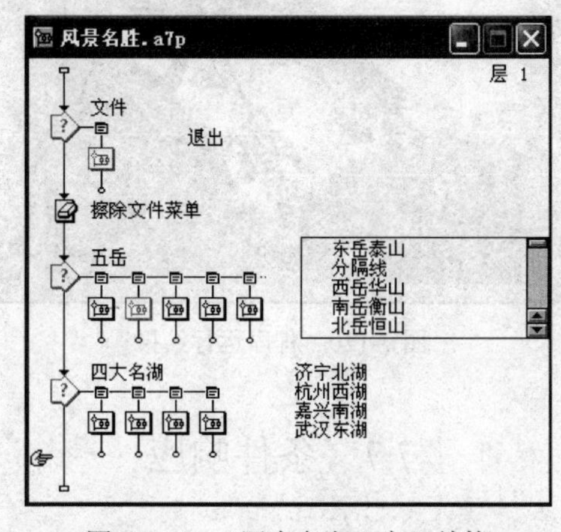

图 7-115　“四大名湖”交互结构

图 7-116 “济宁北湖”响应分支中的内容

图 7-117 “杭州西湖”响应分支中的内容

图 7-118 “嘉兴南湖”响应分支中的内容

图 7-119 “武汉东湖”响应分支中的内容

（10）保存程序并运行。程序最后流程如图 7-115 所示，程序运行结果如图 7-120 所示。

图 7-120 程序运行结果

7.7 条件响应

条件响应类型是根据判断所设置的条件是否满足从而决定是否激活对应的响应分支，不需要用户直接去操作。当程序检测到当前响应分支的条件表达式为真时，程序进入该交互响应分支；否则不执行该响应分支。条件响应对应的响应类型符号为 = 。

7.7.1　条件响应的建立

创建一个简单的条件响应类型交互结构的步骤如下：

（1）新建 Authorware 文件，拖动一个交互图标到程序流程线上。

（2）拖动一个群组图标到交互图标的右侧，在弹出的“交互类型”对话框中选择“条件”类型，单击“确定”按钮关闭此对话框，第一个交互响应分支创建好了。

（3）双击群组图标，在里面添加相应的图标并进行属性的设置。

（4）单击交互流程线上的响应类型符号 = ，在打开的属性面板中对当前交互响应分支进行属性的设置，在“条件”文本框中输入变量或表达式，将“自动”下拉列表框设置为相应的选项。

（5）重复步骤 2 至步骤 4，可以继续添加其他的交互响应分支。

（6）保存程序并运行查看结果。

7.7.2　设置条件响应属性

单击交互流程线上的响应类型符号 = ，打开属性面板，如图 7-121 所示。

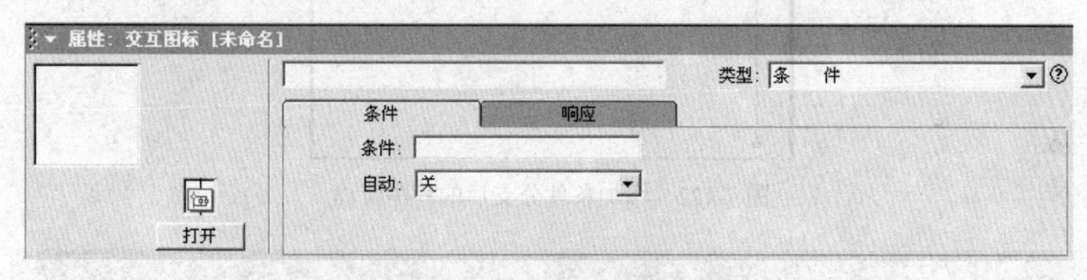

图 7-121　“条件”响应方式的属性面板

“条件”选项卡中的各选项及其功能如下：

（1）“条件”文本框：用于输入响应条件，可以是一个逻辑型变量或者一个条件表达式。输入的条件直接作为该分支的名称。该文本框中输入的内容必须遵循以下规则：

- 数值 0 被作为 False 处理，而任意非 0 的数值都被作为 True 处理。
- 字符串 True、T、YES 和 ON 都被当作 True 处理，而任意其他字符串都被作为 False 处理。
- 字符“&”代表逻辑符号 AND，表示并且的意思；字符“|”代表逻辑符号 OR，表示或者的意思。

（2）“自动”下拉列表框：用于设置条件的匹配方式，共包括以下 3 个选项：

- 关：选择该选项，程序会等到用户做出响应动作时才判断条件是否满足。
- 为真：选择该选项，则程序在整个交互过程中会一直监测该响应条件的变化，当条件满足时就会激活对应的响应分支。
- 当由假为真：选择该选项，则程序在整个交互过程中会一直监测该响应条件的变化，当条件由假变为真时激活当前响应分支。

7.7.3 条件响应实例

例 7.6 打开 7.5.3 节中的“对号入座.a7p”，在此文件的交互结构中添加一个条件响应分支，实现的功能是，当运行程序时，如果所有的目标区响应都能正确匹配，则程序退出交互结构。制作过程如下：

（1）启动 Authorware 程序，选择“文件”→“打开”命令，打开文件“对号入座.a7p”，并以“条件响应.a7p”为文件名另存。

（2）添加群组图标到“对号入座”交互图标的“所有错误位置”响应分支的右侧。双击该响应分支上方的响应类型符号，在打开的属性面板中，将“类型”下拉列表框设置为“条件”，设置“条件”选项卡中的“条件”文本框值为 AllCorrectMatched，“自动”下拉列表框为“为真”；设置“响应”选项卡中“分支”下拉列表框为“退出交互”，程序流程及属性设置如图 7-122 至图 7-124 所示。

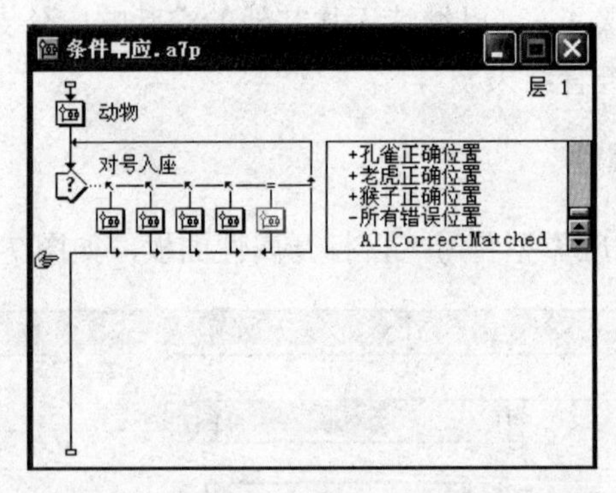

图 7-122 添加条件分支后的程序流程

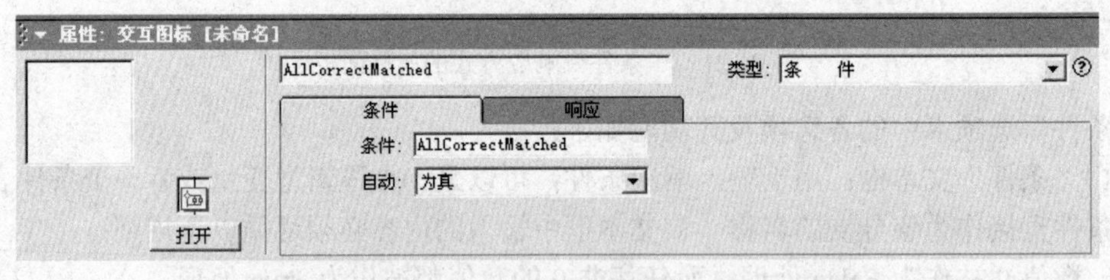

图 7-123 “条件”选项卡的“条件”文本框设置

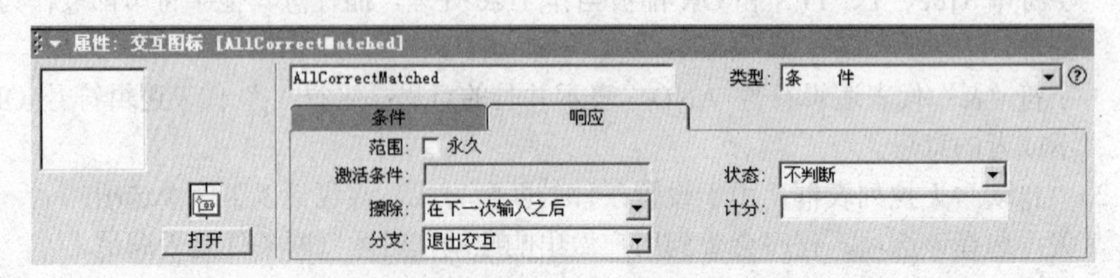

图 7-124 “响应”选项卡的“分支”下拉列表框设置

（3）拖动一个显示图标到“对号入座”显示图标的下方，命名为“谢谢参与”。双击该显示图标，在打开的演示窗口中创建文本“恭喜您全部回答正确，谢谢您的参与!”，如图 7-125 所示。

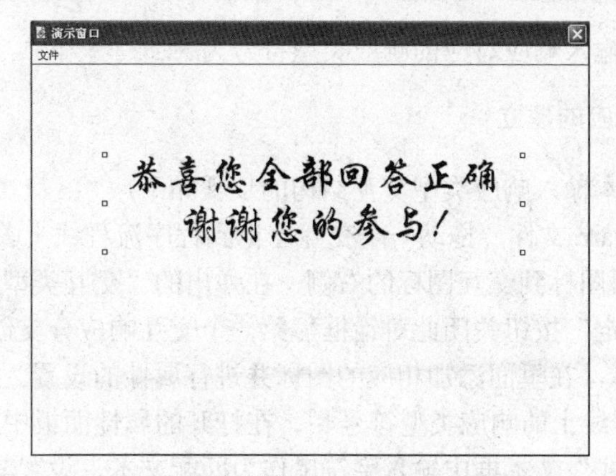

图 7-125　“谢谢参与”显示图标中的内容

（4）保存程序并运行。程序最后的流程和条件分支的执行结果如图 7-126 和图 7-127 所示。

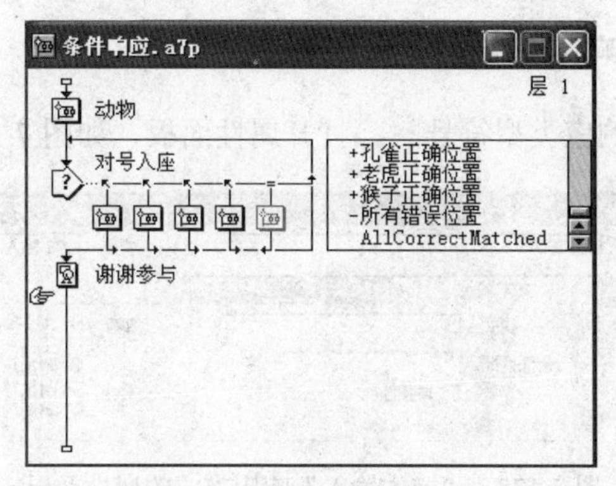

图 7-126　程序最后的流程

图 7-127　条件分支的执行结果

7.8　文本输入响应

文本输入响应是多媒体程序中常用的一种交互响应方式。当程序遇到文本交互时，在屏幕上显示一个文本输入框，如果用户在该文本输入框中输入的内容与预设的内容一致时，激活相应的响应分支。文本输入响应对应的响应类型符号为▸…。

7.8.1 文本输入响应的建立

创建一个简单的文本输入响应类型交互结构的步骤如下：

（1）新建 Authorware 文件，拖动一个交互图标到程序流程线上。

（2）拖动一个群组图标到交互图标的右侧，在弹出的“交互类型”对话框中选择“文本输入”类型，单击“确定”按钮关闭此对话框，第一个交互响应分支创建好了。

（3）双击群组图标，在里面添加相应的图标并进行属性的设置。

（4）单击交互流程线上的响应类型符号▸…，在打开的属性面板中对当前交互响应分支进行属性的设置，在“模式”文本框中输入字符串作为匹配文本，设置其他属性。

（5）重复步骤 2 至步骤 4，可以继续添加其他的交互响应分支。

（6）保存程序并运行查看结果。

7.8.2 设置文本输入响应属性

单击交互流程线上的响应类型符号▸…，打开属性面板，如图 7-128 所示。

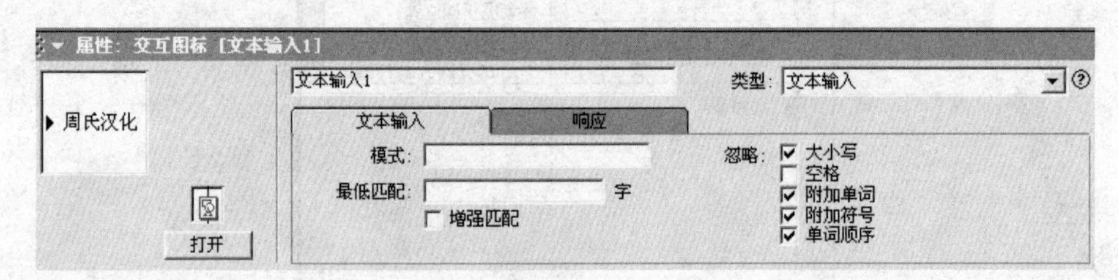

图 7-128 “文本输入”响应方式的属性面板

“文本输入”选项卡中的各选项及其功能如下：

（1）“模式”文本框：用于输入能够匹配该文本输入响应分支的内容。输入的内容可以是单词或句子，但是输入的字符两边要加英文的引号，否则系统默认将其识别为变量。输入文本时应注意以下问题：

- 可以使用通配符“*”和“？”，其中“*”代表任意长度的任意字符，“？”代表任意一个字符。例如，在模式文本框中输入“"a*c"”，则程序运行时，在文本框中输入 abc、ac、abdc 等都可以激活该响应分支。
- 可以使用逻辑或符号“|”，表示使用“|”左右的字符都可以匹配该响应分支。例如，在模式文本框中输入“"ab|cd"”，则程序运行时，在文本框中输入 ab 或 cd 都可以激活该响应分支。
- 可以使用“#”指定要激活该响应分支需要输入字符的次数。例如，在模式文本框中输入“"#3a"”，则程序运行时，在文本框中输入 3 次 a 才能激活该响应分支。

（2）“最低匹配”文本框：用于设置用户最少应该输入的匹配的单词个数，默认表示必须全部匹配。例如在“模式”文本框中输入“"this is my program"”，在“最低匹配”文本框中输入 2，则程序运行时，在文本框中输入 this is 就能激活该响应分支。

（3）“增强匹配”复选框：如果“模式”文本框中包含了一个以上的单词，且选中该复选框后，用户输入文本时可以得到多次重试的机会。例如，“模式”文本框中的内容为“this is”，则用户在运行程序时可以先输入“this”，如果此响应未匹配，则再输入“is”可以匹配该响应。

（4）“忽略”选项区：用于设置当用户输入文本时可以忽略哪些因素即可匹配。

- “大小写”复选框：选中该复选框，在进行匹配时不区分用户输入的文本的大小写字母。
- “空格”复选框：选中该复选框，在进行匹配时忽略用户输入的文本中的空格。
- “附加单词”复选框：选中该复选框，在进行匹配时忽略用户输入的多余的单词。
- “附加符号”复选框：选中该复选框，在进行匹配时忽略用户输入的多余的标点。
- “单词顺序”复选框：选中该复选框，在进行匹配时忽略用户输入的单词的顺序。

7.8.3 设置文本输入框属性

创建了文本输入交互响应之后，运行程序时，在演示窗口中会显示一个黑色的小三角和一个闪烁的光标，闪烁的光标处就是文本输入框，用户可以对该文本输入框进行属性的设置。

在交互图标的属性面板中单击“文本区域”按钮，或者演示窗口处于编辑状态时双击演示窗口中的文本输入框，都可以打开“属性：交互作用文本字段”对话框。

1. “版面布局”选项卡

“版面布局”选项卡如图 7-129 所示。

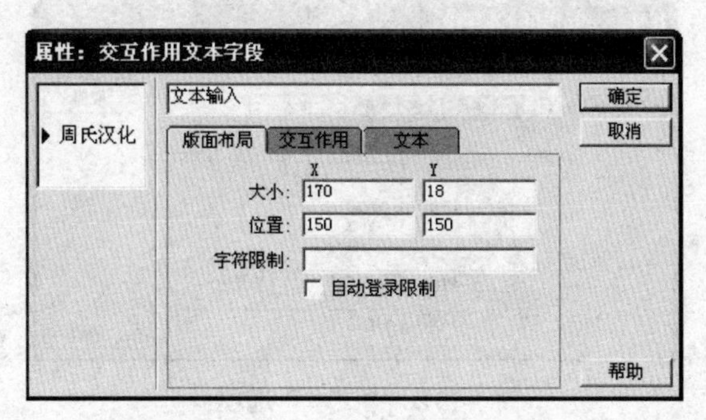

图 7-129　“版面布局”选项卡

（1）“大小”文本框：用于精确设置文本输入框的大小。可以在演示窗口中直接拖动文本输入框的控制点调整其大小。

（2）“位置”文本框：用于精确设置文本输入框的位置。可以在演示窗口中直接拖动文本输入框来确定其位置。

（3）“字符限制”文本框：用于设置用户最多可以在文本框中输入的字符数。如果用户输入的字符超过这个数，那么多余的字符将被忽略。

（4）“自动登录显示”复选框：选中该复选框，当用户输入的字符数达到限制时，自动结束用户的输入。

2. “交互作用”选项卡

“交互作用”选项卡如图 7-130 所示。

（1）“作用键”文本框：用于定义文本输入结束时使用的确认键，默认为回车键。

（2）“选项”选项区：该选项区包含以下 3 个复选框：

- “输入标记”复选框：选中该复选框，则文本输入框左侧显示一个黑色的三角形作为文本输入框的起始标记。

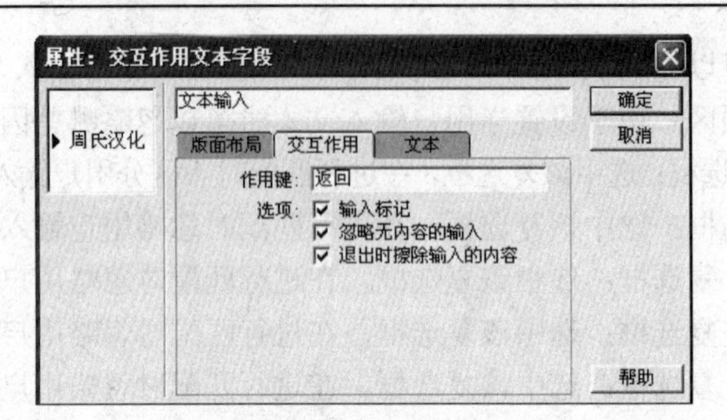

图 7-130　“交互作用”选项卡

- “忽略无内容的输入”复选框：选中该复选框，不允许用户不输入任何内容而直接按确认键。
- “退出时擦除输入的内容”复选框：选中该复选框，则输入的文本在退出交互结构时被擦除，否则将一直保留在演示窗口中，直到使用擦除图标擦除。

3. “文本”选项卡

“文本”选项卡如图 7-131 所示。

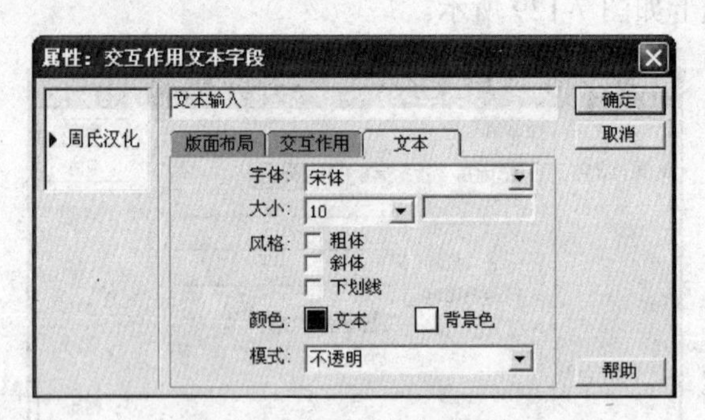

图 7-131　“文本”选项卡

在该选项卡中可以定义文本输入框中输入的文本的字体、大小、风格、颜色、模式等属性。

7.8.4　文本输入响应实例

例 7.7　新建一个文本输入交互响应的程序，该程序实现的功能是当运行程序时，演示窗口中显示欢迎界面和文本输入框，如果用户在文本输入框中输入正确的用户名，则进入系统；否则弹出错误提示信息。制作过程如下：

（1）新建一个 Authorware 程序，并以“登录界面.a7p”为文件名保存。

（2）选择“修改”→“文件”→“属性”命令，在打开的文件属性面板中设置演示窗口的背景颜色为淡黄色。

（3）拖拽一个交互图标到设计窗口的流程线上，命名为“用户名验证”。双击该交互图标，在打开的演示窗口中创建如图 7-132 所示的文本和图片。

（4）拖动一个群组图标到交互图标的右侧，在打开的“交互类型”对话框中选择“文本输入”响应类型，将该群组图标重命名为“正确的用户名”，如图 7-133 所示。

（5）向“正确的用户名”响应分支右侧再添加一个群组图标，命名为“错误的用户名”，该响应分支默认为与前一个响应分支的类型相同，即文本输入响应类型。

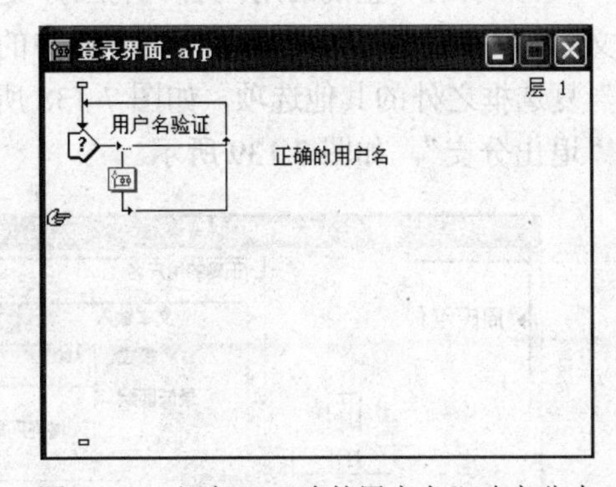

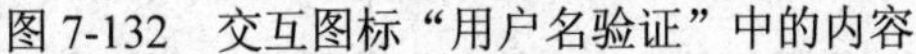

图 7-132　交互图标“用户名验证”中的内容　　图 7-133　添加“正确的用户名”响应分支

（6）双击“错误的用户名”群组图标，在打开的第二层设计窗口中添加如图 7-134 所示的 3 个图标。“出错提示”显示图标中的内容如图 7-135 所示；“单击解除等待”等待图标的属性面板如图 7-136 所示；“擦除出错提示”擦除图标的属性面板如图 7-137 所示。

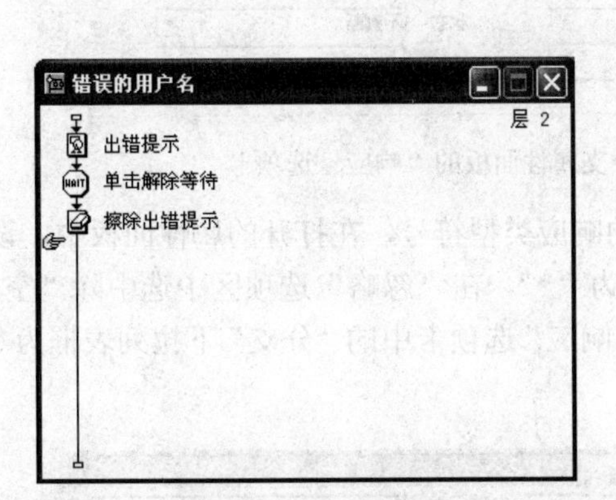

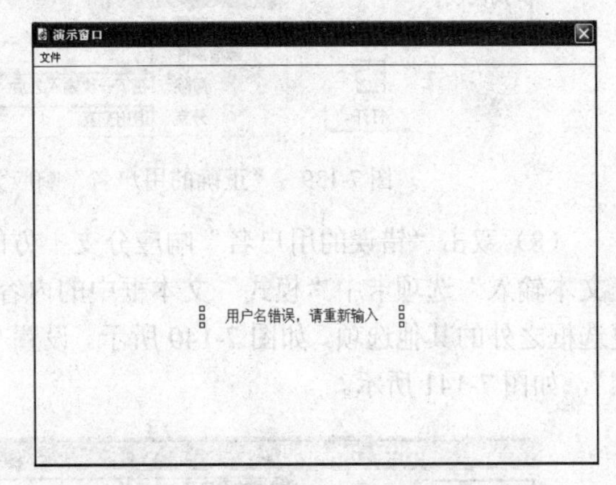

图 7-134　“错误的用户名”群组图标中的内容　　图 7-135　“出错提示”显示图标中的内容

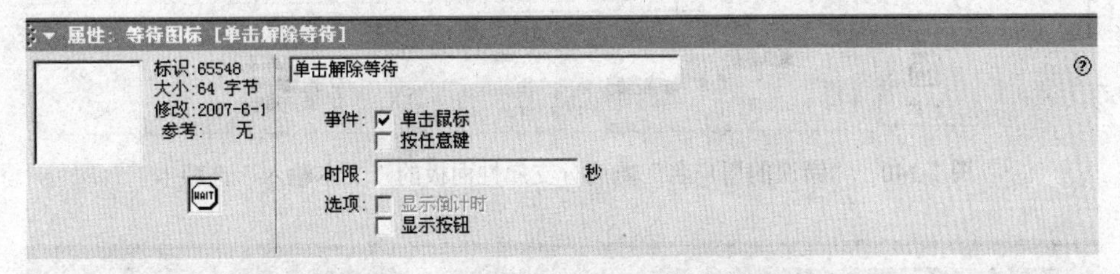

图 7-136　“单击解除等待”等待图标的属性面板

图 7-137　“擦除出错提示”擦除图标的属性面板

（7）双击“正确的用户名”响应分支上方的响应类型符号，在打开的属性面板中，设置“文本输入”选项卡中“模式”文本框中的内容为“"ABC"”，在“忽略”选项区中选中除“空格”复选框之外的其他选项，如图 7-138 所示。设置“响应”选项卡中的“分支”下拉列表框为“退出分支”，如图 7-139 所示。

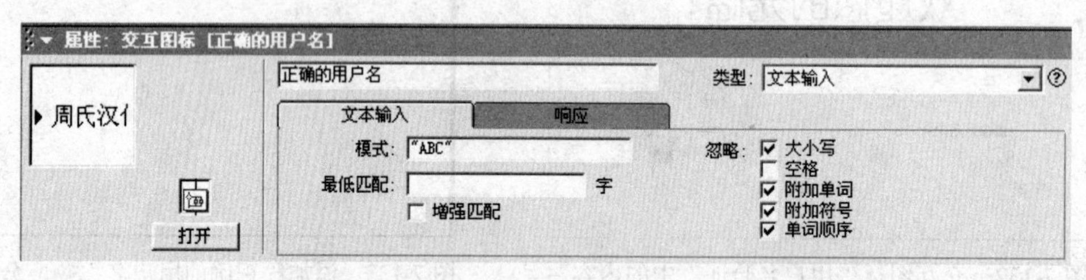

图 7-138　“正确的用户名”响应分支属性面板的“文本输入”选项卡

图 7-139　“正确的用户名”响应分支属性面板的“响应”选项卡

（8）双击“错误的用户名”响应分支上方的响应类型符号，在打开的属性面板中，设置“文本输入”选项卡中“模式”文本框中的内容为“*”，在“忽略”选项区中选中除“空格”复选框之外的其他选项，如图 7-140 所示。设置“响应”选项卡中的“分支”下拉列表框为“重试”，如图 7-141 所示。

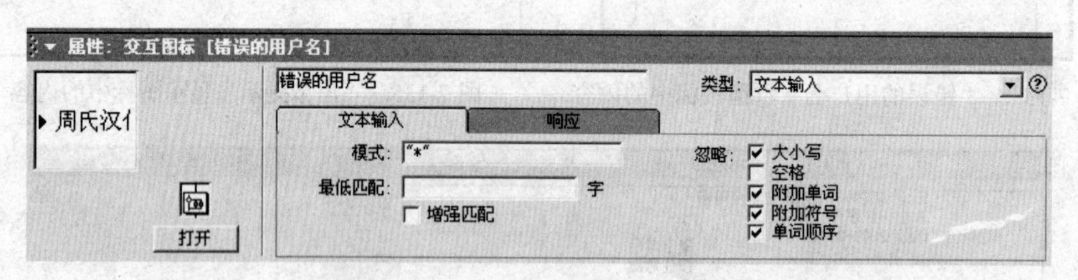

图 7-140　“错误的用户名”响应分支属性面板的“文本输入”选项卡

图 7-141　“错误的用户名”响应分支属性面板的“响应”选项卡

（9）在用户名验证交互图标的下方添加一个显示图标，命名为“登录成功”，双击该显示图标，在打开的演示窗口中输入文本“恭喜你，登录成功！”，并导入如图 7-142 所示的图片。

图 7-142　“登录成功”显示图标中的内容

（10）保存程序并运行。设计窗口中程序的最后流程以及运行结果如图 7-143 和图 7-144 所示。

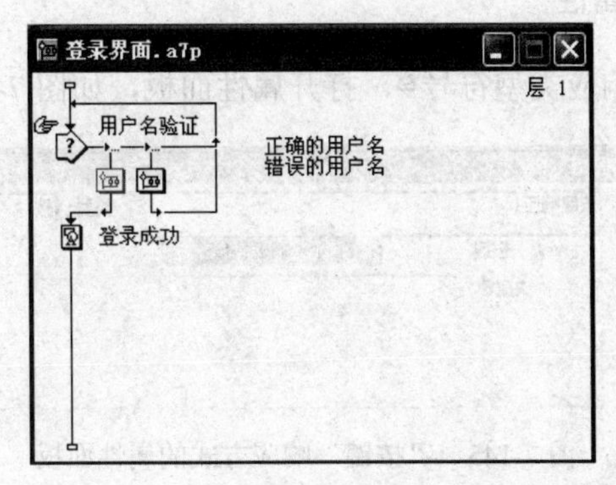

图 7-143　设计窗口中程序的最后流程

图 7-144　程序运行结果

7.9　按键响应

按键响应指的是用户通过使用键盘与程序进行交互。常用的按键有上下左右方向键、字母键或功能键等。按键响应对应的响应类型符号为。

7.9.1 按键响应的建立

创建一个简单的按键响应类型交互结构的步骤如下：

（1）新建 Authorware 文件，拖动一个交互图标到程序流程线上。

（2）拖动一个群组图标到交互图标的右侧，在弹出的“交互类型”对话框中选择“按键”类型，单击“确定”按钮关闭此对话框，第一个交互响应分支创建好了。

（3）双击群组图标，在里面添加相应的图标并进行属性的设置。

（4）单击交互流程线上的响应类型符号，在打开的属性面板中对当前交互响应分支进行属性的设置，在“快捷键”文本框中输入要使用的按键的名称。

（5）重复步骤 2 至步骤 4，可以继续添加其他的交互响应分支。

（6）保存程序并运行查看结果。

7.9.2 设置按键响应属性

单击交互流程线上的响应类型符号，打开属性面板，如图 7-145 所示。

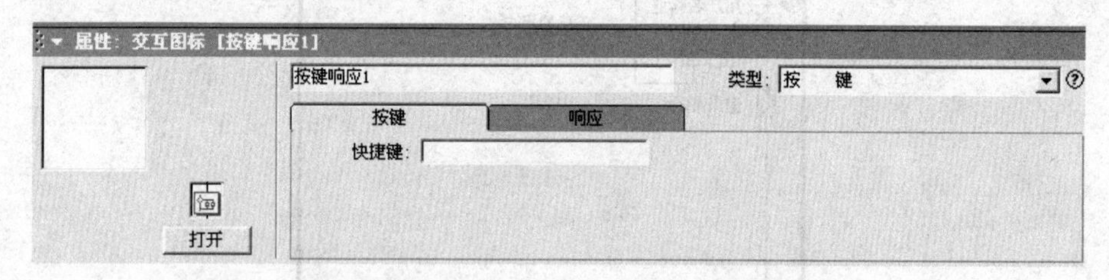

图 7-145 “按键”响应方式的属性面板

“按键”选项卡中的各选项及其功能如下：

“快捷键”文本框：用于输入能够匹配该响应的按键或组合键名称。设置按键响应时应注意以下问题：

- 在该文本框中设置按键时必须使用引号。例如在文本框中输入“"A"”，代表程序运行时按键盘上的 A 键激活响应分支。
- 在该文本框中输入按键名称时要严格区分大小写字母。例如在文本框中输入“"A"”，代表程序运行时，先将输入法设置为大写状态，再按键盘上的 A 键激活响应分支。
- 如果使用多个按键作为匹配键，在文本框中输入的各按键名称之间应加“or”或“|”进行分隔。例如在该文本框中输入“"A|b"”，代表运行程序时，按大写字母 A 键和小写字母 b 键都能激活响应分支。
- 在该文本框中输入“"?"”，代表任意键都可以匹配该响应分支。如果要使用“?”作为按键，则需要在该文本输入框中输入“"\?"”。
- 如果要将功能键作为响应的匹配键，则先在该文本框中输入功能键的名称，然后再输入相应的字母。例如要使用 Ctrl+A 作为匹配键，则可以在该文本框中输入“"CtrlA"”。

7.9.3 按键响应实例

例 7.8 新建一个按键交互响应的程序，该程序实现的功能是当运行程序时，演示窗口中显示提示文本和 4 个方向箭头，当用户按下键盘上的方向键时，对应的箭头高亮度显示，当用户按下 Esc 键时，退出程序的运行。制作过程如下：

（1）新建一个 Authorware 程序，并以“使用方向键.a7p”为文件名保存。

（2）选择“修改”→“文件”→“属性”命令，在打开的文件属性面板中设置演示窗口的背景颜色为淡绿色，将“回放”选项卡中的“大小”下拉列表框设置为“根据变量”，如图 7-146 所示。

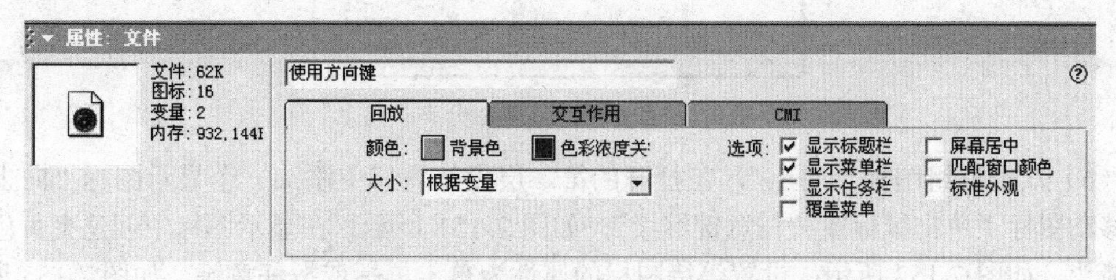

图 7-146　演示窗口背景颜色和“大小”下拉列表框设置

（3）拖动一个计算图标到程序流程线上，命名为“重置窗口”。双击该计算图标，在打开的计算图标编辑窗口中输入函数 ResizeWindow(600,400)，如图 7-147 所示，关闭计算图标编辑窗口并保存。

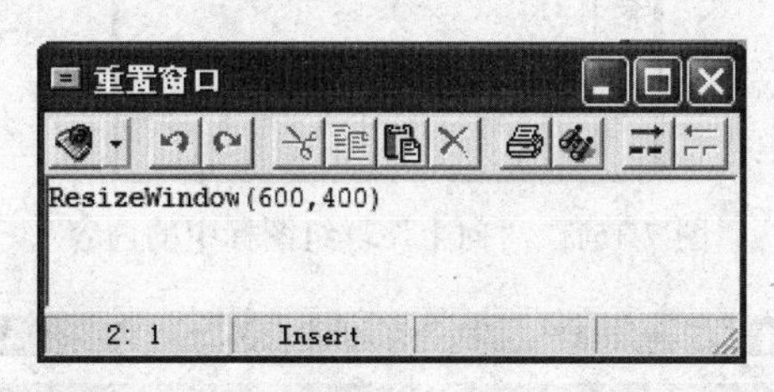

图 7-147　“重置窗口”计算图标中的内容

（4）拖动一个交互图标到设计窗口的流程线上，命名为“按键交互”。双击该交互图标，在打开的演示窗口中创建文本“请按方向键选择，按 Esc 键退出！”，并使用如图 7-148 所示的线型面板创建 4 个箭头，如图 7-149 所示，线条颜色为粉色。

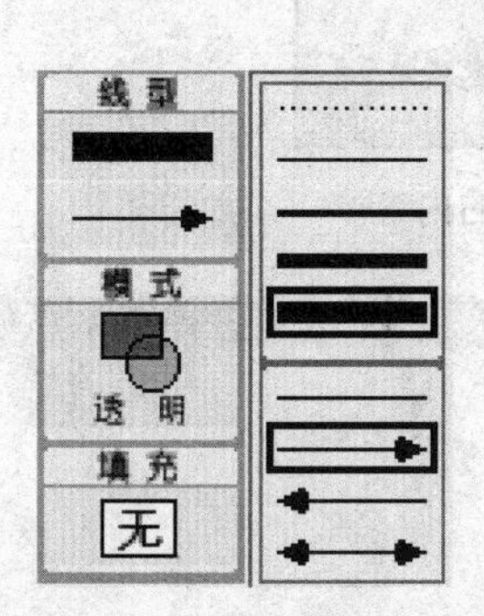

图 7-148　绘制箭头使用的线型面板工具

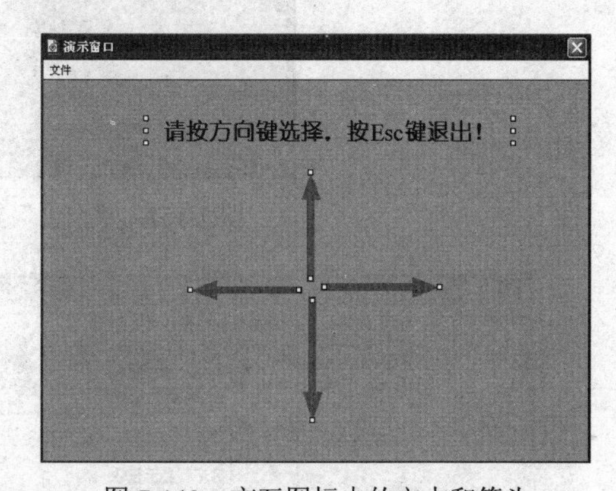

图 7-149　交互图标中的文本和箭头

（5）拖动一个群组图标到交互图标的右侧，在打开的“交互类型”对话框中选择“按键”响应类型，将该群组图标重命名为“向上”，如图 7-150 所示。

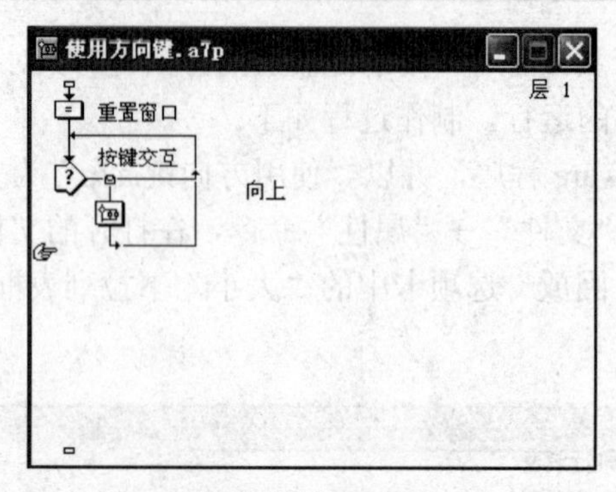

图 7-150　添加按键交互响应分支“向上”

（6）双击群组图标“向上”，在打开的第二层设计窗口中添加一个显示图标“向上”和一个移动图标“单击鼠标或按任意键继续”，如图 7-151 所示。在显示图标中创建亮黄色的向上的箭头，如图 7-152 所示；设置等待图标的属性为单击鼠标或按任意键，如图 7-153 所示。

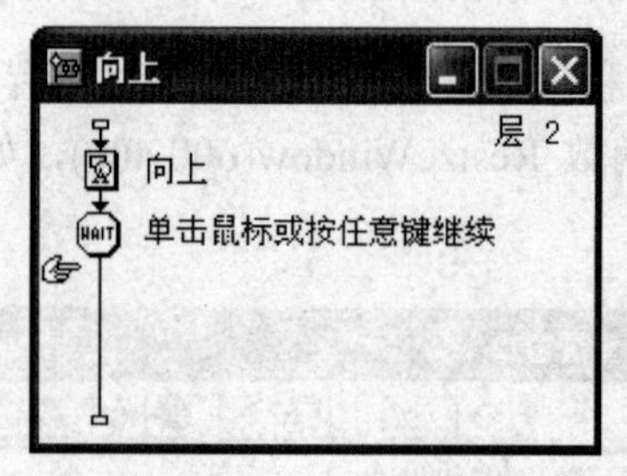

图 7-151　“向上”群组图标中的内容

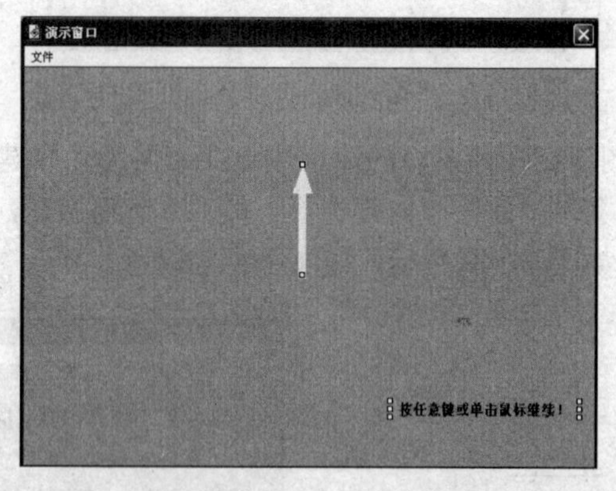

图 7-152　“向上”显示图标中的内容

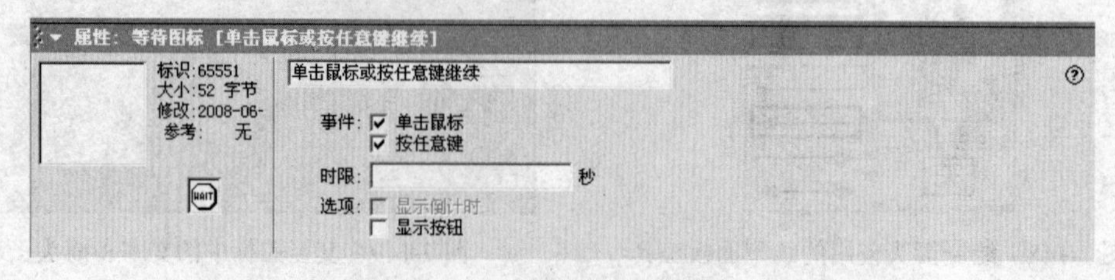

图 7-153　等待图标属性设置

（7）双击“向上”交互响应分支的响应类型符号，打开如图 7-154 所示的属性面板，在“按键”选项卡的“快捷键”文本框中输入“Uparrow”。

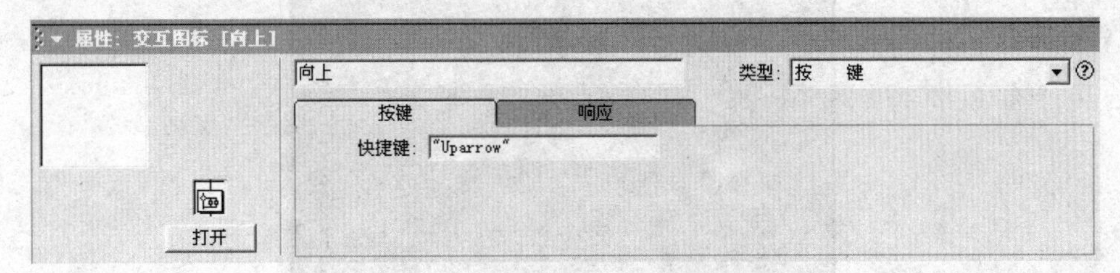

图 7-154　设置“向上”响应分支的按键

（8）用同样的方法向交互图标右侧继续添加群组图标“向下”、“向左”和“向右”，如图 7-155 所示。各群组图标中的内容如图 7-156 至图 7-158 所示，各群组图标中显示图标中的内容如图 7-159 至图 7-161 所示。

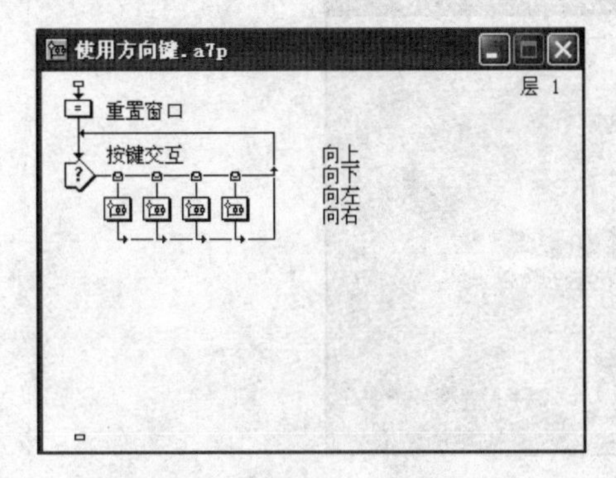

图 7-155　继续添加 3 个响应分支

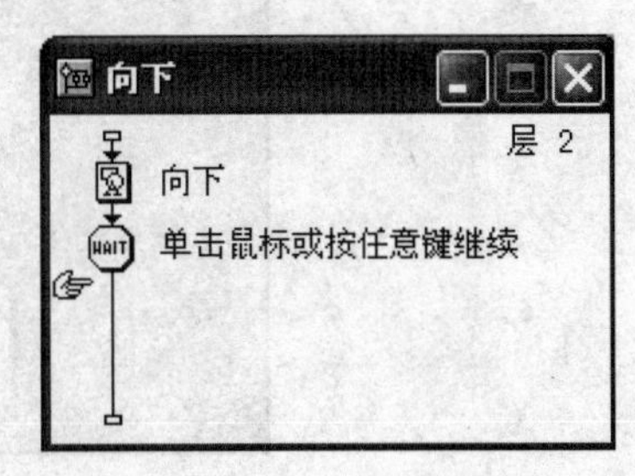

图 7-156　“向下”群组图标中的内容

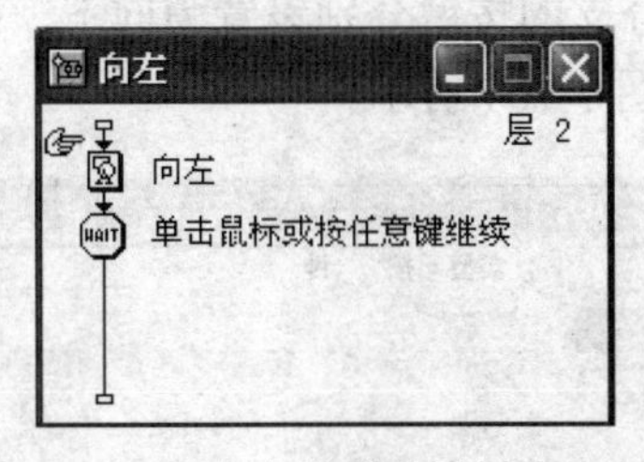

图 7-157　“向左”群组图标中的内容

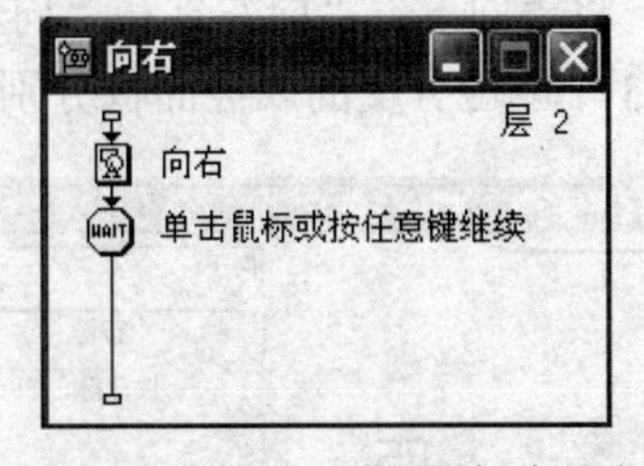

图 7-158　“向右”群组图标中的内容

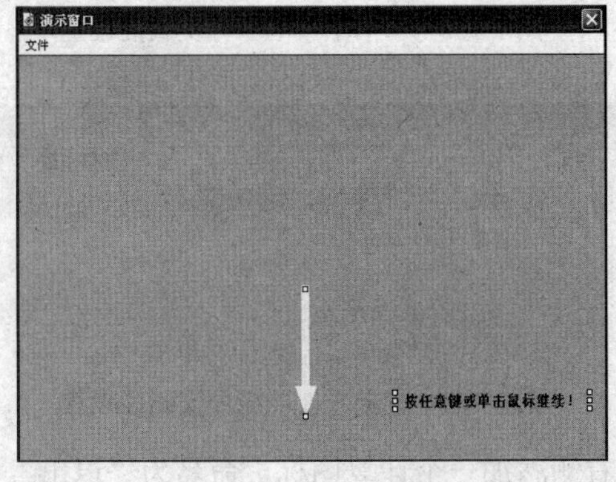

图 7-159　“向下”显示图标中的内容

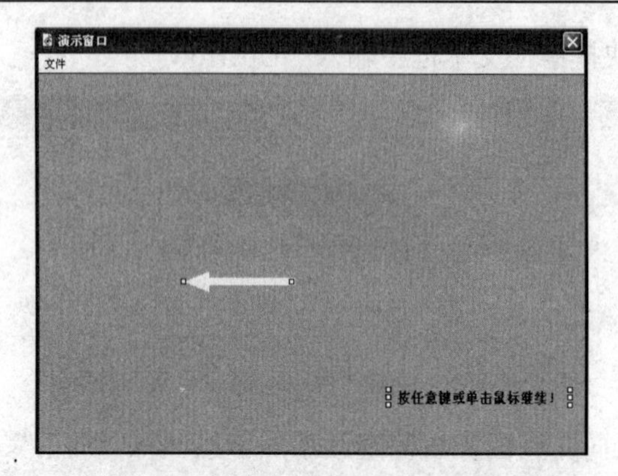

图 7-160　“向左”显示图标中的内容

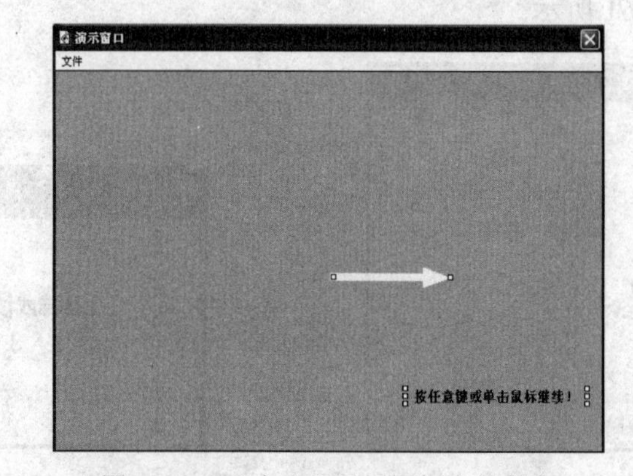

图 7-161　“向右”显示图标中的内容

（9）将“向下”、“向左”和“向右”3 个响应分支的按键分别设置为向下、向左和向右方向键，3 个响应分支的属性面板分别如图 7-162 至图 7-164 所示。

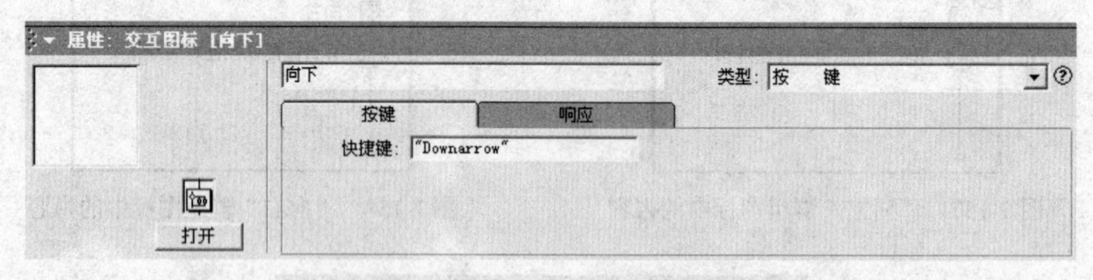

图 7-162　“向下”响应分支属性设置

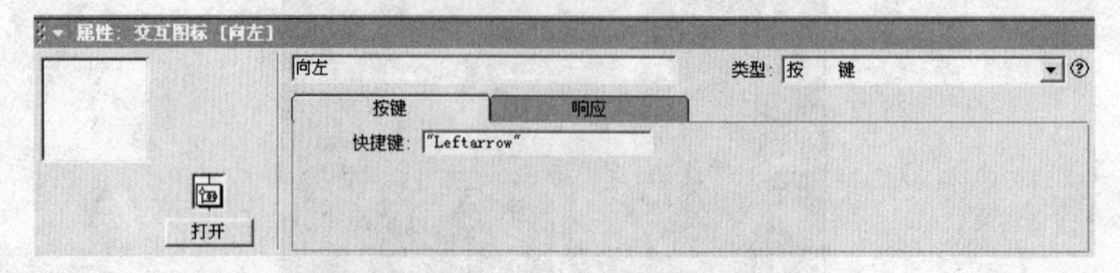

图 7-163　“向左”响应分支属性设置

（10）向交互图标最右侧添加一个计算图标，命名为“退出”。双击该计算图标，在打开的计算图标编辑窗口中输入函数 Quit()，如图 7-165 所示。

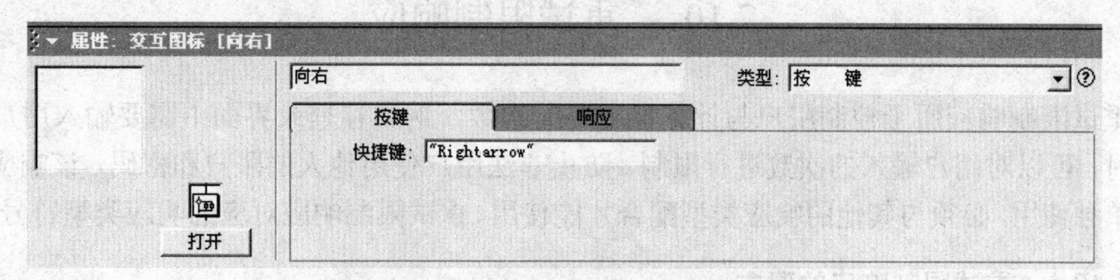

图 7-164　“向右”响应分支属性设置

图 7-165　“退出”计算图标中的内容

（11）双击“计算”响应分支的响应类型符号，打开如图 7-166 所示的属性面板，在“按键”选项卡的“快捷键”文本框中输入“"ESC"”。

（12）保存程序并运行。设计窗口中程序的最后流程以及运行结果如图 7-166 和图 7-167 所示。

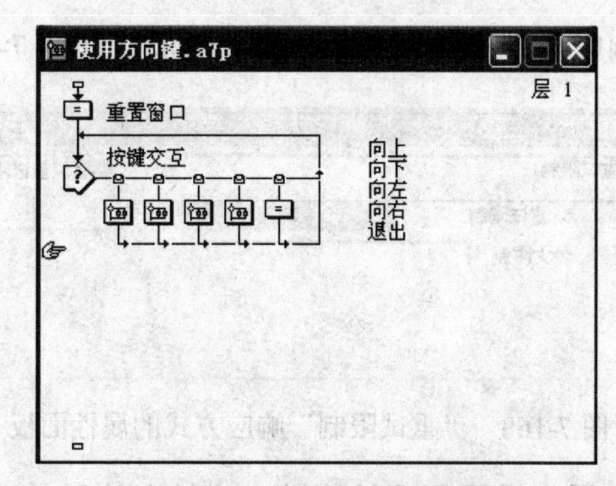

图 7-166　程序的最后流程

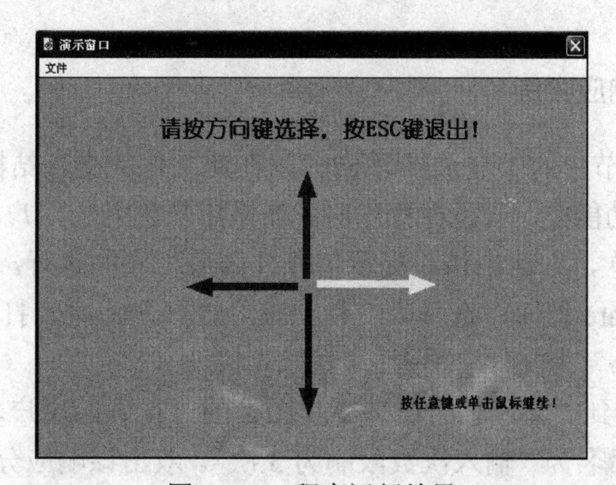

图 7-167　程序运行结果

7.10　重试限制响应

重试限制响应用于控制用户与计算机交互的次数，例如在登录界面中需要输入用户名和密码时，可以对用户输入的次数进行限制，防止非法用户使用他人的账户和密码。该响应方式不能单独使用，必须与其他的响应类型配合才能使用。重试限制响应对应的响应类型符号为#。

7.10.1　重试限制响应的建立

创建一个简单的重试限制响应类型交互结构的步骤如下：

（1）新建 Authorware 文件，拖动一个交互图标到程序流程线上。

（2）拖动一个群组图标到交互图标的右侧，在弹出的“交互类型”对话框中选择“重试限制”类型，单击“确定”按钮关闭此对话框，第一个交互响应分支创建好了。

（3）双击群组图标，在里面添加相应的图标并进行属性的设置。

（4）单击交互流程线上的响应类型符号#，在打开的属性面板中对当前交互响应分支进行属性的设置，在“最大限制”文本框中输入重试限制的次数。

（5）重复步骤 2 至步骤 4，可以继续添加其他的交互响应分支。

（6）保存程序并运行查看结果。

7.10.2　设置重试限制响应属性

单击交互流程线上的响应类型符号#，打开属性面板，如图 7-168 所示。

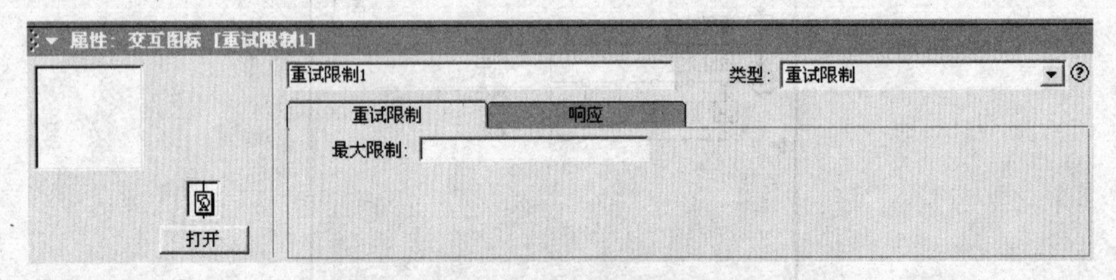

图 7-168　“重试限制”响应方式的属性面板

“最大限制”文本框：用于设置匹配的次数，当输入次数达到该限制次数后，将激活重试限制响应分支。

7.10.3　重试限制响应实例

例 7.9　打开 7.5.3 节中的“登录界面.a7p”，在此文件的交互结构中添加一个重试限制响应分支。该程序实现的功能是，当运行程序时，如果用户输入的用户名正确，则进入系统；如果输入错误的用户名 3 次，则给出错误提示信息并结束程序的运行。制作过程如下：

（1）启动 Authorware 程序，选择“文件”→“打开”命令，打开文件“登录界面.a7p”，并以“限制登录次数.a7p”为文件名另存。

（2）添加群组图标到“用户名验证”交互图标的“正确的用户名”和“错误的用户名”响应分支中间位置，并命名为“输入次数限制为 3 次”。双击该响应分支上方的响应类型符号，在打开的属性面板中，将“类型”下拉列表框设置为“重试限制”，设置“重试限制”选项卡中的“最大限制”文本框值为 3；设置“响应”选项卡中“分支”下拉列表框为“重试”，程序流程及属性设置如图 7-169 至图 7-171 所示。

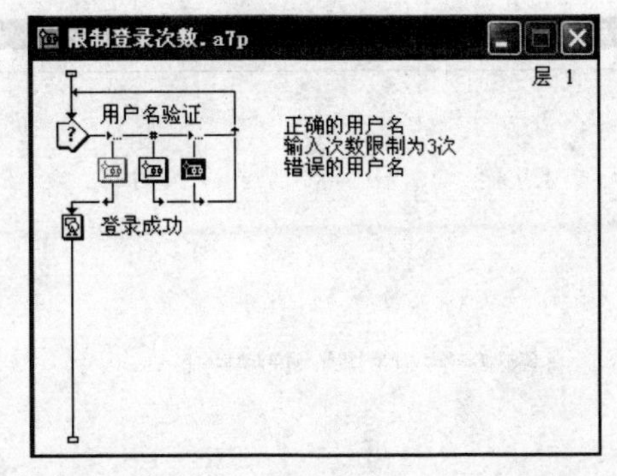

图 7-169　添加重试限制分支后的流程

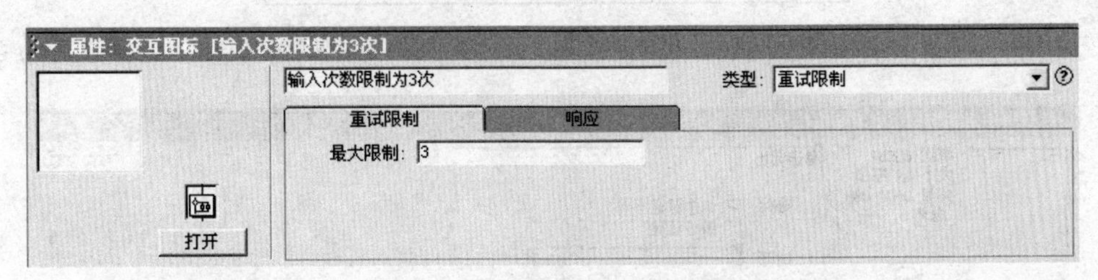

图 7-170　设置最大限制次数

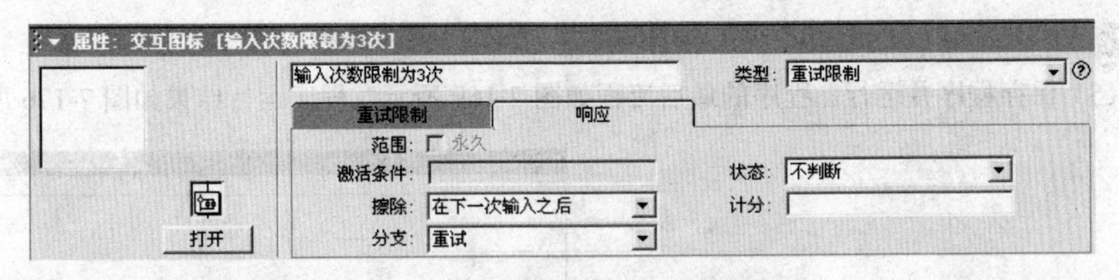

图 7-171　设置重试限制响应分支的流向

（3）双击“输入次数限制为 3 次”群组图标，在打开的第二层设计窗口中添加一个显示图标“输入次数提示”、一个等待图标“单击退出”和一个计算图标“退出”，如图 7-172 所示。

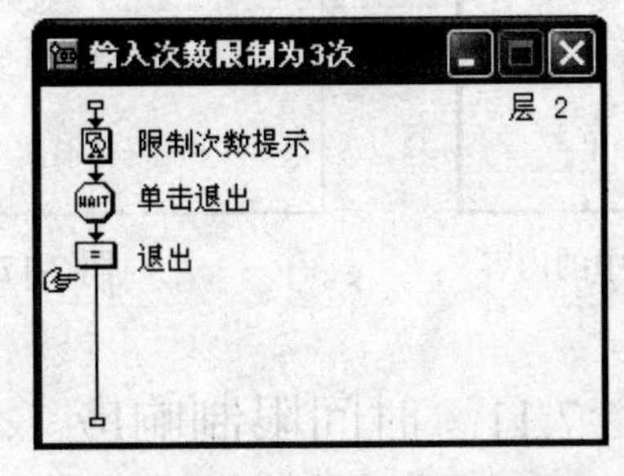

图 7-172　“输入次数限制为 3 次”群组图标中的内容

（4）双击“限制次数提示”显示图标，在打开的演示窗口中创建文本“您输入的次数已达到最大限制，请单击退出！"，如图 7-173 所示；设置的等待图标的等待方式为单击鼠标，如图 7-174 所示；双击计算图标"退出"，在打开的计算图标窗口中输入函数 Quit()，如图 7-175 所示。

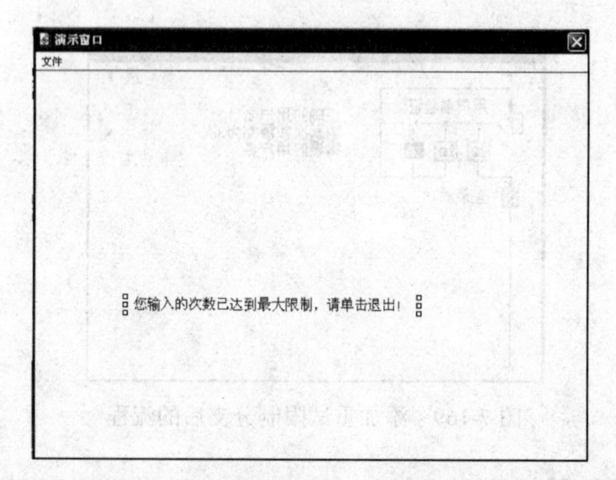

图 7-173　"限制次数提示"显示图标中的内容

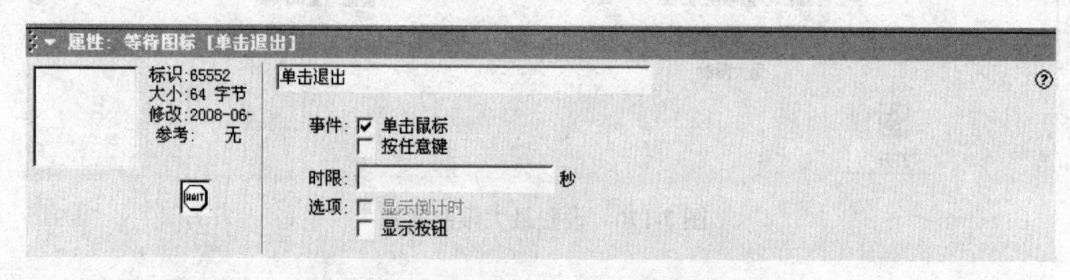

图 7-174　"单击退出"等待图标属性设置

（5）保存程序并运行。程序的最后流程如图 7-169 所示，程序运行结果如图 7-176 所示。

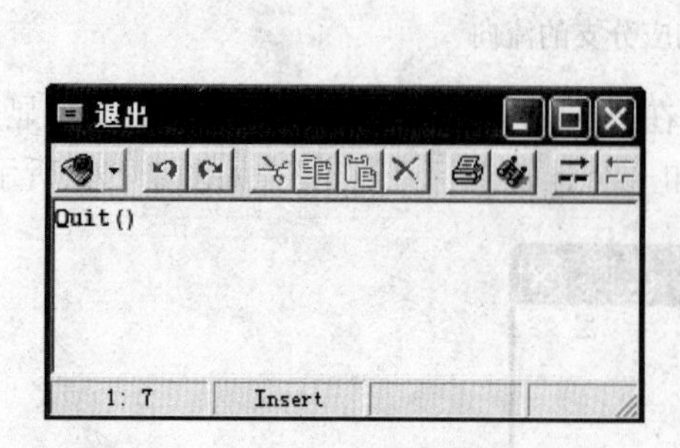

图 7-175　"退出"计算图标中的内容

图 7-176　程序运行结果

7.11　时间限制响应

时间限制响应是限制用户交互动作的时间，如果用户在指定的时间内没有做出选择，交互图标就会执行时间限制响应的分支。这种交互响应方式通常应用在教学课件的速算和抢答题中。时间限制响应对应的响应类型符号为◎。

7.11.1　时间限制响应的建立

创建一个简单的时间限制响应类型交互结构的步骤如下：

（1）新建 Authorware 文件，拖动一个交互图标到程序流程线上。

（2）拖动一个群组图标到交互图标的右侧，在弹出的“交互类型”对话框中选择“时间限制”类型，单击“确定”按钮关闭此对话框，第一个交互响应分支创建好了。

（3）双击群组图标，在里面添加相应的图标并进行属性的设置。

（4）单击交互流程线上的响应类型符号◎，在打开的属性面板中对当前交互响应分支进行属性的设置，在“时限”文本框中输入相应的时间，接着设置其他属性。

（5）重复步骤 2 至步骤 4，可以添加其他的交互响应分支。

（6）保存程序并运行查看结果。

7.11.2　设置时间限制响应属性

单击交互流程线上的响应类型符号◎，打开属性面板，如图 7-177 所示。

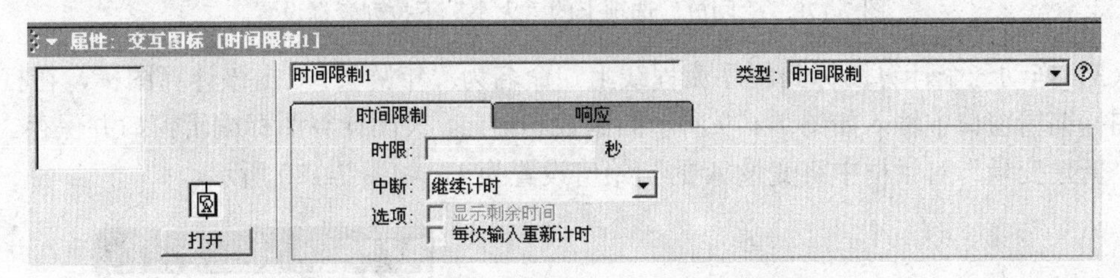

图 7-177　“时间限制”响应方式的属性面板

（1）“时限”文本框：用于输入限制的时间，以秒为单位。

（2）“中断”下拉列表框：用于定义在交互响应过程中，当用户跳转到其他操作后再返回时是否中断计时。该下拉列表框包含以下 4 个选项：

- 继续计时：选择该选项，将继续计时。
- 暂停，再返回时恢复计时：选择该选项，将中断计时，当程序跳转回来时继续在上次的基础上计时。
- 暂停，在返回时重新开始计时：选择该选项，将中断计时，当程序跳转回来时重新从 0 开始计时。
- 暂停，如运行时重新开始计时：选择该选项，将中断计时，当程序跳转回来时重新从 0 开始计时。但是如果时间已经超过了限定的时间，将不再计时。

（3）“选项”选项区：

- “显示剩余时间”复选框：选中该选项后，演示窗口中将出现一个倒计时小时钟，用于显示倒计时。
- “每次输入重新计时”复选框：选中该选项后，每激活一次正确的相应分支后都会重新开始计时。

7.11.3　时间限制响应实例

例 7.10　新建一个时间限制交互响应的程序，该程序实现的功能是当运行程序时，演示窗口中显示提示文本和一个人，用户在 30 秒钟之内可以在文本框中输入 1～60 之间的数值，用来猜测这个人的年龄，如果猜大或猜小了，都会弹出错误提示信息，用户单击鼠标或按任意键继续猜测；如果猜测正确，则提示“GOOD LUCK!您猜中了！”；如果操作超时，则提示“时间到了！”，之后退出交互结构。制作过程如下：

（1）新建一个 Authorware 程序，并以“猜年龄.a7p”为文件名保存。

（2）选择“修改”→“文件”→“属性”命令，在打开的文件属性面板中，将“回放”选项卡中的“大小”下拉列表框设置为“根据变量”，如图 7-178 所示。

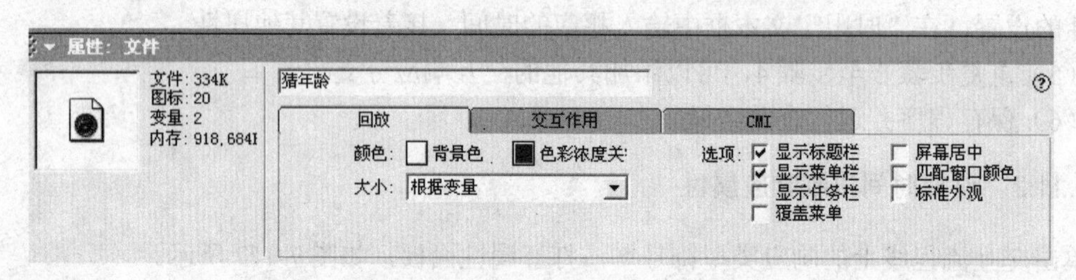

图 7-178　“回放”选项卡的“大小”下拉列表框设置

（3）拖动一个计算图标到程序流程线上，命名为“年龄”。双击该计算图标，在打开的计算图标编辑窗口中输入如图 7-179 所示的函数和语句，关闭计算图标编辑窗口并保存。在弹出的“新建变量”对话框中将变量 A 的初始值设置为 1，如图 7-180 所示。

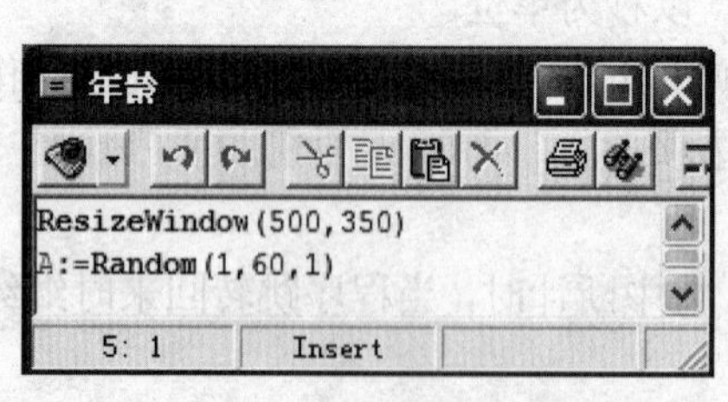

图 7-179　计算图标编辑窗口

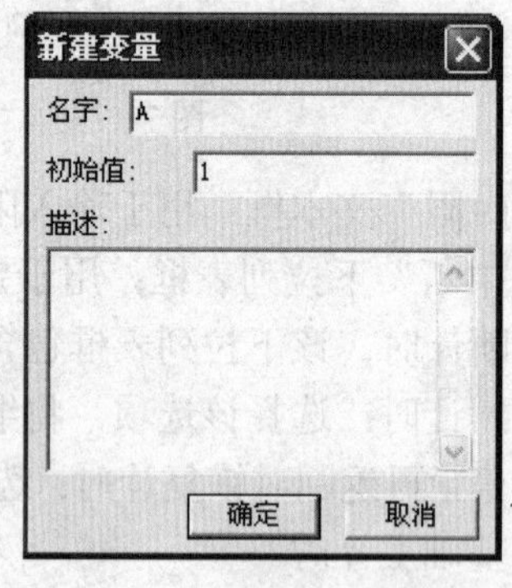

图 7-180　设置变量 A 的初始值

（4）在计算图标的下方添加一个显示图标，命名为“人物”。双击该显示图标，在打开的演示窗口中导入一张人物图片，调整图片的大小和位置，如图 7-181 所示。按住 Ctrl 键的同时双击该显示图标，在打开的属性面板中设置该显示图标的过渡效果为“以点式由内往外”，如图 7-182 所示。

（5）添加显示图标“文字说明”。双击该显示图标，在打开的演示窗口中创建文本“猜猜我的年龄？在 1～60 之间哦！给你 20 秒钟的时间！”，如图 7-183 所示。

（6）添加交互图标，命名为“猜年龄”。在该交互图标的右侧添加 5 个群组图标作为该交互结构的 5 个响应分支，分别命名为“输入年龄”、NumEntry=A、NumEntry<A、NumEntry>A

和“限制时间 20 秒”。响应分支的类型依次设置为“文本输入”、“条件”、“条件”、“条件”和“时间限制”；各响应分支的流向分别为“重试”、“退出交互”、“重试”、“重试”和“退出交互”，如图 7-184 所示。

图 7-181　“人物”显示图标中的内容

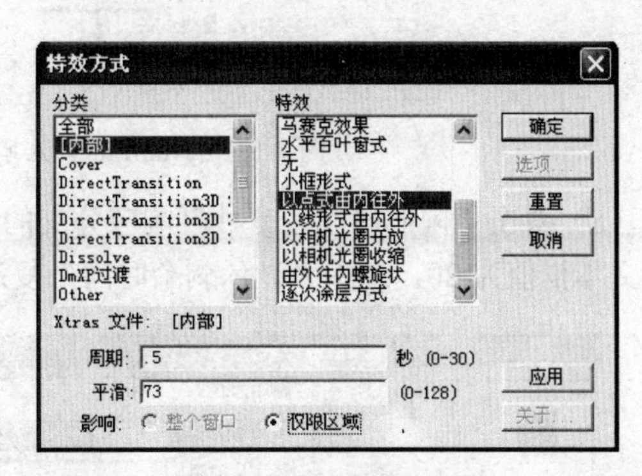

图 7-182　设置特效方式

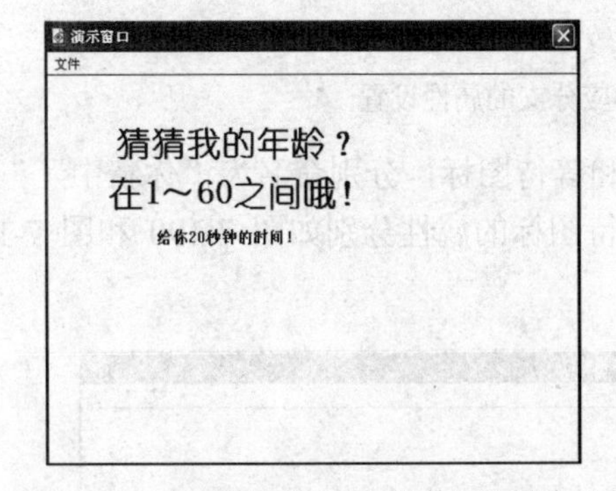

图 7-183　显示图标“文字说明”中的内容

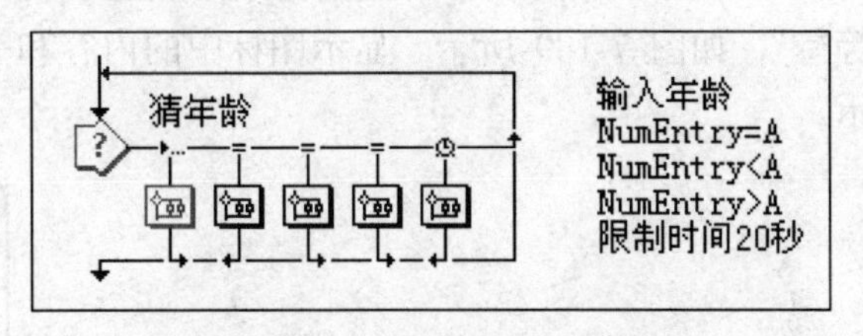

图 7-184　交互结构“猜年龄”

（7）依次双击 NumEntry=A、NumEntry<A、NumEntry>A 响应分支的响应类型符号，在打开的属性面板中设置激活条件，如图 7-185 至图 7-187 所示。

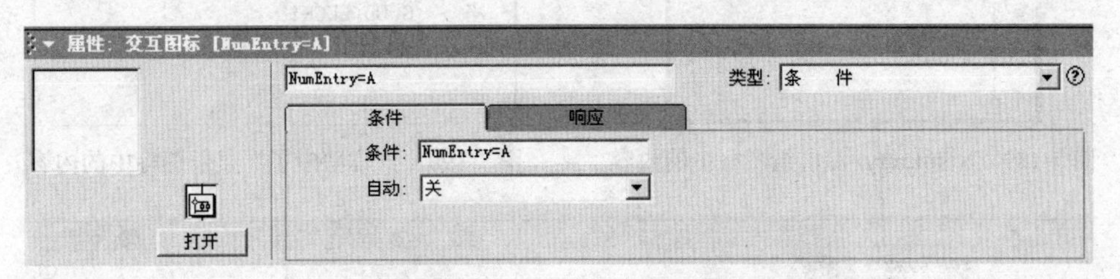

图 7-185　NumEntry=A 响应分支的条件属性设置

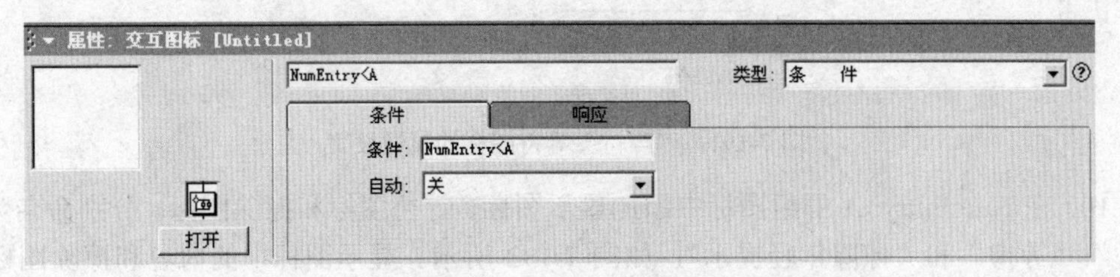

图 7-186　NumEntry<A 响应分支的条件属性设置

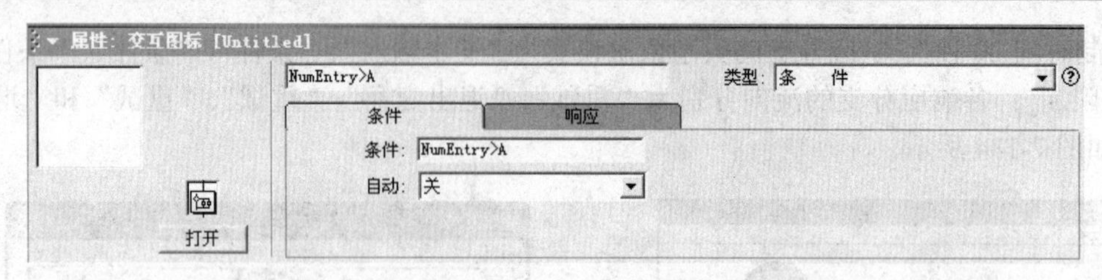

图 7-187　NumEntry>A 响应分支的条件属性设置

（8）双击“限制时间 20 秒”响应分支的响应类型符号，在打开的属性面板中设置“时限”文本框值为 20，选中“显示剩余时间”复选框，如图 7-188 所示。

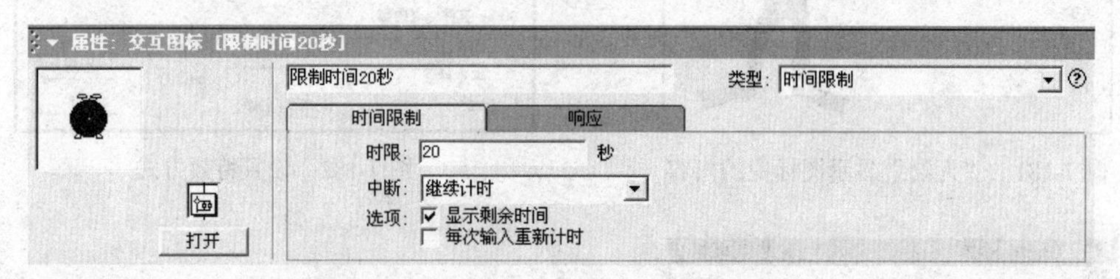

图 7-188　“限制时间 20 秒”响应分支的属性设置

（9）在 NumEntry=A 群组图标中添加显示图标和等待图标，分别命名为“你猜中了”和“等待”，如图 7-189 所示。显示图标中的内容和等待图标的属性分别如图 7-190 和图 7-191 所示。

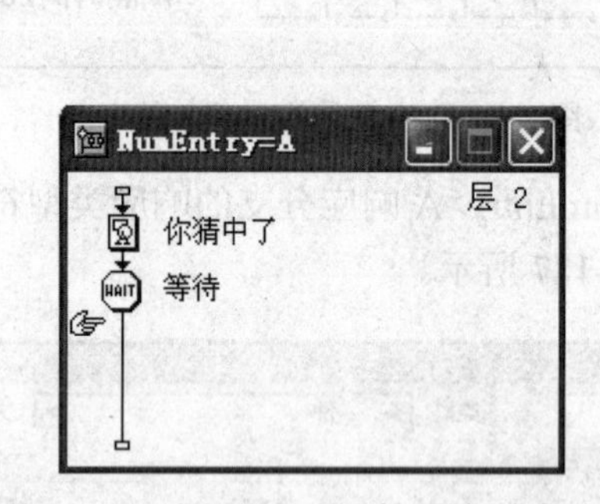

图 7-189　NumEntry=A 群组图标中的内容

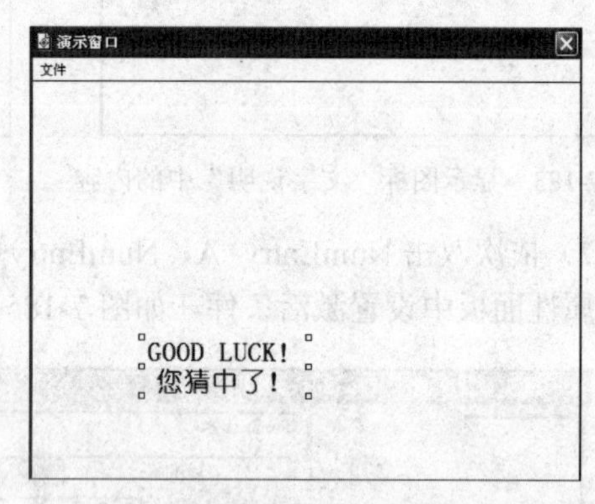

图 7-190　“你猜中了”显示图标中的内容

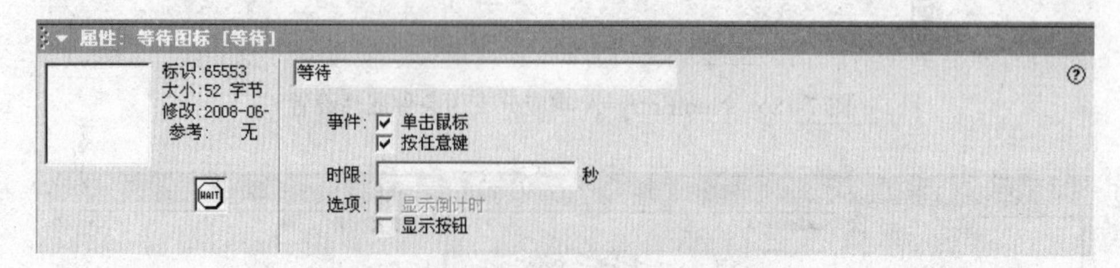

图 7-191　“等待”等待图标的属性设置

（10）在 NumEntry<A 群组图标中添加显示图标、等待图标和擦除图标，分别命名为“说年轻了”、“等待”和“擦除年轻提示”，如图 7-192 所示。显示图标中的内容和擦除图标的属性分别如图 7-193 和图 7-194 所示。等待图标的属性设置与步骤 9 中的设置相同。

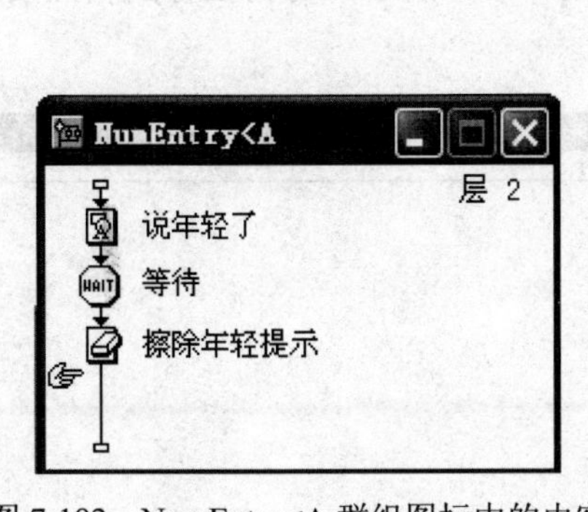

图 7-192　NumEntry<A 群组图标中的内容

图 7-193　“说年轻了”显示图标中的内容

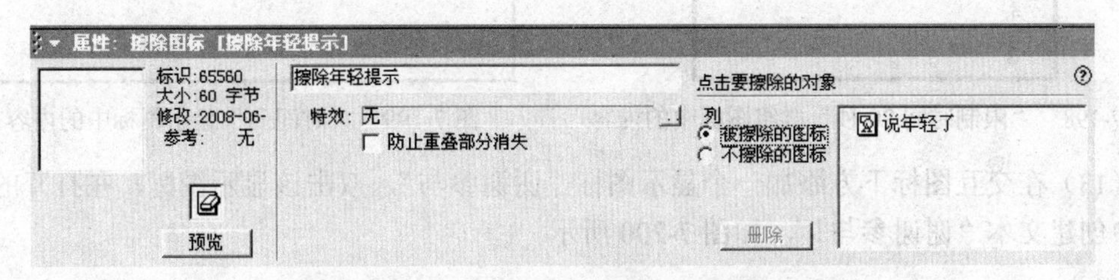

图 7-194　“擦除年轻提示”擦除图标的属性设置

（11）在 NumEntry>A 群组图标中添加显示图标、等待图标和擦除图标，分别命名为“说老了”、“等待”和“擦除老提示”，如图 7-195 所示。显示图标中内容和擦除图标的属性分别如图 7-196 和图 7-197 所示。等待图标的属性设置与步骤 9 中的设置相同。

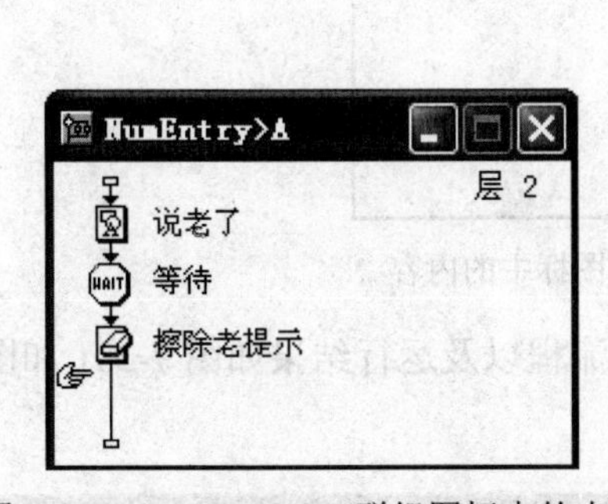

图 7-195　NumEntry>A 群组图标中的内容

图 7-196　“说老了”显示图标中的内容

图 7-197　“擦除老提示”擦除图标的属性设置

（12）在“限制时间 20 秒”群组图标中添加显示图标和等待图标，分别命名为“时间到”

和“等待”，如图 7-198 所示。显示图标中的内容如图 7-199 所示。等待图标的属性设置与步骤 9 中的设置相同。

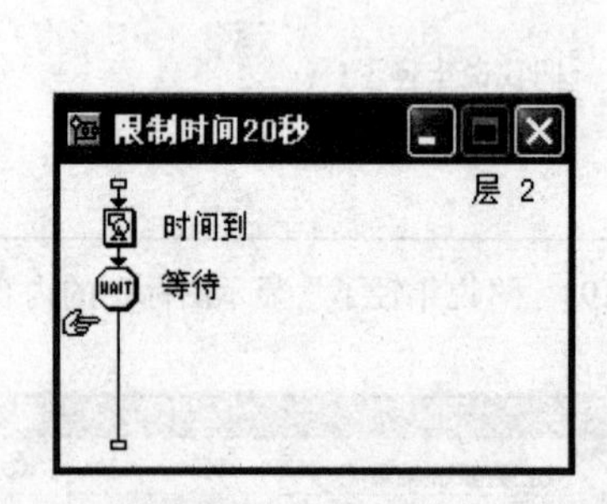

图 7-198　“限制时间 20 秒”群组图标中的内容

图 7-199　“时间到”显示图标中的内容

（13）在交互图标下方添加一个显示图标“谢谢参与”，双击该显示图标，在打开的演示窗口中创建文本“谢谢参与！”，如图 7-200 所示。

图 7-200　“谢谢参与”显示图标中的内容

（14）保存程序并运行。设计窗口中程序的最后流程以及运行结果如图 7-201 和图 7-202 所示。

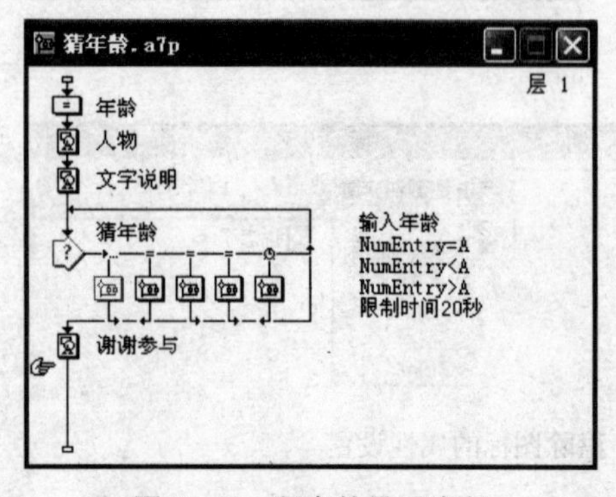

图 7-201　程序的最后流程

图 7-202　程序运行结果

7.12　事件响应

事件响应类型和前面所讲的各种响应类型有很多区别，它主要是对 Xtra 对象发送的事件进行响应。Xtra 是由一些独立开发者提供的，用于扩展 Authorware 功能的插件程序。事件响应对应的响应类型符号为E。对于事件响应的具体建立过程和使用，此处就不详细讲述了。

本章练习

一、选择题

1．下列表述不正确的是（　）。

A．在 Authorware 中创建交互可以利用交互图标

B．一个交互分支结构至少应具有两个响应分支

C．响应图标具有继承性，即在创建下一个响应图标时，会自动采用与前一个响应图标相同的响应类型和有关设置

D．所有图标都可以作为响应图标

2．Authorware 一共提供了（　）种人机交互类型。

A．10　　B．11　　C．12　　D．13

3．下列表述正确的是（　）。

A．交互图标本身不具有显示功能，与交互有关的显示内容可以在显示图标中生成

B．如果要使一个交互图标在程序中始终起作用，可将其设置成重试交互

C．按钮响应可以响应鼠标单击或双击

D．群组图标、交互图标或判断图标在响应分支流程线上应用，则应首先将其放在框架图标中，然后再将其放置在响应分支流程线上

4．以下不属于交互响应类型的是（　）。

A．按钮　　B．事件

C．按键　　D．图像输入

5．选中了交互类型属性面板中的“永久”选项后，在该属性面板的“分支”下拉列表框中会增加（　）选项。

A．返回　　B．重试

C．退出交互　　D．继续

6．若使一交互结构的交互图标中的背景图片在交互期间一直显示，直到退出交互结构后被擦除图标擦除，则应设置交互图标的擦除属性为（　）。

A．在退出时　　B．在下一次输入之后

C．不擦除　　D．在下一次输入之前

7．在多媒体课件中能设置交互效果的图标是（　）。

A．判断图标　　B．交互图标

C．显示图标　　D．擦除图标

8．热区域建立的区域是（　）形状。

A．圆形　　B．矩形

C．三角形　　D．任意形状

9．交互效果“热对象”属性对话框里的“匹配”设置不包括（　）。

A．指针在对象上　　B．单击

C．双击　　D．右击

10．条件响应属性对话框中的“自动”选项不包含（　）。

A．当真　　B．由假变为真

C．关　　D．开

11．当响应图标执行完毕后，退出交互图标，执行主流程线上的下一个图标，则在“分支”下拉列表框中应选择（　）方式。

A．重试　　B．继续　　C．返回　　D．退出交互

12．下列叙述不正确的是（　）。

A．热区响应就是将屏幕上的某些区域定义为热区，用户用鼠标单击该热区，程序便进入交互分支结构运行

B．热对象响应就是对热对象进行操作时，程序进入交互分支结构运行

C．目标区域响应就是将目标对象拖放到了目标区域，则会激发交互分支的运行

D．下拉菜单响应就是选中了下拉菜单中的菜单项，程序就会进入交互分支结构中运行

13．下列叙述正确的是（　）。

A．重试限制响应就是用来限制用户输入的字符数，它一般不能单独使用，而用于其他响应方式的辅助

B．条件响应方式是一种比较灵活的响应方式，一旦程序检测到表达式的值为真，程序将进入交互分支结构中运行

C．按键响应就是用户与键盘之间进行交互的响应，比如按下字母键进行选择、使用方向键移动对象等

D．事件响应是一种比较特殊的响应方式，它能够对用户的操作进行反应

二、填空题

1．要在 Authorware 中实现交互功能，就要用到________图标，系统提供了________种交互类型，即________、________、________、________、________、________、________、________、________、________和________。

2．一个典型的交互结构由________、________、________和________4 部分组成。

3．在交互结构中，退出当前交互分支的方式有 4 种，分别是________、________、________和________。

4．交互图标实际上是一个具有复合功能的图标，它同时具有________图标、________图标、________图标和________图标等多个图标的多种功能。

5．如果试图在交互图标右侧再添加响应图标（例如再添加一个交互图标），该响应图标就会自动转化为一个________图标，交互图标右侧最多能显示出________个响应分支。

6．要制作认识工具条的交互程序，即鼠标移动到某个工具按钮上时，自动出现该工具按

钮的名称，移开时自动擦除，则应选择________交互方式，分支图标中内容的擦除方式为________。

7．默认情况下，Authorware 的下拉菜单总有一个菜单项，该菜单项是________。

8．要制作一个菜单交互程序，菜单名为“图片欣赏”，其中一个菜单项为“图片 1”，则在这个交互结构中交互图标命名为________，属性对话框的菜单项命名为________。

9．若在两个菜单项的中间加一个分隔线，应将这个菜单项的名称取为________。

10．要制作一个登录界面，输入正确的用户名时才能继续程序的运行，应选择________交互响应方式。

11. 文本交互就是在屏幕上出现一个________，当在该输入框中输入的内容与预设内容一致时，将激活该响应分支。

三、上机题

1．使用按钮交互结构制作一个通用点歌的程序，程序流程和运行结果如图 7-203 和图 7-204 所示。

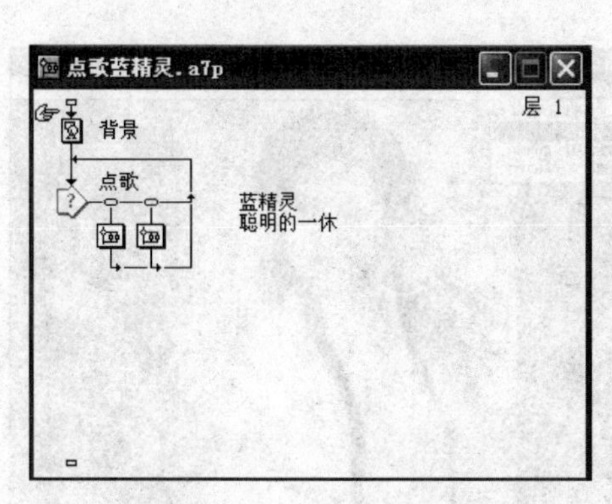

图 7-203　程序流程

图 7-204　运行结果

2．使用热区域交互制作一个对水晶宫注释的程序，程序流程和运行结果如图 7-205 和图 7-206 所示。

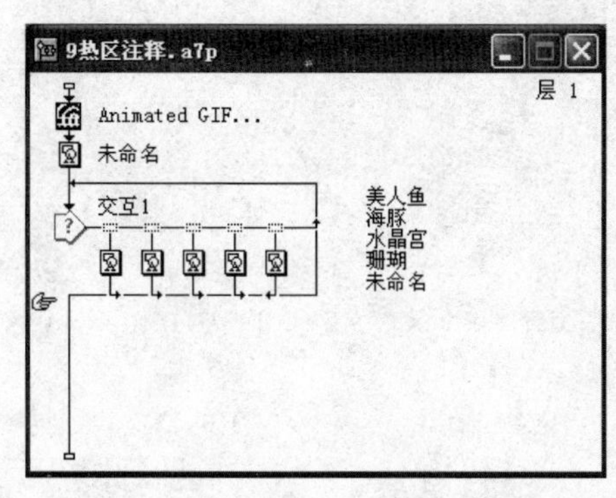

图 7-205　程序流程

图 7-206　运行结果

3．使用热对象交互制作一个查看 GIF 动物的程序，程序流程和运行结果如图 7-207 和图 7-208 所示。

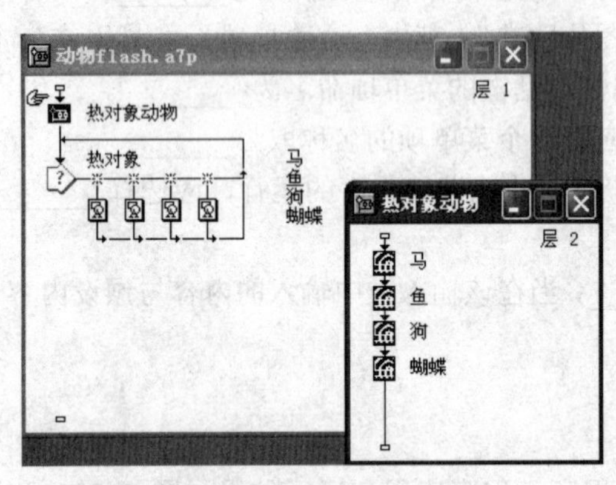

图 7-207 程序流程

图 7-208 运行结果

4．使用下拉菜单交互制作一个查看明星照片的程序，程序流程和运行结果如图 7-209 和图 7-210 所示。

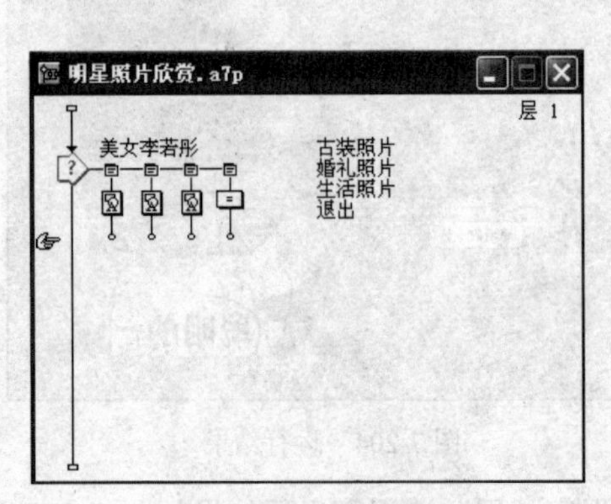

图 7-209 程序流程

图 7-210 运行结果

第 8 章　分支程序的设计

8.1　分支结构简介

使用 Authorware 创作的多媒体作品，主要是采用基于图标的流程线的程序设计方式。Authorware 中制作的程序主要有顺序结构、交互结构和分支结构三大类。在前面章节中介绍的主要是顺序结构，即程序按照程序流程线上的图标的顺序自上向下执行；在上一章中介绍了交互结构，在交互结构中各个分支的执行主要取决于用户的响应，即必须有用户实时参与程序才能继续运行；在本章中，介绍另一种程序结构，即分支结构。分支结构的特点是程序运行到此结构时，可以自行判断要执行哪些分支以及执行的方式等，程序会自动执行相应的操作，而不需要用户的参与。分支结构是结构化程序设计中不可缺少的部分，主要用来实现流程的分支和循环。

8.1.1　分支结构的建立

分支结构由判断图标及附属于该图标的其他图标共同组成，与交互结构的组成类似。简单的分支结构的创建过程如下：

（1）新建 Authorware 文件，拖动一个判断图标到设计窗口的程序流程线上，命名为“分支结构”。

（2）拖动一个显示图标到判断图标的右侧，判断图标和显示图标连线的交叉处出现一个◇符号，分支结构的第一个分支添加完成。

（3）继续向判断图标右侧添加 3 个显示图标，构成分支结构的另外 3 个分支。

一个具有 4 个判断分支的分支结构就建立完成了，它是由判断图标、判断分支、分支符号和分支图标 4 部分组成的，如图 8-1 所示。

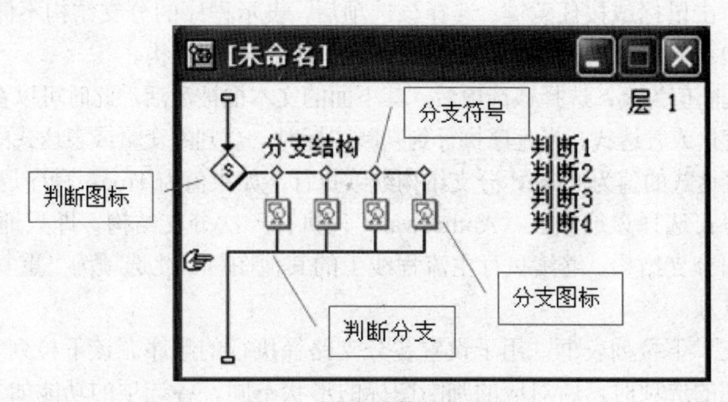

图 8-1　分支结构的组成

判断图标又称为决策图标或决策判断图标，是分支结构的核心，图标符号为菱形◇。当程序执行到判断图标时，程序根据判断图标的属性自行判断右侧哪些分支图标被执行、如何被执行等。附属于判断图标的其他图标称为分支图标，分支图标可以是单一的图标，也可以是复杂的程序模块。显示图标、计算图标、群组图标等都可以作为分支图标使用。判断分支又称为分支路径或判断路径。判断流程线和判断分支交叉处的◇称为分支符号。分支结构的各组成部分协调合作，共同完成用户指定的功能。

8.1.2 判断图标属性的设置

判断图标是建立分支结构的关键图标，分支结构的执行方式与分支图标没有关系，是由判断图标的属性设置决定的。双击“判断”图标，打开其属性面板，如图 8-2 所示。

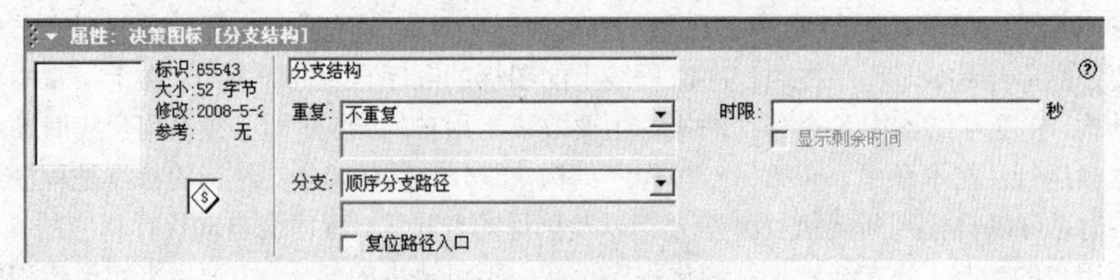

图 8-2 判断图标的属性面板

判断图标属性面板中各项的含义和功能如下：

（1）“重复”下拉列表框：主要用于设置 Authorware 在分支结构中执行的次数，共有以下 5 个选项：

- 固定的循环次数：选择该选项后，其下面的文本框被激活，此时可以在该文本框中输入数值、变量或表达式，用以控制分支结构重复执行的次数。每执行完一个分支，程序返回到判断图标，进行下一次判断，因此这里所说的次数实际上就是判断分支执行的次数。例如在文本框中输入的值为 2，表示对判断图标判断两次，即执行判断分支中的两个分支之后退出分支结构。如果在文本框中输入的值小于 1，表示一个分支都不执行，直接退出分支结构。
- 所有的路径：选择该选项后，表示程序在将所有路径至少都执行了一次之前不会退出分支结构。
- 直到单击鼠标或按任意键：选择该选项后，表示程序的分支结构不停地重复执行，直到用户单击鼠标或按下键盘上的任意键才退出分支结构。
- 直到判断值为真：选择该选项后，其下面的文本框被激活，此时可以在该文本框中输入一个变量或表达式。当程序执行到判断图标时，会判断变量或表达式的值，此时如果变量或表达式的值为 False，分支结构继续执行；如果值为 True，程序退出分支结构。
- 不重复：选择该选项后，Authorware 只执行一次分支结构，即只通过一条路径，然后退出分支结构，继续执行主流程线上的其他图标。此选项为“重复”下拉列表框的默认选项。

（2）“分支”下拉列表框：用于设置各分支路径执行的顺序。该下拉列表框中共有 4 个选项，选择不同的选项时，所对应的判断图标的形状不同。各选项的功能如下：

- 顺序分支路径：如果选择该选项，判断图标的形状变为◇，该选项是 Authorware 默认的执行方式，因此当添加一个判断图标到程序流程线上时，判断图标由图标栏中的

◇变为◇。当程序执行到分支结构时，按照从左到右的顺序依次执行各分支路径，先执行第一条路径，然后回到分支结构，再执行第二条路径，依此类推。当所有的路径都执行完毕后，再回到第一条路径。

- 随机分支路径：如果选择该选项，判断图标的形状变为◇。当程序执行到分支结构时，将在所有路径中随机选择一条路径执行，然后返回到判断图标，再次随机选择一条分支路径执行，依此类推。当前分支结构执行完毕后，各分支路径中，有的路径可能被执行多次，有的路径可能一次也没有被执行过。
- 在未执行过的路径中随机选择：如果选择该选项，判断图标的形状变为◇。当第一次执行分支结构时，程序随机选择一条路径执行，第二次执行分支结构时，程序将从其他未被执行过的路径中随机选择一条执行，依此类推。此种方式可以保证在所有路径都被执行一次之前不会有某条路径被执行两次或多次。
- 计算分支结构：如果选择该选项，判断图标的形状变为◇，并且其下方的文本框被激活，可以在该文本框中输入数值、变量或表达式。当程序执行到分支结构时，首先计算文本框中变量或表达式的值，然后取其整数部分，作为要执行的路径序号。如果计算出的变量或表达式的值为 3.2，表示程序将执行第三条路径。

“分支”下拉列表框中的 4 个选项和“重复”下拉列表框中的 4 个选项组合使用可以实现各种分支和重复功能。

（3）“复位路径入口”复选框：只有选择“顺序分支路径”或“在未被执行过的路径中随机选择”方式下，此复选框才变为可用。如果选择该复选框，Authorware 在进入分支结构时将记录分支路径执行状态的变量全部置为 0，即表示所有的路径都没有执行过。此选项适用于当某一分支结构在不同位置使用时，避免互相影响。

（4）“时限”文本框：在该文本框中输入一个秒数，可以用来控制此分支结构执行的时限。该文本框中输入的内容也可以是变量或表达式。如果分支结构在输入的时间限制内没有完成该分支路径的执行，则该分支结构也会被自动终止执行，而去接着执行程序流程线上的下一个图标。该文本框中的内容默认为空白，表示没有时间限制。

（5）“显示剩余时间”复选框：只有选择了“时限”文本框后，该复选框才有效。如果选择了该复选框，程序运行时，会在演示窗口中显示一个时钟图标，显示执行该分支结构的剩余时间。

8.1.3　分支路径属性的设置

在分支结构中，双击各分支图标上方的分支符号◇，可以打开该分支对应的属性面板，如图 8-3 所示。

图 8-3　分支的属性面板

（1）“擦除内容”下拉列表框：用于设置该分支路径所对应的分支图标中显示的内容何时被擦除，共有 3 个选项：

- 在下个选择之前：表示在显示下一图标中的内容之前擦除当前分支图标中显示的内容，是 Authorware 7.0 默认的选项。
- 在退出之前：表示在退出分支结构之前擦除当前分支图标中显示的内容。
- 不擦除：如果选择该选项，表示当前分支图标中显示的内容将一直保留而不被擦除，直到使用擦除图标才能将其擦除。

（2）“执行分支结构前暂停”复选框：如果选中该复选框，则当前分支路径执行完毕时程序会暂停执行，并在演示窗口中显示一个“继续”按钮，单击该按钮程序继续运行。

8.2 分支结构实例

利用判断图标可以实现分支结构中分支路径的多种执行方式，从而达到不同的效果，使用户创作出多种多样的多媒体作品。下面通过一些实例来介绍判断图标的具体应用。

8.2.1 顺序分支路径实例

例 8.1 创建一个实现图片逐步放大效果的 Authorware 程序，程序流程和运行结果如图 8-4 和图 8-5 所示。

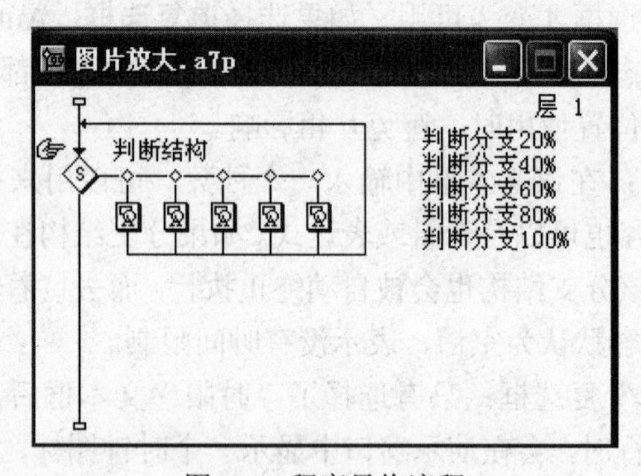

图 8-4 程序最终流程

图 8-5 运行结果

具体操作步骤如下：

（1）新建 Authorware 文件，将文件保存为“图片放大.a7p”。

（2）添加一个判断图标到程序流程线上，命名为“判断结构”，判断图标上显示的字母默认为 S，表示此分支结构属于“顺序分支路径”，如图 8-6 所示。

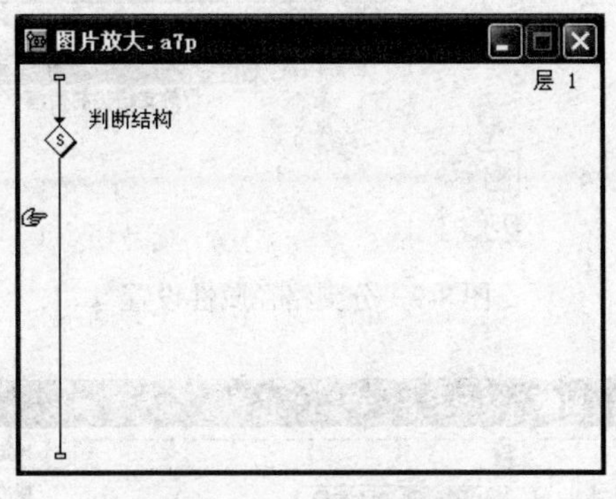

图 8-6　添加判断图标

（3）双击该判断图标，打开“属性：决策图标[判断结构]”属性面板，将“重复”下拉列表框设置为“所有的路径”，“分支”下拉列表框使用默认的“顺序分支路径”选项，其他属性不变，如图 8-7 所示。

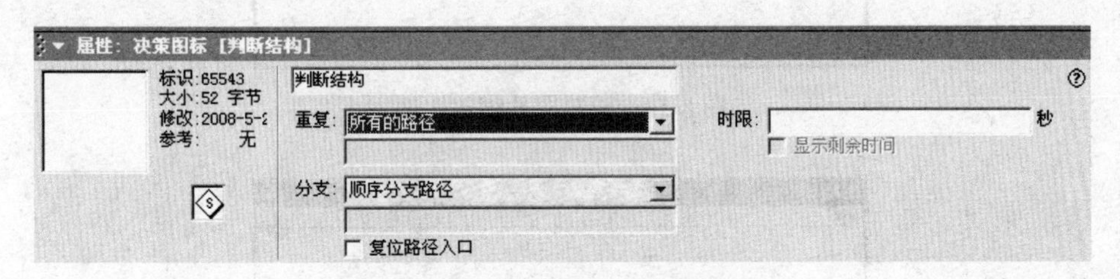

图 8-7　判断图标属性设置

（4）添加一个显示图标到“判断结构”判断图标的右侧，命名为“判断分支 20%”，如图 8-8 所示。双击该显示图标上方的分支符号◇，打开“属性：判断路径[判断分支 20%]”属性面板，将“擦除内容”下拉列表框设置为“不擦除”，其他属性不变，如图 8-9 所示。

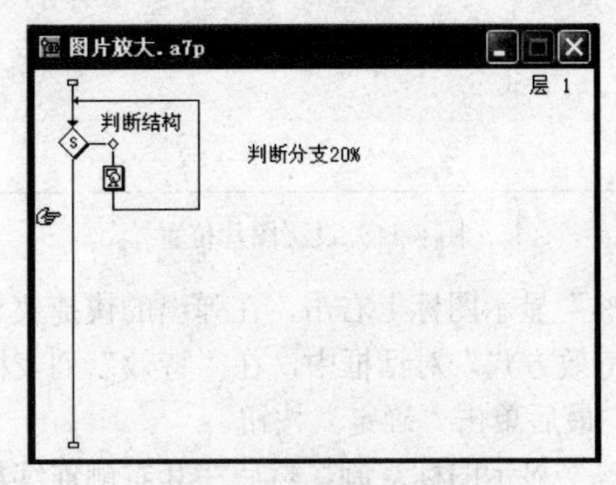

图 8-8　添加显示图标

（5）双击“判断分支 20%”显示图标，打开演示窗口，选择“文件”→“导入和导出”→“导入媒体”命令，导入图片 flower.jpg。双击导入的图片，在弹出的“属性：图像”对话框中，单击“版面布局”选项卡，将“显示”下拉列表框设置为“比例”，调整“比例”文本框中的值分别为 20.00 和 20.00，如图 8-10 所示。拖拽图片使之位于演示窗口中心位置，如图 8-11 所示。

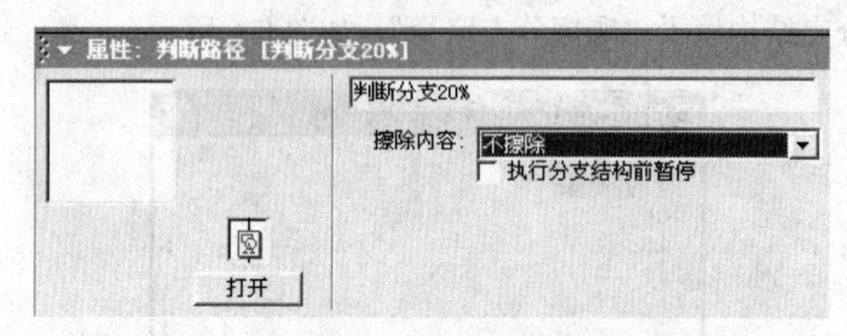

图 8-9　分支路径属性设置

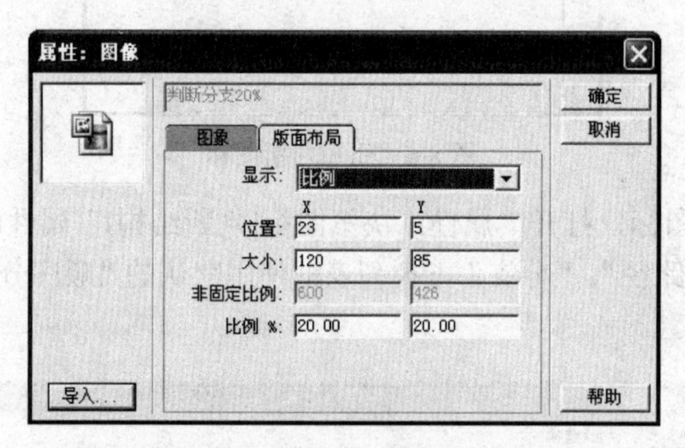

图 8-10　设置图片缩放比例

图 8-11　设置图片位置

（6）在“判断分支 20%”显示图标上右击，在弹出的快捷菜单中选择“特效”选项，如图 8-12 所示。在打开的“特效方式”对话框中，在“特效”列表框中选择“逐次涂层方式”特效效果，如图 8-13 所示，最后单击“确定”按钮。

（7）将“判断分支 20%”显示图标复制，然后在其右侧连续粘贴 4 次，此时当前分支结构以及各显示图标命名如图 8-14 所示。

（8）将新添加的 4 个显示图标中的图片按同样的方法分别设置比例为 40%、60%、80% 和 100%，并调整图片到演示窗口中心位置。

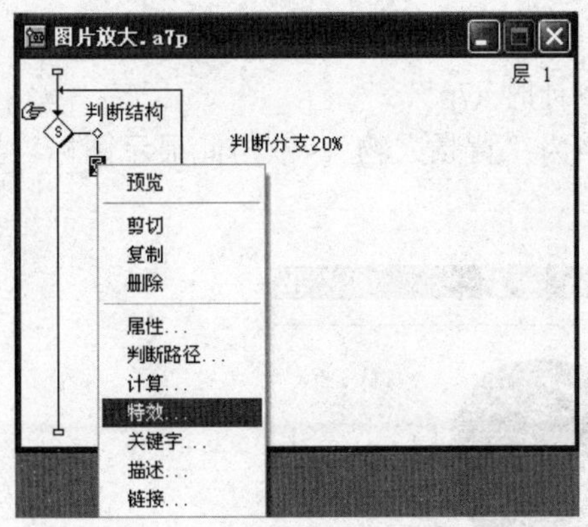
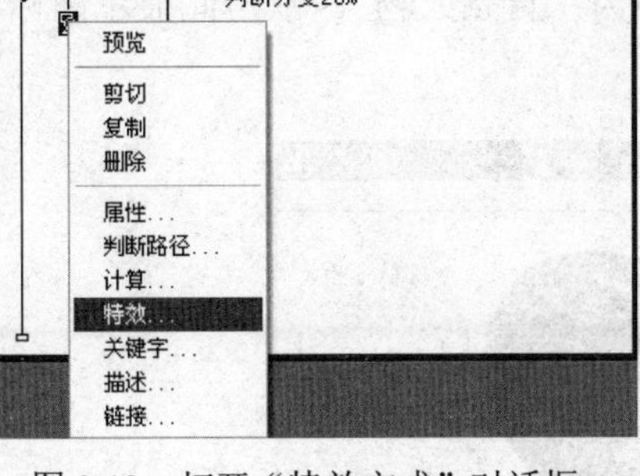

图 8-12　打开“特效方式”对话框

图 8-13　设置显示特效

（9）将程序保存并运行，查看演示结果。

通过演示可以看到，程序运行时，图片从演示窗口中心位置以逐渐放大的方式出现，运行结果如图 8-5 所示。

例 8.2　创建一个实现显示倒计时效果的 Authorware 程序。程序流程和运行结果如图 8-15 和图 8-16 所示。

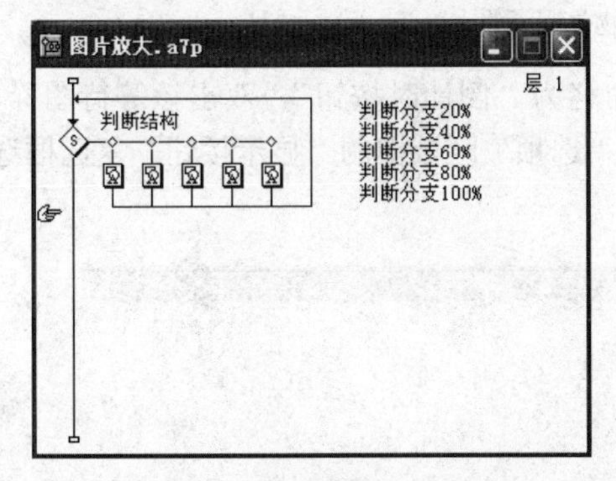

图 8-14　分支结构及分支图标

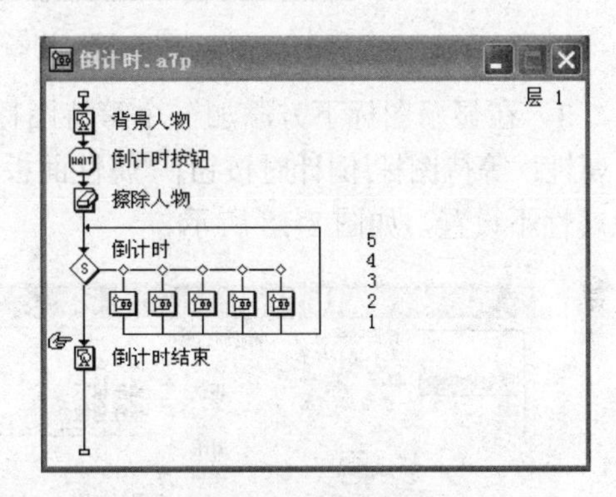

图 8-15　程序流程

图 8-16　运行结果

具体操作步骤如下：

（1）新建 Authorware 文件，将文件保存为“倒计时.a7p”。

（2）添加一个显示图标到程序流程线上，命名为“背景人物”。双击此显示图标，导入一幅图片，并调整图片的位置，如图 8-17 所示。

图 8-17　“背景人物”显示图标

（3）在显示图标下方添加一个等待图标，命名为“倒计时按钮”，双击该等待图标，打开“属性：等待图标[倒计时按钮]”属性面板，将“选项”区域中的“显示按钮”复选框选中，其他属性不设置，如图 8-18 所示。

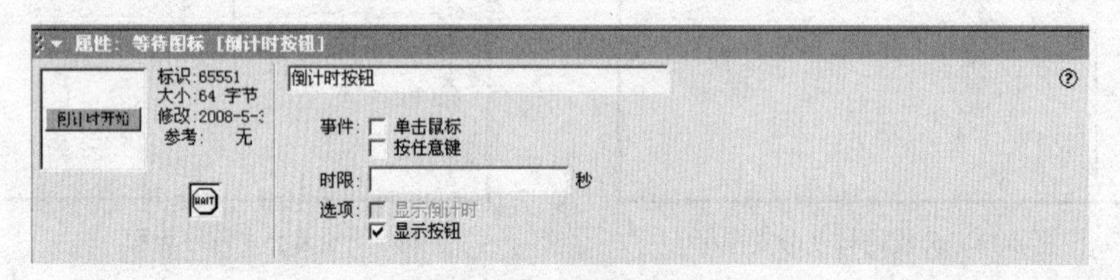

图 8-18　等待图标属性设置

（4）单击设计窗口中的空白处，窗口下方的属性面板变为“属性：文件”，如图 8-19 所示。选择“交互作用”选项卡，单击“等待按钮”右侧的按钮，在弹出的“按钮”对话框中选择一种按钮的样式，如图 8-20 所示，最后单击“确定”按钮。

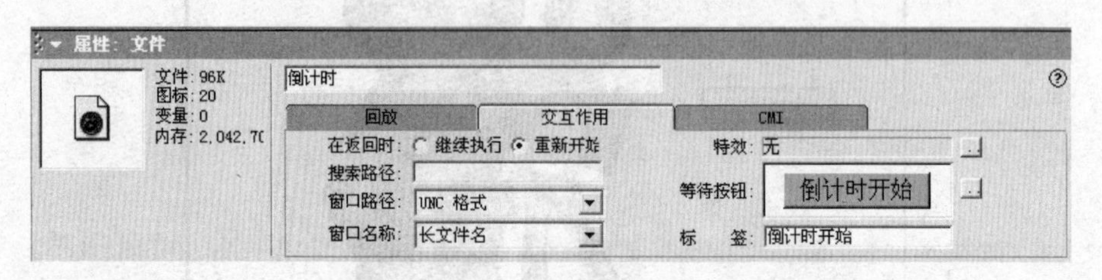

图 8-19　“属性：文件”面板中的“交互作用”选项卡

（5）在等待按钮下方添加一个擦除图标，命名为“擦除人物”。双击“背景人物”显示图标，接着单击“擦除人物”擦除图标，打开擦除图标的属性面板。单击演示窗口，将“背景人物”显示图标中的内容设置为被擦除对象，擦除图标属性面板如图 8-21 所示。

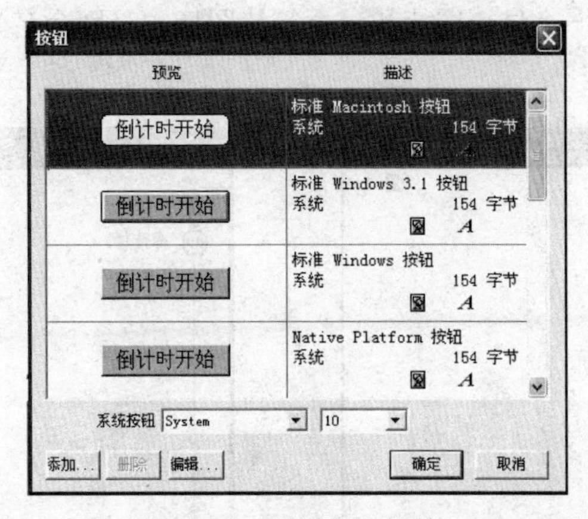

图 8-20　“按钮”对话框

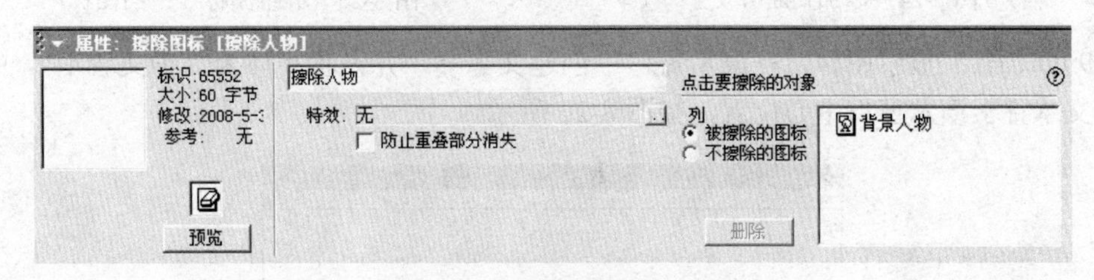

图 8-21　擦除图标属性设置

（6）添加一个判断图标到等待图标的下方，命名为“倒计时”。双击“倒计时”判断图标，在打开的属性面板中，将“重复”下拉列表框设置为“固定的循环次数”，同时在其下面的文本框中输入数值 5，将“分支”下拉列表框设置为“顺序分支路径”，在“时限”文本框中输入数值 5，如图 8-22 所示。

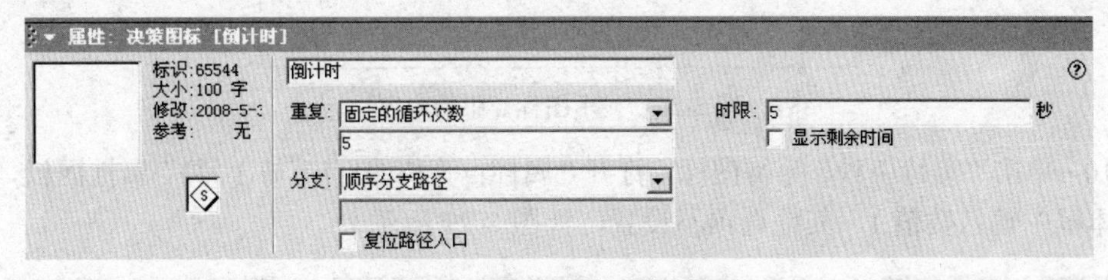

图 8-22　判断图标属性设置

（7）双击该群组图标 5 上方的分支符号◇，打开“属性：判断路径[5]”属性面板，将“擦除内容”下拉列表框设置为“在下个选择之前”，其他属性不变，如图 8-23 所示。

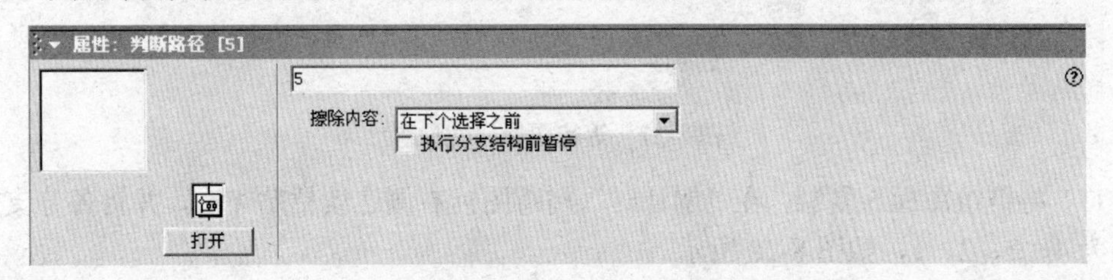

图 8-23　判断分支属性设置

（8）添加一个群组图标到“倒计时”判断图标的右侧，命名为 5，如图 8-24 所示。双击群组图标，在层 2 中添加一个显示图标和一个等待图标，分别命名为 5 和“等待 1 秒”，如图 8-25 所示。

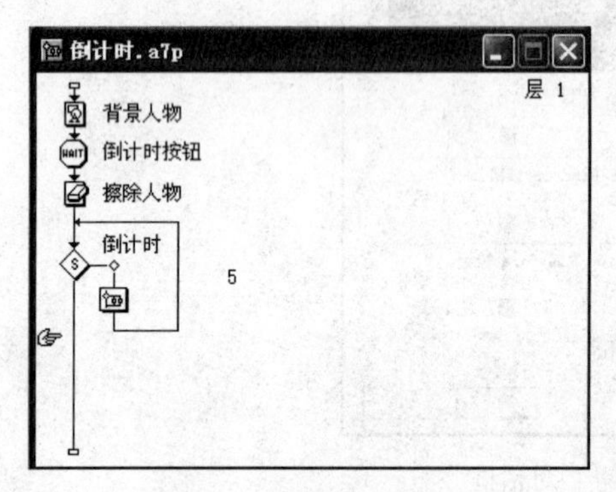

图 8-24 添加判断分支

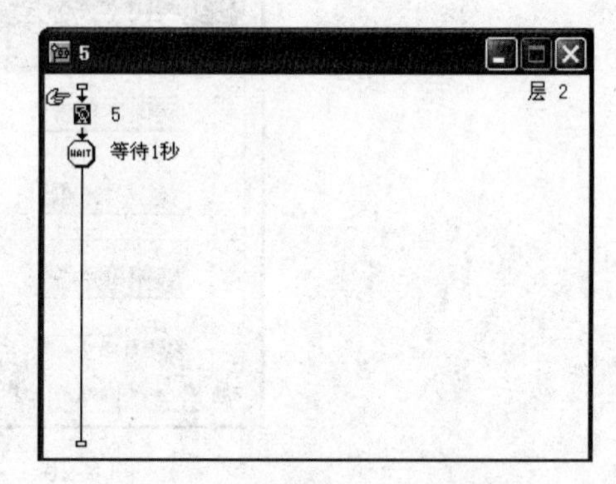

图 8-25 群组图标 5 中的图标

（9）双击 5 显示图标，在演示窗口中创建文本 5，并设置字体为“华文琥珀”，字号为 72，将文本置于演示窗口中心位置，如图 8-26 所示。

图 8-26 显示图标 5 中的内容

（10）单击“等待 1 秒”等待图标，打开“属性：等待图标[等待 1 秒]”属性面板，在“时限”文本框中输入数值 1，其他选项不设置，如图 8-27 所示。

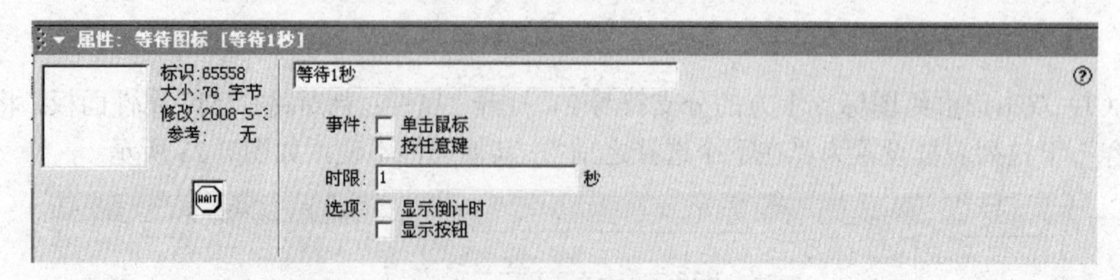

图 8-27 等待图标属性设置

（11）将群组图标 5 复制，在“倒计时”判断图标右侧连续粘贴 4 次，并将各分支图标分别命名为 4、3、2、1，如图 8-28 所示。

（12）双击各群组图标，将各显示图标的名称分别改为 4、3、2、1，并将其中的文本分别改为 4、3、2、1。同时将各群组图标中的等待图标属性都设置为“时限”1 秒，如图 8-27 所示。

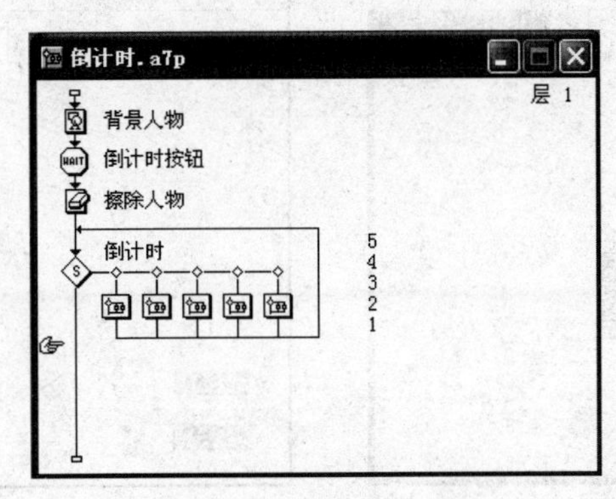

图 8-28　分支结构及分支图标

（13）在程序流程线最下方添加一个显示图标，命名为“倒计时结束”。双击该显示图标，导入一幅图片，并创建文本“时间到”，字体为“华文琥珀”，字号为 48，图片和文本位置如图 8-29 所示。

图 8-29　显示图标“倒计时结束”中的内容

（14）保存程序并运行。程序运行时，出现“背景人物”和“开始倒计时”按钮，此时单击“开始倒计时”按钮，演示窗口中每隔 1 秒会依次出现 5、4、3、2、1 五个数字，然后显示“时间到”提示信息。

8.2.2　随机分支路径实例

例 8.3　创建一个实现灯光闪烁效果的 Authorware 程序，程序流程和运行结果如图 8-30 和图 8-31 所示。

具体操作步骤如下：

（1）新建 Authorware 文件，将文件保存为“灯光闪烁.a7p”。

（2）添加一个交互图标到程序流程线上，命名为“按钮交互”。在此交互图标右侧添加一个计算图标，命名为“开始”，如图 8-32 所示。双击“开始”响应分支的响应类型符号▭，在打开的“属性：交互图标[开始]”属性面板中，将“响应”选项卡中的“范围”复选框选中，同时将“分支”下拉列表框设置为“返回”，其他属性不变，如图 8-33 所示。

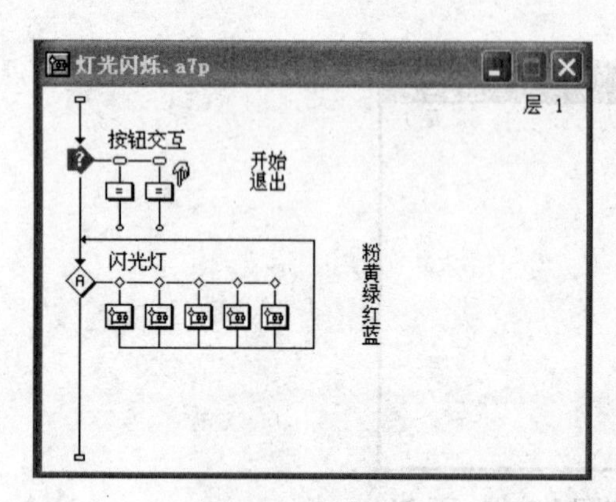

图 8-30　程序流程

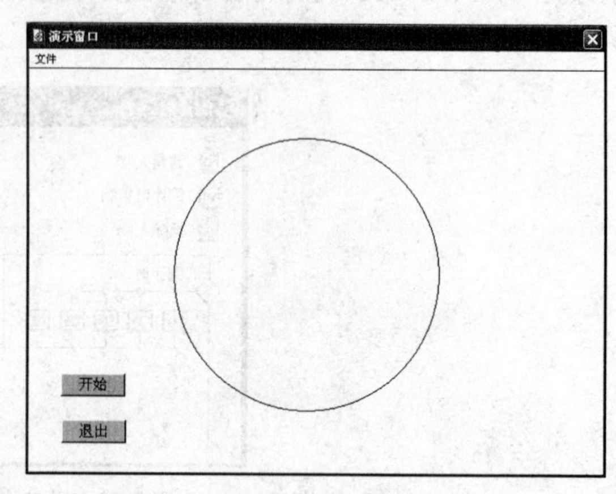

图 8-31　运行结果

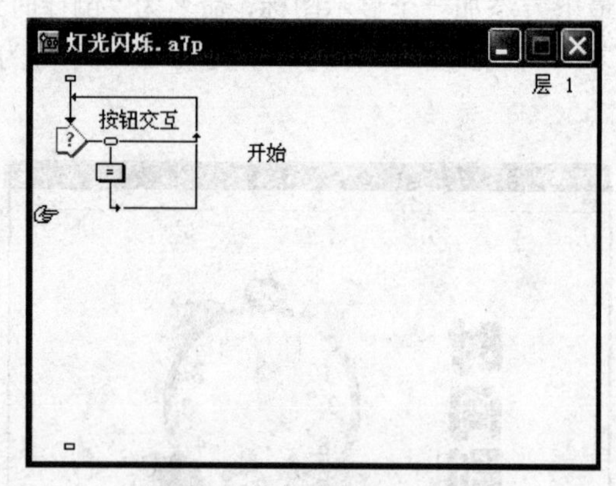

图 8-32　添加“开始”响应分支

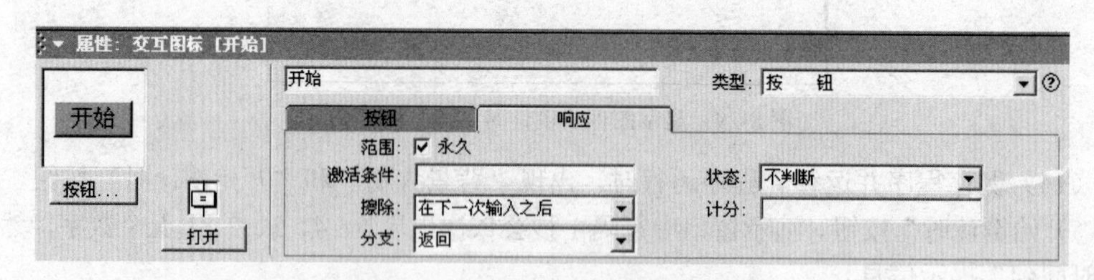

图 8-33　“开始”响应分支属性设置

继续添加一个计算图标到“开始”响应分支的右侧，命名为“退出”，此响应分支的属性默认为和“开始”响应分支相同。

（3）在“按钮交互”交互图标下方添加一个判断图标，命名为“闪光灯”。双击该判断图标，在打开的属性面板中将“重复”下拉列表框设置为“直到单击鼠标或按任意键”，将“分支”下拉列表框设置为“随机分支路径”，其他属性不变，如图 8-34 所示。

（4）在判断图标“闪光灯”右侧添加一个群组图标，命名为“粉”，如图 8-35 所示。双击该群组图标，在层 2 中添加一个显示图标和一个等待图标，分别命名为“粉”和“等待 0.1 秒”，如图 8-36 所示。

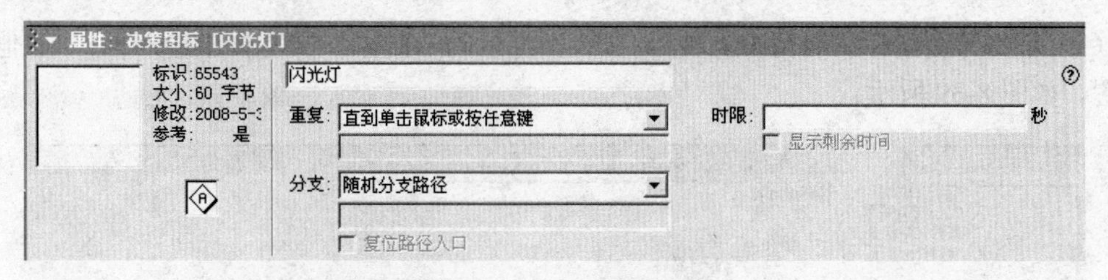

图 8-34　判断图标属性设置

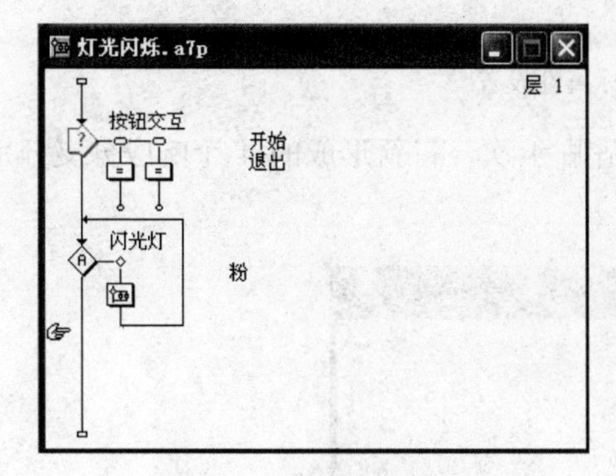

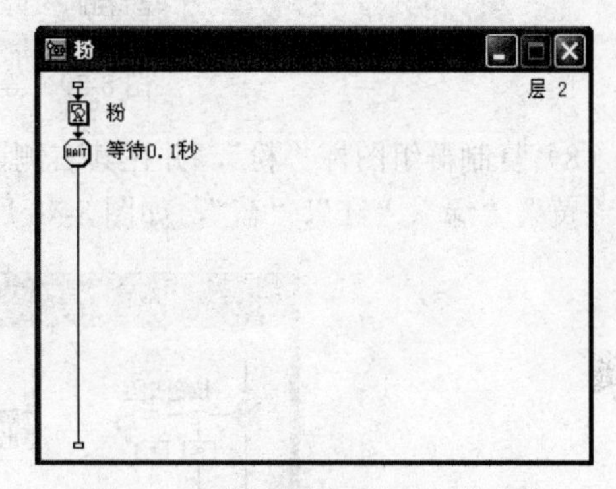

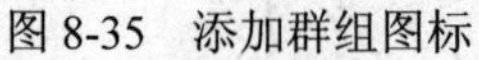

图 8-35　添加群组图标　　图 8-36　群组图标“粉”中的内容

（5）双击该群组图标“粉”上方的分支符号◇，打开“属性：判断路径[粉]”属性面板，将“擦除内容”下拉列表框设置为“不擦除”，其他属性不变，如图 8-37 所示。

图 8-37　判断分支属性设置

（6）双击“粉”显示图标，在演示窗口中心绘制一个圆形，并填充为粉色，如图 8-38 所示。

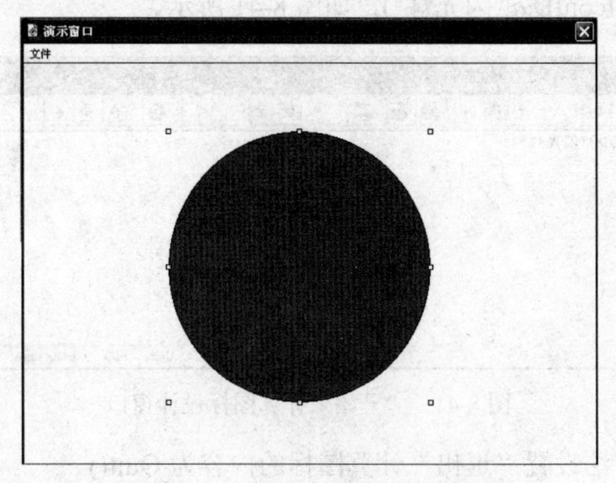

图 8-38　显示图标“粉”中的内容

（7）单击等待图标“等待 0.1 秒”，在属性面板的“时限”文本框中输入 0.1，其他属性不设置，如图 8-39 所示。

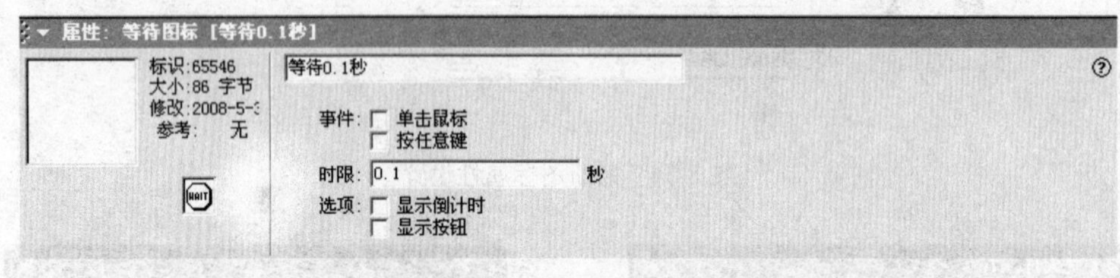

图 8-39 等待图标属性设置

（8）复制群组图标“粉”，并在其右侧连续粘贴 4 次，将新形成的 4 个响应分支分别命名为“黄”、“绿”、“红”、“蓝”，如图 8-40 所示。

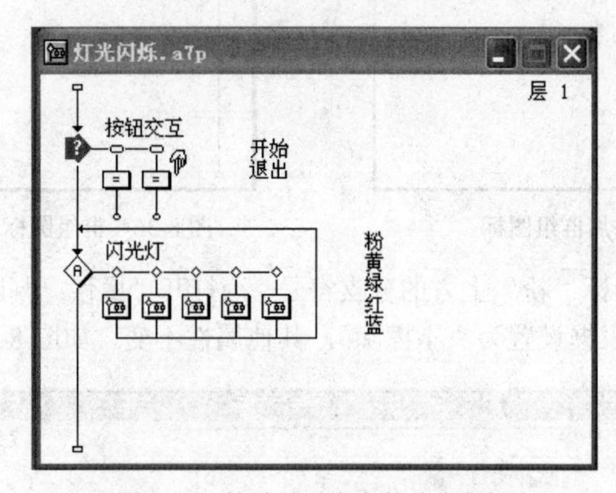

图 8-40 粘贴并重命名的分支图标

（9）以同样的方法将新的分支图标中的显示图标名称分别改为“黄”、“绿”、“红”、“蓝”，并将其中的圆形分别填充为黄色、绿色、红色和蓝色；将各群组图标中的等待图标的“时限”都设置为 0.1。

（10）双击“按钮交互”交互结构中的“开始”计算图标，在打开的“开始”计算图标设计窗口中输入 GoTo(IconID@"闪光灯")，如图 8-41 所示。

图 8-41 “开始”计算图标设计窗口

（11）以同样的方法设置“退出”计算图标的内容为 Quit()。

（12）双击“按钮交互”交互图标，调整“开始”和“退出”按钮的位置，如图 8-42 所示。

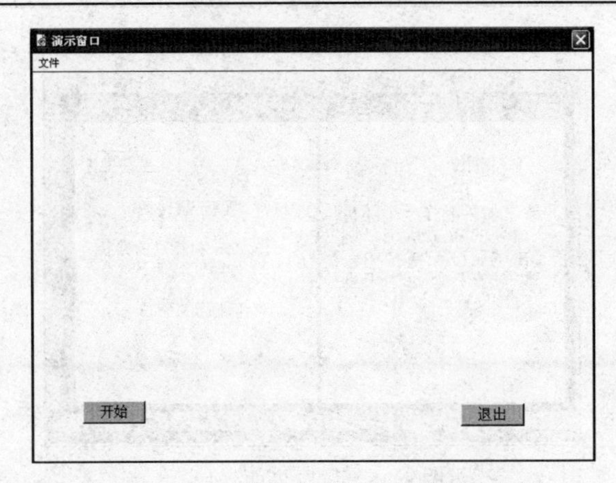

图 8-42　“开始”和“退出”按钮的位置

（13）保存程序并运行。

程序运行时，可以看到，圆的颜色不断在变，给人一种闪烁的效果，此时单击演示窗口的空白处，停止变色。单击“开始”按钮，圆继续变色；单击“退出”按钮，程序退出运行状态，同时关闭演示窗口。

8.2.3　在未执行过的路径中随机选择实例

例 8.4　创建一个实现随机抽取试题效果的 Authorware 程序，程序流程和运行结果如图 8-43 至图 8-46 所示。

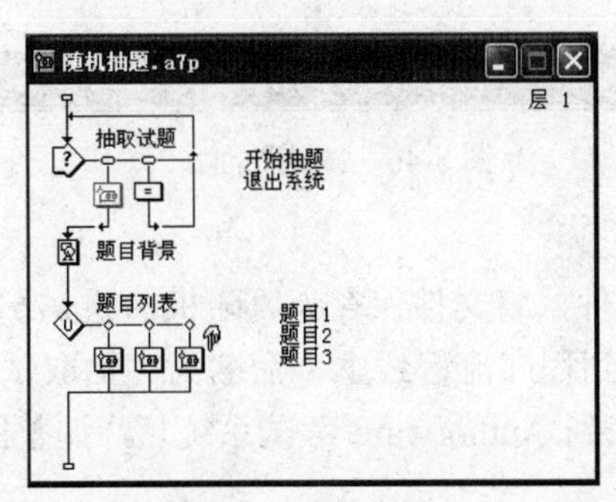

图 8-43　程序流程

图 8-44　初始运行界面

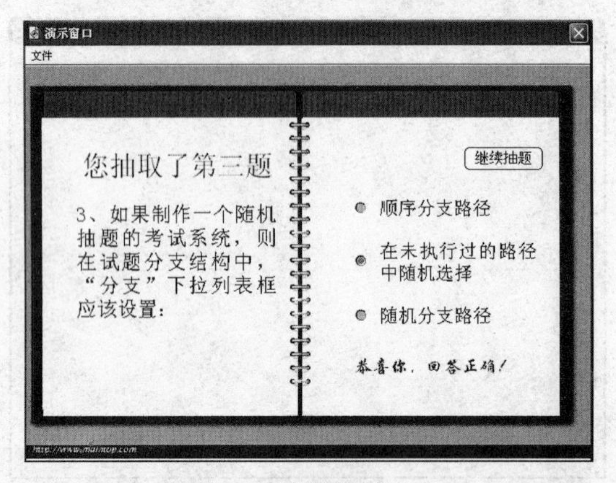

图 8-45 试题界面（1）

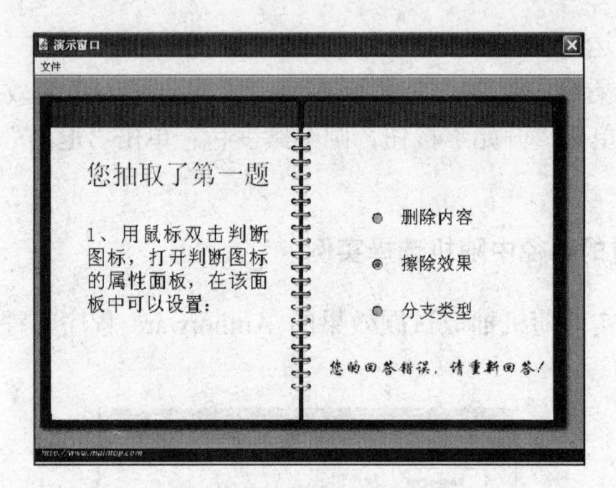

图 8-46 试题界面（2）

具体操作步骤如下：

（1）新建 Authorware 文件，将文件保存为“随机抽题.a7p”。

（2）添加一个交互图标到程序流程线上，命名为“抽取试题”。双击交互图标，导入一幅图片，并创建文本“欢迎来到 Authorware 考试系统！”，调整图片和文本的大小和位置，如图 8-47 所示。

图 8-47 交互图标“抽取试题”中的内容

（3）添加一个群组图标到交互图标的右侧，在弹出的“交互类型”对话框中选择“按钮”类型，将此群组图标命名为“开始抽题”。双击该群组图标上方的响应类型符号，在打开的属性面板中，单击“按钮”选项卡左侧的“按钮”按钮，弹出“按钮”对话框，选择如图 8-48 所示的按钮类型，单击“确定”按钮。

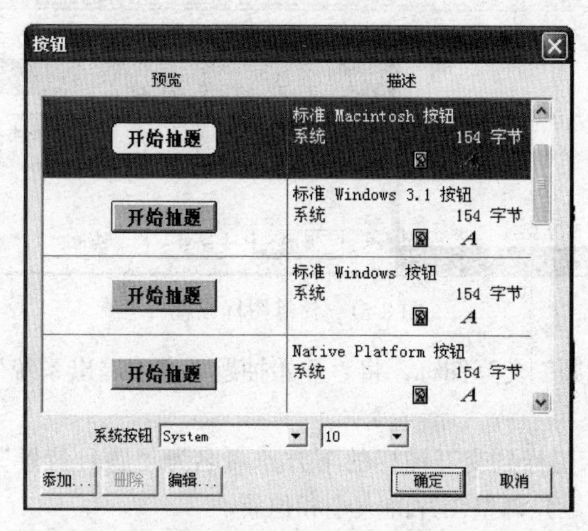

图 8-48　设置按钮类型

（4）将“开始抽题”分支的“响应”选项卡中的“分支”下拉列表框设置为“退出交互”，如图 8-49 所示。

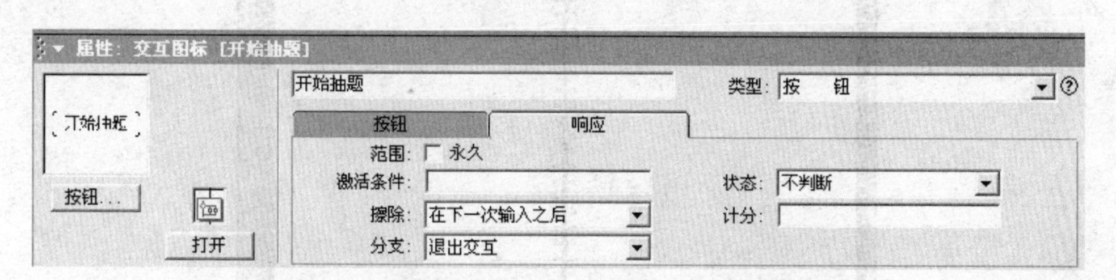

图 8-49　设置“分支”下拉列表框为“退出交互”

（5）在“开始抽题”分支右侧添加一个计算图标，命名为“退出系统”。按住 Ctrl 键不放，单击该分支下方的程序流向箭头两次，箭头方向指向右侧，如图 8-50 所示。

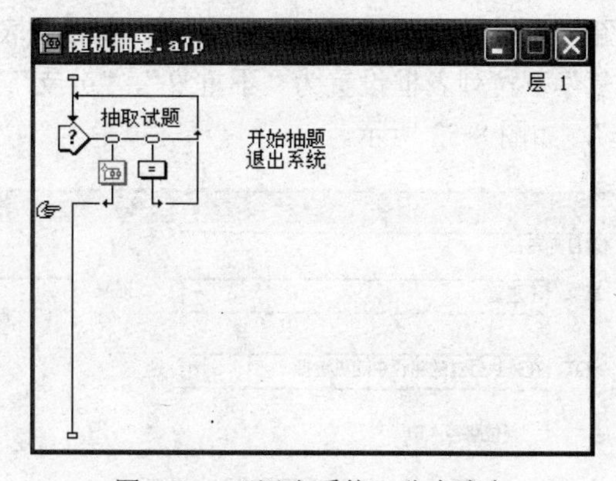

图 8-50　“退出系统”分支流向

（6）双击“退出系统”计算图标，在打开的计算图标编辑窗口中输入 Quit()，关闭该窗口，在弹出的对话框中单击“确定”按钮，如图 8-51 所示。

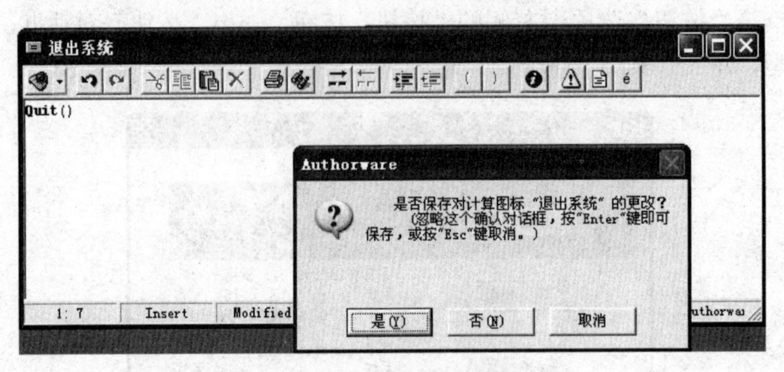

图 8-51　计算图标设置

（7）双击“抽取试题”交互图标，将“开始抽题”和“退出系统”按钮调整到合适位置，如图 8-44 所示。

（8）添加一个显示图标到交互图标的下方，命名为“题目背景”。双击该显示图标，导入如图 8-52 所示的图片，并调整图片的大小和位置。

图 8-52　“题目背景”显示图标中的内容

（9）添加一个判断图标到显示图标的下方，命名为“题目列表”。双击该判断图标，在打开的属性面板中将“重复”下拉列表框设置为“不重复”，“分支”下拉列表框设置为“在未执行过的路径中随机选择”，如图 8-53 所示。

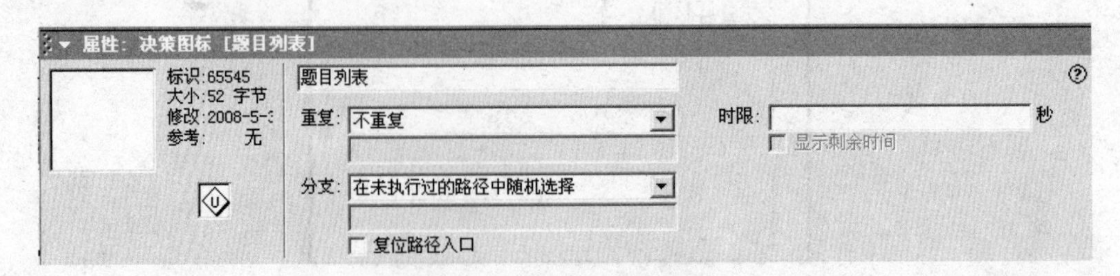

图 8-53　判断图标属性设置

（10）在判断图标右侧添加一个群组图标，命名为“题目 1”，双击该群组图标，在打开的“层 2”中添加一个交互图标，命名为“题目 1”；向此交互图标右侧添加一个群组图标，命名为“错误答案”，如图 8-54 所示。

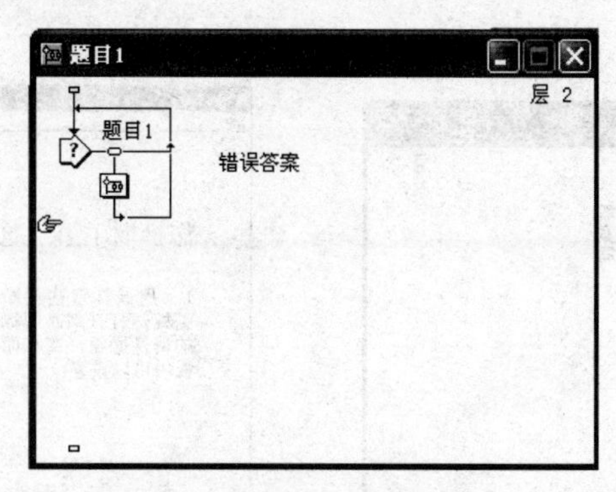

图 8-54　添加“错误答案”分支

（11）双击该群组图标上方的响应类型符号，在打开的属性面板中，单击“按钮”选项卡左侧的“按钮”按钮，弹出“按钮”对话框，选择如图 8-55 所示的按钮类型，单击“编辑”按钮，在图 8-56 所示的“按钮编辑”对话框中，将“标签”下拉列表框设置为“无”，最后连续单击两次“确定”按钮。

图 8-55　“按钮”对话框

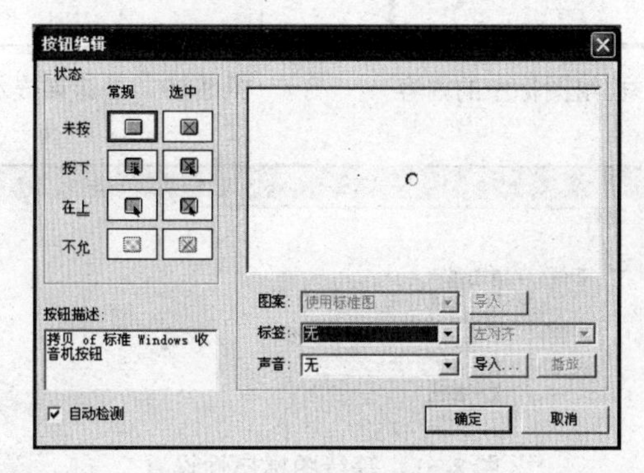

图 8-56　取消标签的显示

（12）在交互图标右侧再依次添加两个群组图标，作为响应分支，分别命名为“错误答案”和“正确答案”，并将正确答案的分支流向设置为“退出分支”，如图 8-57 所示。

（13）双击图 8-57 所示的“题目 1”交互图标，在其中输入题目，调整题目和按钮的位置，如图 8-58 所示。

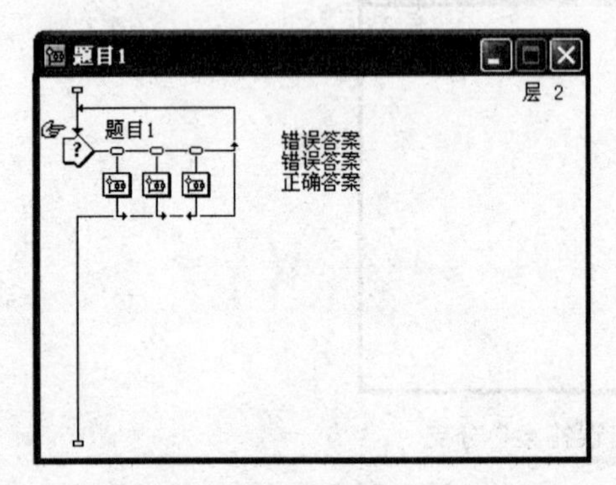

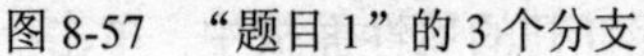
图 8-57 “题目 1”的 3 个分支

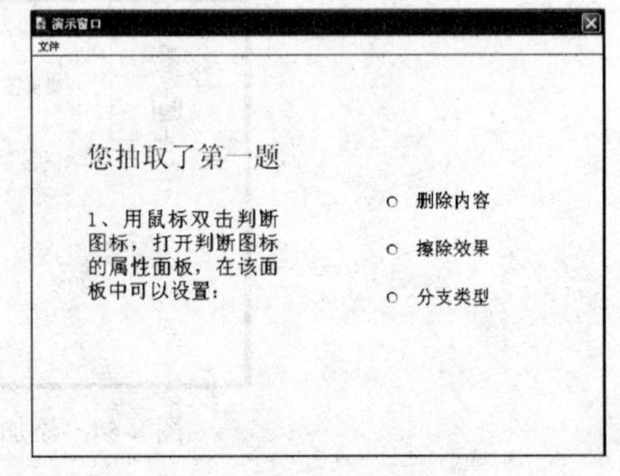

图 8-58 “题目 1”交互图标中的内容

（14）双击第一个“错误答案”群组图标，在其中添加一个显示图标、一个等待图标和一个擦除图标，分别命名为“错误提示”、“等待”和“擦除提示”，如图 8-59 所示。双击“错误提示”显示图标，在其中创建文本“您的回答错误，请重新回答！”，如图 8-60 所示。设置等待图标的属性为“单击鼠标”和“按任意键”，如图 8-61 所示。单击“擦除提示”擦除图标，打开其属性面板，同时单击演示窗口中的错误提示信息“您的回答错误，请重新回答！”，如图 8-62 所示。将第一个“错误答案”群组图标中的内容复制，粘贴到第二个“错误答案”群组图标中。

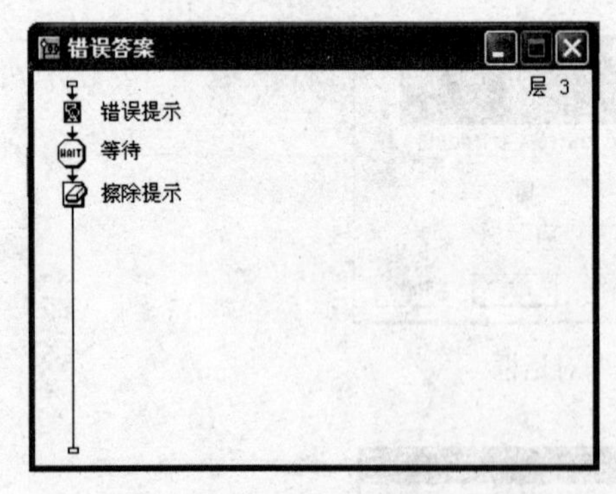

图 8-59 “错误答案”群组图标中的内容

图 8-60 “错误提示”显示图标中的内容

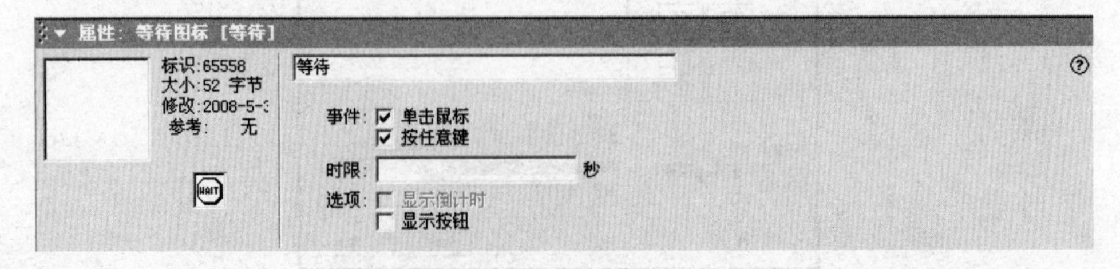

图 8-61 等待图标属性设置

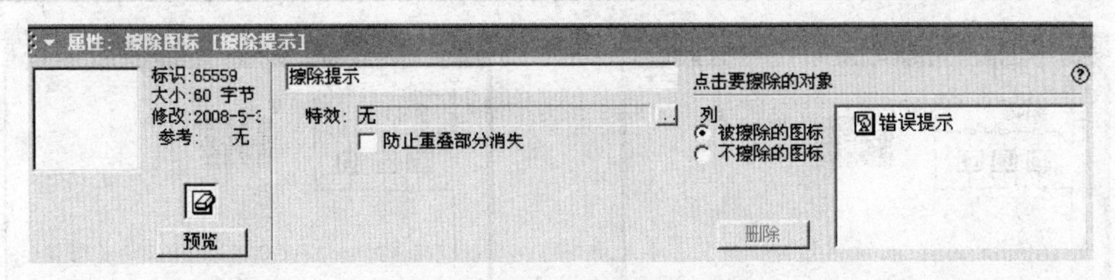

图 8-62　擦除图标属性设置

（15）双击图 8-57 所示的“正确答案”群组图标，在其中添加一个显示图标、一个等待图标和一个交互图标，在交互图标右侧添加一个计算图标，分别命名为“正确提示”、“等待”、“交互”和“继续抽题”，如图 8-63 所示。双击“正确提示”显示图标，在其中创建文本“恭喜你，回答正确！”，如图 8-64 所示。设置等待图标的属性为“单击鼠标”和“按任意键”，如图 8-61 所示。双击“继续抽题”计算图标，打开计算图标窗口，在其中输入 GoTo(IconID@"抽取试题")，如图 8-65 所示。参考第 3 步设置“继续抽题”按钮的样式。

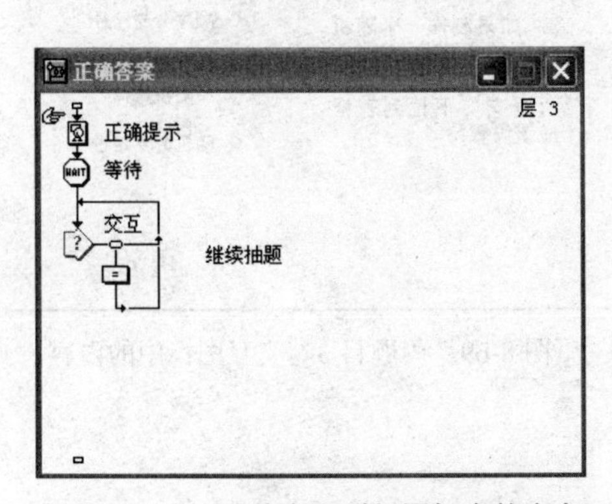

图 8-63　“正确答案”群组图标中的内容

图 8-64　“正确提示”显示图标中的内容

图 8-65　“继续抽题”计算图标

（16）将第 10 步添加的群组图标“题目 1”复制，依次粘贴在其右侧两次，并将名称分别改为“题目 2”和“题目 3”，如图 8-43 所示。

（17）参考第 10 步到第 15 步，将“题目 2”和“题目 3”中的内容进行更改，参考如图 8-66 和图 8-67 所示。

（18）双击图 8-66 所示的“题目 2”交互图标，将题目修改为如图 8-68 所示；同样“题目 3”交互图标中的内容如图 8-69 所示。

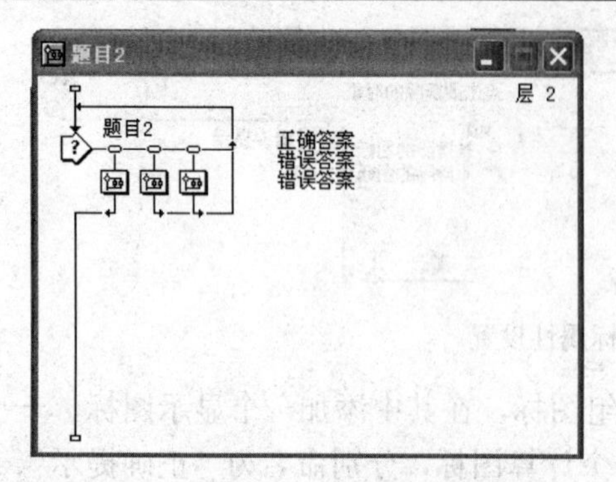

图 8-66　“题目 2”群组图标中的内容

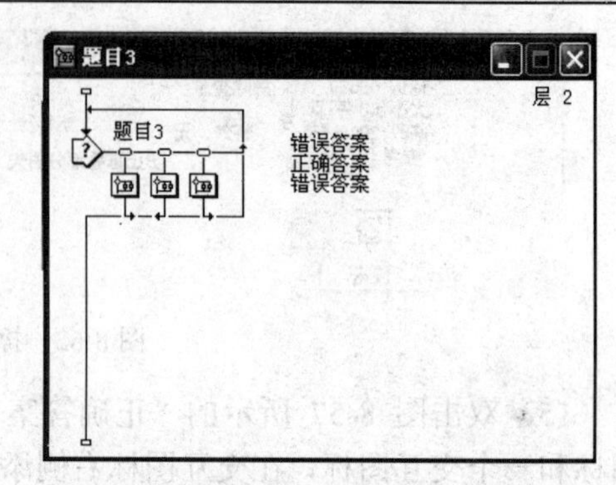

图 8-67　“题目 3”群组图标中的内容

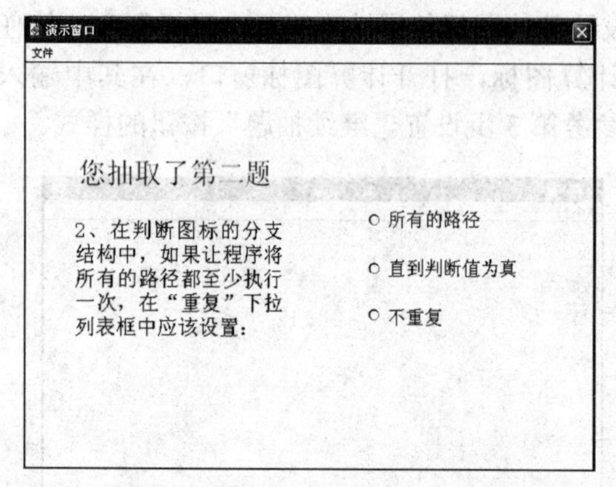

图 8-68　“题目 2”交互图标中的内容

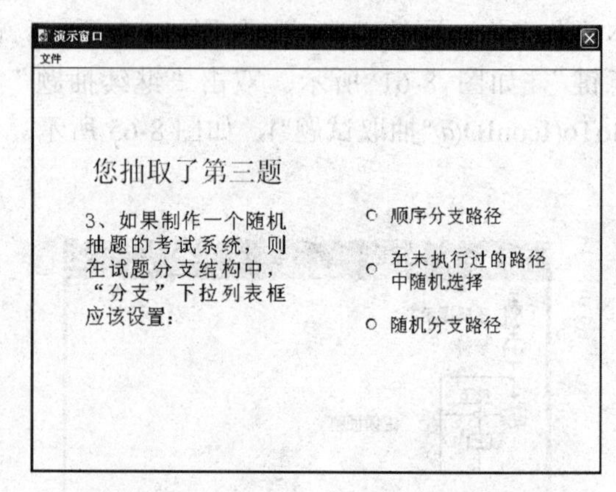

图 8-69　“题目 3”交互图标中的内容

（19）保存程序并运行。

8.2.4　计算分支路径实例

例 8.5　创建一个实现按输入题号抽题效果的 Authorware 程序，程序流程和运行结果如图 8-70 和图 8-71 所示。

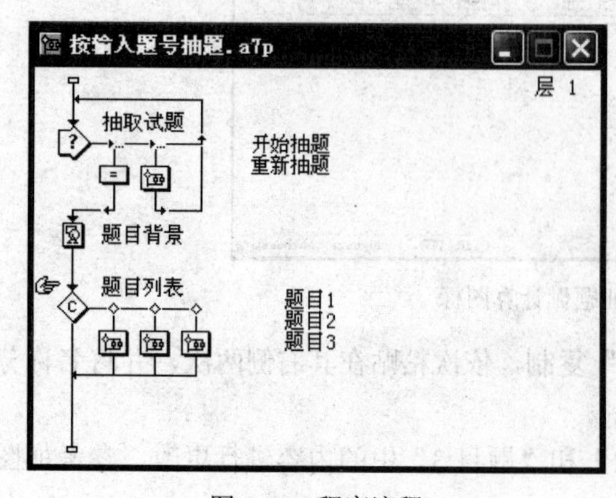

图 8-70　程序流程

图 8-71　运行结果

具体操作步骤如下：

（1）打开例 8.4 创建的“随机抽题.a7p”文件。

（2）选择“文件”→“另存为”命令，将文件另存为“按输入题号抽题.a7p”。

（3）删除“抽取试题”交互图标右侧的两个响应分支中的图标；双击该交互图标，在里面添加新的文本“请输入题号:”，调整该文本的大小和位置。

（4）拖拽一个计算图标到“抽取试题”交互图标的右侧，命名为“开始抽题”，如图 8-72 所示。双击该计算图标上方的响应类型符号，在打开的属性面板中，选择“文本输入”选项卡，在“模式”文本框中输入“"1|2|3"”，将“忽略”区域中的复选项全部选中，如图 8-73 所示。选择“响应”选项卡，将“分支”下拉列表框设置为“退出交互”，如图 8-74 所示。

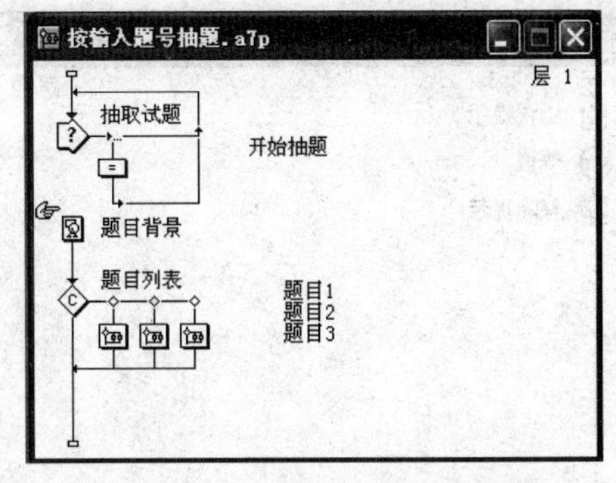

图 8-72　添加计算图标“开始抽题”

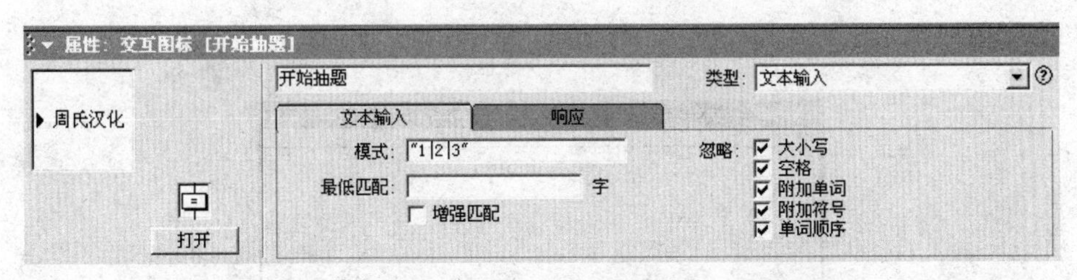

图 8-73　“开始抽题”分支的“文本输入”选项卡设置

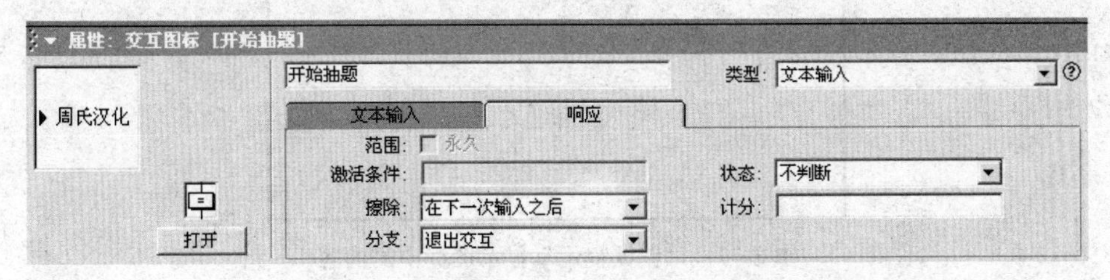

图 8-74　“开始抽题”分支的“响应”选项卡设置

（5）双击“开始抽题”计算图标，在打开的计算窗口中输入 n:=NumEntry，如图 8-75 所示。

图 8-75　“开始抽题”计算图标窗口

（6）在“开始抽题”计算图标右侧添加一个群组图标，命名为“重新抽题”，双击该群组图标，在层 2 中依次添加一个显示图标、一个等待图标和一个擦除图标，并分别命名为“错误提示”、“等待”和“擦除提示”，如图 8-76 所示；双击“错误提示”显示图标，在里面输入文本“请输入题号 1、2、3！”，调整文本的字体、字号和位置，如图 8-77 所示；单击等待图标，在属性面板中选中“事件”选项区中的“单击鼠标”和“按任意键”复选框，如图 8-78 所示；将“错误提示”显示图标中的文本设置为“擦除提示”擦除图标的擦除对象，“擦除提示”擦除图标的属性面板如图 8-79 所示。

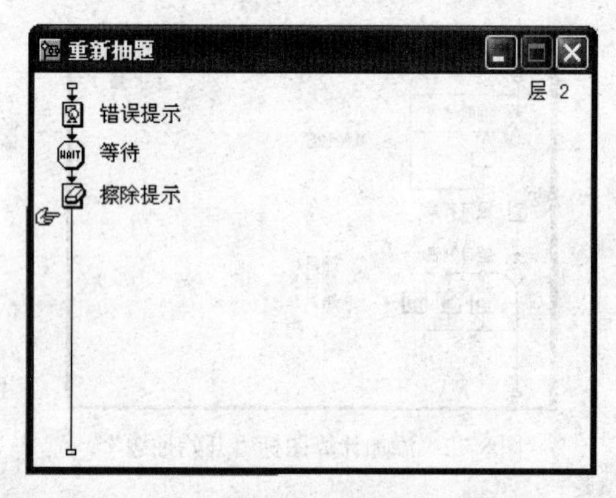

图 8-76 “重新抽题”群组图标中的内容

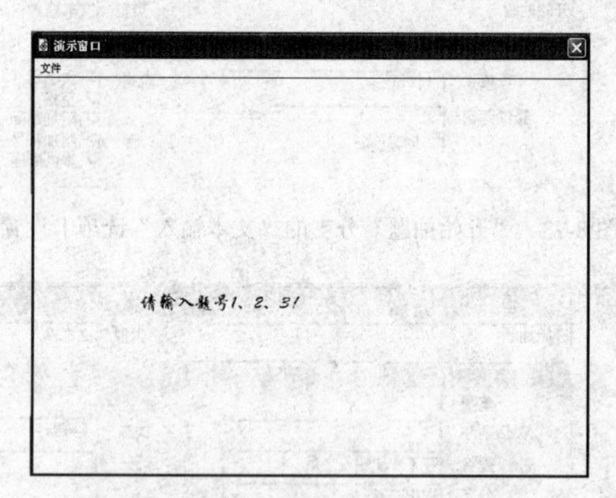

图 8-77 “错误提示”显示图标中的内容

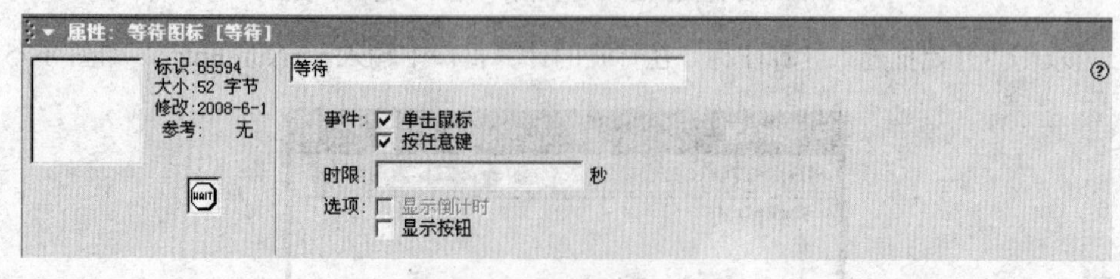

图 8-78 等待图标属性设置

（7）双击“重新抽题”群组图标上方的响应类型符号，在打开的属性面板中选择“文本输入”选项卡，在“模式”文本框中输入“"*"”，将“忽略”区域中的复选项全部选中，如图 8-80 所示。选择“响应”选项卡，将“分支”下拉列表框设置为“重试”，如图 8-81 所示。

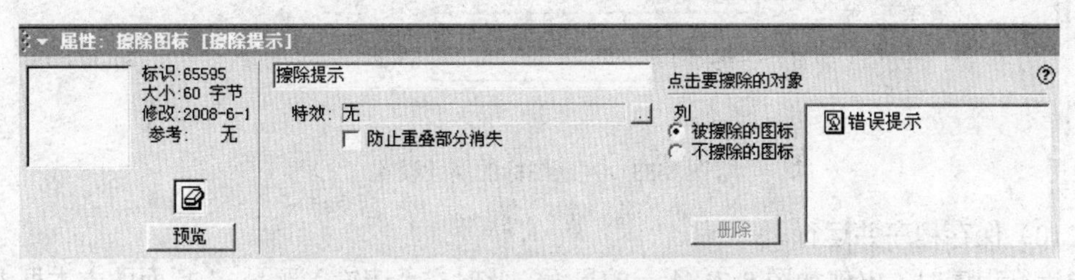

图 8-79　擦除图标属性设置

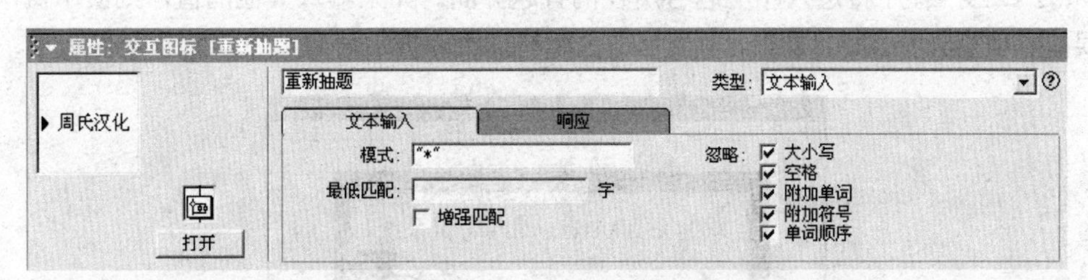

图 8-80　“重新抽题”分支的“文本输入”选项卡设置

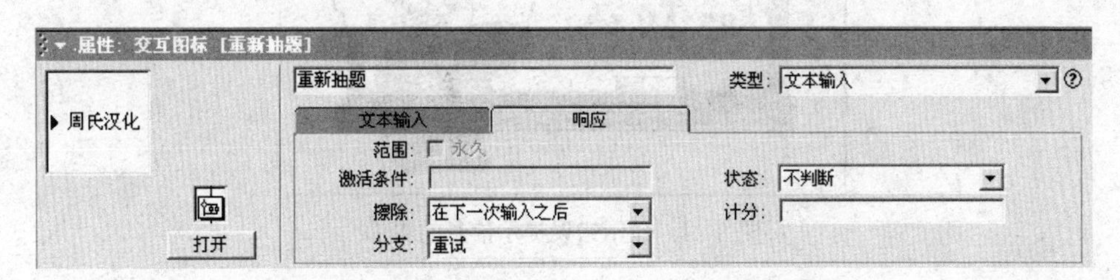

图 8-81　“重新抽题”分支的“响应”选项卡设置

（8）运行程序，然后单击左侧的设计窗口，将程序变为编辑状态，此时调整演示窗口中文本框的大小和位置，如图 8-82 所示。

图 8-82　文本框的大小和位置

（9）双击“题目列表”判断图标，在属性面板中将“分支”下拉列表框设置为“计算分支结构”，并在其下面的文本框中输入 n，“重复”下拉列表框仍为“不重复”，如图 8-83 所示。

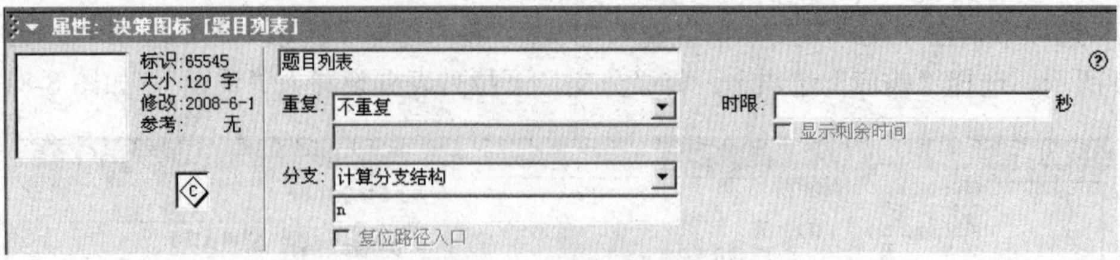

图 8-83　判断图标的属性设置

（10）保存程序并运行。

当运行程序时，出现如图 8-71 所示的界面，此时在“请输入题号：”后面的文本框中输入数字 1、2 或 3，程序将进入相应题号所在的答题界面；如果输入其他的值，则演示窗口中显示错误提示信息，如图 8-84 所示，当单击鼠标时，擦除提示信息，可以重新输入题号。

图 8-84　显示错误提示信息的界面

本章练习

一、选择题

1．在 Authorware 中创建分支结构时，必须使用（　）图标。

A．框架　　B．判断　　C．群组　　D．显示

2．用于创建一种判断分支结构的图标是（　）。

A．　　B．◇　　C．　　D．

3．分支路径设计中，决策图标上显示 S 时，表示选择了“分支”下拉列表中的（　）选项。

A．顺序分支路径　　B．随机分支路径

C．在未执行过的路径中随机选择　　D．计算分支结构

4．分支路径设计中，决策图标上显示 C，表示选择了“分支”下拉列表框中的（　）选项。

A．顺序分支路径　　B．随机分支路径

C．在未执行过的路径中随机选择　　D．计算分支结构

5．如果分支结构在执行分支的过程中被中断，要求其返回时重新开始路径的计数，则应该进行的设置为（　）。

A．在“重复”下拉列表框中选择“直到单击鼠标或按任意键”选项

B．选中“复位路径入口”复选框

C．在“分支”下拉列表框中选择“随机分支路径”选项

D．在“分支”下拉列表框中选择“在未执行过的路径中随机选择”选项

二、填空题

1．判断图标有________种循环方式和________种分支方式。

2．“复位路径入口”复选框只有在“分支”下拉列表框中选择________或________选项时才可用。

三、上机题

创建一个实现“图片浏览”功能的程序。该程序实现的功能是，运行程序时每隔 3 秒自动显示一张图片，并且每张图片在浏览过后就不再被浏览。

提示：使用“在未执行过的路径中随机选择”分支方式和“所有的路径”重复方式。

第 9 章　框架与导航

9.1　框架结构

框架结构是指能够对页面进行管理和控制的结构。比如在浏览网页时，可以通过单击上一页、下一页、第一页、最后一页等图标或文本进行翻页或者跳转到要浏览的页面；在浏览电子相册时，也可以通过此方式来进行翻页从而实现照片的随意观赏。Authorware 提供的框架结构可以很容易地实现页面的翻转、查找等功能，这对于创立一个功能完善的多媒体作品是非常方便的。

在框架结构中有两种非常重要的图标：框架图标回和导航图标▽。框架图标主要用来创建页面，而页面之间的跳转则是通过导航图标实现的，框架图标和导航图标相互配合使用，从而形成了功能完善的页面管理系统。

9.1.1　框架结构的建立

框架结构的建立方法非常简单，与交互结构和分支结构的建立相似，也需要和其他图标配合使用。下面介绍一个简单框架结构的建立过程。

（1）新建 Authorware 文件，并保存为“框架结构的建立.a7p”。

（2）添加一个框架图标到程序流程线上，命名为“框架结构”。

（3）拖拽一个显示图标到框架图标的右侧；命名为“第一页”。

（4）以同样的方法向框架图标右侧继续添加 3 个显示图标，分别命名为“第二页”、“第三页”和“第四页”。

（5）编辑各个显示图标中的内容，分别为“第一页”、“第二页”、“第三页”和“第四页”。

以上所建立的框架结构如图 9-1 所示。它是一个典型的框架结构，由一个框架图标和若干个被称为页的分支组成，这些页按自左向右的顺序排列。页中包含的图标称为页图标，图标可以是单一的图标，也可以是复杂的程序模块。

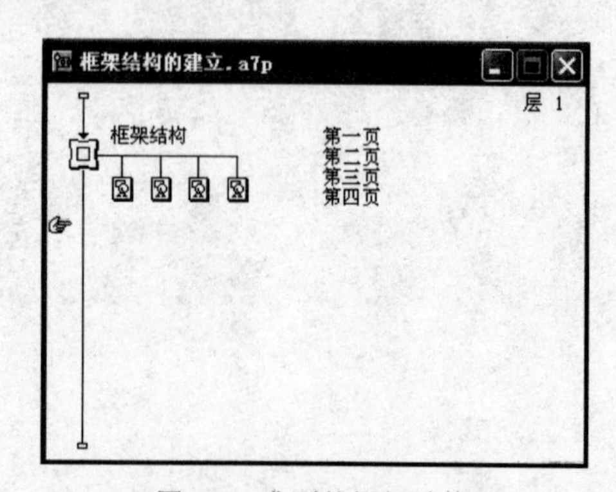

图 9-1　典型的框架结构

运行以上程序，可以看到，在演示窗口的右上方出现一组按钮，如图 9-2 所示，其中共包含 8 个小按钮，同时演示窗口中显示的内容为“第一页”显示图标中的内容。单击演示窗口右上方的按钮，页面会根据按钮的选择进行页面的跳转。实际上，对页面的管理和控制功能是通过框架图标的内部结构实现的。

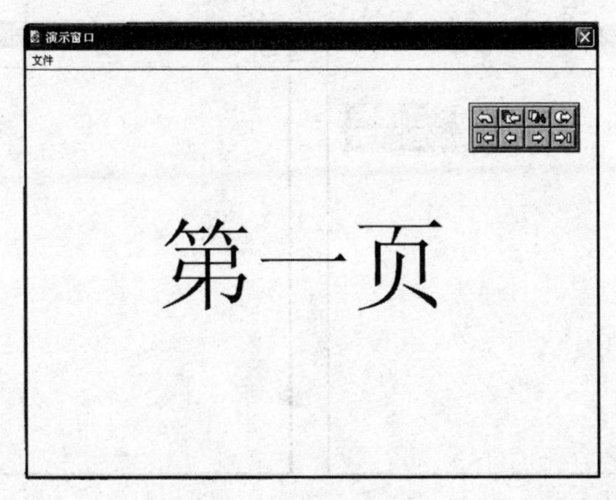

图 9-2　程序运行结果

9.1.2　框架图标的内部结构

框架图标本身是一个复合型图标，是由许多其他图标共同构建的。双击框架图标，将弹出如图 9-3 所示的框架窗口。

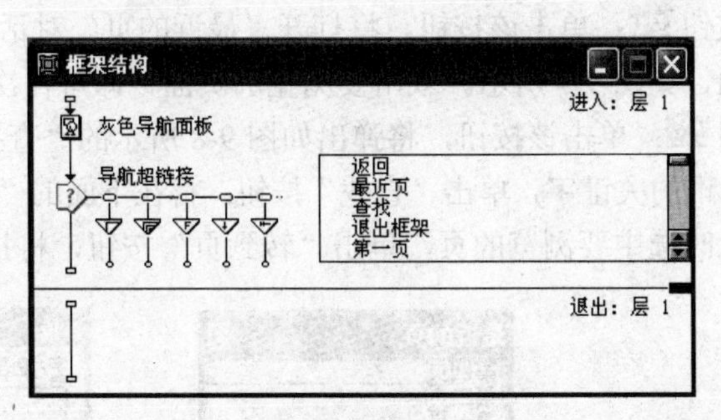

图 9-3　框架窗口

框架窗口是一个特殊的设计窗口，由窗口中的分隔线将其分成上下两个窗格：“进入：层 1”和“退出：层 1”，这两个窗格分别被称为入口窗格和出口窗格。窗口分隔线右侧的黑色小方框称为调整杆，可以通过上下拖拽调整杆来调整入口窗格和出口窗格的大小。入口窗格左侧的流程线称为入口流程线，出口窗格左侧的流程线称为出口流程线。

当 Authorware 执行到框架图标时，首先执行入口窗格中的内容，然后再执行第一个页图标。入口窗格通常用来为所有页面提供共同的背景图片、文本或者设置变量的初值，在退出框架结构之前，入口窗格中的内容始终存在。当程序退出框架结构时，首先执行出口窗格中的内容，然后擦除在框架图标中显示的所有内容（包括各页面中的内容以及入口窗格中的内容）。

框架图标的入口窗格默认由一个显示图标和一个按钮类型的交互结构组成，如图 9-3 所示。双击“灰色导航面板”显示图标，打开如图 9-4 所示的演示窗口，演示窗口中的图形是程序中 8 个按钮的背景图片，此背景图片可以根据程序的需要进行更改或删除。

双击显示图标下方的“导航超链接”交互图标，打开如图 9-5 所示的演示窗口，演示窗口中有 8 个按钮，分别对应于“导航超链接”交互结构中的各响应分支。8 个按钮的大小、位置、图片、声音等都可以进行编辑，编辑的方法与在第 7 章中介绍的方法相同，在此不再赘述。

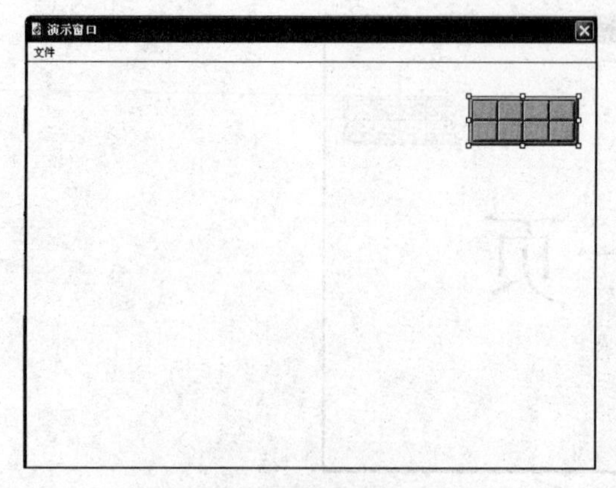

图 9-4 “灰色导航”面板

图 9-5 交互图标中的 8 个按钮

图 9-4 中的灰色导航面板和图 9-5 中的各按钮组合形成了图 9-6 所示的按钮组。

各个按钮的名称以及功能如下：

（1）“返回”按钮：单击该按钮，演示窗口中的内容将沿着用户使用过的历史记录从后向前翻阅，每单击一次按钮，向前翻阅一个页面。

（2）“最近页”按钮：单击该按钮，将打开“最近的页”对话框列表，列表中列出了用户已经浏览过的页面，如图 9-7 所示。双击要浏览的页面，即可再次打开该页面进行浏览。

（3）“查找”按钮：单击该按钮，将弹出如图 9-8 所示的“查找”对话框，在“字/短语”文本框中输入要查询的关键字，单击“查找”按钮，将在下面的“页”列表框中列出所有与关键字匹配的页，此时选中要浏览的页，单击“转到页”按钮，将打开该页面。

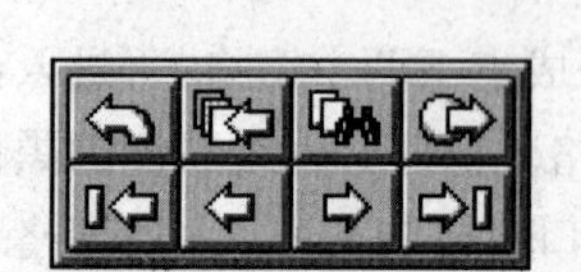

图 9-6 框架结构中的按钮组

图 9-7 “最近的页”对话框

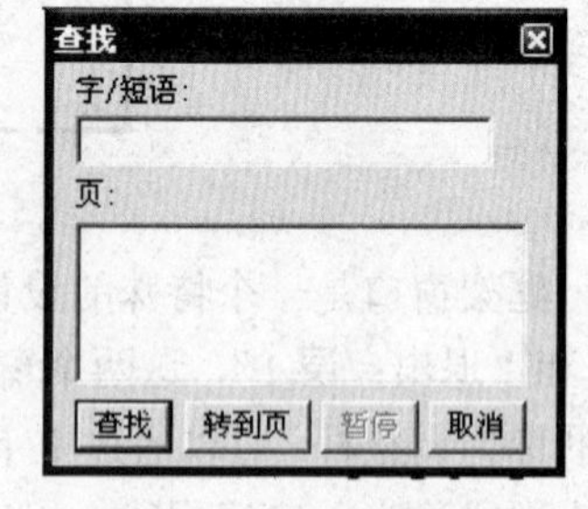

图 9-8 “查找”对话框

（4）“退出”按钮：单击该按钮，程序将执行出口窗格中的内容，然后退出框架结构。

（5）“第一页”按钮：单击此按钮，程序将跳转到该框架结构的第一个页面。

（6）“上一页”按钮：单击此按钮，程序将跳转到当前页面的上一个页面。

（7）“下一页”按钮：单击此按钮，程序将跳转到当前页面的下一个页面。

（8）“最后页”按钮：单击此按钮，程序将跳转到该框架结构的最后一个页面。

以上 8 个按钮所执行的功能实际上是通过它们所在的交互结构中各个分支中的响应图标

实现的，每个按钮对应一个导航图标作为响应图标。程序运行时，单击某个按钮，程序会根据该按钮所在分支的导航图标属性的设置来跳转到相对应的页面。

导航图标的属性设置不同时，其对应符号也不同，表 9-1 列出了框架图标的内部结构中“导航超链接”交互结构里各个响应分支中各导航图标的符号。

表 9-1　“导航超链接”中各分支名称、按钮形状和导航图标形状

响应分支名称	按钮形状	导航图标	响应分支名称	按钮形状	导航图标
返回			第一页		
最近页			上一页		
查找			下一页		
退出			最后页		

9.1.3　框架图标属性的设置

按住 Ctrl 键的同时双击框架图标，即可打开框架图标的属性面板，如图 9-9 所示。

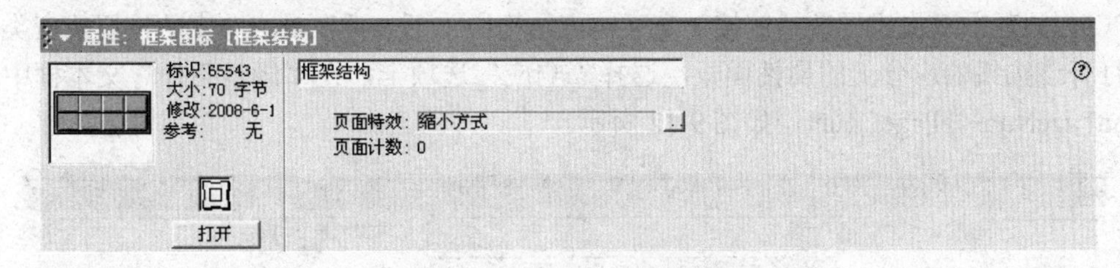

图 9-9　框架图标的属性面板

（1）“打开”按钮：单击此按钮，可以打开框架窗口。

（2）“页面特效”文本框：用于设置该框架结构中页面之间切换的过渡效果。单击右侧的按钮，将打开如图 9-10 所示的“页特效方式”对话框，用户可以从中选择所需的过渡效果。Authorware 默认的过渡效果为“缩小方式”。也可以对某些页面单独设置页面的过渡效果。

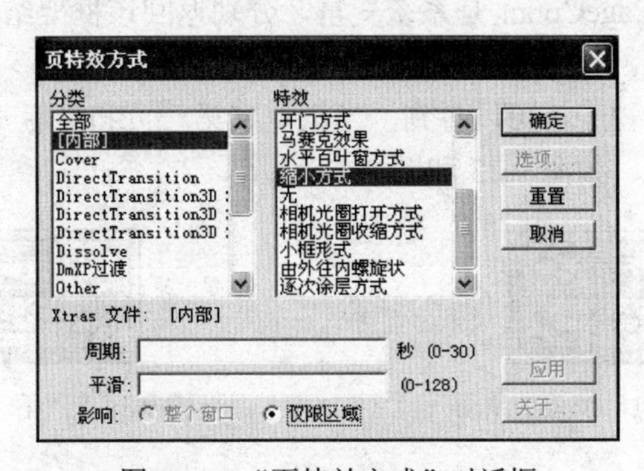

图 9-10　“页特效方式”对话框

（3）页面计数：用于显示该框架图标中所包含的页面总数。

9.1.4　防止页面回绕

在默认的框架结构中，当用户浏览到第一页时，单击“上一页”按钮，系统将跳转到最

后一页；反之，当用户浏览到最后一页时，单击“下一页”按钮，系统将跳转到第一页；这种现象被称为“页面回绕”。用户在开发程序时，往往不希望出现页面回绕的现象，下面介绍如何避免页面回绕的产生。

（1）双击框架图标，打开框架图标窗口。

（2）在“导航超链接”交互响应结构中，双击“上一页”响应分支的按钮响应类型符号，打开该按钮响应分支的属性面板，选择“响应”选项卡，在“激活条件”文本框中输入 CurrentPageNum<>1，如图 9-11 所示。

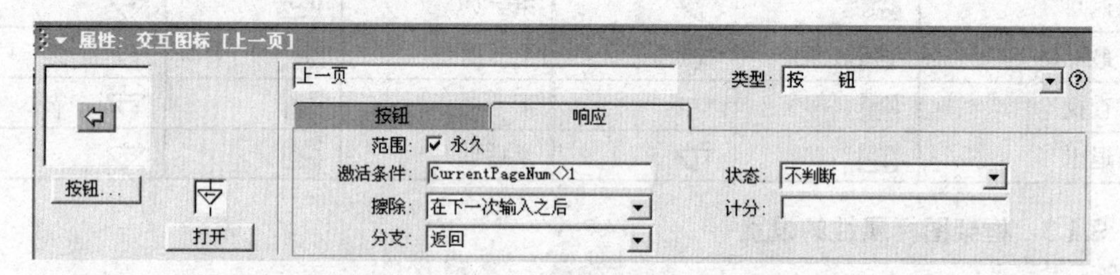

图 9-11 “上一页”响应分支的属性面板

（3）同理，双击“导航超链接”交互响应结构中“下一页”响应分支的按钮响应类型符号，打开该按钮响应分支的属性面板，选择“响应”选项卡，在“激活条件”文本框中输入 CurrentPageNum<>PageCount，如图 9-12 所示。

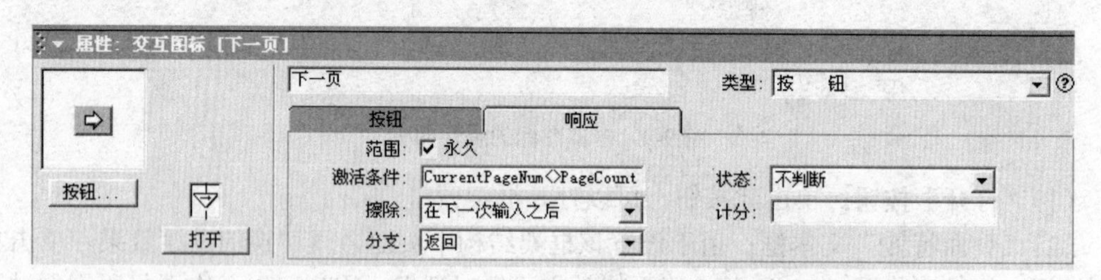

图 9-12 “下一页”响应分支的属性面板

CurrentPageNum 和 PageCount 是系统变量，分别返回该框架结构的当前页面数和当前框架结构所包含的页面总数。

设置完成之后再运行程序，可以看到，当浏览到第一页和最后一页时，“上一页”和“下一页”按钮变为禁用状态，如图 9-13 和图 9-14 所示。

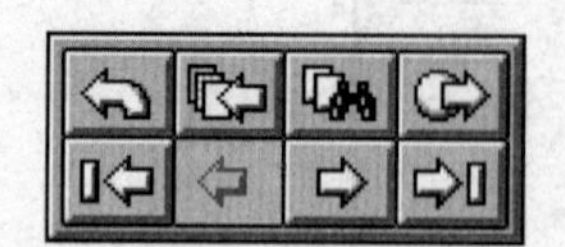

图 9-13 “上一页”按钮被禁用

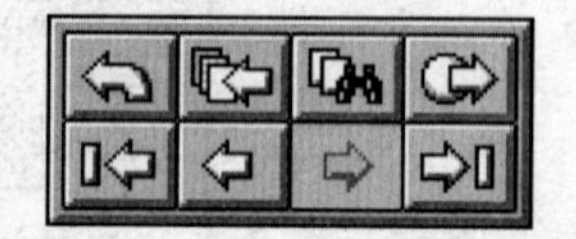

图 9-14 “下一页”按钮被禁用

9.1.5 框架结构实例

例 9.1 创建一个实现图片浏览效果的 Authorware 程序。该程序实现的功能是：当运行程序时，播放背景音乐，同时浏览第一个页面，用户可通过单击 8 个导航按钮进行页面的翻转、查找、退出等操作。程序流程和运行结果如图 9-15 和图 9-16 所示。

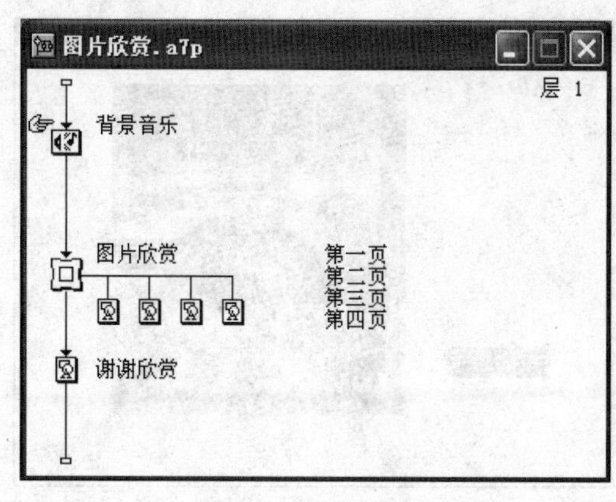

图 9-15　程序最终流程

图 9-16　运行结果

具体操作步骤如下：

（1）新建 Authorware 文件，将文件保存为“图片欣赏.a7p”。

（2）添加一个声音图标到程序流程线上，命名为“背景音乐”，双击声音图标，在打开的属性面板中单击“导入”按钮，导入声音文件 forever friends.mp3。将“计时”选项卡中的“执行方式”下拉列表框设置为“同时”，在播放次数下面的文本框中输入 10，如图 9-17 所示。

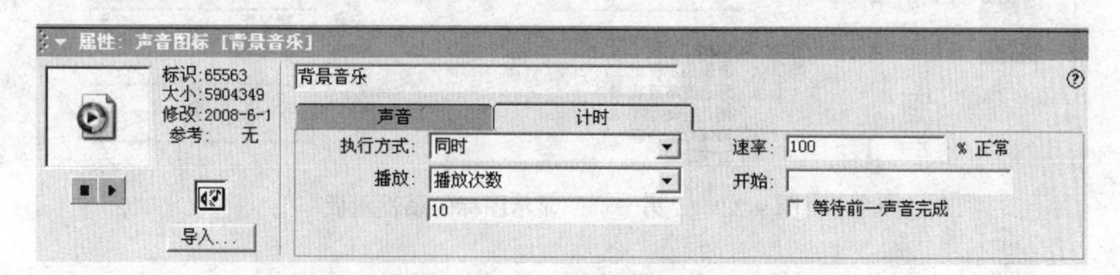

图 9-17　声音图标属性设置

（3）在声音图标下方添加一个框架图标，命名为“图片欣赏”。拖拽 4 个显示图标到框架图标的右侧，将 4 个显示图标分别命名为“第一页”、“第二页”、“第三页”和“第四页”。

（4）依次双击 4 个显示图标，在打开的演示窗口中分别导入图片并输入文本，具体内容如图 9-18 至图 9-21 所示。

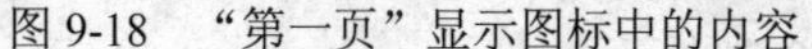
图 9-18　“第一页”显示图标中的内容

图 9-19　“第二页”显示图标中的内容

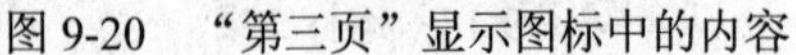

图 9-20 “第三页”显示图标中的内容　　图 9-21 “第四页”显示图标中的内容

（5）按住 Ctrl 键的同时双击“第一页”显示图标，弹出属性面板，单击其中“特效”文本框右侧的按钮，在弹出的“特效方式”对话框中设置该显示图标的特效方式，如图 9-22 和图 9-23 所示。使用同样的方法设置其他 3 个显示图标的特效方式。

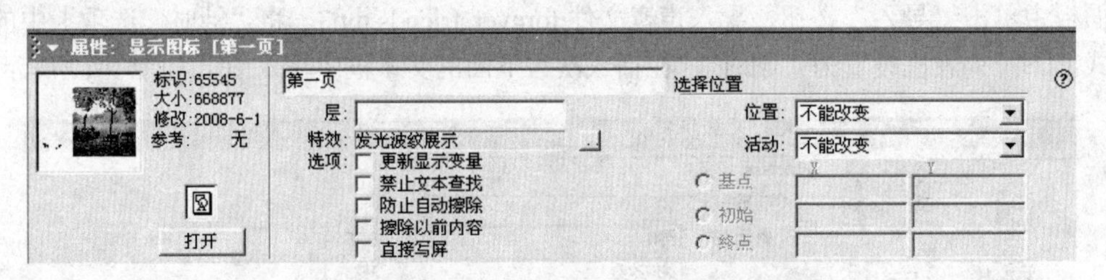

图 9-22 “第一页”显示图标的属性面板

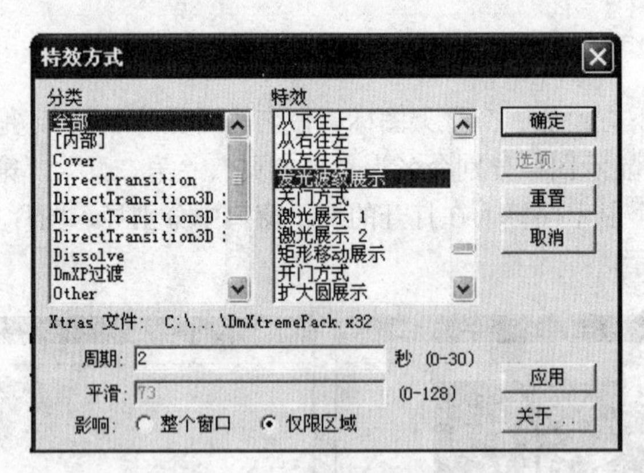

图 9-23 设置特效方式

（6）双击框架图标打开框架窗口，删除显示图标“灰色导航面板”。

（7）在入口窗格的“导航超链接”交互结构上方添加一个显示图标，命名为“背景文字”，如图 9-24 所示。双击该显示图标，在打开的演示窗口中创建文本“图片欣赏”，如图 9-25 所示。

（8）在出口窗格中添加一个显示图标和一个等待图标，分别命名为“出口窗格”和“等待”，如图 9-26 所示。双击显示图标，在里面输入文本“退出框架”，如图 9-27 所示。在显示图标的属性面板中，设置该显示图标的特效方式为“扩大圆展示”，如图 9-28 所示。设置等待图标的属性为“时限 2 秒”和“显示倒计时”，如图 9-29 所示。

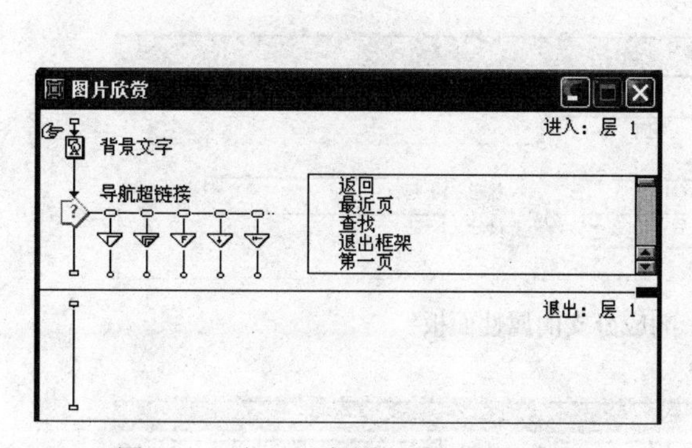

图 9-24　在入口窗格中添加显示图标

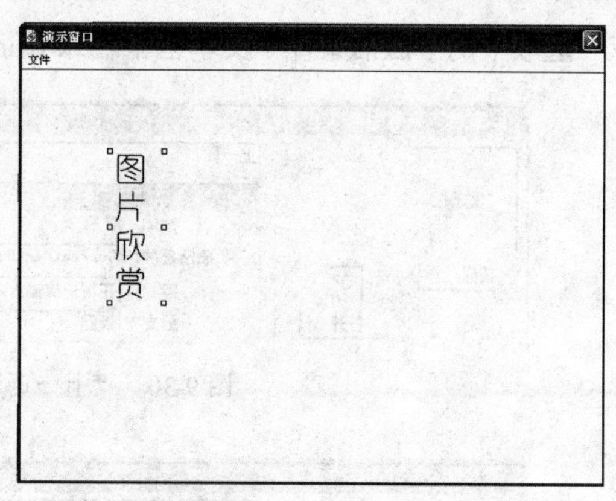

图 9-25　“背景文字”显示图标中的内容

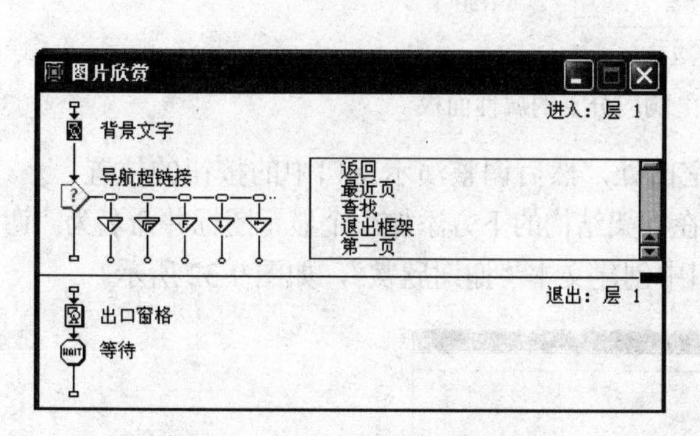

图 9-26　在出口窗格中添加图标

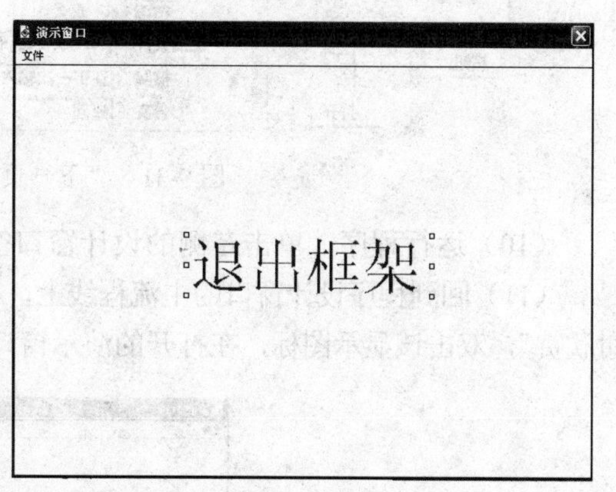

图 9-27　“出口窗格”显示图标中的内容

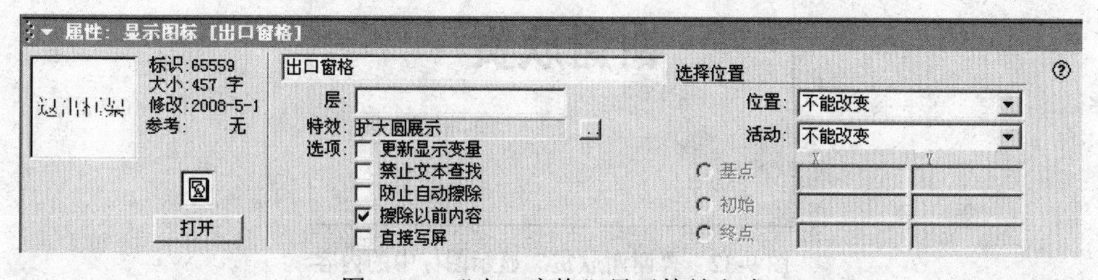

图 9-28　“出口窗格”显示特效方式

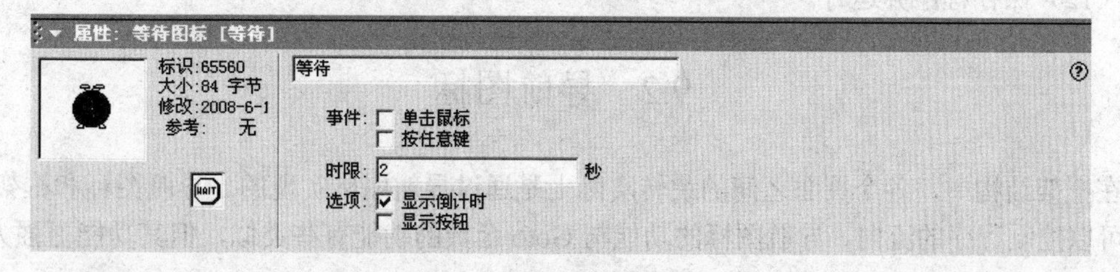

图 9-29　等待图标属性设置

（9）在入口窗格的“导航超链接”交互响应结构中，双击“上一页”响应分支的按钮响应类型符号打开该按钮响应分支的属性面板，选择“响应”选项卡，在“激活条件”文本框中输入 CurrentPageNum<>1，如图 9-30 所示。同理，设置“下一页”响应分支的属性，在“响应”选项卡的“激活条件”文本框中输入 CurrentPageNum<>PageCount，如图 9-31 所示。

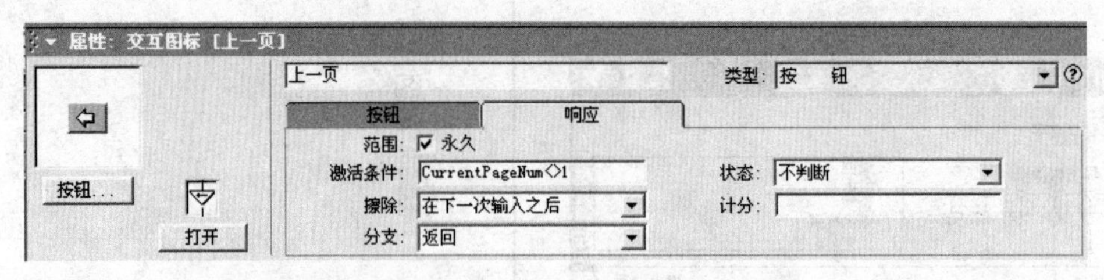

图 9-30 “上一页”响应分支的属性面板

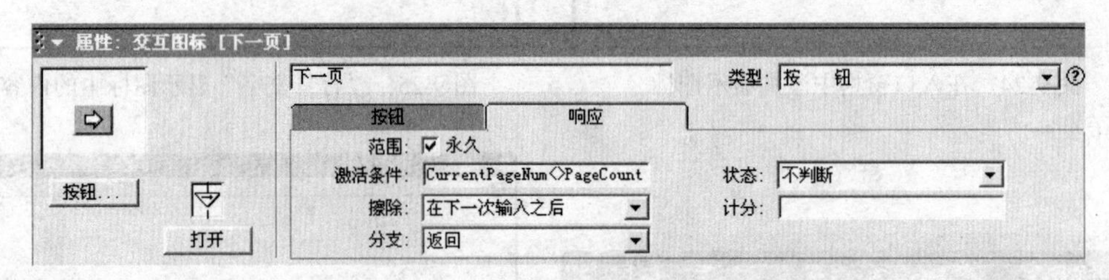

图 9-31 “下一页”响应分支的属性面板

（10）运行程序，单击左侧的设计窗口空白处，然后调整演示窗口中的按钮的位置。

（11）回到程序设计窗口的主流程线上，在框架结构的下方添加一个显示图标并命名为“谢谢欣赏”，双击该显示图标，在打开的演示窗口中创建文本“谢谢欣赏”，如图 9-32 所示。

图 9-32 “谢谢欣赏”显示图标中的内容

（12）保存程序并运行。

9.2 导航图标

在框架结构中，各个页面之间的跳转实际上是通过导航图标实现的。导航图标和框架图标配合可以控制程序的流向。导航图标的功能与 Goto 函数的功能有些类似，但其功能更强大些。

9.2.1 导航图标简介

导航图标是一个倒三角的形状▽，既可以单独放置在程序流程线上，也可以放置在群组图标、交互结构或分支结构中，导航图标同时被自动包含在框架图标中，它的使用非常灵活。

使用导航图标既可以实现程序在框架结构内部的跳转，也可以实现程序在不同的框架结构之间进行跳转。但是导航图标只有在框架结构存在时才能有效地实现跳转功能。

导航图标的使用途径有两种：自动导航和用户控制导航。

1. 自动导航

自动导航是指当 Authorware 程序执行到导航图标时，自动跳转到导航图标中设置的目标页（框架图标所附属的页）。在这种情况下，通常直接将导航图标放置在程序流程线上，自动导航的使用如图 9-33 所示。

2. 用户控制导航

用户控制导航是指将导航图标放置在交互结构中，交互类型通常是按钮、热对象和热区域等。用户通过对交互结构中的响应进行操作而进入相应的页面（可以是同一个文件的不同框架中的页），实现页面跳转的功能，如图 9-34 所示。

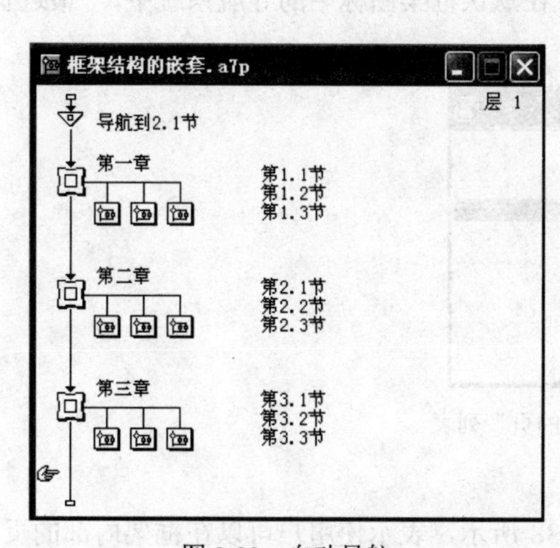

图 9-33　自动导航

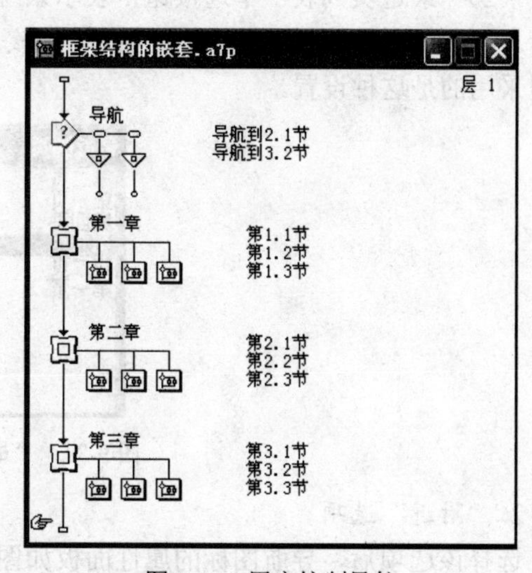

图 9-34　用户控制导航

9.2.2　导航图标属性的设置

单击程序流程线上的导航图标，打开如图 9-35 所示的属性面板。该属性面板中的“目的地”下拉列表框用于设置转向类型。其中有 5 个选项，分别为“最近”、“附近”、“任意位置”、“计算”和“查找”，当选择不同的选项时，属性面板中会出现不同的设置。

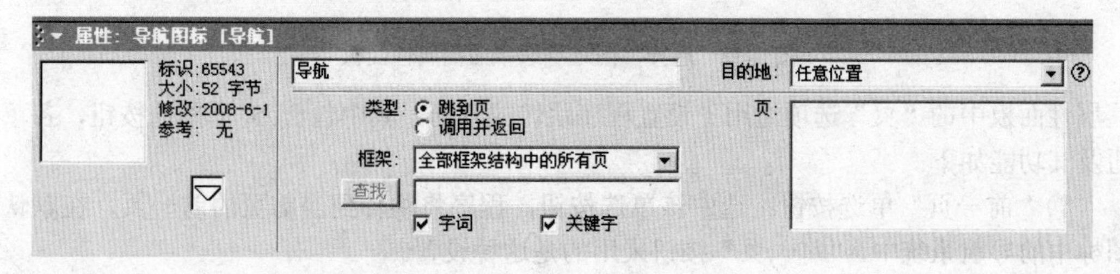

图 9-35　导航图标的属性面板

1. “最近”选项

选择该选项后，导航图标的属性面板如图 9-36 所示，表示使用户跳转到已浏览过的页面。

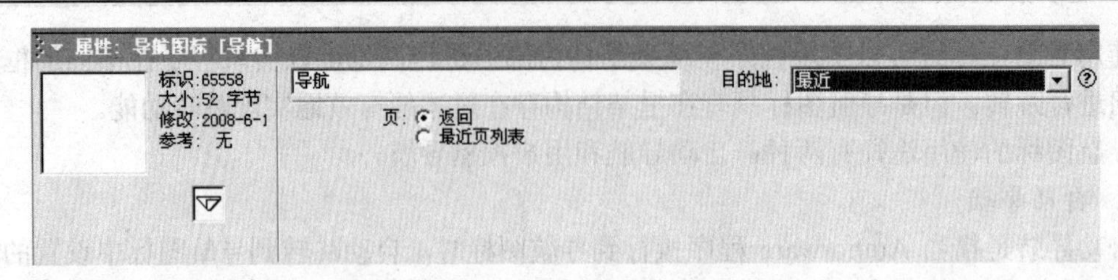

图 9-36　选择“最近”选项后的属性面板

属性面板中的“页”选项组用于设置程序跳转的方向，其中包含“返回”和“最近页列表”两个单选按钮。

（1）“返回”单选按钮：表示沿用户已浏览过的页面由后向前翻页，每次向前翻一页。在默认框架图标中的导航系统中，“返回”按钮采用的是这种设置。

（2）“最近页列表”单选按钮：表示系统将以列表的形式显示已浏览过的页，如图 9-37 所示。当双击该列表中的页时，直接跳转到该页。在默认框架图标中的导航系统中，“最近页”按钮采用的是这种设置。

图 9-37　“最近的页”列表

2. “附近”选项

选择该选项后，导航图标的属性面板如图 9-38 所示，表示使用户可以在框架内部的页之间跳转或者退出框架结构。

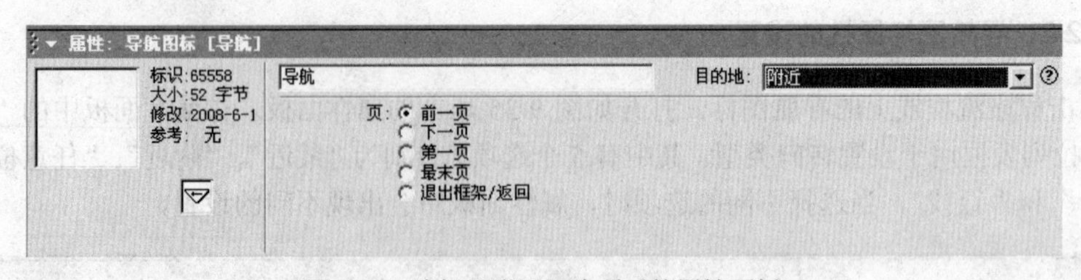

图 9-38　选择“附近”选项后的属性面板

属性面板中的“页”选项组用于设置程序跳转的方向，其中包含 5 个单选按钮，各单选按钮及其功能如下：

（1）“前一页”单选按钮：选中该单选按钮，程序将跳转到当前页的前一页。在默认框架图标中的导航系统中，“前一页”按钮采用的是这种设置。

（2）“下一页”单选按钮：选中该单选按钮，程序将跳转到当前页的下一页。在默认框架图标中的导航系统中，“下一页”按钮采用的是这种设置。

（3）“第一页”单选按钮：选中该单选按钮，程序将跳转到当前框架结构中的第一页。

在默认框架图标中的导航系统中，“第一页”按钮采用的是这种设置。

（4）“最末页”单选按钮：选中该单选按钮，程序将跳转到当前框架结构中的最末页。在默认框架图标中的导航系统中，“最后页”按钮采用的是这种设置。

（5）“退出框架/返回”单选按钮：选中该单选按钮，程序将退出当前框架结构。在默认框架图标中的导航系统中，“退出框架”按钮采用的是这种设置。

3. “任意位置”选项

选择该选项后，导航图标的属性面板如图 9-39 所示，表示使用户跳转到指定的页面。在默认框架图标中的导航系统中，没有采用这种设置的导航按钮。

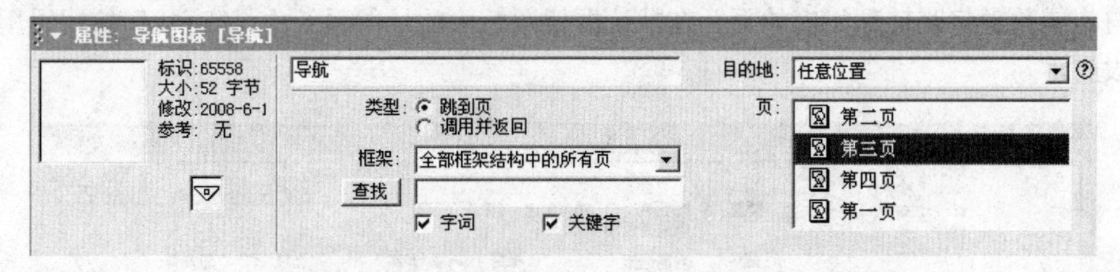

图 9-39　选择“任意位置”选项后的属性面板

（1）“类型”选项组：用于设置跳转到目标页的方式，包含“跳到页”和“调用并返回”两个单选按钮。当选择“跳到页”单选按钮时，程序直接跳转到目标页，然后从目标页继续向下执行。在这种情况下，如果退出当前框架结构，程序将沿流程线继续向下执行。当选择“调用并返回”单选按钮时，程序会记录跳转之前的位置，当跳转到目标页之后，如果退出当前框架结构，程序将返回到跳转前的位置。

（2）“框架”下拉列表框：用于设置目标页所在的框架结构。该下拉列表框中包含该程序中所有框架结构的名称和“全部框架结构中的所有页”。当选择某个框架结构的名称时，属性面板右侧的“页”列表框中将显示该框架结构中包含的页图标名称，用户可以从中选择要跳转到的目标页。当选择“全部框架结构中的所有页”时，属性面板右侧的“页”列表框中将显示该程序中所有框架结构中所有页图标的名称。

（3）“查找”按钮：用户可以在该按钮右侧的文本框中输入要查找的字符串，然后单击该按钮，所有与输入字符串相关的页都将显示在右侧的“页”列表框中。该按钮下方的“字词”复选框和“关键字”复选框用于设置以单词或关键字的形式查找字符串。

4. “计算”选项

选择该选项后，导航图标的属性面板如图 9-40 所示，表示使用户跳转到“图标表达”文本框中变量或函数的值所指定的页面。在默认框架图标中的导航系统中，没有采用这种设置的导航按钮。

图 9-40　选择“任意位置”选项后的属性面板

在该方式下，属性面板的“类型”选项组与“目的地”下拉列表框中选择“任意位置”选项后出现的“页”选项组含义相同。

“图标表达”文本框：在该文本框中可以输入一个表达式，用于计算目标页图标的ID编号，程序运行时将根据该ID编号跳转到目标页图标。例如，在文本框中输入“IconId@"第一页"”表示跳转到第一个页面；输入“Random(IconId@"第一页",IconId@"第三页",1)”表示程序运行时将在第一页和第三页中随机选择进行跳转。

5. “查找”选项

选择该选项后，导航图标的属性面板如图 9-41 所示，表示根据用户在查找对话框中输入的字符串或关键字跳转到相应的页。在默认框架图标中的导航系统中，“查找”按钮采用的是这种设置。

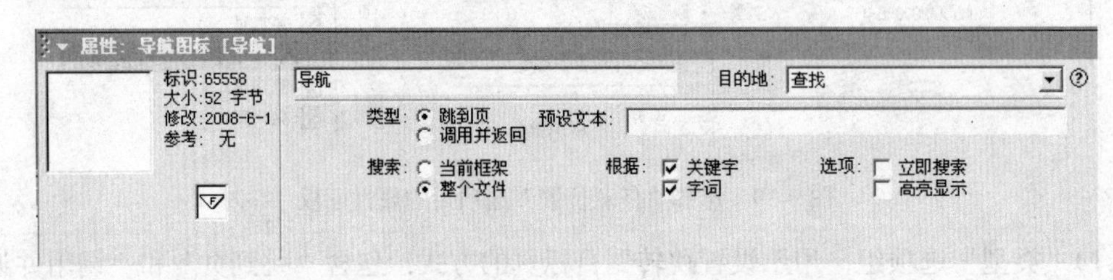

图 9-41 选择“任意位置”选项后的属性面板

（1）“类型”选项组：该选项组与“目的地”下拉列表框中选择“任意位置”选项后出现的“页”选项组含义相同。

（2）“搜索”选项组：用于设置查找的范围。当选择“当前框架”单选按钮时，表示在当前框架结构中查找；当选择“整个文件”单选按钮时，表示在当前文件中的所有框架结构中查找。

（3）“预设文本”文本框：可以在该文本框中输入需要查找的文本或者一个包含文本的变量，此时该文本将自动出现在查找框中。

（4）“根据”选项组：用于设置查找的字符串类型，包含“关键字”和“字词”两个复选框。

（5）“选项”选项组：用于设置查找的特性。当选择“立即搜索”复选框时，程序将立刻对“预设文本”文本框中设置的文本进行查找；当选择“高亮显示”复选框时，程序将查找到的文本以高亮方式进行显示，如图 9-42 所示。

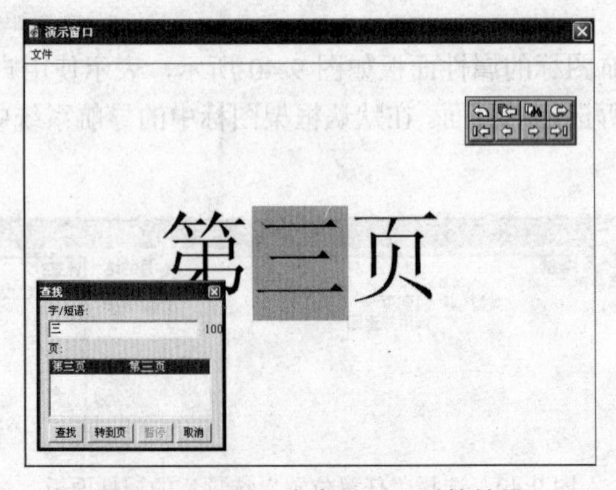

图 9-42 设置“高亮显示”后的效果

9.2.3　导航设置

在默认的导航设置中，“查找”对话框和“最近页”对话框中的文字采用的是系统给定的内容，可以对它们进行更改。

单击“修改”→“文件”→“导航设置”命令，弹出如图 9-43 所示的“导航设置”对话框，该对话框左侧为“查找”对话框中内容的设置界面，右侧为“最近页”对话框中内容的设置界面，可以对其中的参数进行更改。例如，在“窗口标题”文本框中“查找”的后面添加文本“(FIND)”，当程序打开“查找”对话框时，标题栏变为“查找（FIND)”，如图 9-44 所示。

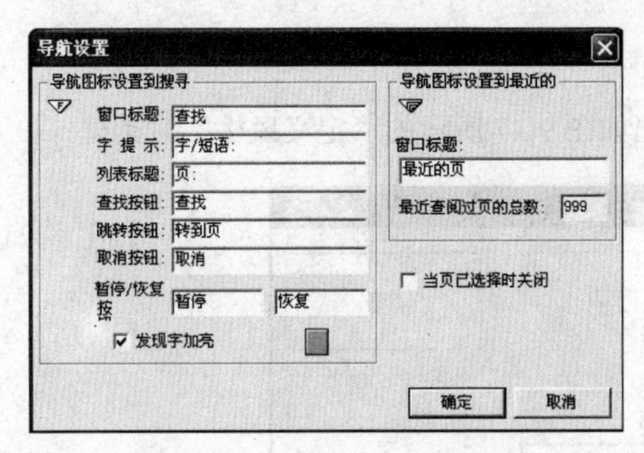

图 9-43　“导航设置”对话框　　图 9-44　修改后的“查找”对话框

9.2.4　框架结构的嵌套

框架结构中的每一个页图标中，又可以创建另一个框架结构，这种现象被称为框架结构的嵌套。

电子读物就是一个典型的框架结构嵌套的例子，当阅读电子读物时，可以先阅读其中的章节，再去选择阅读的页数，从而实现快速定位。

框架结构的嵌套如图 9-45 和图 9-46 所示。

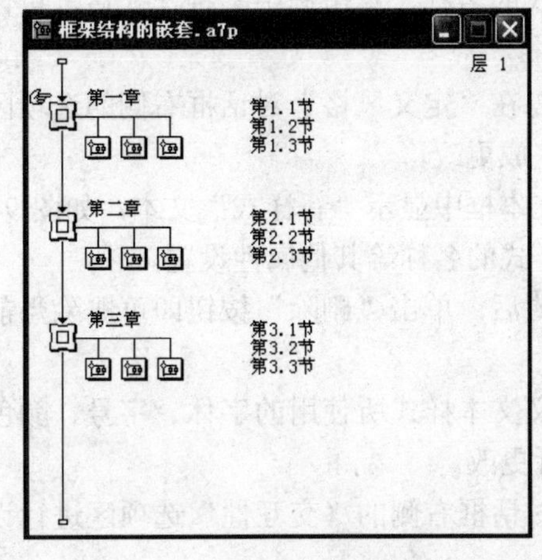

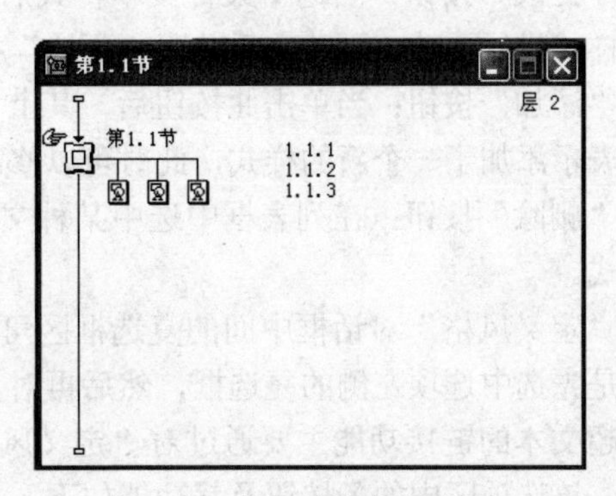

图 9-45　框架结构中的主框架　　图 9-46　框架结构中的子框架

9.3　文本超链接

在 Authorware 7.0 中，允许利用超文本建立导航链接。所谓超文本，指的是可以进行链接的文本对象。当单击、双击或者将鼠标移动到超文本对象上时，程序会自动跳转到超文本所链接的页面。

实现文本超链接有两个要点：一是指定一个文本样式作为超链接的文本样式；二是指定该超文本所指向的页面。

9.3.1　定义超文本样式

选择“文本”→“应用样式”命令，弹出如图 9-47 所示的“定义风格”对话框。

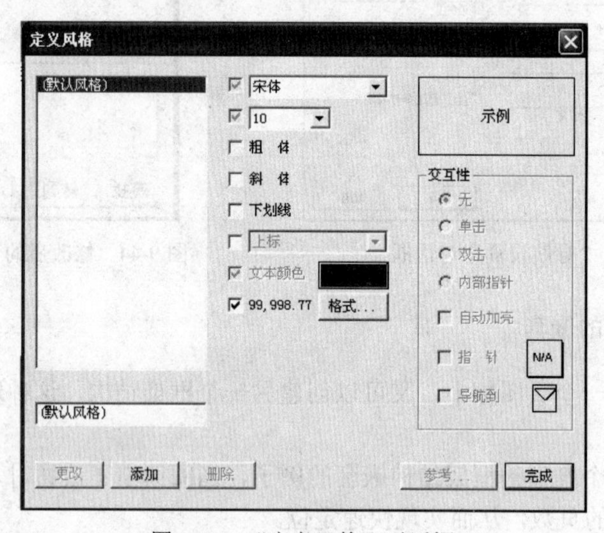

图 9-47　“定义风格”对话框

左侧列表框中显示的是所有定义好的文本样式的名称，单击选中某种样式后，可以通过其下方的文本框修改当前文本样式的名称。

“更改”按钮：当选中某种文本样式后，可以在“定义风格”对话框右侧的选项区中对文本样式进行更改，更改之后单击“更改”按钮完成更改。

“添加”按钮：当单击此按钮后，其上方的文本框中显示“新样式”文本，如图 9-48 所示，表示添加了一个新的样式，此时可以修改该样式的名称等其他属性设置。

“删除”按钮：在列表框中选中某种文本样式后，单击“删除”按钮即可删除当前的文本样式。

“定义风格”对话框中间的复选框区可以定义文本样式所使用的字体、字号、颜色等。方法是先选中选项左侧的复选框，然后再对其进行更改。

超文本的链接功能主要通过对“定义风格”对话框右侧的“交互性”选项区进行设置来实现。该选项区中的各按钮及其功能如下：

（1）“无”单选按钮：选中该项，表示文本不具有交互性，不能创建超链接，同时其下方的 3 个复选框禁用。

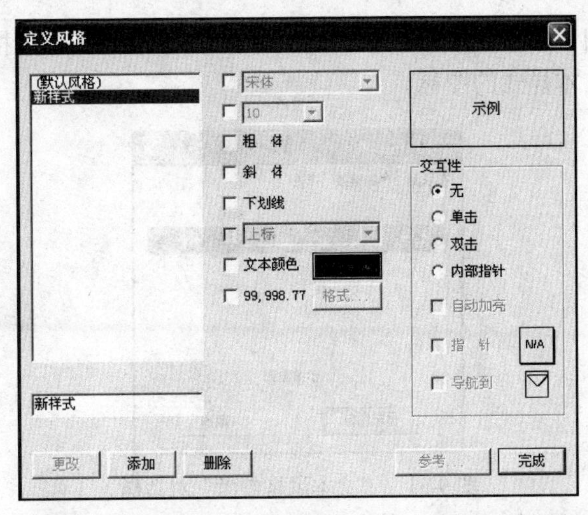

图 9-48 单击“添加”按钮后的“定义风格”对话框

（2）“单击”单选按钮：选中该项，表示单击文本时激活超级链接。

（3）“双击”单选按钮：选中该项，表示双击文本时激活超级链接。

（4）“内部指针”单选按钮：选中该项，表示当鼠标指针指向文本时激活超级链接。

（5）“自动加亮”复选框：选中该项，则当激活超级链接时文本呈高亮度显示。

（6）“指针”复选框：选中该项，然后单击右侧的指针标记N/A，弹出如图 9-49 所示的“鼠标指针”对话框，在其中可以设置鼠标指针位于链接文本上时的形状，默认为手形形状。

图 9-49 “鼠标指针”对话框

（7）“导航到”复选框：选中该项，然后单击右侧的导航标记，弹出如图 9-50 所示的“导航风格”属性面板，在其中可以设置文本链接到的目标页。

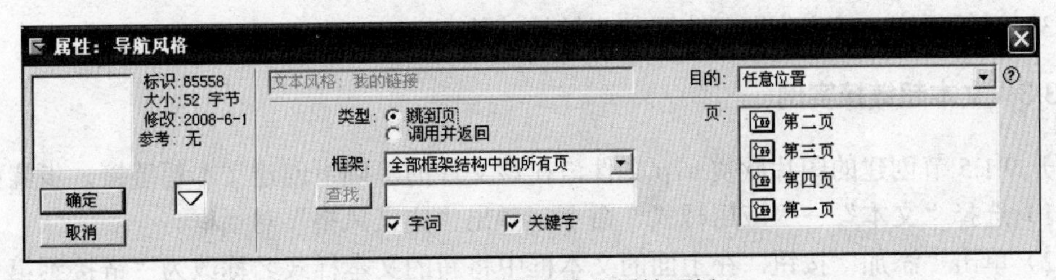

图 9-50 “导航风格”属性面板

（8）“参考”按钮：单击该按钮，弹出如图 9-51 所示的“文本风格参考”对话框，在其中列出了所有应用该文本样式的图标。

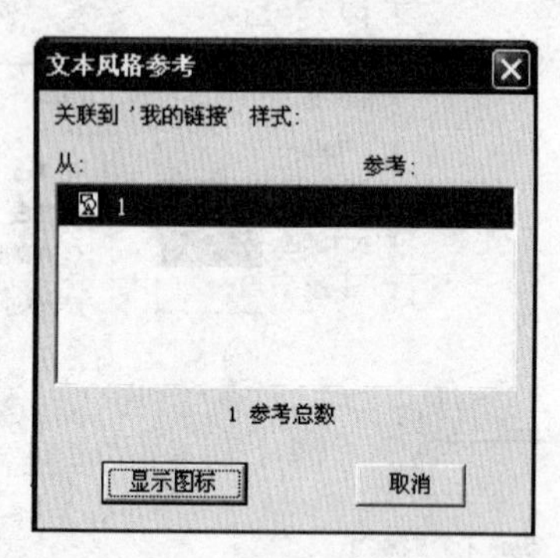

图 9-51 “文本风格参考”对话框

（9）“完成”按钮：设置文本样式后，单击该按钮即可完成设置，并且关闭“定义风格”对话框。

9.3.2 应用超文本风格

在定义了超文本风格后，即可将其应用到程序中，使其实现超级链接的功能。应用超文本风格的步骤如下：

（1）双击要应用超文本风格的文本所在的显示图标，打开演示窗口。

（2）选中要实现链接的文本，选择“文本”→“应用样式”命令，在弹出的“应用样式”对话框中选中要应用的文本样式左侧的复选框，如图 9-52 所示。

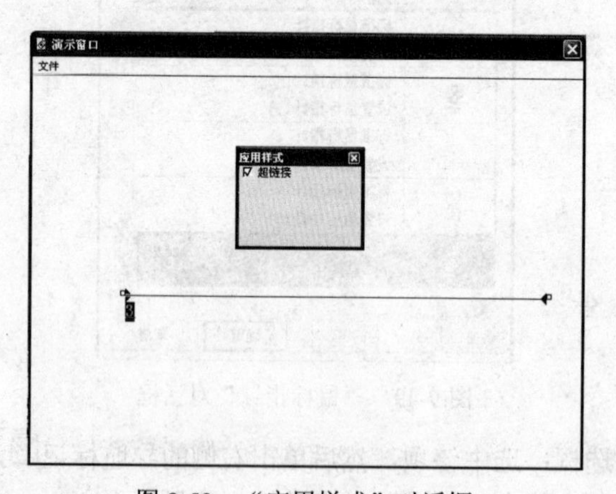

图 9-52 “应用样式”对话框

（3）运行程序，该文本即可实现超级链接功能。

9.3.3 文本超链接实例

打开 9.1.5 节创建的图片欣赏.a7p 文件，在该文件的基础上创建文本超链接，步骤如下：

（1）选择“文本”→“应用样式”命令，弹出“定义风格”对话框。

（2）单击“添加”按钮，在上面的文本框中将新的文本样式名称改为“链接到第一页”，同时设置文本的字体、字号等属性，如图 9-53 所示。

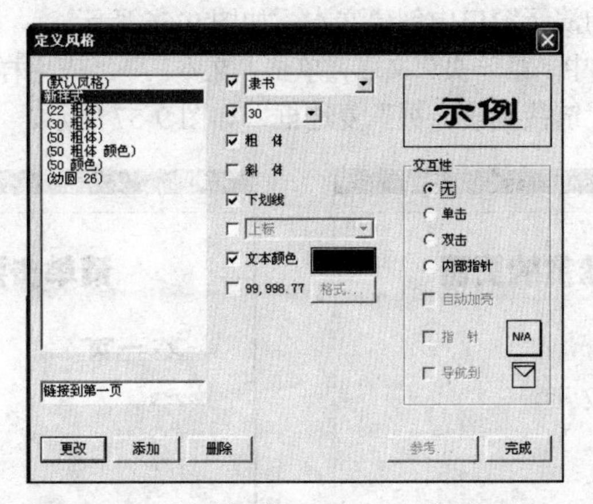

图 9-53　“链接到第一页”文本样式设置

（3）在“交互性”选项区中，选择“单击”单选按钮，同时选中“自动加亮”复选框，设置鼠标指针为手形，如图 9-54 所示。

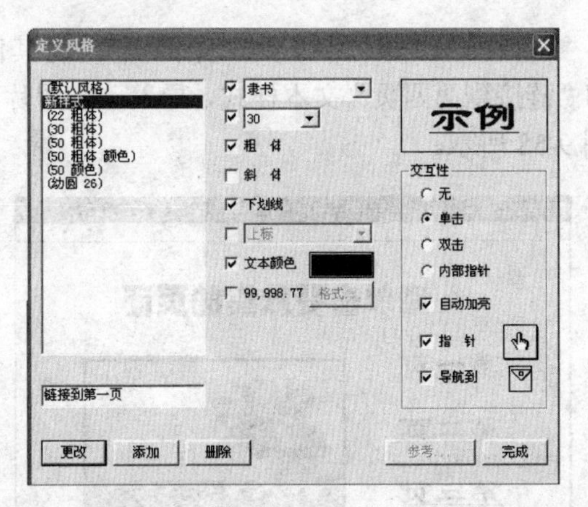

图 9-54　“交互性”选项区属性设置

（4）在“交互性”选项区中，选中“导航到”复选框，接着单击右侧的导航标记，在打开的“导航风格”属性面板中，设置“目的地”下拉列表框为默认的“任意位置”，在“页”列表框中选中“第一页”，如图 9-55 所示。

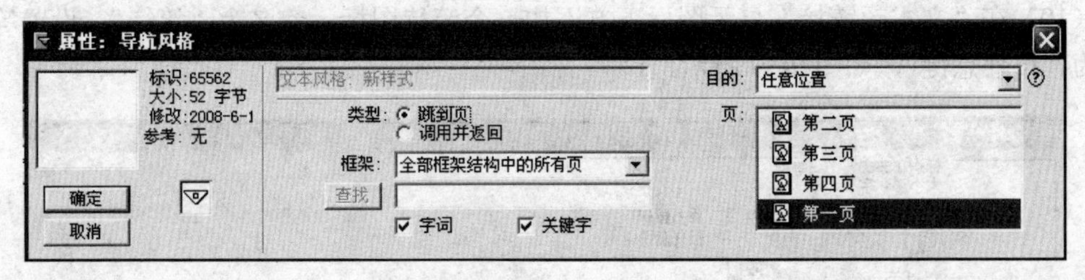

图 9-55　设置文本的导航属性

（5）单击“完成”按钮，完成该文本样式的定义。

（6）同理，添加另外 3 个文本样式，使其分别导航到“第二页”、“第三页”和“第四页”。

（7）在程序主流程线上的声音图标下方添加一个显示图标，命名为“文本超链接”；双击该显示图标，在打开的演示窗口中创建文本，如图 9-56 所示。

（8）在图 9-56 中选中“第一页”文本，单击“文本”→“应用样式”命令，在弹出的“应用样式”对话框中选择“链接到第一页”复选框，如图 9-57 所示。

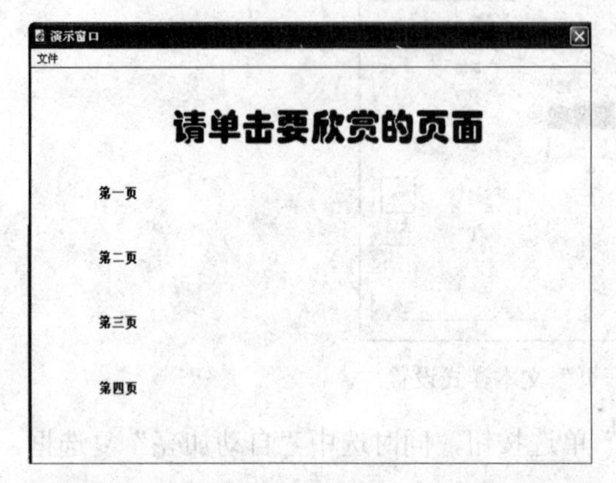

图 9-56　显示图标“文本超链接”中输入的文本　　图 9-57　应用文本样式

（9）依次选中文本“第二页”、“第三页”和“第四页”，将其依次应用为“链接到第二页”、“链接到第三页”和“链接到第四页”文本样式，导入一张图片到该显示图标中，并调整文本和图片的位置，如图 9-58 所示。

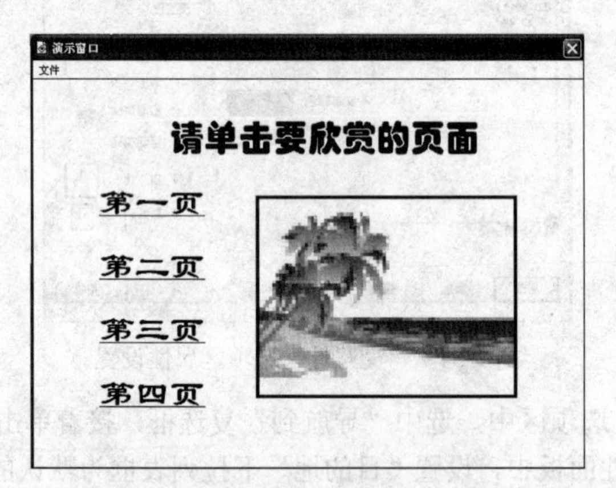

图 9-58　“文本超链接”显示图标中的内容

（10）在“文本超链接”显示图标下方添加一个等待图标，命名为“等待”，设置等待的方式为“按任意键”，如图 9-59 所示。

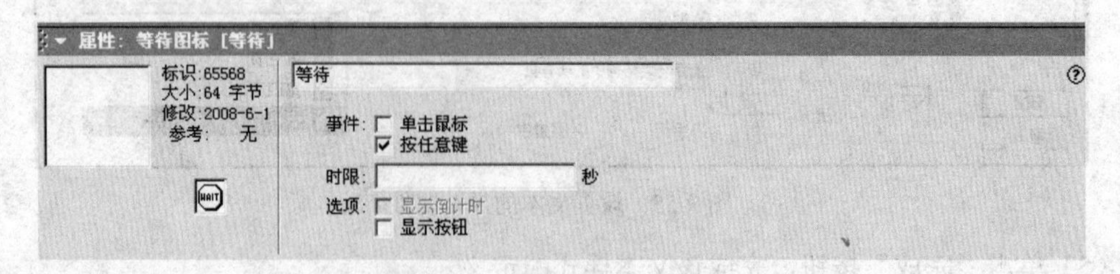

图 9-59　等待图标的属性设置

（11）双击框架图标“图片欣赏”打开框架窗口，按住 Ctrl 键的同时双击出口窗格中的“背景文字”显示图标，在打开的属性面板中选择“选项”选项区中的“擦除以前内容”复选框，如图 9-60 所示。

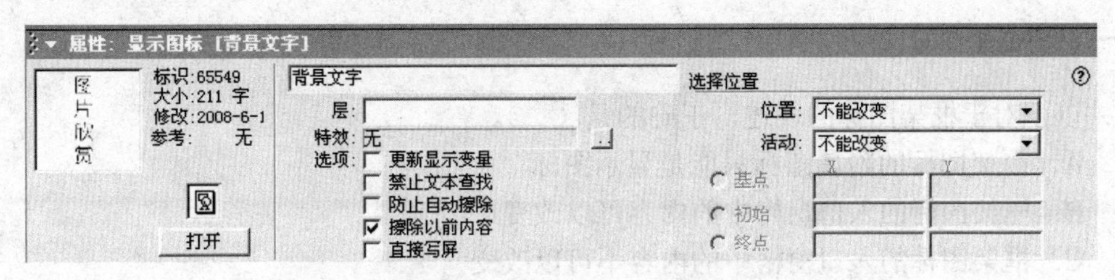

图 9-60　显示图标属性设置为“擦除以前内容”

（12）在框架窗口的交互结构中，添加一个计算图标作为最后一个分支，命名为“返回到目录”，双击该计算图标，在打开的计算图标编辑窗口中输入函数“GoTo(IconID@"文本超链接")”，如图 9-61 和图 9-62 所示。

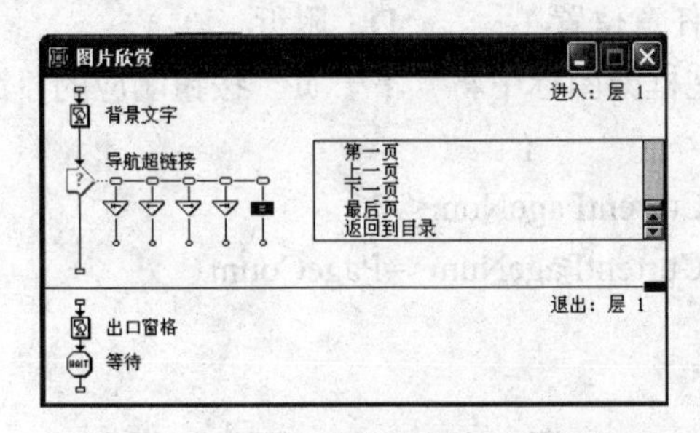

图 9-61　向交互结构中添加计算图标

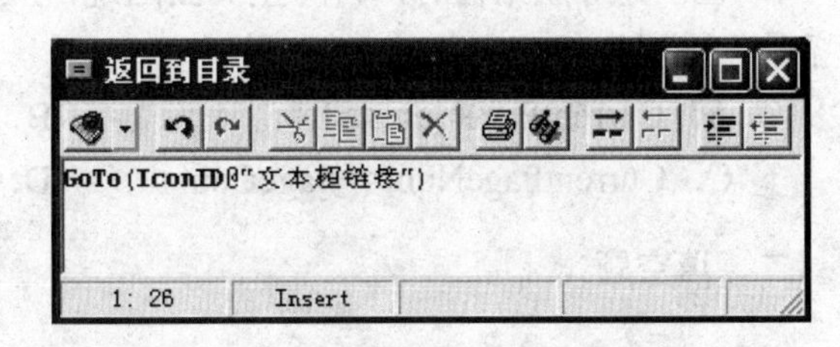

图 9-62　“返回到目录”计算图标中的内容

（13）更改“返回到目录”按钮响应分支的按钮形状为，调整该按钮的位置如图 9-63 所示。

图 9-63　“返回到目录”按钮

（14）保存并运行程序。

程序运行时，显示如图 9-58 所示的界面。当单击超文本时，程序将跳转到相应的页面。在页面中单击“返回到目录”按钮，程序又重新返回到如图 9-58 所示的界面，用户可以重新选择要浏览的页面。

本章练习

一、选择题

1．以下对于框架图标的表述，正确的是（　）。

A．框架图标的附属图标只能是显示图标

B．框架图标的入口窗格中的内容可以改变

C．框架图标的入口窗格中的内容不可以改变

D．框架图标必须和导航图标一起使用

2．当运行程序时，默认情况下，在框架图标窗口中有（　）个按钮。

A．5　　B．6　　C．7　　D．8

3．导航图标主要用于一些定向设置，在其属性面板的“目的地”下拉列表框中不包括（　）。

A．等待和查找　　B．最近　　C．任意位置　　D．附近

4．在创建导航结构时，为防止页面回绕，应在框架图标中将“下一页”按钮响应的“激活条件”设置为（　）。

A．CurrentPageNum<>1　　B．CurrentPageNum<=1

C．CurrentPageNum<>PageCount　　D．CurrentPageNum<=PageCount

二、填空题

1．框架图标是一个组合图标，是显示图标、________图标和________图标的组合。

2．框架图标的每一个附属图标称为框架图标的________。

3．Authorware 7.0 中的导航操作需要通过________图标和________图标的配合使用才能完成。

4．从框架图标内部结构上划分，一般可将框架窗口分为 3 个部分：________、调整杆和________。

5．使用导航图标的途径有两种，分别为________和________。

三、上机题

利用框架图标、导航图标以及前面章节中学习的内容，创建一个不少于 20 张照片的电子相册。要求实现交互、翻页和页面跳转等功能。题目自拟，具体内容自定义。

第 10 章　知识对象

10.1　知识对象简介

知识对象是一组功能强大的程序模块，它的向导功能和友好界面使用户可以简单快捷地实现原本复杂的开发目标。

10.1.1　知识对象的特点

知识对象具有以下几个特点：

（1）功能强大。Authorware 提供的十大类共 50 个知识对象几乎涵盖了多媒体应用程序各个方面的编辑内容，利用它能够很方便地编写出功能强大的多媒体应用程序。

（2）使用方便。Authorware 提供的知识对象提供了功能强大的向导系统来帮助用户设置知识对象的各种属性。利用这个功能强大的向导系统用户可以方便地完成对知识对象的设置，并将它和自己的多媒体应用程序相融合。

（3）可扩展性。虽然 Authorware 提供的 50 个知识对象足以应对日常的编程工作，但是考虑到知识对象的可扩展性和方便用户自己制作特殊的知识对象，Authorware 提供了方便、快捷的新创建知识对象的方法。

10.1.2　知识对象的内部结构

用户可以打开知识对象并对其进行编辑，具体操作是：用户在按住 Ctrl+Alt 键的同时，在某个知识对象上双击即可打开该知识对象并对其进行编辑。

例如打开测验类知识对象，其内部结构如图 10-1 所示。从该知识对象的结构可以看出，知识对象相当于一个封装的流程图。如果没有向导系统的话，知识对象与“群组”命令组合而成的群组图标将没有区别。

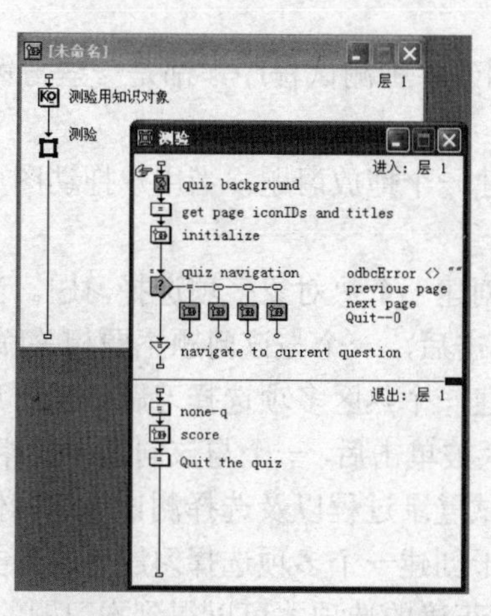

图 10-1　测验知识对象内部结构图

并不是所有的知识对象都可以打开，只有部分系统知识对象和用户自定义的知识对象才能使用这种方式打开。

10.2 知识对象的类型

在每次启动 Authorware 程序后或新建程序文件时，都会弹出“新建”对话框（如图 10-2 所示）让用户为新建的文件选择一个知识对象。在该对话框的列表中列出了 3 种类型的知识对象：测试、轻松工具箱和应用程序。选择其中的一项后，单击“确定”按钮，就会出现知识对象使用向导，引导用户创建具体的相应程序文件。

在工具栏中单击按钮，打开如图 10-3 所示的“知识对象”面板。该面板的“分类”下拉列表框中列出了所有知识对象，单击“分类”下拉列表框则弹出所有分类项目。

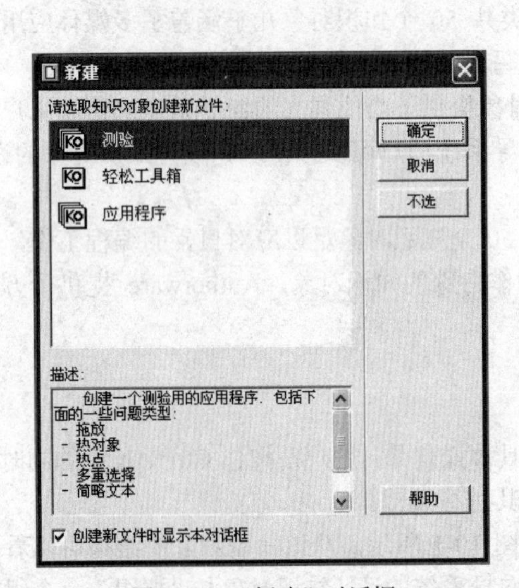

图 10-2 “新建”对话框

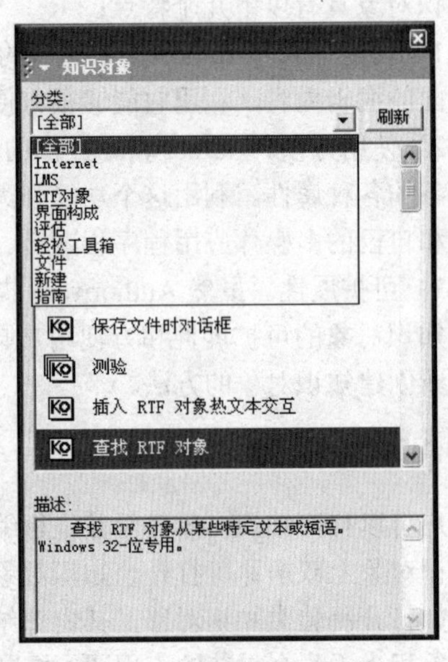

图 10-3 “知识对象”面板

1. 评估类知识对象

该类型的知识对象用于创建各种测试程序，都是一些与评定操作相关的知识对象，它包括 9 个知识对象。

（1）拖放问题：用于创建一个拖放习题。当用户拖动图形对象到屏幕上指定的区域时，答案会自动显示出来。

（2）热对象问题：用于创建一个热对象多项选择习题。当用户单击图形对象时，答案就会显示出来。在图形对象被单击后，一个与该问题主题相关联的指定文件就会显示出来。

（3）热点问题：用于创建一个热区多项选择习题。当用户在隐含的热区中做了单击操作时，答案就会显示出来。在热区被单击后，一个与该问题主题相关联的指定文件就会显示出来。

（4）登录：用于创建测试登录过程以及选择测试成绩存储方式。

（5）多重选择问题：用于创建一个多项选择习题。习题类型适合于有多于一个正确选项的习题。用户必须选中了所有正确的选项才可以得到本习题的分数。

（6）得分：用于实现测试成绩的记录、统计和显示。

（7）简答题：用于创建简短回答习题。该问题类型适合于对用户信息输入做出反应的习题。通配符可以使用在允许细小拼写错误的习题。

（8）单选问题：用于创建单选习题。该习题类型只适用于习题要求用户只有选中了唯一的正确答案才能得分的情况。

（9）真－假问题：用于创建真（True）或者假（False）类型习题。该习题类型适合于只有一个逻辑答案的习题。

2. 文件类知识对象

该类型的知识对象用于设置有关文件的属性，它包括7个知识对象。

（1）增加－移除字体资源：用于添加或去掉计算机中的某种字体，以使自己的应用程序可以使用该字体。

（2）复制文件：用于将指定的一个或几个文件复制到一个指定目录下。

（3）查找CD驱动器：用于查找到当前计算机上的第一个CD-ROM盘符，并将该盘符字母或字符路径存储到一个指定的变量中，以供用户的应用程序使用。

（4）读取INI值知识对象：它可以从你指定的INI文件中读取值。

（5）跳到指定的Authorware文件：用于实现Authorware程序之间的跳转。

（6）设置文件属性：用于设置一个或几个指定文件的属性。

（7）写入INI值知识对象：它可以向你指定的INI文件中写值。

3. 界面构成类知识对象

该类型的知识对象都是一些与界面部件相关的知识对象，可以用于创建多种交互设计界面，使用户与多媒体程序的交互更加有效，它包括13个知识对象。

（1）复选框：使用该知识对象，可以创建一个复选框，同时创建出该复选框的文本，最后将用户对该复选框的选择状态（选中或未选中）保存到一个变量中返回。

（2）消息框：使用该知识对象，可以创建出多种样式的信息提示框，并将用户对信息提示框所做的操作保存到一个变量中，供应用程序使用。

（3）移动指针：使用该知识对象，可以将鼠标光标移动到某个指定位置，而且移动可以设置成动态移动或直接跳转到指定位置。

（4）电影控制：使用该知识对象，为播放的数字电影提供一个操作控制面板，可以播放的数字电影格式有AVI、DIR、MOV、MPEG等几种。

（5）打开文件时对话框：使用该知识对象，可以产生一个打开文件的对话框，用户可以通过它浏览本机或网络驱动器，并将用户对该对话框的选择，即选择的文件路径和名称保存到一个变量中，供应用程序使用。

（6）收音机式按钮：使用该知识对象，可以创建出一组单选按钮，同时建立该单选按钮的文本，最后再将用户所做的选择保存到一个变量中，供应用程序使用。

（7）保存文件时对话框：使用该知识对象，可以产生一个保存文件的对话框，用户可以通过它浏览本机或网络驱动器，并将用户对该对话框的选择，即保存的文件路径和名称存放到一个变量中，供应用程序使用。

（8）设置窗口标题：使用该知识对象，可以设置当前Authorware应用程序的标题栏。如果在文件属性对话框中设置该应用程序无标题栏，则该知识对象无效。同时还可以将标题栏设置成一个变量，使得标题栏可以随着变量的变化而改变。

（9）滑动条：使用该知识对象，可以建立一个指定的滑动条，其外观样式可以进行修改，同时将该滑动条所处的位置返回给一个变量，供应用程序使用。

（10）窗口控制：该知识对象可以在展示窗口中显示一个 Windows 控件（如列表框控件或组合框控件）。该知识对象可以很容易地使你创建用户输入表单（包括 Tab 操作）和/或为一般的 Windows 应用程序创建仿真课件。

（11）窗口控制—获取属性：使用该知识对象可以获取使用窗口控制知识对象创建的控件属性的当前值。该值会存放在你创建的或者是选择好的用户变量中。每个“窗口控制—获取属性”知识对象只能获取一个控件的一个属性值。

（12）窗口控制—设置属性：使用该知识对象可以设置使用窗口控制知识对象创建的控件属性的值。每个窗口控制—设置属性知识对象只能获取一个控件的一个属性值。

（13）浏览文件夹对话框：调出 Windows 标准的浏览目录对话框，并可以用一个变量记录用户选择的目录。使用“浏览文件夹对话框”知识对象可以在程序运行过程中创建一个目录浏览对话框，使用的用户在对话框中选择本地或网络驱动器上的目录。

4. Internet 类知识对象

该类型的知识对象都是一些与网络相关的知识对象，它包括 3 个知识对象。

（1）Authorware Web 播放器安全性：用于设置 Authorware Web 播放器的安全属性。

（2）运行默认浏览器：使用该知识对象，可以使用系统默认的网络浏览器来执行用户指定的 URL 地址或其他 EXE 程序，可以使用它来调用外部的可执行文件。如果用户计算机上没有默认的浏览器，则系统会提示用户指定一个可执行文件作为浏览器，同时可以选择打开该网址时是否退出当前的 Authorware 应用程序。

（3）发送 Email：使用该知识对象，可以通过 SMTP（简单邮件传输协议）向指定的 Email 地址发送一个电子邮件，同时将发送结果（成功或失败）保存到一个变量中，供应用程序使用。

5. 新建类知识对象

该类型的知识对象都是一些与创建新的 Authorware 应用程序相关的知识对象，它包括 3 个知识对象。

（1）应用程序：使用该知识对象，可以快速生成一个具有漂亮界面的多媒体教学、培训软件似的应用程序，其中包括大量的选项供用户进行选择，以适应自己的需要，其中主要包括学生登录、显示学生学习任务、习题、词汇表、菜单等。

（2）测验：使用该知识对象，可以产生一个测试性的应用程序，可以包括多种测试习题类型，如拖放测试题、热区测试题、单选题、多选题、文本输入测试题、判断题等。

（3）轻松工具箱：提供简单实用的工具包。利用该知识对象提供向导，用户可以选择运行工具包指南或者带有简单框架的新文件。

6. RTF 对象类知识对象

该类型的知识对象都是和 RTF 对象相关的知识对象，它包括了 6 个知识对象。

（1）创建 RTF 对象：该知识对象可以在 Authorware 展示窗口中创建一个 RTF 对象。该知识对象只能使用在 Win32 中。

（2）获取 RTF 对象文本区：该知识对象可以返回一个已经存在的 RTF 对象中指定范围的文本。该知识对象只能使用在 Win32 中。

（3）插入 RTF 对象热文本交互：该知识对象可以为 RTF 对象插入一个带有热区响应的交互图标。这些响应可以和 RTF 对象进行交互。

（4）保存 RTF 对象：该知识对象可以输出一个已经存在的 RTF 对象。

（5）查找 RTF 对象：该知识对象在一个已经存在的 RTF 对象中查找某些指定文本或短语。

（6）显示或隐藏 RTF 对象：该知识对象可以使一个已经存在的 RTF 对象（该 RTF 对象是由前面创建 RTF 对象知识对象创建好的）可见或隐藏。

7. 指南类知识对象

该类型下面的知识对象都是一些与导航相关的知识对象，它只包括两个知识对象。

（1）相机部件：使用该知识对象，可以在你的作品中使用 Authorware 教程——照相机部件说明。

（2）拍照片：使用该知识对象，可以产生一些如“前一页”、“后一页”、“查找”等导航按钮。

10.3　知识对象的使用

使用知识对象是以可视化的方式组织程序，使用知识对象时，只需要将知识对象面板打开，然后将具体需要的知识对象拖动到流程线上，然后按照它的提示步骤创建程序。下面介绍一下几个常用知识对象的使用方法。

1. 使用“测验”知识对象

可以根据“测验”知识对象来创建测试题，例如创建单项选择题、多项选择题、简单填空题、判断正误题、热区题、热物体题、拖动题。

下面使用“测验”知识对象创建一个选择题测试程序，操作步骤如下：

（1）新建一个文件：单击“文件”→“新建”→“文件”命令，弹出“新建”对话框，如图 10-2 所示，然后选择“测验”，单击“确定”按钮，弹出如图 10-4 所示的对话框。

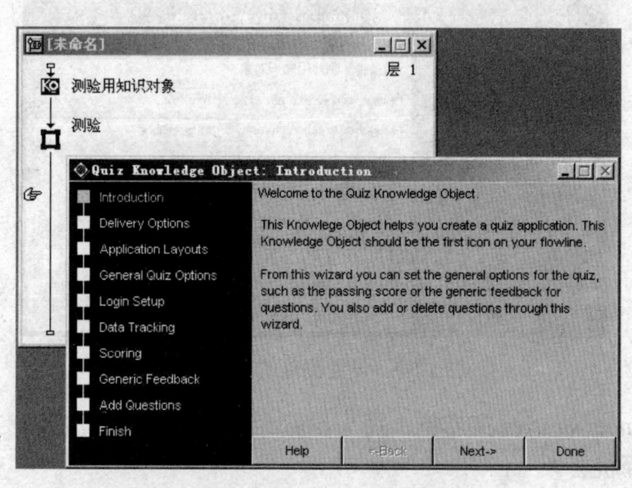

图 10-4　“测验”知识对象向导第一步

（2）单击 Next 按钮，弹出 Delivery Options 对话框，如图 10-5 所示。该对话框主要用于设置屏幕尺寸，如果单击 按钮，则可以选择文件存储的位置。

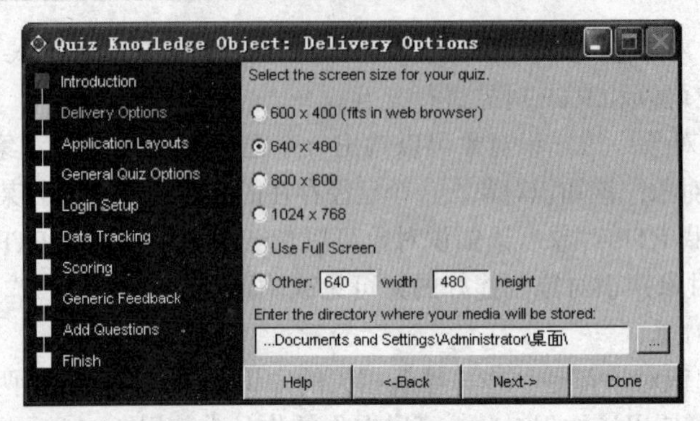

图 10-5　设置屏幕尺寸

（3）单击 Next 按钮，弹出 Application Layouts 对话框，如图 10-6 所示。该对话框主要用于设置程序的布局，此处选择 corporate 选项。

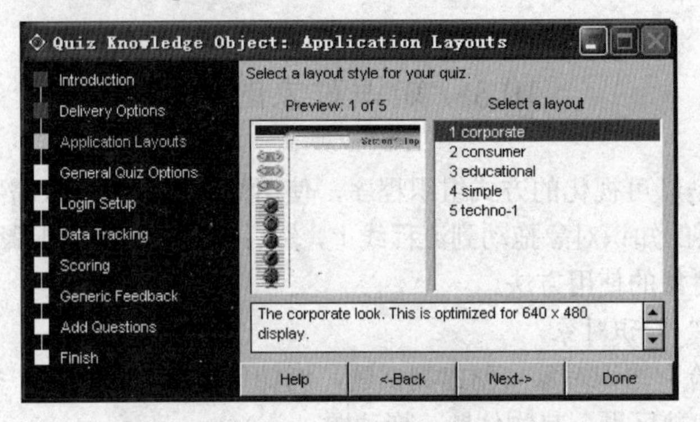

图 10-6　设置程序的布局

（4）单击 Next 按钮，弹出 General Quiz Options 对话框，如图 10-7 所示。该对话框主要用于设置一般问题选项。

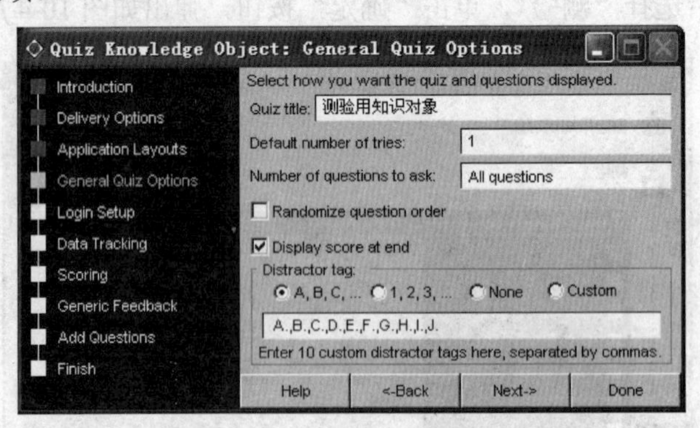

图 10-7　设置测验的一般选项

- Default number of tries 文本框：用于设置允许用户选择的次数。当前设置为用户仅有一次的选择机会。
- Number of questions to ask 文本框：用于设置测验问题的总数量，此处为系统默认值 all questions。
- Display score at end 复选框：用于设置测验结束后显示成绩。

- Randomize question order 复选框：如果选中该复选框，那么运行测验时将以随机方式进行提问。

（5）单击 Next 按钮，弹出 Login Setup 对话框，如图 10-8 所示。

- Show login screen at start 复选框：用于设置程序运行开始时显示注册窗口。
- Limit user to tries before quiting 复选框：如果选中该复选框，并在其中的文本框中输入数字以控制用户输入的重试次数。

（6）单击 Next 按钮，弹出 Data Tracking 对话框，如图 10-9 所示。该对话框主要用于设置数据跟踪方式。

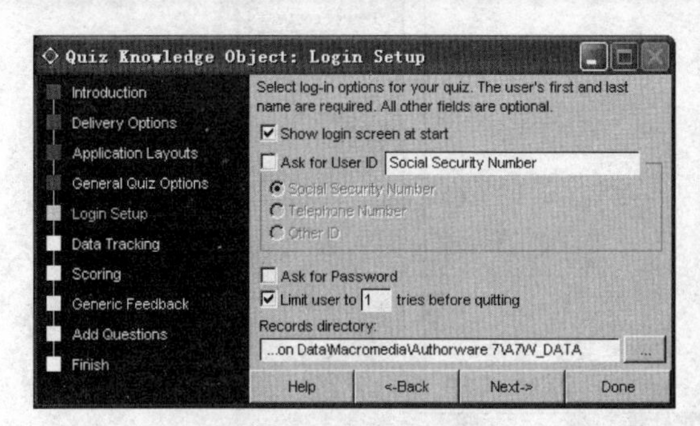

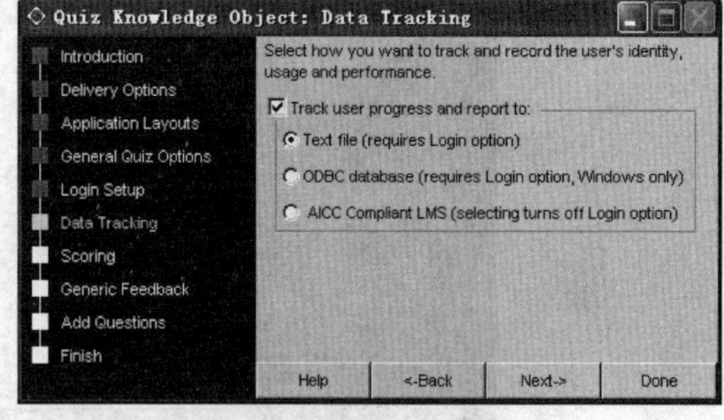

图 10-8　设置用户登录　　　　图 10-9　设置测验的跟踪方式

（7）单击 Next 按钮，弹出 Scoring 对话框，如图 10-10 所示。

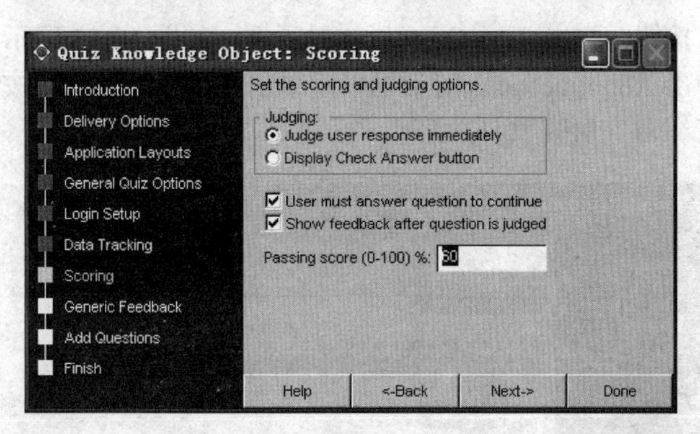

图 10-10　设置记分方式

- Judge user response immediately 单选按钮：用于设置系统在用户选择答案后立即判断对错。
- Display check Answer button 单选按钮：如果选中该项，则系统将在选项前显示对号或错号标记。
- User must answer question to continue 复选框：如果选中该复选框，则设置用户只有正确回答了该问题以后才能继续下一个问题。
- Show feedback after question is judged 复选框：如果选中该复选框，表示系统会在判断正误之后显示反馈信息。
- Passing score (0-100)%文本框：用于输入一个值，只有当用户回答的正确率达到该数值的百分比时，用户才可通过本次测验。

（8）单击 Next 按钮，弹出 Generic Feedback 对话框，如图 10-11 所示。在上方的文本框中输入“恭喜你，答对了！”，然后单击 Add Feedback 按钮，将其添加到下面的列表框中。

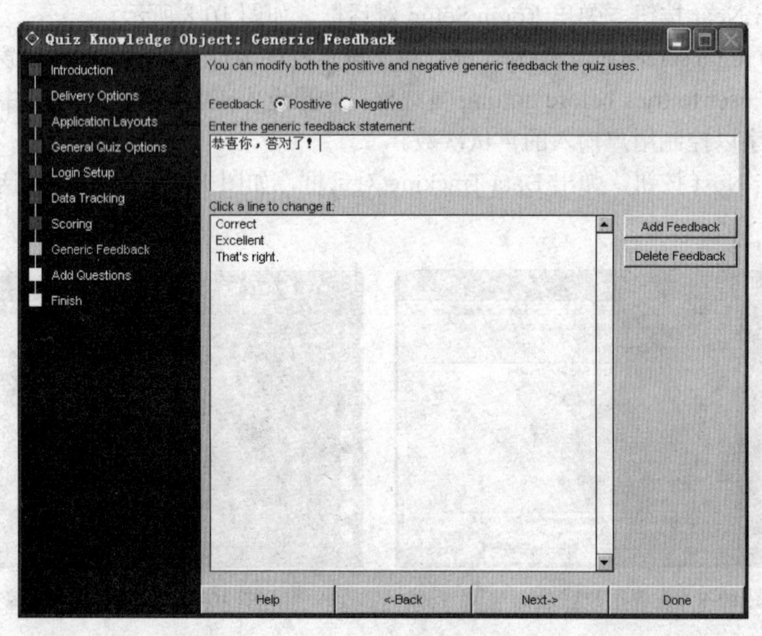

图 10-11 设置反馈信息

（9）单击 Next 按钮，弹出 Add Questions 对话框，如图 10-12 所示。该对话框主要用于添加测验的问题，弹出 Add Questions 对话框以后单击 4 次 True/False 按钮，则添加 4 道判断题，然后对它们进行编辑，如图 10-13 所示。

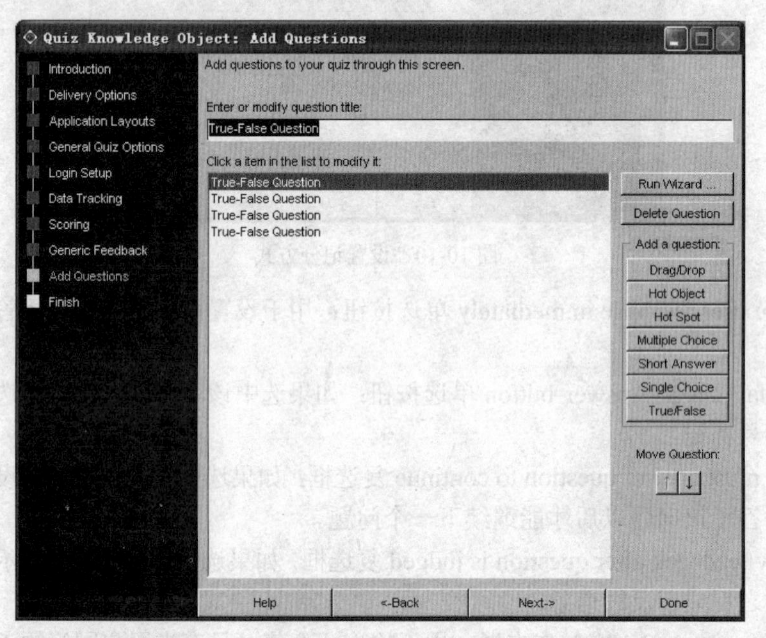

图 10-12 设置 4 道判断题

选中一道测验题，例如选中“中华鲟是中国的国宝”，然后单击 Run Wizard ... 按钮，弹出

Setup Question 对话框，如图 10-14 所示。设置完毕后单击 Done 按钮，向导将返回到图 10-13 所示的界面，重复上面的操作设置另外几个判断题。

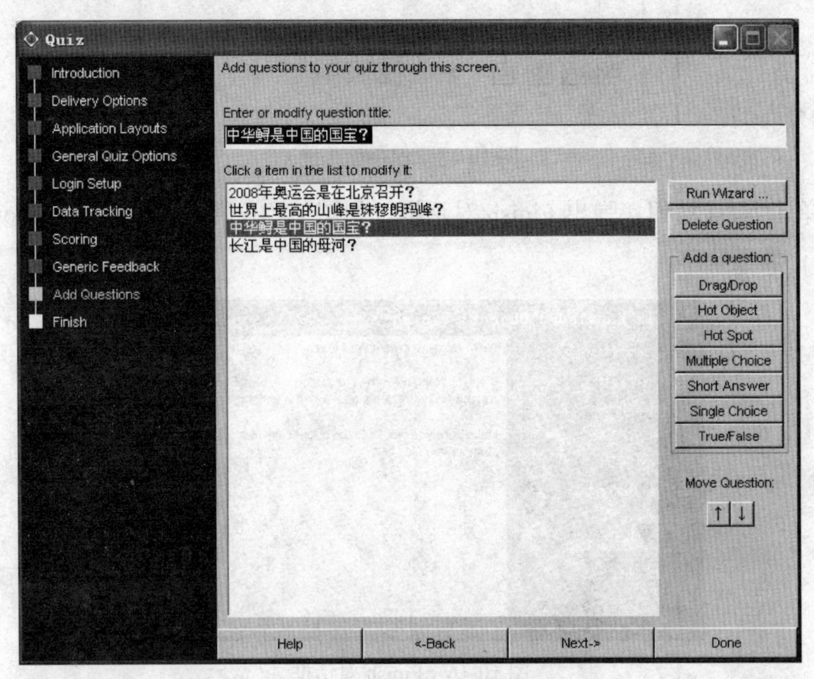

图 10-13　编辑判断题的题目

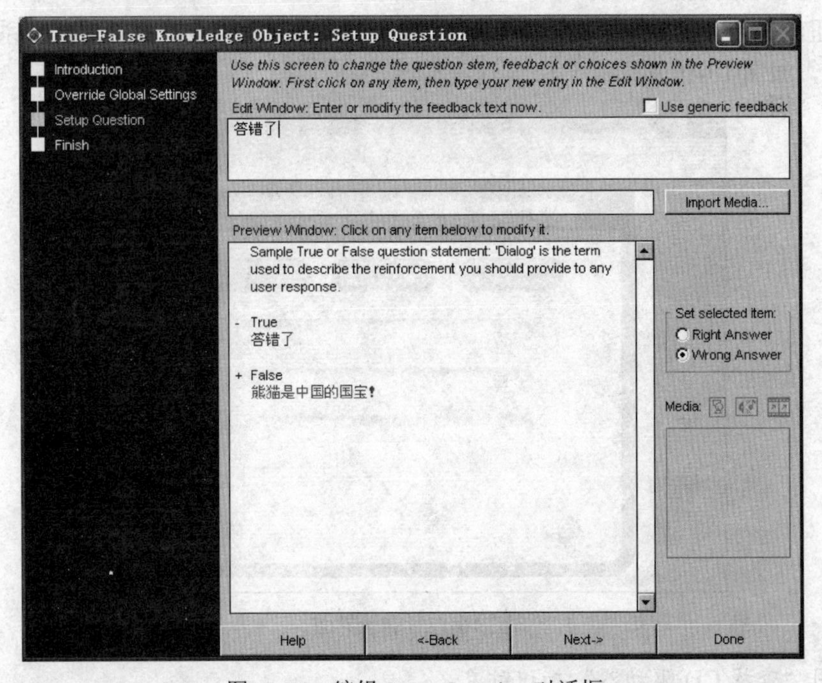

图 10-14　编辑 Setup Question 对话框

当所有问题都设置好了以后，单击 Done 按钮，此时主流程线设计窗口如图 10-15 所示。

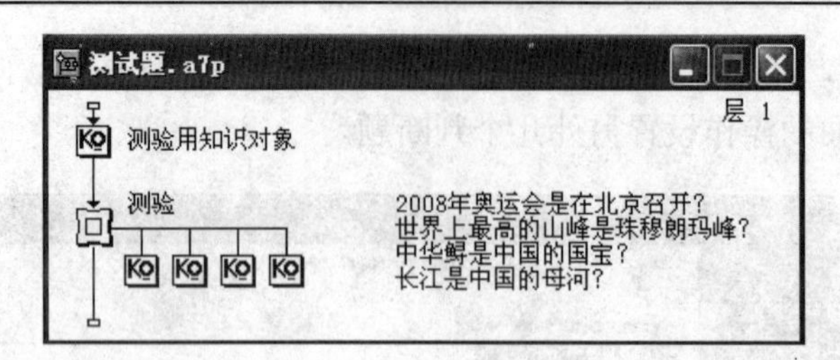

图 10-15　程序流程线

（10）单击 Next 按钮，弹出 Finish 对话框，如图 10-16 所示，最后单击 Done 按钮完成设计。

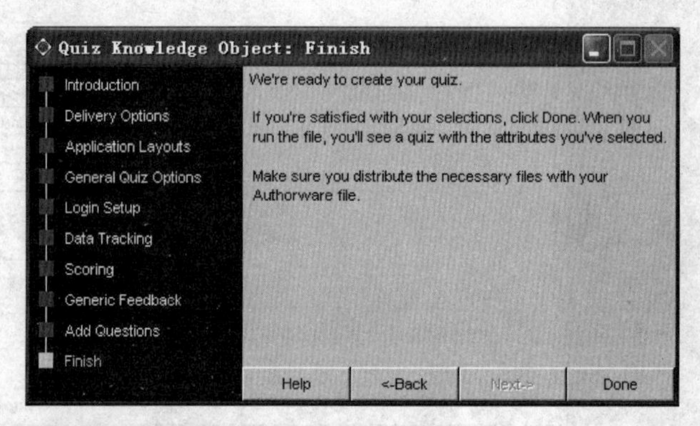

图 10-16　Finish 对话框

（11）运行该测验知识对象，首先是登录界面，如图 10-17 所示，用户输入姓名后单击 Sign-on 按钮，进入答案界面，如图 10-18 所示。依次回答测验题，到最后一步系统给出测验的评分结果，如图 10-19 所示。

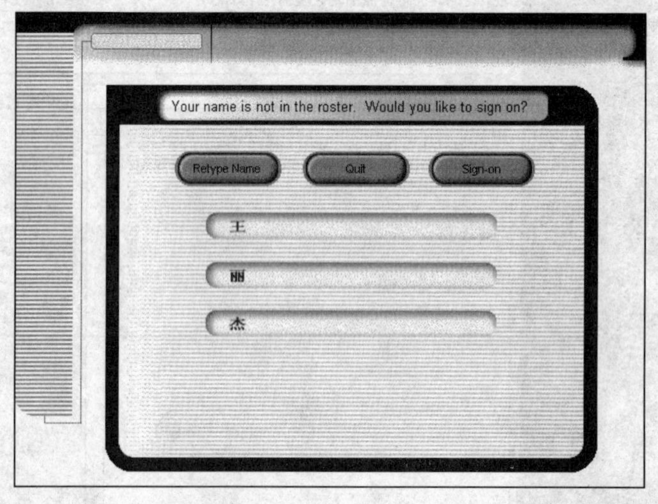

图 10-17　登录界面

2. 使用“查找 CD 驱动器”知识对象

“查找 CD 驱动器”知识对象的功能是寻找到当前计算机上的第一个 CD-ROM 盘符，并将该盘符字母或字符路径存储到一个指定的变量中，以供用户的应用程序使用。

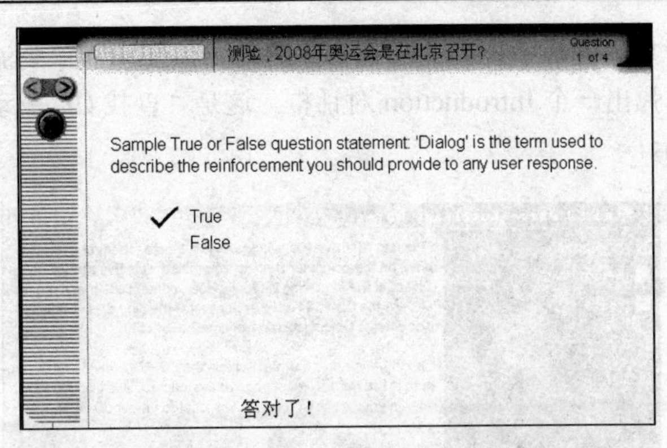

图 10-18　测验知识对象的运行效果

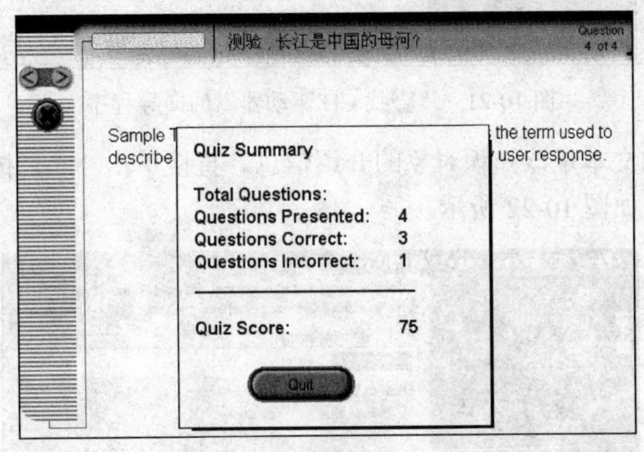

图 10-19　测验的评分结果

操作步骤如下：

（1）新建一个文件。

（2）打开“知识对象”面板：单击“窗口”→“面板”→“知识对象”命令，弹出“知识对象”面板，如图 10-20 所示。

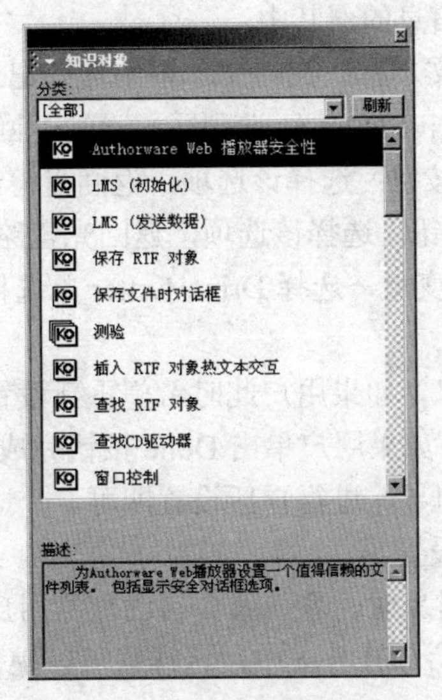

图 10-20　“知识对象”面板

（3）从“知识对象”面板中拖动“查找 CD 驱动器”知识对象到流程线上（或者直接双击该知识对象），此时弹出一个 Introduction 对话框，这是“查找 CD 驱动器”的向导程序的第一步，如图 10-21 所示。

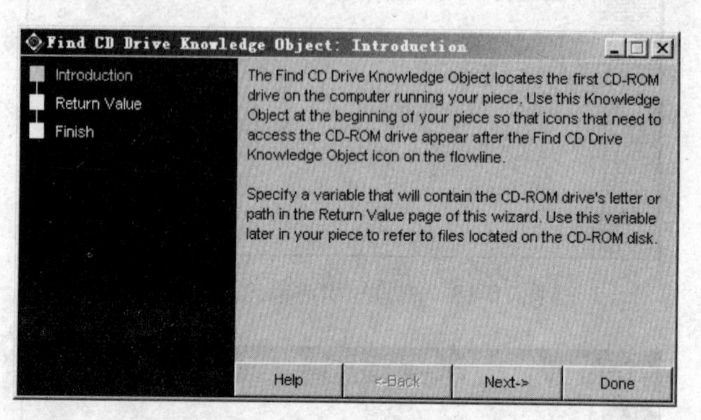

图 10-21 “查找 CD 驱动器”的向导程序

（4）该界面中的文本是该知识对象的介绍信息。直接单击 Next 按钮即可，此时才出现 Return Value 对话框，如图 10-22 所示。

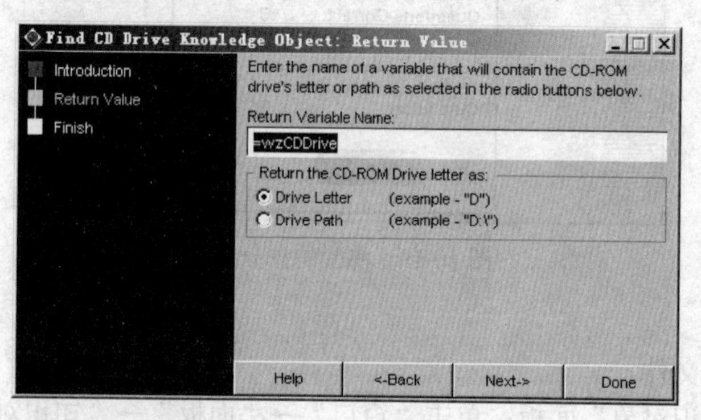

图 10-22 Return Value 对话框

该对话框是用来设置返回信息的，其中：

- Return Variable Name 文本框：在该文本框中输入记录 CD-ROM 盘符的变量名。
- Return the CD-ROM Drive letter as 选项区：设置返回类型，它包括两个选项：
  - Drive Letter 单选按钮：选择该选项，返回盘符形式，如 D。
  - Drive Path 单选按钮：选择该选项，返回光盘路径形式，如 D:\。

（5）假设变量为系统默认变量，选择 Drive Letter 单选按钮，然后单击 Next 按钮，弹出 Finish 对话框，如图 10-23 所示。

该对话框中是一些提示信息，如果用户此时希望重新设置信息提示框，可以单击 Back 按钮退回到原来的位置重新设置。如果用户单击 Done 按钮完成设置后希望重新设置，可以双击该知识对象图标，重新运行该向导，进行重新设置即可。

（6）单击 Done 按钮完成设置。

当应用程序运行到该知识对象时，系统就会自动检测用户计算机上的第一个 CD-ROM 盘符，并将盘符字母保存到变量 wzCDDrive 中，这样就可以操作用户计算机上的 CD-ROM，对光盘中的文件进行操作。

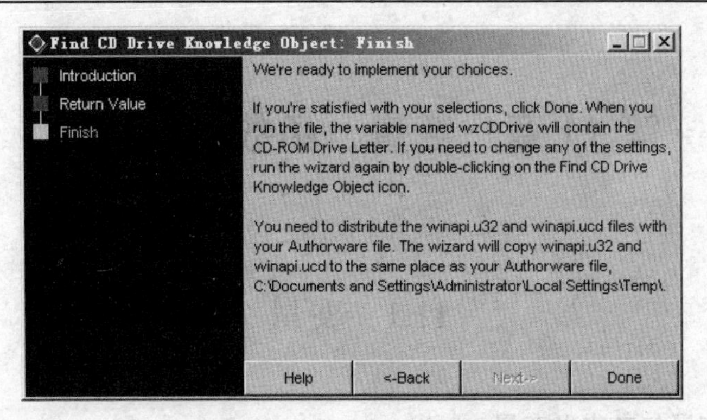

图 10-23　Finish 对话框

本章练习

一、选择题

1．下列对象中（　）不能实现计分的功能。

A．scoring　　B．login　　C．slider　　D．quiz

2．关于“测验”知识对象的使用，下列说法不正确的是（　）。

A．“测验”知识对象可用于制作判断题、单选题、多选题、简答题 4 种不同类型的测验题

B．测验题的反馈信息既可以设为通用的，也可针对每一道题具体设置

C．“测验”知识对象一次只能选择一种题型

D．对于测验题的成绩统计，可以设置合格的标准

二、填空题

1．“测验”知识对象可用于制作________、________、________、________、________、________、________7 种不同类型的测验题。

2．知识对象是 Authorware 为了方便普通用户，将一些使用频率较高的程序功能设计成的一个________。

3．“查找 CD 驱动器”知识对象可________。

三、操作题

1．利用知识对象创建一个单项选择题。

2．利用知识对象改变窗口的标题。

第 11 章　变量、函数和表达式

11.1　变量

11.1.1　系统变量与自定义变量

变量就是在程序执行过程中其值可以改变的量，可以利用变量存储程序执行过程中涉及的数据。在 Authorware 7.0 程序设计中经常要用到两种变量：自定义变量和系统变量。

1. 系统变量

系统变量就是由 Authorware 提供的变量，在使用时不再定义直接使用即可。在执行程序过程中，系统变量跟踪了程序执行中的各种有用的信息，并根据运行情况自动更新变量的值。系统变量的使用是 Authorware 7.0 多媒体程序设计的一大特点，引入系统变量给编程工作带来了很大的方便。

Authorware 7.0 中系统变量的名称通常以大写字母开头，并且包含了一个或几个单词，各个单词之间没有空格。

在 Authorware 7.0 工作窗口中，单击“窗口”→“面板”→“变量”命令，即可打开“变量”对话框，在其“分类”下拉列表框中显示出系统变量的所有类别，如图 11-1 所示。

图 11-1　“变量”对话框

在 Authorware 7.0 中提供了 200 多个系统变量，并将这些变量分为如下 11 种类别：

（1）CMI 类：用于计算机管理教学课件开发。

（2）决策类：用于对分支结构进行设计与控制。

（3）文件类：用于跟踪文件操作方面的系统信息。

（4）框架类：用于跟踪框架结构方面的系统信息。

（5）常规类：这一类变量数量比较多，应用范围比较广，如用于鼠标当前坐标的定位及声音、动画、视频等媒体信息的当前播放位置等信息。

（6）图形类：用于跟踪图形和插入图片操作过程中的信息。

（7）图标类：用于跟踪 Authorware 7.0 设计图标的信息，如 ID 号、图标中显示对象的定位及大小等。

（8）交互结构类：用于跟踪交互结构在操作过程中的信息。

（9）网络类：用于跟踪网络使用方面的信息，如资源定位、网络浏览器名称等在网上播放 Authorware 应用程序时的有关信息。

（10）时间类：用于跟踪关于时间系统方面的信息，如年、月、日、时、分、秒等，都有对应的变量表示：Year、Month、Day、Hour、Minute、Sec。

（11）视频类：用于跟踪视频图标播放视频时的操作信息。

2. 自定义变量

自定义变量是指由编程人员根据程序运行的需要自行设置的变量，通常用于跟踪和记录系统变量无法保存的信息。在使用自定义变量的过程中，需要注意以下规则：

（1）自定义变量名必须以字母开头，由字母、数字、下划线和空格组成。

（2）变量名不得超过 32 个字符。

（3）变量名必须具有唯一性，不能与已存在的自定义变量名和系统变量名相同。

（4）不区分字母大小写。

通常使用自定义变量的有两个过程：一是为了自变量赋值，二是引用自变量。为自定义变量赋值的方法通常是以程序代码的形式通过计算图标写入计算窗口。在程序执行到该图标时，变量将被赋值，如图 11-2 所示。

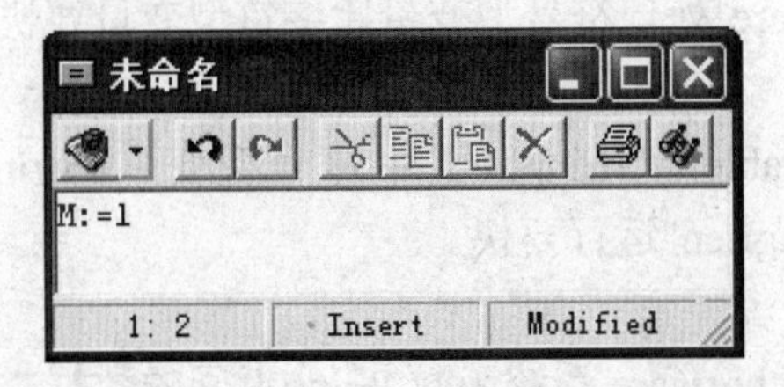

图 11-2　在计算图标窗口中为自定义变量赋值

11.1.2　变量的类型

Authorware 中的变量都是全局变量，而且没有区分变量是整型还是实型，统一定义为数值型变量。

在 Authorware 中，变量的类型一般可以分为 7 种：数值型、字符型、逻辑型、列表型、符号型、坐标变量、矩形变量。

1. 数值型

数值型变量是用来存储数值的。数值可以是一个整型（如 5）、实型（如 0.00123）或负数（如-1、-7.23）。

当将两个变量进行加减运算时，Authorware 会将它们当作数值型变量，因为只有数值型变量才能使用算术运算符。数值型变量可以存储用户的分数或一个算术表达式计算的结果。

2. 字符型

字符型变量用来存储字符串。字符串是一个或多个字符组成的字符序列，包括字母序列（如"Authorware"）、数字序列（如"987654321"）、特殊字符（如"@%$#"）以及它们的组合（如"teacherhou@163.com"）。

3. 逻辑型

逻辑型变量用来存储 True（真）或 False（假），也就是说，逻辑型变量只有两种值：True 或 False。

当将一个变量放置在一个 Authorware 需要一个逻辑型变量的地方（如在响应类型属性对话框“交互”选项卡的“激活条件”文本框中）时，Authorware 认为该变量是一个逻辑型变量。如果该变量中存储了一个数值，只要该数值不为 0，则 Authorware 认为该变量为 True。如果该变量存储的是一个字符串，只有该字符串为"True"、"T"、"Yes"或"On"（大小写不重要）时，该变量才为 True，否则就为 False。

4. 列表型

列表型变量用来存储一组变量值或一组常量的值。Authorware 支持下面的两种列表类型：

（1）线型列表。在线型列表中，表中的每一个元素都是一个单值，例如[1,2,3,"a","b","c"]。

（2）属性列表。在属性列表中，表中的每一个元素都是一个属性和由冒号“:”分隔开的属性值组成，例如[#Firstname:"jim",#Lastname:"lucy",#Photo:3821062]。

在这两种列表中，元素可以是未排序的，也可以是按照字母顺序进行排序的。在跟踪和更新数据数组时列表型变量是特别有用的。

5. 符号型

符号型变量是这样一种由“#”开头、后面可以是一个字符串数据类型或其他数值的数据类型的变量。由于 Authorware 处理符号型变量比字符型变量要快，所以符号型变量还是比较有用的。

例如，在语句 MyVariable:=#StringLen 中符号型变量#StringLen 比语句 MyVariable:="StringLen"中的字符串"StringLen"运行要快。

6. 坐标变量

一个 Point 变量是由 Authorware 系统函数 Point 返回的数据类型，在设置点位置时是十分有用的。

用法：MyPoint:=Point(x,y)

含义：在屏幕坐标(x,y)处创建一个点。

7. 矩形变量

一个 Rect 变量是通过 Authorware 系统函数 Rect 返回的数据类型。Rect 变量在定义矩形区域时是非常有用的。

用法：MyRect:=Rect(Left,Top,Right,Bottom)

或

MyRect:=Rect(Point1,Point2)

含义：利用指定的值或点绘制矩形，其矩形和点限制为列表类型。

11.2　函数

函数主要用于实现某一特殊的操作，Authorware 提供了大量的系统函数来满足用户程序设计的需要。例如，前面接触最多的 Quit()，可以使用 Authorware 在执行程序时碰到该函数则自动结束程序，返回执行程序的界面。

11.2.1　系统函数与自定义函数

根据来源进行分类，Authorware 7.0 中的函数可分为系统函数和自定义函数两种。

1. 系统函数

系统函数是 Authorware 自带的一套函数，这些函数提供了对文本对象、文件、判断分支结构、图标、图片和视频信息等进行直接操作的功能。单击 Authorware 工具栏中的“函数”按钮即可打开“函数”面板，如图 11-3 所示。

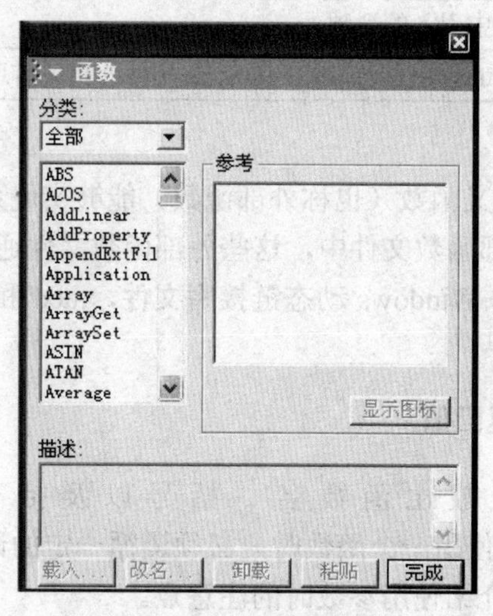

图 11-3　“函数”面板

系统函数均以大写字母开头，由一个或几个单词组成，并且单词之间没有空格。Authorware 提供了多种类型的系统函数，它们的名称和功能如表 11-1 所示。

表 11-1　Authorware 提供的系统函数

名称	功能
全部	在函数名列表中按照字母顺序显示 Authorware 所提供的所有函数名称
字符	处理文件内容及字符串
CMI	管理计算机教学，以及处理与教学相关的问题
文件	创建和维护外部文件
框架	实现在框架内部的某些特定功能
常规	执行一些系统普通级任务
图形	主要用来处理图像，如绘图、设置填充颜色等

续表

名称	功能
图标	管理流程线上的设计图标
跳转	不仅能够从一个设计图标跳转到另一个设计图标，而且能够跳转到一个外部文件中
语法	执行特殊的语言编程操作，如 IF…THEN、Repeat With In 等语句
列表	处理列表或数组
数学	完成数学运算
网络	管理 Internet 上运行的程序
OLE	处理演示窗口中的 OLE 对象
平台	用来获取以后 XCMDS 或 DLL 要使用的信息
目标	用来对变量、设计图标、文件等的属性进行控制
时间	根据不同的规则将日期转化为数字格式，以方便程序设计中对日期的比较，或者显示系统的日期和时间
视频	管理程序设计中引入的视频
Xtras	控制和使用 Xtras 文件，或者获取 Xtras 文件的相关信息

2. 自定义函数

在 Authorware 中，自定义函数（也称外部函数）能够实现系统函数不能实现的功能。外部函数存在于特定格式的外部函数文件中，这些外部函数文件通常以.dll、.ucd 和.u32 为扩展名，其中，.dll 文件是标准的 Windows 动态链接库文件，.ucd 和.u32 是 Authorware 专用的函数文件。

11.2.2 函数的参数和返回值

Authorware 的函数一般由函数名、括号以及括号内的参数组成，例如 Box(pensize,x1,y1,x2,y2)，当使用一个函数时，必须遵循一定的语法规则，而语法规则中最重要的是正确使用参数，下面介绍使用参数时的注意点。

（1）根据需要为参数添加双引号，例如函数 PressKey("Esc")。如果用一个变量 Keyname 来代替字符串 Esc，则该变量上不能加双引号，即应为 PressKey(Keyname)，否则 Authorware 会错误地将该变量作为字符串处理。

（2）参数个数可变。在 Authorware 中，有些函数具有多个参数，但并不是每一个参数都必须使用，而是可以视情况使用其中的部分参数，多个参数之间用逗号分隔。

（3）有些函数不需要参数也能执行，例如，函数 Beep()的作用就是发出一声铃响，不需要给出任何参数，但在使用不需要参数的函数时不能省略括号。

（4）语言类函数是一类特殊的函数，它们是一些运算符、命令和语句，在使用时不需要括号及参数。

11.2.3 变量和函数的使用

1. 在演示窗口中做任意标识

在 Authorware 运行时，可以在其界面上做一些标识，这样的操作类似我们看书时在书上做笔记。要实现这个操作，必须使用一些函数与变最来控制并达到这一效果。

操作步骤如下：

（1）新建一个文件：选择“文件”→“新建”→“文件”命令，新建一个“做标记”文件。

（2）将一个“计算”图标拖放到程序主流程线上，并为其命名为“窗口大小”，用来设置窗口大小。双击“计算”图标，并输入函数 resizewindow(600,400)，如图 11-4 所示。

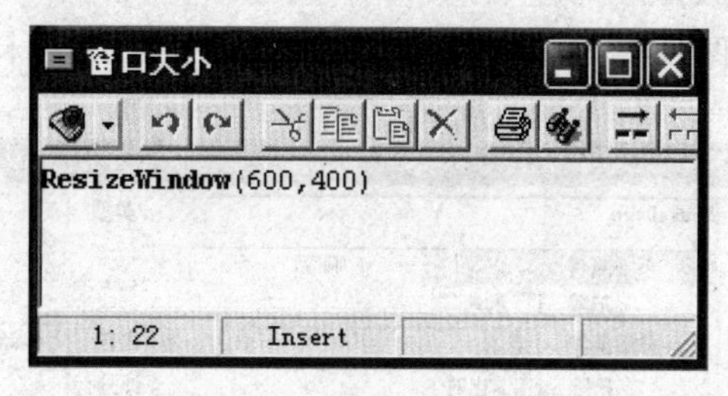

图 11-4　设置窗口大小

（3）将一个“显示”图标从图标面板中拖放到程序主流程线上，并将其命名为“背景”，用来设置背景。在“背景”显示图标上右击，在弹出的快捷菜单中选择“计算”选项，打开如图 11-5 所示的窗口，在窗口中输入 movable:=false，该命令用于防止显示图标中的内容被任意拖动。

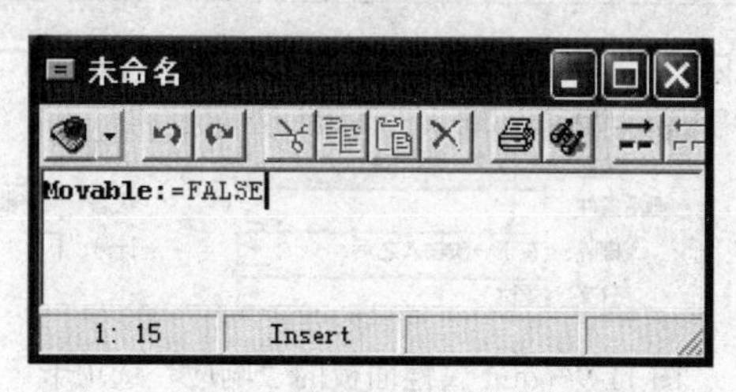

图 11-5　防止显示图标中的内容被拖动

（4）在“图标”面板中选择“交互”图标，并将其添加到程序流程线上，拖动两个“群组”图标到“交互”图标的右侧，并设置它们的交互响应类型分别为“条件”和“按钮”，分别为它们输入名称，如图 11-6 所示。

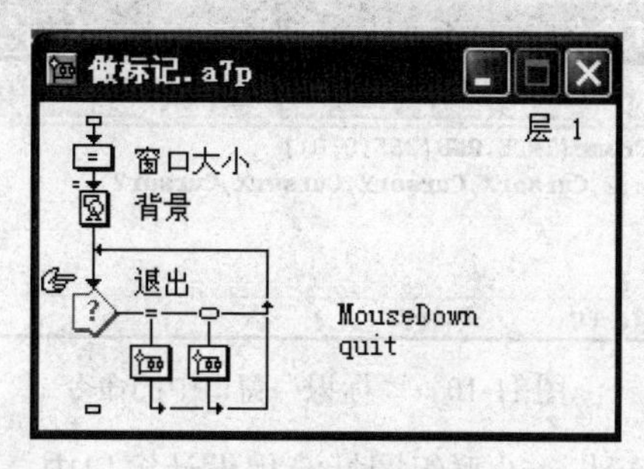

图 11-6　程序流程线

（5）双击 mousedown 响应图标上方的响应类型符号，打开其“属性”面板。在“条件”选项卡的“自动”下拉列表框中选择“为真”选项；在“响应”选项卡的“擦除”下拉列表框中选择“在退出时”选项，如图 11-7 和图 11-8 所示。

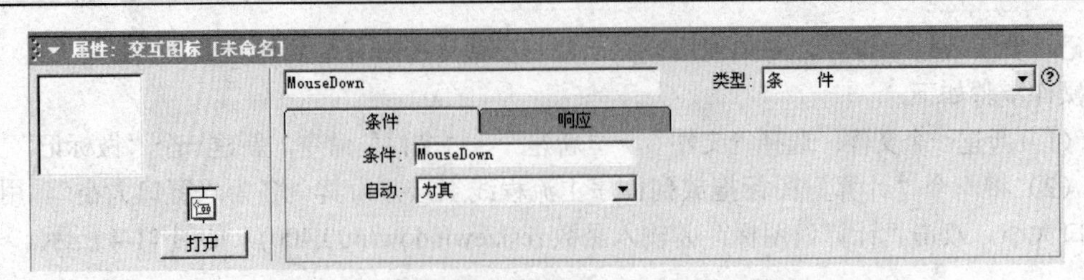

图 11-7　mousedown 属性面板的“条件”选项卡

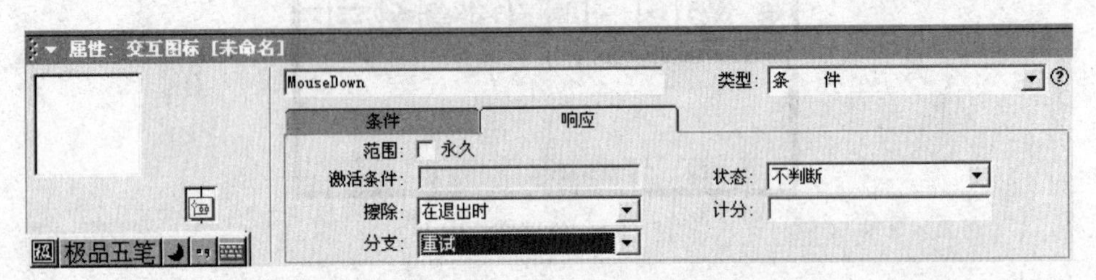

图 11-8　mousedown 属性面板的“响应”选项卡

（6）双击 quit 响应图标上方的响应类型符号，打开其属性面板。选择“响应”选项卡，将“永久”复选框选中，其他选项保持默认设置即可，如图 11-9 所示。

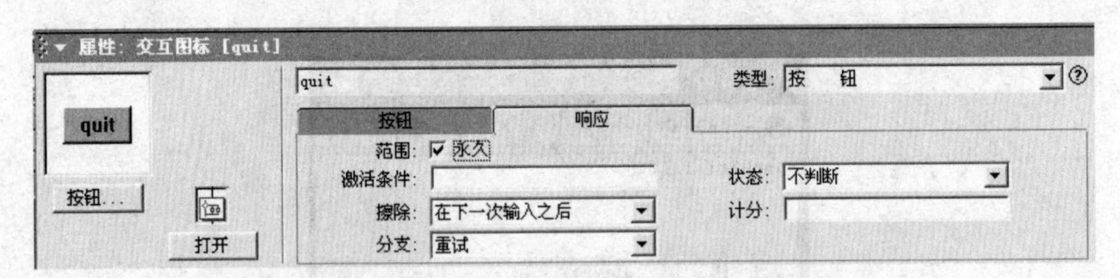

图 11-9　quit 属性面板的“响应”选项卡

（7）拖动一个计算图标到 mousedown 群组图标流程设计窗口中，将其命名为“标识”，并在其脚本编辑窗口中输入两条命令：SetFrame(TRUE,RGB(0,0,255))，用于设置画线的颜色；Line(2,CursorX,CursorY,CursorX,CursorY)，用于设置响应鼠标画线，如图 11-10 所示。

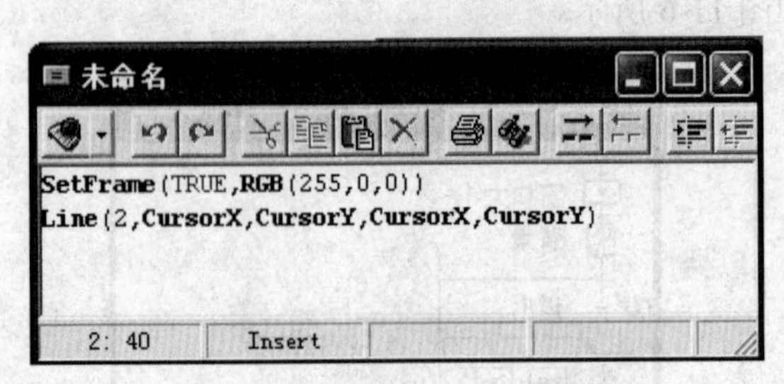

图 11-10　“标识”窗口中的命令

（8）拖动一个计算图标到 quit 群组图标流程设计窗口中，将其命名为“退出”，并在其脚本编辑窗口中输入命令 Quit(1)用于退出。

（9）双击“交互”图标打开演示窗口，将演示窗口中的 quit 按钮拖动到窗口中的适当位置。

（10）单击工具栏中的“运行”按钮，此时可以在该运行窗口中任意绘制线条做标记，如图 11-11 所示。

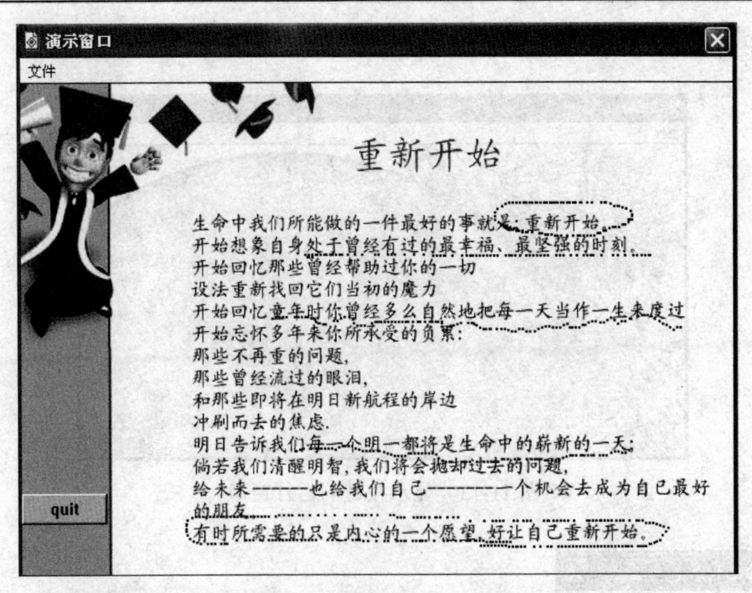

图 11-11 程序的运行界面

（11）保存文件：单击“文件”→“保存”或“文件”→“另存为”命令，将文件保存为“做标记”，该程序的流程线如图 11-12 所示。

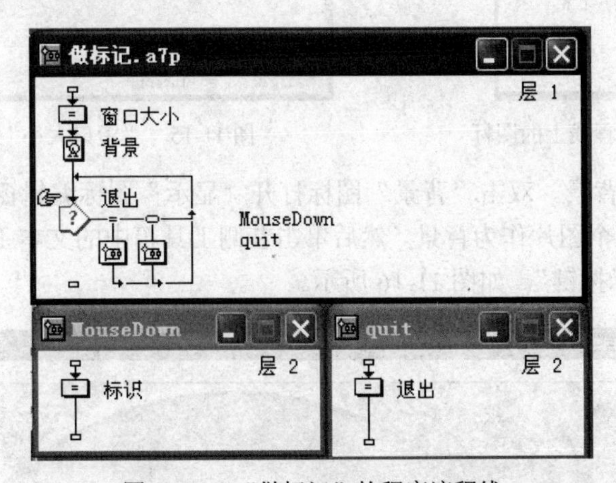

图 11-12 “做标记”的程序流程线

2. 在演示窗口中显示按键

利用 Authorware 可以判断你在键盘上按下了哪个键，下面的实例就是当用户按下一个任意键时，窗口中将会显示该键的名称，如果用户按下 Enter 键时，则退出应用程序。其运行效果如图 11-13 所示。

具体操作步骤如下：

（1）新建一个文件：选择“文件”→“新建”→“文件”命令，新建一个“显示按键”文件。

（2）从“图标”面板中向设计窗口中的流程线上添加一个“计算”图标、一个“显示”图标、一个“交互”图标，并为其分别命名，如图 11-14 所示。

（3）设计计算图标。双击“计算”图标打开其编辑窗口，输入代码 resiaewindow(600,300),

将窗口大小设计为 600×300，如图 11-15 所示。

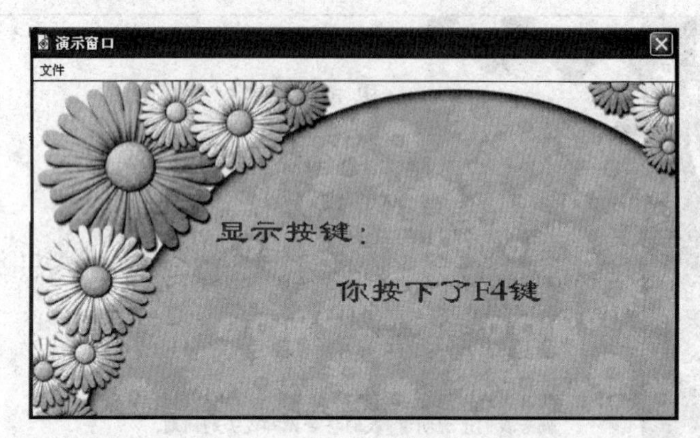

图 11-13　显示按键的运行窗口

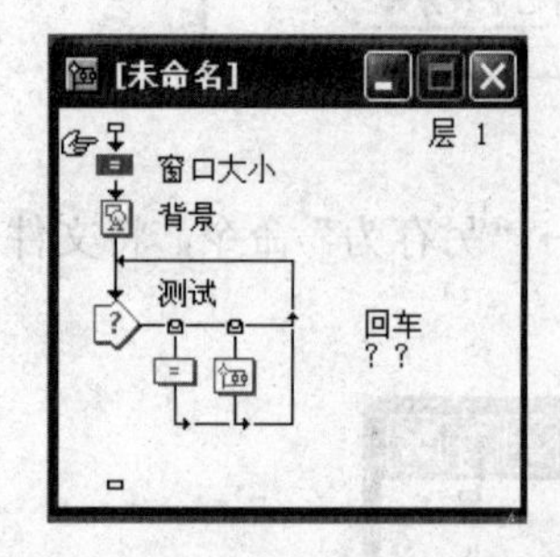

图 11-14　程序流程线上的图标

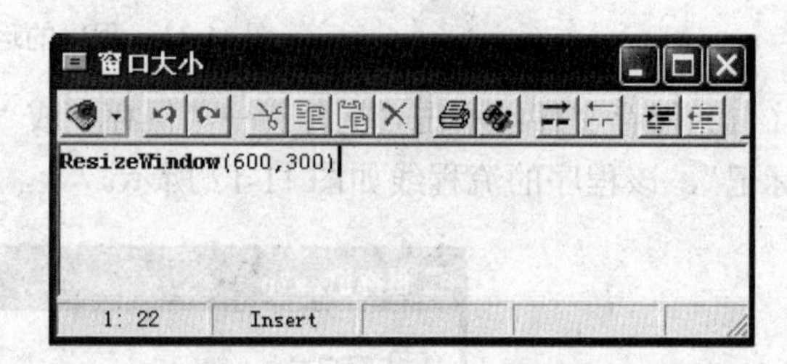

图 11-15　“窗口大小”设计代码

（4）设计程序的背景。双击“背景”图标打开“显示”图标编辑窗口，单击工具栏中的“导入”按钮，导入一个图片作为背景。然后单击左侧工具箱中的文本工具按钮，在演示窗口中输入背景文字“显示按键”，如图 11-16 所示。

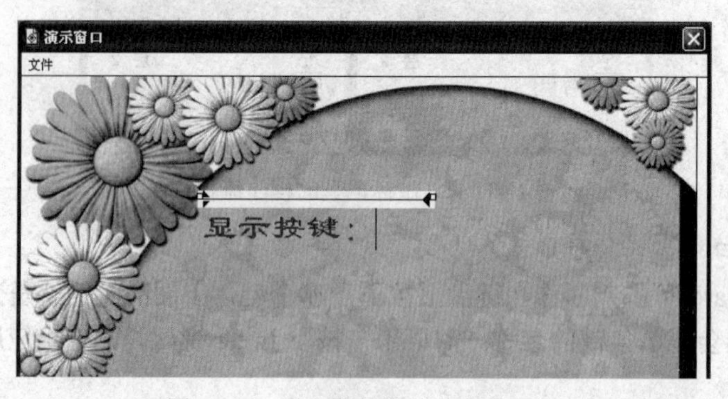

图 11-16　导入背景和输入背景文字

（5）设置“交互”图标。向交互图标的右侧添加一个“计算”图标，在弹出的“响应类型”对话框中选择“按任意键”按钮，然后将其命名为“回车”；再向交互图标右侧添加一个群组图标，“响应类型”也设为“按任意键”，并将其命名为“？？”，如图 11-14 所示。

1）双击“交互”图标打开编辑窗口，利用文本工具在编辑窗口中输入文本“你按下了{Key}键”，如图 11-17 所示。

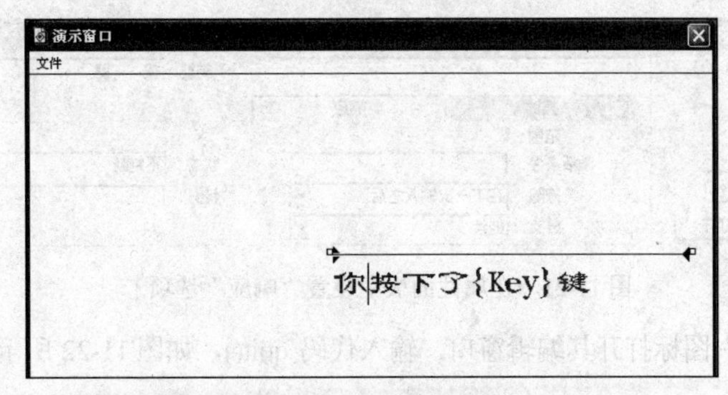

图 11-17　在“交互”图标编辑窗口中输入文本

2）双击“交互”图标中的第一个“响应类型”，弹出“按任意键”属性对话框，选择“按键”选项卡，在“快捷键”文本框中输入“enter”，如图 11-18 所示；选择“响应”选项卡，单击“擦除”下拉列表框，选择“下一次输入之后”选项；单击“分支”下拉列表框，选择“退出交互”选项；单击“状态”下拉列表框，选择“不判断”选项，如图 11-19 所示。

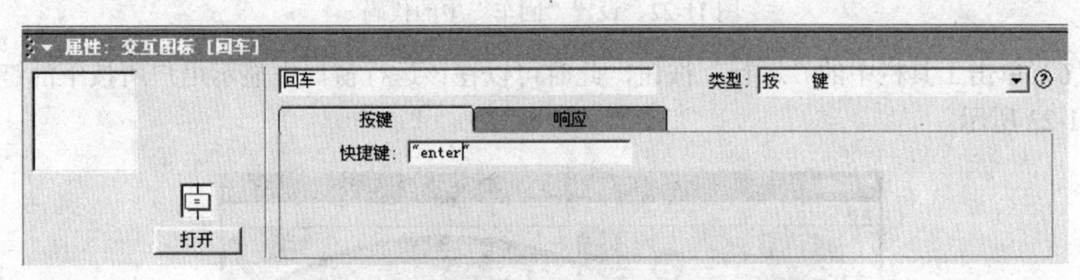

图 11-18　在属性面板中设置“快捷键”选项卡

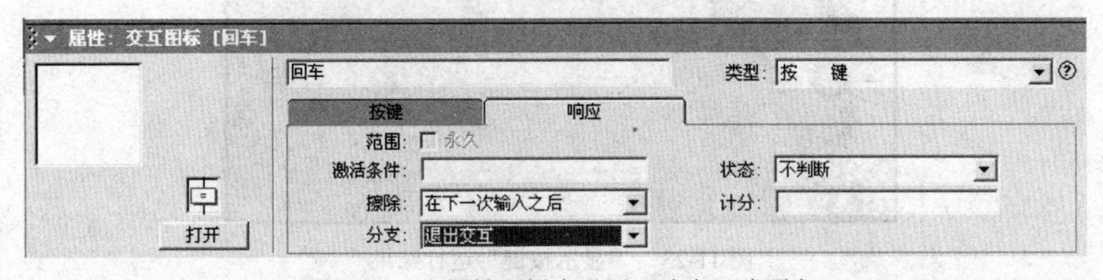

图 11-19　在属性面板中设置“响应”选项卡

3）双击“交互”图标中的第二个“响应类型”，弹出“按任意键”属性面板，选择“按键”选项卡，在“快捷键”文本框中输入“？”，如图 11-20 所示；选择“响应”选项卡，单击“擦除”下拉列表框，选择“下一次输入之后”选项；单击“分支”下拉列表框，选择“继续”选项；单击“状态”下拉列表框，选择“不判断”选项，如图 11-21 所示。

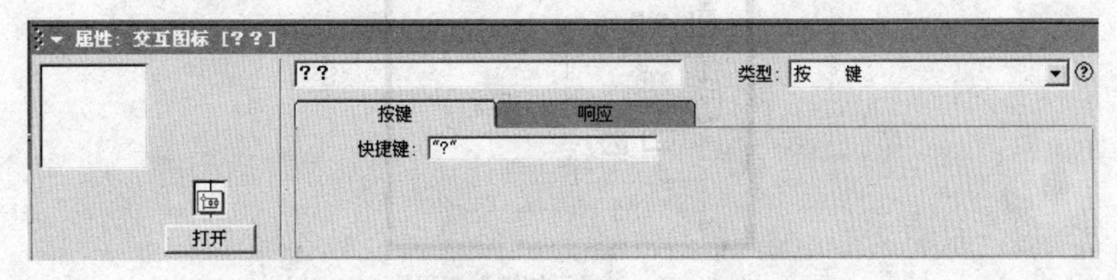

图 11-20　在属性面板中设置“快捷键”选项卡

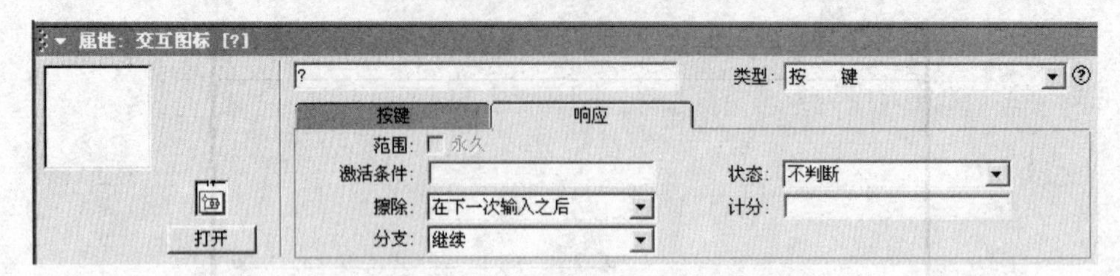

图 11-21 在属性面板中设置“响应”选项卡

4）双击“计算”图标打开其编辑窗口，输入代码 quit()，如图 11-22 所示，用于退出程序。

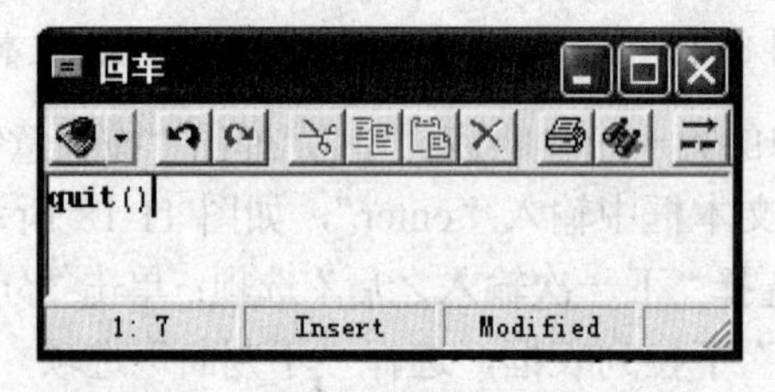

图 11-22 设置“回车”中的代码

（6）单击工具栏中的“运行”按钮，此时可以在该运行窗口中显示用户所按下的键名，如图 11-23 所示。

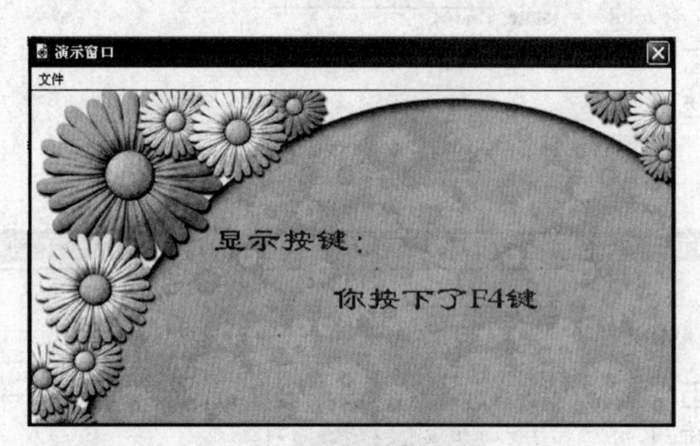

图 11-23 “显示按键”运行结果

（7）保存文件。选择“文件”→“保存”或“文件”→“另存为”命令，将文件保存为“显示按键”，该程序的流程线如图 11-24 所示。

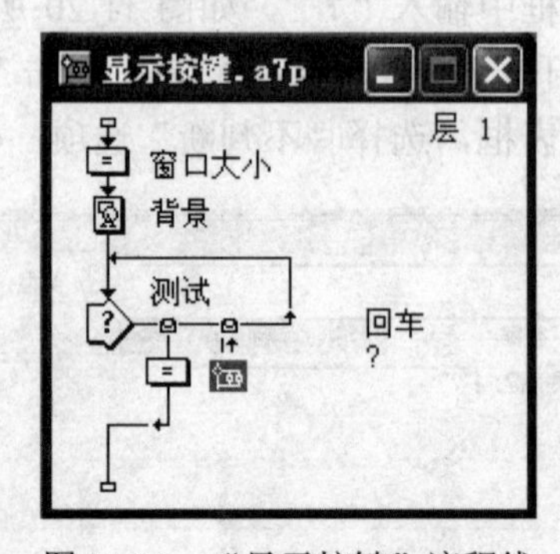

图 11-24 “显示按键”流程线

11.3　运算符与表达式

11.3.1　运算符

Authorware 运算符可以分为 5 种类型：赋值运算符、关系运算符、算术运算符、逻辑运算符和连接运算符。

1. 赋值运算符

“:=”赋值运算符是将运算符右边的值赋给左边的变量。这与其他高级程序语言中的赋值语句相同。

如：

```
picturecount:=100
picturename:="奔驰"
```

在程序设计时，如果将赋值语句中的赋值运算符写成了“=”，Authorware 会自动将其变为“:=”。

2. 算术运算符

使用算术运算符可以进行算术运算，结果为数值型数值。具体运算符如表 11-2 所示。

表 11-2　算术运算符

运算符	含义	实例	运算结果
+	将运算符两边的数值进行相加	R:=5+2	R 的值变为 7
-	将运算符左边的数值减去左边的数值	R:=5-2	R 的值变为 3
*	将运算符两边的数值进行相乘	R:=5*2	R 的值变为 10
/	将运算符左边的数值除以右边的数值	R:=5/2	R 的值变为 2.5
**	将运算符右边的数值当作左边数值的指数	R:=5**2	R 的值变为 25

3. 关系运算符

使用关系运算符可以进行关系运算，结果为逻辑值：True 或 False。具体运算符如表 11-3 所示。

表 11-3　关系运算符

运算符	含义	实例	运算结果
=	判断运算符两端的数值是否相等，如果相等则返回 True，否则返回 False	Con:=(StudentNum=100)	False
<>	判断运算符两端的数值是否不相等，如果不相等则返回 True，否则返回 False	Con:=(StudentNum<>100)	True
<	判断运算符左边的数值是否小于右边的数值，如果小于则返回 True，否则返回 False	Con:=(StudentNum<100)	False
>	判断运算符左边的数值是否大于右边的数值，如果大于则返回 True，否则返回 False	Con:=(StudentNum>100)	True

续表

运算符	含义	实例	运算结果
<=	判断运算符左边的数值是否小于或等于右边的数值，如果小于或等于则返回 True，否则返回 False	Con:=(StudentNum<100)	False
>=	判断运算符左边的数值是否大于或等于右边的数值，如果大于或等于则返回 True，否则返回 False	Con:=(StudentNum>100)	True。

4．逻辑运算符

使用逻辑运算符可以进行逻辑运算，结果为逻辑值：True 或 False。具体运算符如表 11-4 所示。

表 11-4　逻辑运算符

<table>
<tr><th>运算符</th><th>含义</th></tr>
<tr><td>～</td><td>逻辑非运算，其结果是运算符右边的值取反</td></tr>
<tr><td>&</td><td>逻辑与运算，它是将运算符两边的逻辑值进行与运算</td></tr>
<tr><td>|</td><td>逻辑或运算，它是将运算符两边的逻辑值进行或运算</td></tr>
</table>

逻辑运算符的运算规则如表 11-5 至表 11-7 所示。

表 11-5　逻辑非运算规则

X	～X
True	False
False	True

表 11-6　逻辑与运算规则

X	Y	X&Y
True	True	True
True	False	False
False	True	False
False	False	False

表 11-7　逻辑或运算规则

<table>
<tr><th>X</th><th>Y</th><th>X|Y</th></tr>
<tr><td>True</td><td>True</td><td>True</td></tr>
<tr><td>True</td><td>False</td><td>True</td></tr>
<tr><td>False</td><td>True</td><td>True</td></tr>
<tr><td>False</td><td>False</td><td>False</td></tr>
</table>

5．连接运算符“^”

连接运算符“^”是将两个字符串连接成一个新的字符串。

如设 String1:="Love"，String2:="China"，则 String3:=String1^String2，String3 的值为 "Love China"。

6. 复合条件

当输入由关系运算符和逻辑运算符组成的复合条件时，可以使用一些速记格式。

例如，当 X 的值在 1 到 5 之间，下面的条件语句为 True。

长格式：X> 1 & X < 5

短格式：X >1 & <5

又如，当变量 Name 的值为"Lucy"、"Lily"或"Jack"中的一个，下面的条件语句为 True。

长格式：Name="Lucy"|Name="Lily"|Name="Jack"

短格式：Name="Lucy"| ="Lily"| ="Jack"

在一个表达式中经常会用到很多运算符，如果都使用括号将希望首先运算的括起，当然没有什么差错。但是，如果表达式很复杂，就会使用很多的括号。

Authorware 规定了运算符的优先级和结合性。在表达式求值时，先按运算符的优先级高低次序执行。如果在一个运算对象两侧的运算符的优先级相同，则将按规定的“结合方向”处理。Authorware 规定了各种运算符的结合方向（结合性）。算术运算符的结合方向为“自左向右”，即先左后右（左结合性）。有些运算符的结合方向为“自右向左”，即右结合性（如**、赋值运算符等）。

运算符的优先级如表 11-8 所示。

表 11-8　运算符的优先级

优先级	运算符					
由高到低	()					
	~	+（正号）	-（负号）			
	**					
	*	/				
	+	-				
	^					
	=	<>	>	>=	<	<=
	&	|				
	:=					

11.3.2　表达式

表达式是由运算符和括号将常量、变量和函数按一定规则连接起来的式子，它是程序的基本组成部分。

在 Authorware 7.0 中有 5 种类型的表达式：算术表达式、字符表达式、关系表达式、逻辑表达式、赋值表达式。

1. 算术表达式

算术表达式的基本特点是，表达式中所含的运算符仅为算术运算符，表达式中所含的变量、常量或函数值的数据类型都为数值型数据。例如：

```
4.5*(2+4)                          //运算结果为 27
```

2. 字符表达式

字符表达式的基本特点是，表达式中所含的运算符仅为字符串连接运算符，表达式中所含的变量、常量或函数值的数据类型都是字符型。例如：

```
"Authorware"^"程序设计"            //运算结果为"Authorware 程序设计"
```

3. 关系表达式

关系表达式的基本特点是，在表达式所含的运算符中含有关系运算符，表达式中的常量、变量和函数值的数据类型可以是数值型、字符型和逻辑型。关系表达式的运算结果为逻辑型数据。例如：

```
10>15                              //数值比较的运算结果为 False
"中国"="北京"                      //字符串比较的运算结果为 False
```

4. 逻辑表达式

逻辑表达式的基本特点是，在表达式所含的运算符中含有逻辑运算符，表达式中所含的变量、常量或函数值的数据类型均为逻辑型。例如：

```
True|false                         //运算结果为 True
True&false                         //运算结果为 False
```

5. 赋值表达式

赋值表达式的基本特点是，在表达式所含的运算符中含有赋值运算符。赋值表达式的作用是将赋值号右边的内容赋给左边变量。例如：

```
Ballmoved:=2                  //运算结果为将数值 2 赋值给变量 Ballmoved
sum=sum+2                     //运算结果为将变量 sum 的当前值加 1 再重新赋给变量 sum
```

11.4　计算窗口

11.4.1　计算图标

计算图标是 Authorware 中最常用的图标之一。用计算图标可以代表一个程序，在程序流程中插入一个计算图标就相当于插入一段程序。在计算图标中，用户除了可以存放一段程序以外，还可以定义变量或者调用函数。如果能够合理地将计算图标与其他图标配合使用，那么可以更好地发挥出 Authorware 的强大功能。

计算图标的使用方法有以下两种：

（1）作为独立的图标。将计算图标从工具栏中拖拽到流程线上，此时它的地位与其他图标是一致的，如图 11-25 所示。然后双击该计算图标即可打开计算图标的编辑窗口，对该图标的内容进行编辑。

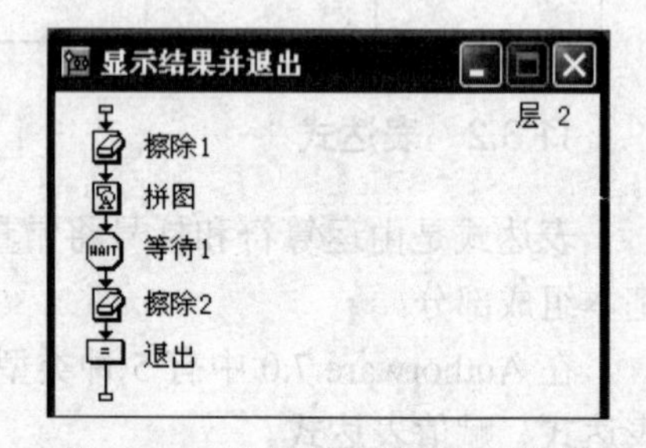

图 11-25　计算图标作为独立图标

（2）附着于其他图标之上。这种方法使用较多，其功能也是很强大的。此时计算图标可以附着在显示图标、导航图标等其他图标之上。对附着在其他图标上的计算图标，编辑方法是选中计算图标所要附着的图标，然后按 Ctrl+=组合键即可，如图 11-26 所示。

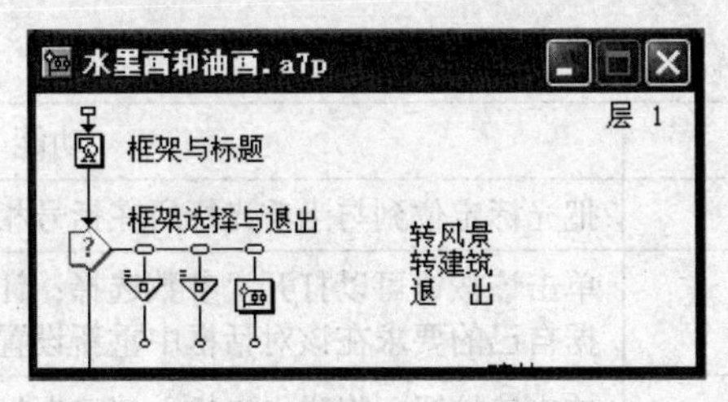

图 11-26　计算图标附着在其他图标上

11.4.2　计算图标编辑窗口

双击计算图标即可打开脚本编辑窗口，如图 11-27 所示。同大多数窗口一样，计算图标的编辑窗口也有自己的工具栏和状态栏。

图 11-27　计算图标的编辑窗口

1. 工具栏

在工具栏中，从左到右的各个按钮的功能如表 11-9 所示。

表 11-9　计算图标工具栏中按钮的功能

图标	名称	功能
	"编辑语言"按钮	单击其右侧的下拉箭头，在弹出的下拉列表中可以实现 Authorware 语言和 JavaScript 语言间的切换
	"撤消"按钮	每单击一次，撤消前面所做的一步操作
	"重做"按钮	每单击一次，重做前面所做的一步操作
	"剪切"按钮	将选中的内容移动到剪贴板中
	"复制"按钮	将选中的内容复制到剪贴板中
	"粘贴"按钮	将剪贴板中的内容粘贴到当前光标所在的位置
	"清除"按钮	将选中的内容删除
	"打印"按钮	打印当前编辑区域内的代码
	"查找"按钮	查找指定的字符串
	"注释"按钮	在当前光标所在行的行首添加注释
	"取消注释"按钮	取消当前光标所在行的行首注释
	"块缩进"按钮	每单击一次，当前光标所在行或选中的行将向右增加 4 个字符的缩进量
	"取消缩进"按钮	每单击一次，当前光标所在行或选中的行将向左减少 4 个字符的缩进量
(	"查找左括号"按钮	把光标定位到与当前光标所在括号相匹配的左括号位置上

续表

图标	名称	功能
)	“查找右括号”按钮	把光标定位到与当前光标所在括号相匹配的右括号位置上
	“参数设置”按钮	单击该按钮可以打开“参数选择：计算”对话框，开发人员可以根据自己的要求在该对话框中重新设置计算图标的编辑窗口
	“插入消息框”按钮	单击该按钮，将弹出“插入消息框”对话框，在其中进行相应的设置后单击“确定”按钮将消息框插入到当前光标所在的位置
	“插入语句块”按钮	单击该按钮，将弹出“插入 Authorware 语句块”对话框，在该对话框中选择需要的语句，然后单击“插入”按钮，将该语句插入到当前光标所在的位置
é	“插入符号”按钮	单击该按钮，将弹出“插入符号”对话框，从该对话框中选择需要的符号，然后单击“确定”按钮，将该符号插入到当前光标所在的位置

2. 状态栏

状态栏用于显示当前编辑窗口中的状态值，从左到右的 7 个方框中分别显示如下状态信息：

- 光标位置：指示当前光标所在的行、列的位置。
- 编辑状态：指示当前是处于插入（Insert）状态还是改写（Overwrite）状态，通过按下键盘上的 Insert 键来切换这两种状态。
- 修改标志：指示当前窗口的代码是否被修改过。
- 圆括号计数：指出当前光标所在的行中有多少个尚未匹配的圆括号。
- 方括号计数：指出当前光标所在的行中有多少个尚未匹配的方括号。
- ASCII 码显示：指示紧接着当前光标之后的一个字符的 ASCII 码值。
- 语言显示：指出当前使用的是 Authorware 语言还是 JavaScript 语言。

11.5 基本语句

在 Authorware 中常用的两种程序语句是：条件语句和循环语句。条件语句是使程序在不同的条件下实现不同的操作；循环语句则是用于实现相同操作的重复操作。

11.5.1 条件语句

条件语句由关键字、条件、语句组成，根据条件和语句的多少可以将条件语句分为判断单一条件和判断多条件。

条件语句的基本格式有如下 5 种：

（1）格式 1。

```
If 条件 Then 语句
```

（2）格式 2。

```
If 条件 Then
   语句
End If
```

（3）格式3。

```
If 条件 Then 语句1 Else 语句2
```

（4）格式4。

```
If 条件 Then
    语句1
 Else
    语句2
 End If
```

（5）格式5。

```
If 条件1  Then
    语句1
  Else If 条件2  Then
    语句2
  Else
    语句3
End If
```

单一条件语句的执行过程是：如果条件成立，则执行语句；如果条件不成立，则不执行语句。

多条件语句的执行过程是：程序首先判断第一个条件是否成立，如果成立则执行第一个语句，然后跳出条件结构；如果第一个条件不成立，则判断第二个条件，依此类推即可。

例如：

```
If Flags = True Then
    GoTo (IconID@"习题1")
Else
    GoTo (IconID@"习题2")
End If
```

11.5.2 循环语句

循环语句可以在条件仍然满足的情况下重复执行某一段程序代码，而被重复执行的这段程序代码通常被称为循环体。在Authorware中循环语句结构都是以repeat开头，以end repeat结束。常见的循环格式有以下3种：

（1）格式1。

```
Repeat While 条件
   循环体语句
End Repeat
```

功能：建立一个循环。当判断条件为True时，就执行下面的循环体语句；每开始一次循环，都要判断一下判断条件，直到判断条件为False时才退出循环。

例如：

```
i :=0
Repeat While i < 5
     i := i + 1
End Repeat
```

（2）格式 2。

```
Repeat With Counter := Start [down] to Finish
    循环体语句
End Repeat
```

功能：建立一个循环。其循环次数 Counter 定义为一个范围，从小到大时使用函数 to，范围为从 Start 到 Finish（此时 Start<Finish），每执行一次 Counter 加 1；从大到小时函数使用 down to，范围为从 Start 到 Finish（此时 Start>Finish），每执行一次 Counter 减 1。

例如：

```
Sum := 0
Repeat With i := 1 to 100
    Sum := Sum + i
End Repeat
Repeat With j := 100 down to 1
    Sum := Sum * j
End Repeat
```

（3）格式 3。

```
Repeat With 循环变量 in 列表
    循环体语句
End Repeat
```

功能：建立一个循环。循环变量依次执行列表中的数值，直到列表中的值都执行完毕之后，停止循环语句序列的执行并退出循环。循环体执行的次数等于列表中数值的个数。

例如：

```
S:=0
Repeat I with in [1,2,3,4,5,6,7,8,9]
S:=S+I
End Repeat
```

本章练习

一、选择题

1．下列关于变量说法不正确的是（　）。

A．在 Authorware 中，变量分为全局变量和局部变量，全局变量在整个程序中都起作用，局部变量只能在一个程序模块中起作用

B．在 Authorware 中对变量类型的要求不是十分严格，往往会根据运算符来自动转换变量的类型

C．坐标变量和矩形变量都是一种特殊的列表变量，它们和列表变量都具有数组的性质

D．符号变量是一种类似数值或字符串的变量，它们以“#”开头，在 Authorware 中，符号型变量主要作为对象的属性使用

2．下列不属于表达式的一项是（　）。

A．12*3　　　　B．"this is an apple"

C．S:=100　　　　D．True&False

3．系统变量可以应用在（　）。

A．交互图标的演示窗口　　B．计算图标中

C．框架图标的属性窗口中　　D．移动图标中

二、填空题

1．Authorware 中的函数有 3 类，分别是________、________、________。

2．运算符是 Authorware 中执行运算的符号，共有 5 种类型，分别为________、________、________、________和________。

3．在 Authorware 中有 6 种表达式，分别是________、________、________、________和________。

4．在 Authorware 中提供了两种程序语句，分别是________、________。

5．变量是________，在 Authorware 中，变量包括两类，分别是________、________。

第 12 章　媒体库、程序的调试和发布

12.1　媒体库

12.1.1　什么是媒体库

媒体库是各种设计图标的集合，是存放各种设计图标的仓库，它是一种高效的媒体管理工具。一般情况下，可以把重复使用的设计图标存放在媒体库中，这样做不仅可以减少不必要的重复操作，提高工作效率，而且可以节省时间和存储空间，加快了主程序的执行速度。

媒体库是由“显示”图标、“交互”图标、“计算”图标、“声音”图标、“数字电影”图标和“判断”图标组成的。当打开一个媒体库文件并将一个图标拖到流程线上时，并不是把库内图标的内容复制到流程线上，而是把库中的图标链接到程序指定的位置中。

使用媒体库文件的主要优点有以下几点：

（1）节省空间：当程序中多次使用库中的某个图标时，可以最大限度地减少程序的存储空间占用。

（2）节省时间：将应用程序开发过程中重复使用的内容组建成库中的图标，可以极大地节省创建同一个内容所消耗的时间。

（3）同步更新：当更新媒体库中的图标内容后，在程序中所有与该图标相链接的地方都会自动修改。

12.1.2　创建媒体库

要创建媒体库，可以在设计程序之前创建，也可以在设计程序过程中创建。创建媒体库的过程与创建其他文件的过程类似，选择“文件”→“新建”→“库”命令，即可打开一个媒体库窗口，如图 12-1 所示。

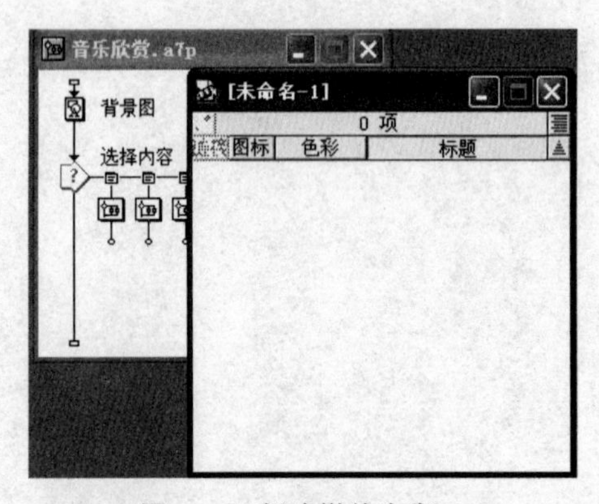

图 12-1　新建媒体库窗口

打开媒体库窗口以后，可以从“图标”面板或流程线上拖动图标到媒体库窗口中，如图 12-2 所示。但要注意在媒体库中只可以创建 6 个图标，即“显示”图标、“交互”图标、“计算”图标、“声音”图标、“数字电影”图标和“判断”图标。

如果在媒体库中拖放多个合法的设计图标，但是程序流程线上的某个设计图标已经存在于媒体库文件中，则不能将其再次拖放到媒体库中，因为它是一个作为链接的图标，而并不是实际存在的，否则 Authorware 会弹出一个提示对话框，如图 12-3 所示。

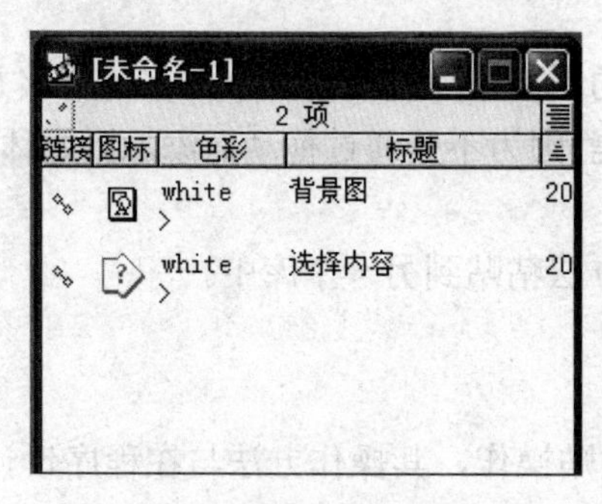

图 12-2　向媒体库中添加图标

图 12-3　提示已经链接的图标不能再加入库中

12.1.3　媒体库的基本操作

1. 打开媒体库

在对库进行操作前，必须先打开该媒体库文件。在 Authorware 中打开一个已有的媒体库文件，需要选择“文件”→“打开”→“库”命令，弹出“打开库”对话框，然后选择所需要的文件打开即可。

2. 保存媒体库

要保存一个媒体库文件，可以选择“文件”→“保存”或“文件”→“另存为”命令，弹出“保存为”对话框，如图 12-4 所示。

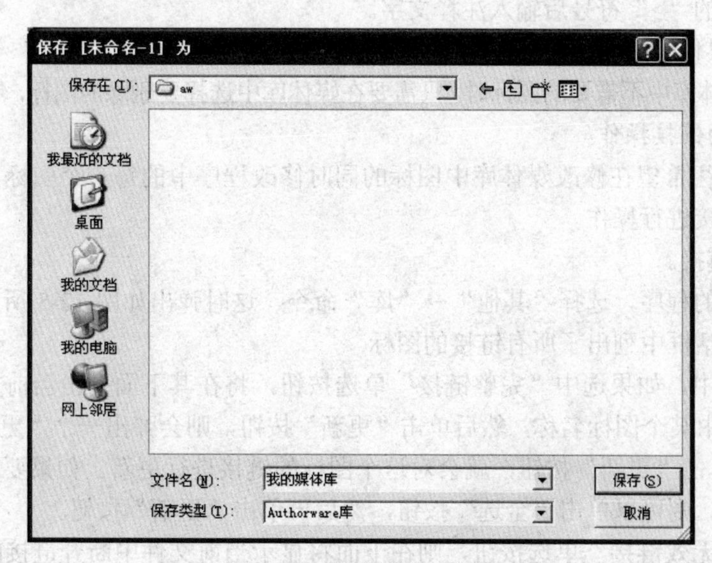

图 12-4　“保存为”对话框

3. 向媒体库中添加图标

向媒体库中添加图标的方法如下：

（1）直接从设计窗口中拖动一个图标到媒体库窗口中，这时在媒体库窗口中图标的名称与原名称相同。

（2）直接从图标栏内拖动一个图标到媒体库窗口中，这时在媒体库窗口中将出现一个标题为“未命名”的空图标，这时用户可以像在流程线上一样对该图标进行命名、添加内容、设置属性等操作。

（3）使用剪切、复制和粘贴的方法将流程线上的图标添加到当前库中。在使用该方法将图标添加到当前库中后，这些图标将被放置在库的末尾。因为不是通过拖动而添加到媒体库中，所以这种方法创建的图标不具有链接性。

（4）将一个库中的图标用剪切、复制和粘贴的方法粘贴到另一个库中。

4. 编辑媒体库图标

（1）复制、剪切和粘贴媒体库中的图标。

对媒体库中的设计图标可以进行复制、剪切和粘贴操作，其操作方法与在程序设计窗口中执行同样操作的方法相同。

（2）修改媒体设计图标。

创建媒体库后，还可以对库中图标的内容进行修改，其方法与在程序设计窗口中编辑图标的方法相同。

（3）查看图标内容。

要查看库中设计图标的内容，可以直接在该图标上右击。如果图标中的内容为图像，则会打开一个小窗口并在其中显示该图像。如果图标中的内容是一段音乐或数字电影，则将播放相应的文件。在任意位置处单击，将关闭内容的显示。

（4）为媒体库中的图标添加注释。

为了便于理解图标中的内容，用户可以为该图标添加注释。具体操作方法是：在库中设计图标名称下方的“>”符号后输入注释文字。

（5）删除媒体库图标。

若要删除媒体库中不需要的图标时，只需要在媒体库中选择要删除的图标，然后按 Delete 键。

5. 媒体库的链接操作

在操作时往往希望在修改媒体库中图标的同时修改程序中的每一个图标，所以可以对媒体库中图标的链接进行操作。

（1）更新链接。

打开要查看的程序，选择“其他”→“库”命令，这时弹出如图 12-5 所示的“库链接”对话框。在该对话框中列出了所有链接的图标。

在该对话框中，如果选中“完整链接”单选按钮，将在其下面列出当前文件中保持链接的图标名称。选中某个图标名称，然后单击“更新”按钮，则会弹出一个“更新”对话框，如图 12-6 所示，单击“更新”按钮，就会对这个图标的链接进行更新。如果要对该列表中的所有图标进行更新，则可以单击“全选”按钮，然后再单击“更新”按钮。

如果选中“无效链接”单选按钮，则在下面将显示当前文件中断开链接的图标名称。选择某个图标后，再单击“显示图标”按钮即可在程序流程线上找到这个断开了链接的图标。

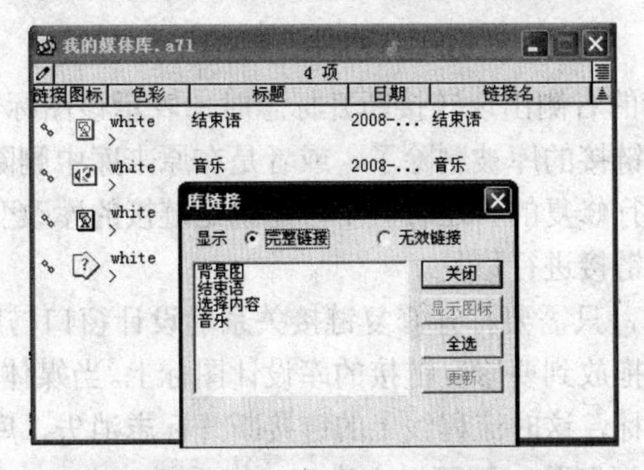

图 12-5　“库链接”对话框

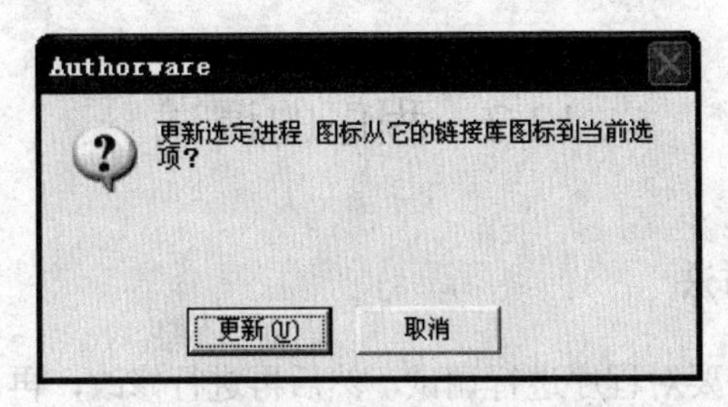

图 12-6　“更新”对话框

（2）跟踪链接。

Authorware 中提供了强大的功能来管理和识别复杂、庞大的库与应用程序之间的关系，定位库与应用程序设计图标之间的位置，同时修复被破坏的链接。可以从库中开始跟踪，看库中的图标与当前程序中的哪些图标建立了链接。具体方法是：首先在库窗口中选择一个带有链接标记的图标，接着选择“修改”→“图标”→“库链接”命令，弹出“库链接跟踪显示”对话框，如图 12-7 所示。

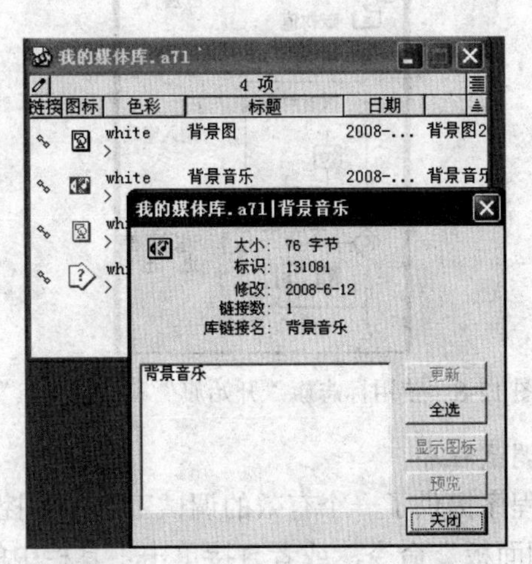

图 12-7　“链接跟踪显示”对话框

在该对话框中列出了当前文件中与库中已选定的原型图标之间建立了链接的所有图标。单击要查看的图标，再单击“显示图标”按钮即可在程序的设计窗口中迅速定位设计图标，并将其高亮显示。

（3）修复链接。

当程序设计窗口图标的右侧出现链接断开标志时，表示该图标与相对应的链接断开了，出现这种情况可能是原来链接的库被删除了，或者是在原来库中删除了具有链接关系的图标，此时断开的链接是不能进行修复的。还有一个可能就是链接的库改变了存储位置或文件名称，在这种情况下，可以对该链接进行修复。

在修复某个媒体库时，只需要打开修复链接关系的设计窗口与库窗口，接着从设计窗口中将断开链接的设计图标拖放到要修复链接的库设计图标上。当媒体库中的图标或流程线上的图标以高亮显示时释放鼠标，这时流程线上的链接断开标志消失，库窗口上的链接标志出现。

如果已经将库中的图标删除，则可以在库窗口中重新建立一个链接图标，然后以同样的方法进行修复。

12.2 程序的调试

12.2.1 程序调试的方法

当设计好了程序时，需要对程序进行调试，然后再进行修改，再调试、再修改，直到应用程序的功能完善了为止。在 Authorware 7.0 中为程序设计者提供了丰富的调试工具和检测工具。

1. 使用标志旗调试程序

可以使用“开始旗”和“终止旗”来调试应用程序的某个程序段。在要调试的程序段的开始放置“开始旗”，然后在该程序段的结束处放置“终止旗”，此时运行程序时，程序将从“开始旗”处开始运行，遇到“终止旗”时结束，如图 12-8 所示，这样就可以方便地调试该程序段。

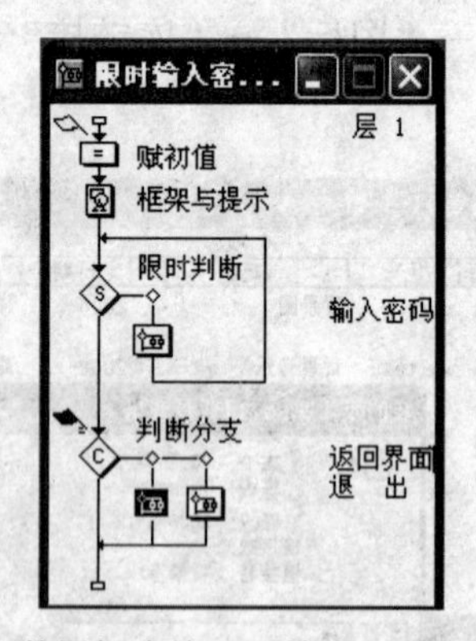

图 12-8 使用标志旗“开始旗”和“终止旗”

2. 使用“控制面板”调试程序

Authorware 7.0 为调试程序提供了一个有效的调试工具——控制面板。

选择“窗口”→“控制面板”命令，或者直接单击工具栏中的“控制面板”按钮，则打开控制面板，如图 12-9 所示。

图 12-9 控制面板

控制面板中各个按钮的功能如表 12-1 所示。

表 12-1　控制面板中各个按钮的功能

按钮	名称	功能
	运行	单击该按钮，系统将从程序开始处重新运行该程序
	复位	单击该按钮，系统将清理“控制面板”，并重新设置跟踪，等进一步的命令
	停止	单击该按钮将结束程序的运行
	暂停	单击该按钮将暂停程序的运行，以便观看程序中的各个变量
	播放	单击该按钮程序将从开始位置或暂停位置重新开始运行
	显示跟踪	单击该按钮可以显示或隐藏跟踪窗口

控制面板可以控制程序的显示，并可以跟踪或调试应用程序。单击控制面板中的“显示|隐藏跟踪”按钮，打开完整的“控制面板”，如图 12-10 所示。

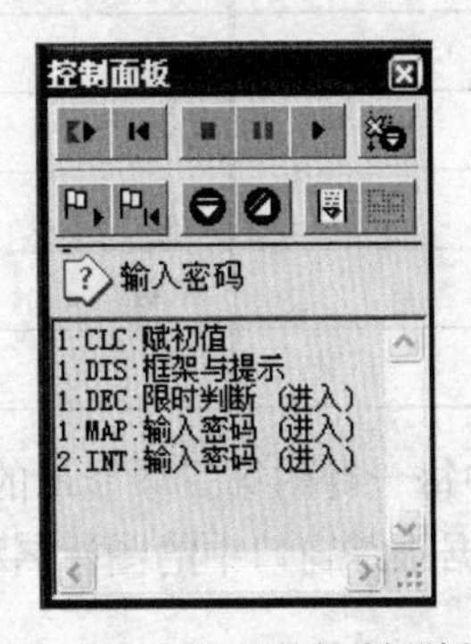

图 12-10　完整的控制面板

完整的控制面板的各个跟踪按钮的功能如表 12-2 所示。

表 12-2　各个跟踪按钮的功能

按钮	名称	功能
	从标志旗开始执行	如果在流程线上放置了开始标志旗，单击该按钮后，系统将从标志旗处开始执行
	初始化到标志旗处	如果在流程线上放置了开始标志旗，单击该按钮后，系统将从开始标志旗处重新设置跟踪并等待进一步的命令
	向后执行一步	每单击一下该按钮，将执行程序中的下一个图标，如果遇到了群组图标或分支结构，那么程序在执行其中的设计图标时并不暂停。该按钮提供了一种速度较快但较为粗略的单步跟踪方式
	向前执行一步	每单击一次该按钮，将执行程序中的上一个图标，如果遇到了群组图标或分支结构时，Authorware 仍采取单步方式执行其中的设计图标。该按钮提供了一种速度快但更为精确的跟踪方式
	打开跟踪方式	单击该按钮，可以显示或者关闭跟踪信息
	显示看不见的对象	单击该按钮，可以显示屏幕上没有显示出来的内容，例如目标区域、热区域等

当打开跟踪窗口，设计程序之后，用户会在跟踪窗口中看到诸如“1：CLC 赋初值”之类的信息，如图 12-10 所示。该信息包括 3 个部分：流程线上的级、图标类型和图标名称，各部分的意义分别如下：

（1）流程线上的级：指跟踪窗口中每一行的第一项显示的数字。1 表示主流程线上的图标级别，2 表示第二层设计窗口中的流程线上的图标级别，依此类推。如果某一群组图标位于主流程线上，那么该群组图标的级别为 1，而群组图标流程线中的图标级别则为 2。

（2）图标类型：指跟踪窗口中每一行的第二项显示设计图标类型的缩写。各图标类型的缩写形式如表 12-3 所示。

表 12-3 图标类型的缩写

缩写	图标类型	缩写	图标类型
CLC	计算图标	MOV	数字电影图标
DES	判断图标	MTN	移动图标
DIS	显示图标	NAV	导航图标
ERS	擦除图标	SND	声音图标
FRM	框架图标	VDO	DVD 图标
INT	交互图标	WAT	等待图标
MAP	群组图标		

（3）图标名称：指跟踪窗口中每一行的第三项显示的内容。如果给每一个图标取一个合适的名称，那么就可以很方便地根据跟踪窗口中的图标名称查找到产生错误的位置。

12.2.2 程序调试的技巧

在调试程序时经常会出现如下一些错误，针对不同的错误可以采取不同的解决方法，只要掌握了一定的调试技巧，就能够更加方便快捷地进行程序的调试。

1. 判断问题的范围存在问题

在进行程序调试时，可以将整个程序划分成若干个小的程序段，然后对这些小程序段依次进行调试。在调试程序的过程中需要注意以下几点：

（1）如果某程序段中包含一个交互按钮，在调试程序时，当在单击该按钮之前程序运行正常，仅仅在单击该按钮之后才出现异常情况，那么异常问题一般都出在交互响应中，此时应该在包含该按钮的交互响应结构中查找问题。

（2）如果程序运行到判断分支结构时出现了异常，那么就应该首先检查用于控制分支路径的变量的值。

（3）如果一个显示图标中的内容没有正常显示，则可以在流程线上查找到该显示图标，然后在该显示图标的下方添加一个等待图标，用来暂停程序，当再次运行到该程序时段时，观察程序能否执行到该图标，以及执行到该图标时的状态。

2. 文本错误

这种错误主要是最为隐蔽的错误，这种错误不会导致应用程序无法正常工作，但也是不能轻视的问题，所以在录入文字时要多加注意，并随时进行检查。

3. 程序中的函数和变量

如果程序段中含有函数和变量，则在调试运行时需要考虑到程序中的变量和函数可能存在错误。检查程序中的函数和变量需要注意以下两点内容：

（1）在检函数和变量时，首先要检查程序中使用的变量和函数是否存在拼写错误，对于函数还需要检查其参数的个数和数据类型是否正确。

（2）如果函数和变量不存在拼写错误，则可以使用显示图标在演示窗口中动态地显示函数或变量的值。

4. 图标的属性设置有误

在运行和调试程序时，经常需要检查设计图标的属性，以确定对该属性的设置是否正确。例如，当一个显示图标中的内容无法正常显示时，则应该检查该显示图标的层属性设置是否正确，对其重新设置后再次运行该程序调试。

5. 使用快捷键调试程序

在调试程序过程中，还有一些快捷键，熟练地使用它们能够极大地提高程序调试的效率。

（1）Ctrl+J 快捷键：当调试应用程序时，用户可能需要在程序窗口与演示窗口之间切换，使用快捷键 Ctrl+J 可以实现这两个窗口之间的快速切换。

（2）Ctrl+I 快捷键：在程序运行过程中，按 Ctrl+I 快捷键可以立即查看当前正在演示的图片或播放的声音在 Authorware 中的属性，并且与当前演示的图像或播放的声音相关的图标会以反白显示，且用户可以直接对其进行修改。

（3）Ctrl+P 快捷键：程序运行时，如果需要暂停，以调整窗口中各个对象的相对位置关系，可以按 Ctrl+P 快捷键使程序暂停。这时可以在演示窗口中直接单击对象选中它并调整其位置，也可以双击对象打开相关图标的演示窗口修改和编辑对象，设置完成后，再按 Ctrl+P 快捷键即可继续执行程序。

6. 程序调试的一般原则

在调试程序的过程中，遵循一定的原则可以帮助用户更快地寻找出程序中的错误。一般应遵循以下两条原则：

（1）修改错误要按照从大到小的原则进行。程序中存在的影响程序运行的重大错误应最先修改，然后再修改程序中存在的小错误。

（2）修改错误要按照少量多次的原则进行。修改错误时不能贪多求快，如果希望经过一次调整就将程序中的所有错误都改正过来，这样不仅容易使程序产生新的错误，而且也浪费了时间。

12.3 打包和发布

12.3.1 文件打包

使用 Authorware 制作的多媒体程序在完成各个部件的开发后，要使所开发的源程序在交付给用户使用后，程序只能被使用，不能被修改，就要靠将源程序打包来实现。所谓打包就是指把最终作品建成独立可执行文件，转换为可发布的格式。多媒体程序在打包以后可以脱离 Authorware 程序而在 Windows 环境下独立运行。在对文件进行打包前，首先要对该文件进行备份。因为一个文件被打包后，就无法再对其进行任何编辑工作了。所以在打包前最好使用另外一个文件名将其进行备份，这样当打包后的文件运行不正常时还可以对备份文件进行修改。

1. 程序打包须知

在打包的过程中有很多问题需要注意，否则就会影响到程序的执行效果，下面列出在打包过程中应该注意的事项。

（1）规范各种外部文件的存储位置。如果一个程序文件的容量过大，就会影响程序的执行速度，所以通常需要将这些文件作为外部文件发布，将程序中不同类型的外部文件放在不同的目录下以便管理。例如，声音放在声音文件中、图片放在图片文件中等。

（2）外部扩展函数设置。Authorware 本身提供了丰富的系统函数，基本能满足程序设计的需要，但用户也可能会调用一些自定义函数来实现相应的功能。用户可以将这些外部函数存放在同一个目录下，并设置好搜索路径，最后还应将文件复制到打包文件的同一目录下。

（3）字体设置。如果程序中需要使用系统提供的字库之外的字体时，首先要确认最终用户机器上是否有这种字体，否则需要将这些文字转化为图片，这样才能保证最终用户看到理想的效果。

（4）合理处理媒体文件。图片和声音占用的空间较大，为了不影响程序运行的速度，应该在不影响最终效果的情况下对它们进行压缩，如将 AVI 动画文件转换成 GIF 动画文件、将 WAV 声音文件转换成 VOX 或 MP3 声音文件、将 TIF 或 BMP 图像文件转换成 JPG 图像文件等。

（5）调用外部动画文件。多媒体程序经常会含有 AVI 或 FLC 等动画文件，在 Authorware 中，这些文件是被当作外部文件存储的，不能像图片文件、声音文件那样嵌入到最终打包的 EXE 文件中。最简单的办法是将动画文件与最后的打包文件放在同一目录下，这样虽然目录结构看起来乱一些，但却能解决问题；另一个办法是在源程序文件打包前为动画文件指定搜索路径：选择“修改”→“文件”→“属性”命令，打开文件“属性”面板，在“交互作用”选项卡的“搜索路径”文件本框中输入指定的路径。

（6）特效及外部动画的驱动。应用程序中往往会包含各种转换特效，如 AVI、FLC、MOV、MPEG 等格式的外部动画文件。源程序打包后，在 Authorware 目录下运行时，一切正常，但复制到目标目录后运行时，系统则会提示指定的转换特效不能使用，这是因为 Authorware 需要外部驱动程序才能实现特效转换及动画文件的运行。解决这个问题的方法是将实现各种特效的 Xtras 文件夹及 a7vfw32.xmo、a7mpeg32.xmo、a7qt32.xmo 三个动画驱动程序文件同时复制到打包文件的同一目录下。

（7）检查外部链接文件。如果在多媒体程序的制作过程中使用了外部链接，应该通过选择“窗口”→“外部媒体浏览器”命令检查链接的外部文件的正确性，如果有断开的链接，则需要及时修复。

（8）在打包的过程中，除了要注意以上几点外，在打包之前还应确认程序的正确性和完整性、给图标取合适的名称等，只有这样才可以成功地打包一个程序。

2. 打包文件的文件类型

程序在发布之前，除了库文件之外，还需要对一些文件进行打包，这样才能使程序正常运行。这些文件主要包括：

（1）外部函数。程序中所使用的数字电影驱动文件（.xmo）、ActiveX 控件（.ocx、.cab）、自定义函数文件（.ucd、u32、.dll）。

（2）外部数据文件。程序中文本方式读入的外部数据文件、通过 ODBC 查询的数据库文件。

（3）外部媒体文件。程序以链接形式使用的所有图像、声音、数字电影等外部媒体文件。

（4）安装程序的文件。如果程序是需要安装的，则安装程序本身及所需要的文件也要一同发布。例如，当采用压缩方式发行时，需要带上安装解压缩的文件。

（5）Ras 文件。当程序中使用 Xtras 形式功能时，都有一个 Xtras 文件与之相对应。这些 Xtras 文件必须置于程序文件同一目录下的 Xtras 文件夹中。

12.3.2　媒体库文件打包

当对一个程序进行打包时，如果该程序中含有媒体库，则必须对库进行打包。在对媒体库进行打包时，既可以将其和多媒体程序一起打包，也可以将其单独进行打包。当对媒体库单独进行打包时，需要将已打包的库文件保存到多媒体程序的文件中，以保证在运行多媒体程序时，程序能自动找到库文件。单独打包媒体库的优点是能够减小执行文件的大小。对媒体库打包的基本操作是，选择“文件”→“发布”→“打包”命令，弹出如图 12-11 所示的“打包库”对话框。利用该对话框可以对库进行打包。

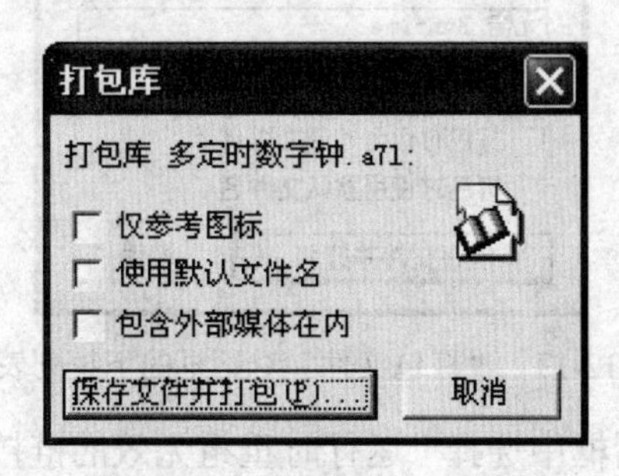

图 12-11　“打包库”对话框

“打包库”对话框的各个选项的意义如下：

（1）“仅参考图标”复选框：打包时只将与程序有链接关系的图标打包。

（2）“使用默认文件名”复选框：打包时使用库的文件名作为打包库文件的文件名，其扩展名为.a7e，打包后的文件将被保存在库所在的文件夹中。如果取消对该复选框的选择，则在打包时系统将弹出“保存为”对话框，要求用户指定打包库文件的文件名和存储路径。

（3）“包含外部媒体在内”复选框：创建媒体库时，有些素材是直接导入到库中的，这些文件也一并进行打包，否则打包时将不包括这些文件。

当该对话框设置好了以后，即可单击“保存文件并打包”按钮，对库文件进行打包并保存。

12.3.3　打包的基本操作

程序打包的基本操作步骤如下：

（1）在 Authorware 7.0 工作环境下打开需要打包的源程序文件。

（2）选择“文件”→“发布”→“打包”命令，弹出“打包文件”对话框，如图 12-12 所示。

（3）单击“打包文件”下拉列表框，在其中选取“应用平台 Windows XP、NT 和 98 不同”，如图 12-13 所示。

图 12-12 “打包文件”对话框

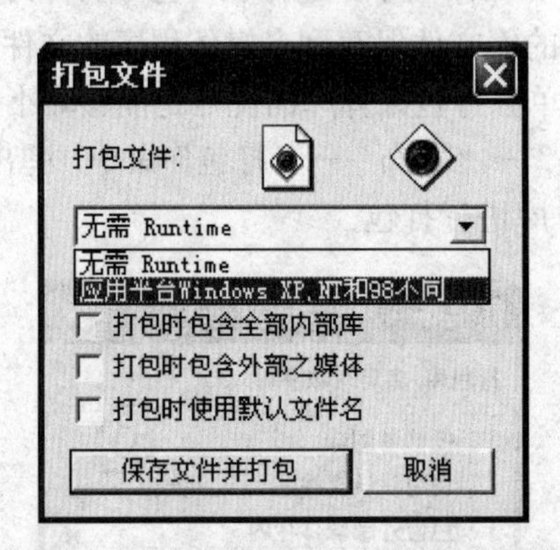

图 12-13 “打包文件”对话框的下拉列表框

（4）在“打包文件”对话框中选择“运行时重组无效的链接”、“打包时包含全部内部库”和“打包时包含外部之媒体”复选框，然后单击“保存文件并打包”按钮，在弹出的“打包文件为”对话框中，在“文件名”组合框中输入打包文件的名称，如图 12-14 所示，这里输入“我的多媒体作品”。最后单击“保存”按钮，即可生成打包文件。

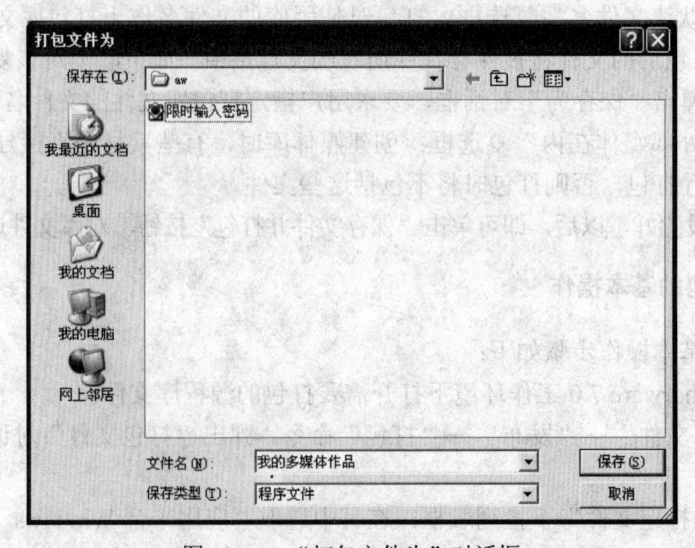

图 12-14 “打包文件为”对话框

“打包文件”对话框中的各选项的意义如下：

（1）“打包文件”下拉列表框：该下拉列表框中包含了两个选项，“无需 Runtime”选项和“应用平台 Windows XP、NT 和 98 不同”选项。如果选择前者，则打包后生成的文件扩展名为.a7r，运行时需要 runa7w32 文件的支持，程序发布时需要附带这个文件；如果选择后者，则打包后生成的文件可以在 Windows XP、NT 和 98 环境下独立运行。

（2）“运行时重组无效的连接”复选框：在对库或文件运行编辑时，可能会由于某种原因中断程序和库之间的链接。在这种情况下，如果图标和链接名称没有改变，选中该复选框并进行打包时，程序将自动修复中断的链接。如果取消了对该复选框的选择，则打包后的程序在运行时将不执行中断链接的内容。

（3）“打包时包含全部内部库”复选框：选中该复选框，程序在进行打包时将与程序链接的所有库都进行打包，而不再对库进行单独打包，发布程序时也不需要附带打包库文件。采用这种方法打包程序，可使多媒体程序的发布更为简单，程序运行的性能也有所提高。其缺点是增大可执行程序的容量，因此这种方法只适用于容量不大的多媒体程序。如果取消对该复选框的选择，则打包时系统会打开“打包库”对话框，如 12-15 所示，可以在该对话框中单独对库进行打包。

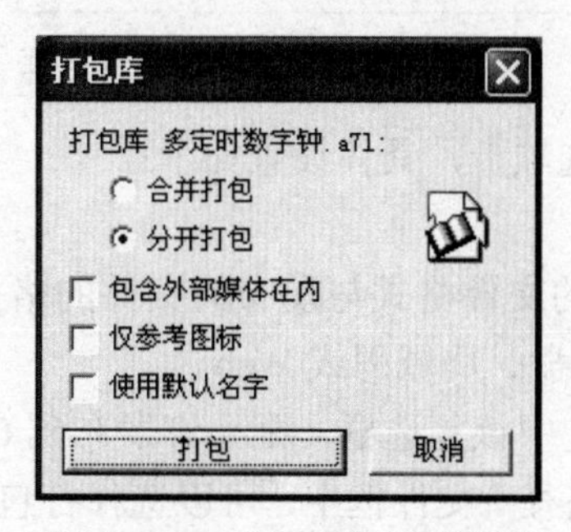

图 12-15　“打包库”对话框

（4）“打包时包含外部之媒体”复选框：选中该复选框，程序在进行打包时将链接到程序的素材文件作为程序内容的一部分进行打包，作品发布时将不需要附带素材文件。采用这种方法打包程序，虽然可使程序的发布更为简单，但也会增大程序的容量，因此这种方法只适用于容量不大的多媒体程序。

（5）“打包时使用默认文件名”复选框：选中该复选框，则将使用源程序名作为打包文件的文件名，并将打包文件存储在源程序所在的文件夹中。

12.3.4　项目的发布

当我们的作品打包以后就可以进行发布了，一个完整的应用系统应该包括可执行文件以及使可执行文件能够正常运行的所有部件。在将应用系统递交到最终用户手中之前，必须对它进行测试，这样才能保证程序的正确性。

1. 程序发布之前的设置

Authorware 提供了“一键发布”功能，只需要单击该命令就可以保存项目并将其发布到本地磁盘上、光盘上等。但是执行一键发布操作之前，必须对本次发布的目标进行发布设置。经过初次设置，所有的选择都会保存下来，以便以后利用一键发布来发布程序。

发布设置的操作如下：

选择"文件"→"发布"→"发布设置"命令，弹出"一键发布"对话框，如图 12-16 所示。

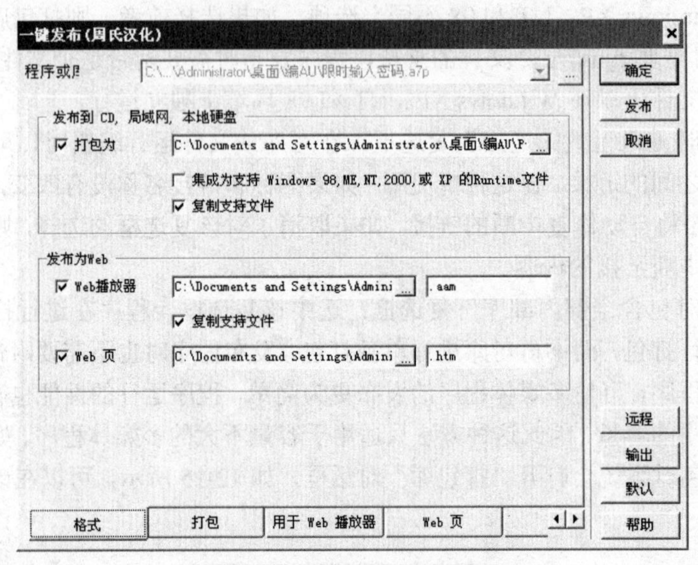

图 12-16 "一键发布"对话框

在该对话框中包括了 5 个选项卡，具体设置如下：

（1）"格式"选项卡。

该选项卡用于选择要打包的文件格式与发布的文件的格式。在该选项卡中可以将当前文件发布目标设置为 CD、本地磁盘、局域网或 Web。

- "打包为"复选框：选中该复选框，则允许发布到 CD、本地磁盘和局域网。在这个复选框右侧的"发布路径"文件框中，可以选择打包文件的存储路径。默认的打包文件格式为不包含执行部件的 a7r 文件。单击文本框右侧的按钮，则弹出"打包文件为"对话框，如图 12-17 所示。

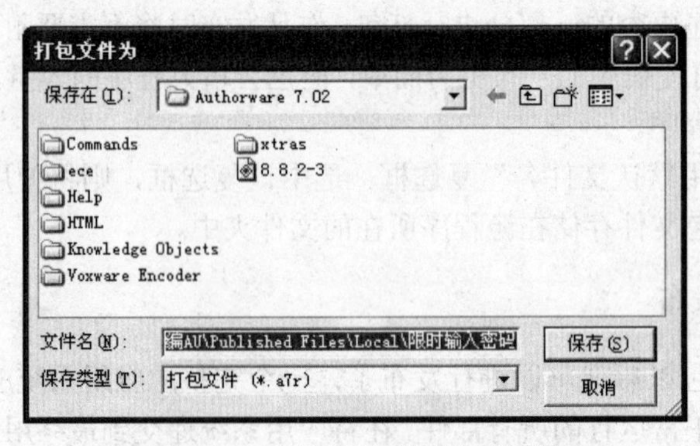

图 12-17 "打包文件为"对话框

- "集成为支持 Windows98、ME、NT、2000,或 XP 的 Runtime"复选框：用来将打包生成的文件在各种版本的 Windows 系统中独立运行。
- "复制支持文件"复选框：选中该复选框时，在打包时会自动搜索各种支持文件并复制到发布文件夹中。

- “Web 播放器”复选框：选择该复选框时，则允许为 Authorware Web Player 进行打包。以这种方式打包形成的.amm 文件，必须由 Authorware 提供的 Web Player 浏览器插件执行。
- “Web 页”复选框：选中该复选框则允许将程序打包为标准的 HTML 网页格式文件。

（2）“打包”选项卡。

单击“打包”选项卡如图 12-18 所示。该选项卡中可以对打包的各种属性进行设置，其中各选项的含义如下：

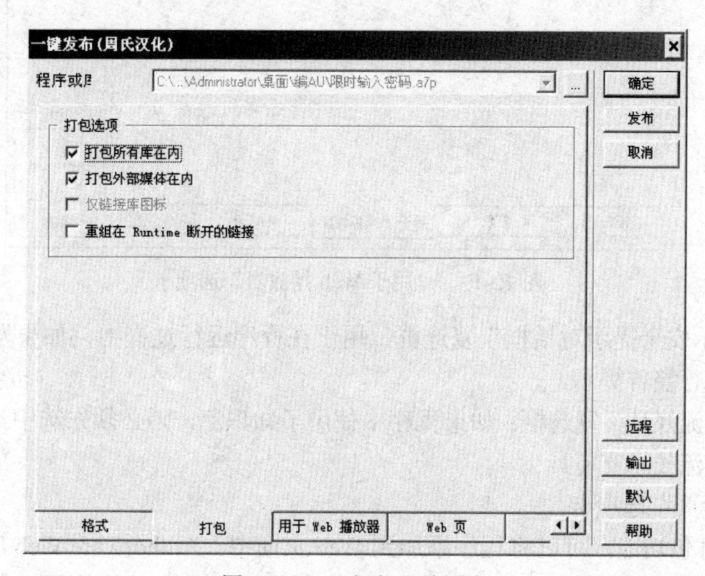

图 12-18　“打包”选项卡

- “打包所有库在内”复选框：选中该复选框，Authorware 可将与当前程序文件有关的库文件的内容加入到程序文件中，然后再进行打包，减少发布文件的数量，但增加了程序文件的长度。
- “打包外部媒体在内”复选框：选中该复选框则可以设置在打包时将外部媒体文件打包在程序中。
- “仅链接库图标”复选框：该复选框一般情况下是灰色的，只对库文件有效。选中该复选框时，是将与程序文件存在链接关系的库图标打包在.a7e 文件中，否则库文件中所有库图标均被打包在内。
- “重组在 Runtime 断开的链接”复选框：选中该复选框，则 Authorware 在运行此文件时自动恢复那些断开的链接。

（3）“用于 Web 播放器”选项卡。

“用于 Web 播放器”选项卡如图 12-19 所示。在该选项卡中可以为程序在互联网上运行进行打包设置。如果将程序进行网络发布，那么必须对其进行网络打包。该选项卡中各个选项的功能介绍如下：

- 片段前缀名：用于设置分段文件名前缀。默认状态下的分段文件名前缀是程序文件名的前 4 个字母，并自动为每个分段文件名加入 4 位十六进制数字后缀。
- 片段大小：用于根据网络连接设备设置分段文件夹的平均大小，以字节为单位。

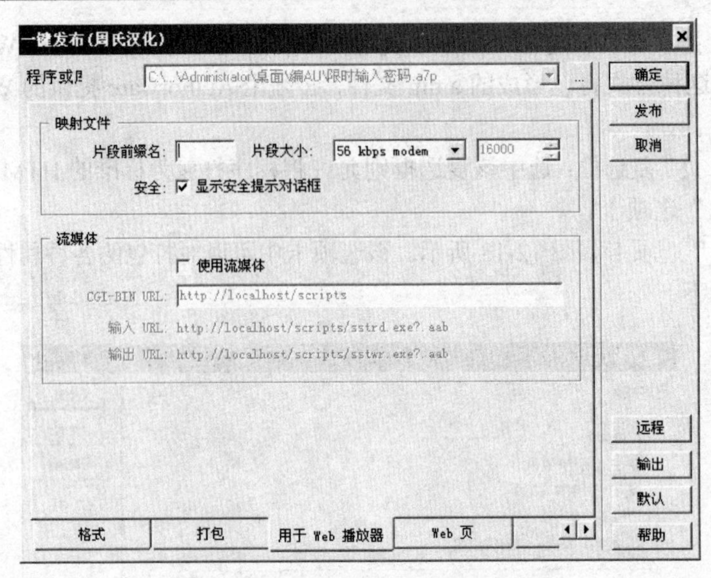

图 12-19 “用于 Web 播放器”选项卡

- “显示安全提示对话框”复选框：用于在程序运行过程中，如果发生某些不安全操作时进行警告提示。
- “使用流媒体”复选框：如果程序中使用了知识流，则必须先选中该复选框，以得到增强的流技术支持。

（4）“Web 页”选项卡。

利用 Web 打包功能，可以将程序添加到 Web 页面中。Authorware Web Player 是一个浏览插件程序，它本身并不能连接到 Web 页面上，而是利用 Web 打包功能将程序文件打包为 HTML 文件，即可使程序变成网页的一部分。“Web 页”选项卡主要是对程序与 Web 浏览器之间的通信进行设置，如图 12-20 所示。

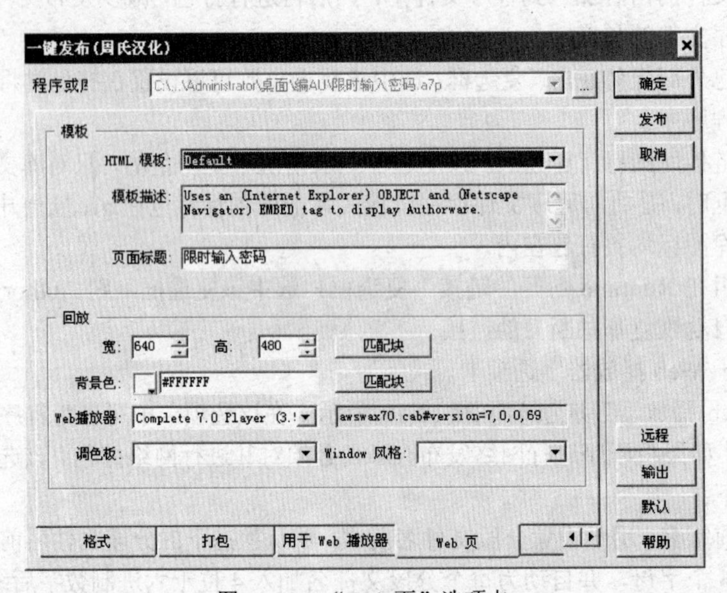

图 12-20 “Web 页”选项卡

在该选项卡中各选项的含义介绍如下：

- “HTML 模板”下拉列表框：在该下拉列表框中提供 7 种 HTML 模板。
- “页面标题”文本框：主要用于设置网页的标题。
- “宽”和“高”：主要用于设置程序窗口的尺寸，单击其右侧的按钮，可以使程序窗口的大小相匹配。
- 背景色：主要用于设置程序窗口的背景色。
- Web 播放器：主要用于选择使用哪种版本的 Authorware Web Player 程序。
- 匹配块：该按钮可以使用程序窗口的背景色自动与演示窗口的背景色相匹配。
- “Window 风格”下拉列表框：主要用于选择程序窗口如可放置。

（5）“文件”选项卡。

在该选项卡中主要包括了以下几个选项：

- “发布文件”列表框：在该列表框中，蓝色文件链接标记表示源文件能够正确定位，红色的文件链接标记表示缺少正确定位，属于断开链接。在正式发布文件之前必须解决文件的断链问题。
- 加入文件：用于向发布文件列表中增加文件。
- 查找文件：主要用于查找文件，单击该按钮可以打开如图 12-21 所示的对话框，在此对话框中用户可以选择所要查找的文件类型、被查找文件发布的目标位置等选项。

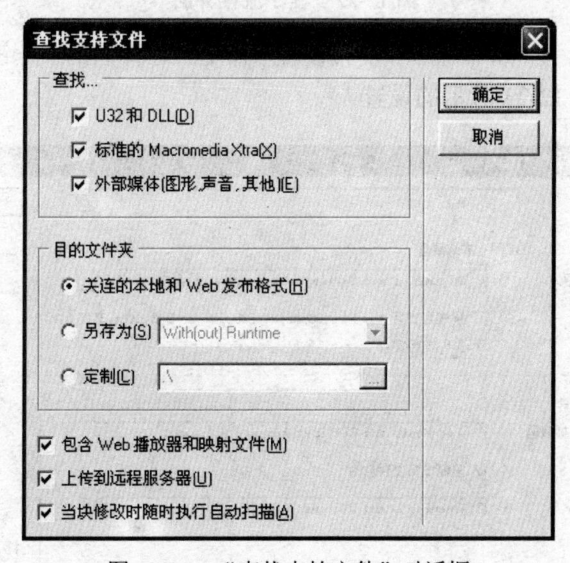

图 12-21　“查找支持文件”对话框

- 删除文件：主要用于删除在发布文件列表中选中的文件，但不允许删除程序打包生成的文件，例如可执行程序.exe 和.HTM 等。
- 清除文件：主要用于清除发布文件列表中的文件，除了程序打包生成的.a7r、.exe、.aam 和 HTM 文件之外。
- 更新：主要用于刷新发布文件列表。
- 上传到远程服务器：在发布文件列表中选中某文件之后，选中该复选框，则在程序发布时会将该文件上传到远程服务器。

- 本地：该选项卡可以对发布文件列表中特定文件的发布进行设置和修改，当修改完成后对应的文件在发布文件列表中以绿色显示。
- Web：可以对发布文件列表中的特定文件的发布设置进行修改，如外部数字电影文件等。

2. 一键发布

在完成发布前的设置以后，就可以一键发布程序了。下面举一个实例介绍程序发布的基本步骤。

（1）在 Authorware 中打开文件“限时输入密码”，如图 12-22 所示。

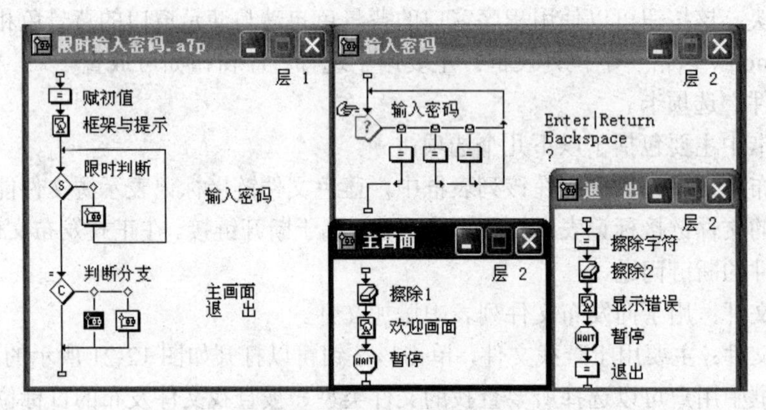

图 12-22 程序流程界面

（2）选择“文件”→“发布”→“发布设置”命令，在弹出的“一键发布”对话框的“格式”选项卡中进行如图 12-23 所示的设置。

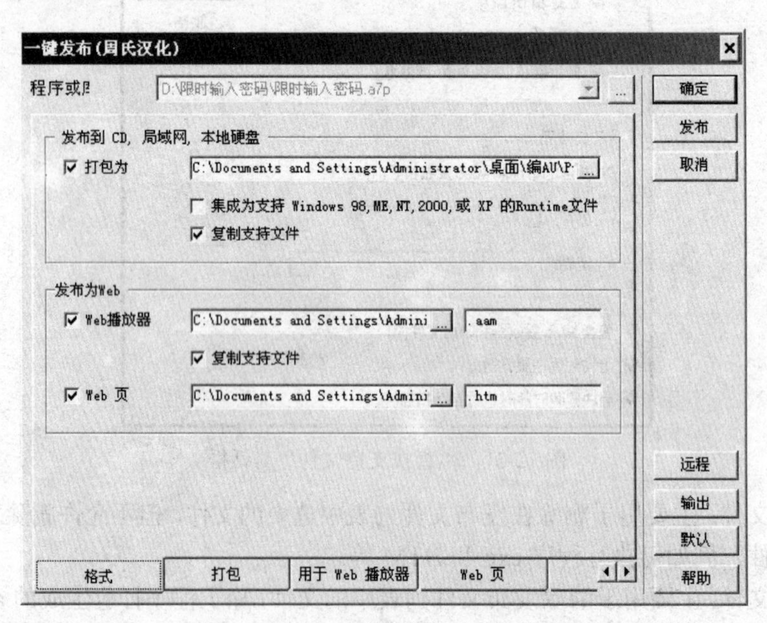

图 12-23 “一键发布”对话框设置

（3）设置完成后，单击“发布”按钮即可发布程序。发布完成后，将弹出一个对话框以提示发布成功，如图 12-24 所示。

（4）单击“细节”按钮，可以查看有关应用程序发布的所有信息，包括生成的文件、哪些文件被打包等，如图 12-25 所示。

图 12-24　发布成功信息对话框

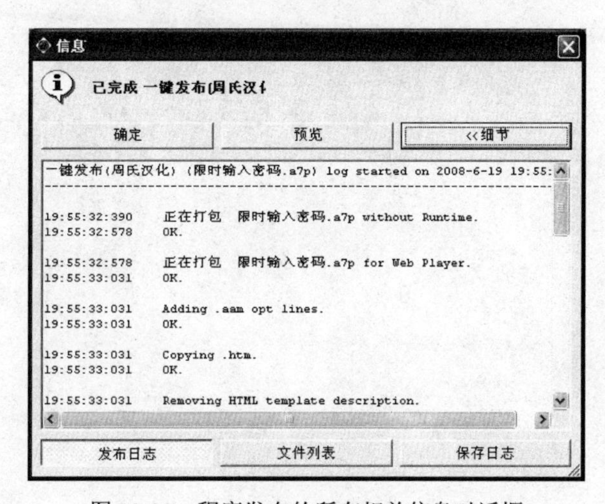

图 12-25　程序发布的所有相关信息对话框

整个程序发布完毕。

本章练习

一、选择题

1．下列关于使用媒体库说法不正确的是（　）。

A．改变程序中与库中相链接图标的内容，则库中该图标的内容也将发生改变

B．程序重复使用库中的同一图标可以节省空间

C．当库中的图标内容改变时，在程序中与该图标相链接的图标内容也将发生改变

D．使用库可以节省创建相同程序的时间

2．下列不能向库中添加图标的操作是（　）。

A．使用剪切、复制和粘贴的方法，将流程线上的图标添加到库窗口中

B．使用当前库中的图标复制另一个相同名称的图标

C．直接从图标栏内将图标拖放到库窗口中

D．直接将图标从流程线上拖入库窗口中

3．要使得程序在打包时生成一个 HTML 网页文件，那么在“一键发布”对话框的“格式”选项卡中需要选中的复选框是（　）。

A．Web 页　　　　B．打包为

C．复选支持文件　　　　　　　　　　D．Web 播放器

二、填空题

1．使用媒体库的优点是________、________和________。

2．在 Authorware 中，能够存储在库中的图标包括________、________、“数字电影”图标、________、________、________。

3．调试程序的常用方法有两种：________和________。

附录　部分习题参考答案

第 1 章

一、选择题

1. A　2. D　3. C　4. B　5. A　6. A

二、选择题

1. Macromedia
2. 14　开始旗和结束旗标志
3. 文件　编辑　查看　插入　修改　文本　调试　其他　命令　窗口　帮助

第 2 章

一、选择题

1. D　2. C　3. A　4. C　5. B

第 3 章

一、选择题

1. A　2. B

二、填空题

1. Shift
2. 从外部导入文本　用剪贴板粘贴文本
3. 选择

第 4 章

一、选择题

1. D　2. D　3. C　4. D　5. C

二、填空题

1．0-30
2．大　小
3．不擦除的图标

第 5 章

一、选择题

1．C　　2．D

二、填空题

1．路径动画　实际动画
2．指向固定点

三、操作题

1．略。
2．制作步骤提示：
（1）拖动一个显示图标，双击图标打开演示窗口，在演示窗口中绘制 3 个旗杆，如图 1 所示。

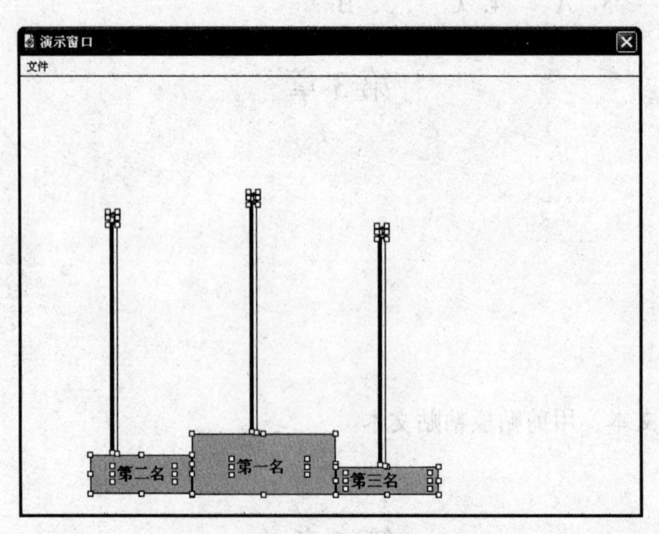

图 1　绘制旗杆

（2）向流程线上依次插入 3 个 GIF 图像，分别命名为“中国国旗”、“韩国国旗”和“日本国旗”，在属性面板中设置 3 个国旗的显示模式为“透明”。然后，依次拖入 3 个移动图标到流程线上并命名，如图 2 所示。
（3）单击“运行”按钮，在演示窗口中设置 3 个国旗的初始位置，如图 3 所示。

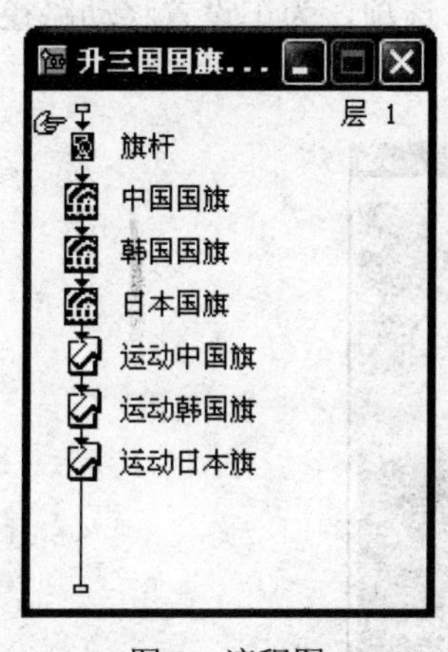

图 2　流程图

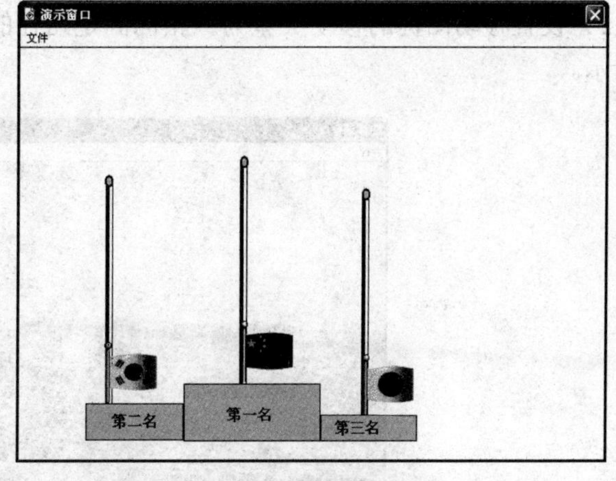

图 3　国旗的起始状态

（4）分别设置 3 个移动图标的运动对象及运动类型，最后使 3 个国旗依次缓缓上升到旗杆的顶部，如图 4 所示。

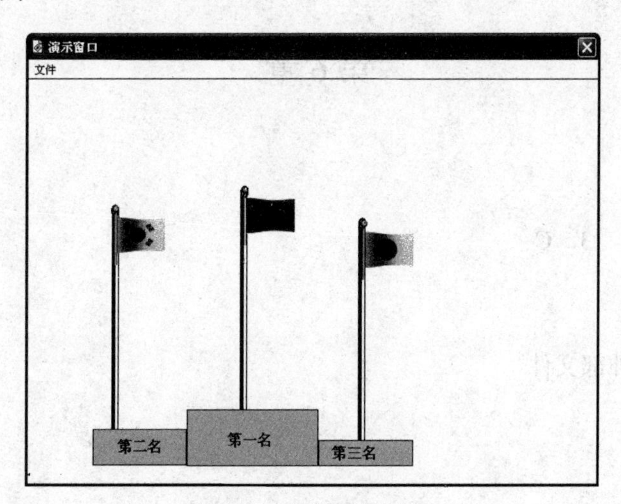

图 4　升旗的最终状态

3．制作步骤提示：

（1）本例流程图如图 5 所示。拖动两个显示图标，分别命名为“背景”和“车”，双击打开“背景”显示图标，导入一幅背景图片，双击打开“车”显示图标，向演示窗口中导入一个车。拖动一个移动图标到流程线上。

图 5　车行的流程图

（2）设置移动图标的移动类型为“指向固定路径的终点”选项，为车设置移动路径，如图 6 所示。

图 6　固定路径的终点

第 6 章

一、选择题

1．B　　2．D　　3．C

二、填空题

1．内部文件　外部文件
2．导入
3．链接到文件

第 7 章

一、选择题

1．B　　2．B　　3．C　　4．D　　5．A　　6．C　　7．B　　8．B　　9．D
10．D　11．D　12．A　13．B

二、填空题

1．交互　11　按钮交互　热区域交互　热对象交互　目标区交互　下拉菜单交互　文本输入交互　条件交互　按键交互　重试限制交互　时间限制交互　事件交互
2．交互图标　响应类型　响应分支　响应图标
3．重试　继续　退出交互　返回
4．交互图标　显示图标　等待图标　擦除图标

5．群组图标 5
6．热区域 不擦除
7．文件|退出
8．图片欣赏 图片 1
9．–
10．文本输入
11．文本输入框

第 8 章

一、选择题

1．B 2．B 3．A 4．D 5．B

二、填空题

1．5 4
2．顺序分支路径 在未执行过的路径中随机选择

第 9 章

一、选择题

1．C 2．D 3．A 4．C

二、填空题

1．交互图标 导航图标
2．子图标
3．框架图标 导航图标
4．入口窗格 出口窗格
5．自动导航 用户控制导航

第 10 章

一、选择题

1．C 2．A

二、填空题

1．简单填空题 单项选择题 多项选择题 判断正误题 热区题 热物体题 拖动题

2．专用模块
3．获取到 CD 盘符

第 11 章

一、选择题

1．A　2．B　3．B

二、填空题

1．系统函数　外部扩展函数　Authorware 自定义函数
2．赋值运算符　算术运算符　关系运算符　逻辑运算符　连接运算符
3．赋值运表达式　算术表达式　关系表达式　逻辑表达式　连接表达式　混合表达式
4．条件语句　循环语句
5．一个值可以改变的量　自定义变量　系统变量

第 12 章

一、选择题

1．A　2．B　3．A

二、填空题

1．节省时间　节省空间　同时更新
2．声音图标　复杂的交互图标　分支图标　判断图标
3．标志旗法　控制面板法

参考文献

[1] 王爱民，郭磊主编．Authorware 多媒体课件制作技术．北京：中国水利水电出版社，2007．
[2] 李智鑫．Authorware 7.0 中文版多媒体制作教程．北京：中国水利水电出版社，2006．
[3] 新羽工作室编著．Authorware 7.0 基础实例教程．北京：机械工业出版社，2005．
[4] 李富荣，高鉴伟编著．Authorware 7.0 实用培训教程．北京：清华大学出版社，2005．
[5] 教育部考试中心编．多媒体 Authorware．西安：西安交通大学出版社，2004．
[6] 朱仁成，莫培龙编著．Authorware 7.0 多媒体设计培训教程．北京：清华大学出版社，2004．
[7] 李智鑫主编．Authorware 7.0 中文版多媒体制作教程．北京：中国水利水电出版社，2006．
[8] 李富荣，刘晓悦编著．Authorware 7.0 实用教程．北京：清华大学出版社，2006．
[9] 王大印，白海波编著．Authorware 7.0 多媒体制作实践与提高．北京：清华大学出版社，2005．
[10] 王华英主编．Authorware 7.0 入门与提高．北京：清华大学出版社，2005．
[11] 郭新房，倪宝童，王健编著．Authorware 7.0 多媒体制作基础教程与案例实践．北京：清华大学出版社，2007．
[12] 古梅编著．Authorware 7.0 多媒体应用技术教程．北京：科学出版社，北京科海电子出版社，2004．
[13] 陈益材，秦树德等编著．Authorware 7.0 实例教程．北京：清华大学出版社，2004．
[14] 江红主编．Authorware 7.0 应用技术．北京：清华大学出版社，2006．
[15] 张增强等编著．Authorware 7.0 多媒体设计新概念百例．北京：中国水利水电出版社，2004．